현대자동차 지침서

※ 다음 도서목록 중 주문 제작(OEM)으로도 공급합니다.(직통전화 : (02) 713-7453)

승용차 · RV · 상용

구분 차종	도 서 명	정 가	차 종	도 서 명	정 가
승용차			**RV**		
2023 아이오닉(EV) 5	▶일반사항 ▶차량제어 시스템 ▶배터리제어 시스템 ▶모터 및 감속기 시스템 ▶냉각 시스템	28,000 (Ⅰ권)	2021 싼타페(HEV)	전장회로도	26,000
			2021 싼타페	전장회로도	26,000
			2023 투싼	전장회로도	30,000
			2023 투싼(HEV)	전장회로도	28,000
	▶히터 및 에어컨 장치 ▶첨단운전자 보조 시스템(ADAS) ▶에어백 시스템	28,000 (Ⅱ권)	2021 포터(EV)	전장회로도	16,000
			2023 포터	전장회로도	15,000
			2021 캐스퍼	전장회로도	18,000
	▶스티어링 시스템 ▶브레이크 시스템 ▶드라이브 샤프트 및 액슬 ▶서스펜션 시스템	28,000 (Ⅲ권)	2023 스타리아	전장회로도	30,000
			2023 팰리세이드	전장회로도	30,000
	전장회로도	30,000			
2022 포터2(EV)	▶일반사항 ▶차량제어 시스템 ▶배터리제어 시스템 ▶모터 시스템 ▶감속기 시스템 ▶냉각 시스템	30,000 (Ⅰ권)			
	▶히터 및 에어컨 장치 ▶첨단운전자 보조 시스템(ADAS) ▶에어백 시스템 ▶스티어링 시스템 ▶브레이크 시스템 ▶드라이브 샤프트 및 액슬 ▶서스펜션 시스템	28,000 (Ⅱ권)			
			상 용		
	전장회로도	18,000	2019 뉴슈퍼에어로	전장회로도	15,000
2023 싼타페 (TM HEV)	전장회로도	27,000	2015 유니시티	전장회로도	17,000
			2019 그린시티	전장회로도	14,000
	정비지침서 주문제작 가능		2020 카운티(EV)	전장회로도	18,000
2021 코나	전장회로도	20,000	2020 카운티	전장회로도	18,000
2023 코나(HEV)	전장회로도	26,000	2020 뉴파워트럭	전장회로도	16,000
2023 코나(EV)	전장회로도	28,000	2020 쏠라티	전장회로도	17,000
2023 아반떼	전장회로도	24,000	2020 알렉시티	전장회로도	18,000
2023 아반떼(HEV)	전장회로도	24,000	2019 유니버스	전장회로도	27,000
2023 아반떼 N	전장회로도	21,000	2023 마이티	전장회로도	13,000
2023 쏘나타	전장회로도	32,000	2023 파비스	전장회로도	20,000
2023 쏘나타(HEV)	전장회로도	27,000	2019 엑시언트	전장회로도	22,000
2023 아이오닉5(EV)	전장회로도	30,000	2020 메가트럭	전장회로도	18,000
2023 아이오닉 N	전장회로도	25,000			
2021 캐스퍼	전장회로도	18,000			
2021 GV60	전장회로도	29,000			
2021 G70	전장회로도	31,000			
2021 GV70	전장회로도	28,000			
2023 G70	전장회로도	28,000			
2023 G80(EV)	전장회로도	28,000			
2023 G80	전장회로도	28,000			
2023 GV80	전장회로도	39,000			
2021 G90	전장회로도	33,000			

기아자동차 지침서

※ 다음 도서목록 중 주문 제작(OEM)으로도 공급합니다.(직통전화 : (02) 713-7453)

구 분	승용차 · RV		구 분	승용차 · RV	
차 종	도 서 명	정 가	차 종	도 서 명	정 가
2023 EV 6	▸ 일반사항 ▸ 배터리 제어 시스템(기본형) ▸ 배터리 제어 시스템(항속형) ▸ 모터 및 감속기 시스템	38,000 (Ⅰ권)	카니발	발행 예정	
			쏘렌토	발행 예정	
			스포티지	발행 예정	
	▸ 전기차 냉각 시스템 ▸ 히터 및 에어컨 장치 ▸ 단 운전자 보조 시스템(ADAS) ▸ 에어백 시스템	30,000 (Ⅱ권)			
	▸ 스티어링 시스템 ▸ 브레이크 시스템 ▸ 드라이브 샤프트 및 액슬 ▸ 서스펜션 시스템	27,000 (Ⅲ권)			
	전장회로도	30,000			
2013 K₃	정비지침서	55,000			
	전장회로도	20,000			
2012 K₅(HEV)	정비지침서	72,000			
	전장회로도	18,000			
2010 K₇	엔 진	32,500			
	섀 시	30,500			
	전장회로도	22,500			
2013 K₉	정비지침서Ⅰ편	57,000			
	정비지침서Ⅱ편	15,000			
	전장회로도	29,000			

IONIQ 정비지침서 III 권

목차

아이오닉 정비지침서(I 권)
1. 일반사항
2. 차량제어 시스템
3. 배터리 제어 시스템
4. 모터 및 감속기 시스템
5. 냉각 시스템

아이오닉 정비지침서(III권)
1. 히터 및 에어컨 장치
2. 첨단 운전자 보조 시스템(ADAS)
3. 에어백 시스템

1. 스티어링 시스템
2. 브레이크 시스템
3. 드라이브 샤프트 및 액슬
4. 서스펜션 시스템

스티어링 시스템

- 안전 및 주의사항 ·· 1
- 고전압 차단 절차 ·· 11
- 서비스 정보 ·· 17
- 체결토크 ·· 18
- 특수공구 ·· 19
- 고장진단 ·· 20
- 점검 ·· 21
- 스티어링 휠 ·· 23
- 전동 파워 스티어링 시스템(MDPS) ············ 38

고전압 시스템 작업 시 주의사항

⚠ 위 험

- 전기 자동차는 고전압 배터리를 포함하여 있어서 시스템이나 차량을 잘못 건드릴 경우 심각한 누전이나 감전 등의 사고로 이어질 수 있다. 그러므로 고전압 시스템 작업 전에는 반드시 아래 사항을 준수하도록 한다.

⚠ 경 고

- 보호 장비를 착용한 작업 담당자 이외에는 고전압 부품과 관련된 부분을 절대 만지지 못하도록 한다. 이를 방지하기 위해 작업과 연관되지 않는 고전압 시스템은 절연 덮개로 덮어놓는다.
- 고전압 시스템 관련 작업 시, 절연 공구를 사용한다.
- 탈거한 고전압 부품은 누전을 예방하기 위해 절연 매트에 정리하여 보관하도록 한다.
- 고전압 단자 간 전압이 0V 이하임을 확인한다.
- 고전압 시스템 작업 시 체결 토크를 준수한다.
- 고전압 케이블을 분리 할 경우, 분리 직후 절연 테이프 등을 사용하여 절연 조치한다.
- 고전압 케이블 및 버스 바 또는 고전압 배터리 관련 부품 분해 작업 시 (+), (-) 단자 간 접촉이 발생하지 않도록 한다.

ⓘ 참 고

- 모든 고전압 시스템 와이어링과 커넥터는 오렌지 색으로 구분되어 있다.
- 고전압 시스템 부품에는 "고전압 경고" 라벨이 부착되어 있다.
- 고전압 시스템 부품 : 배터리 시스템 어셈블리(BSA), 모터 어셈블리, 인버터 어셈블리, 고전압 정션 블록, 파워 케이블 등

1. 고전압 시스템 작업 시 아래와 같이 "고전압 위험 차량" 표시를 하여 타인에게 고전압 위험을 주지시킨다.

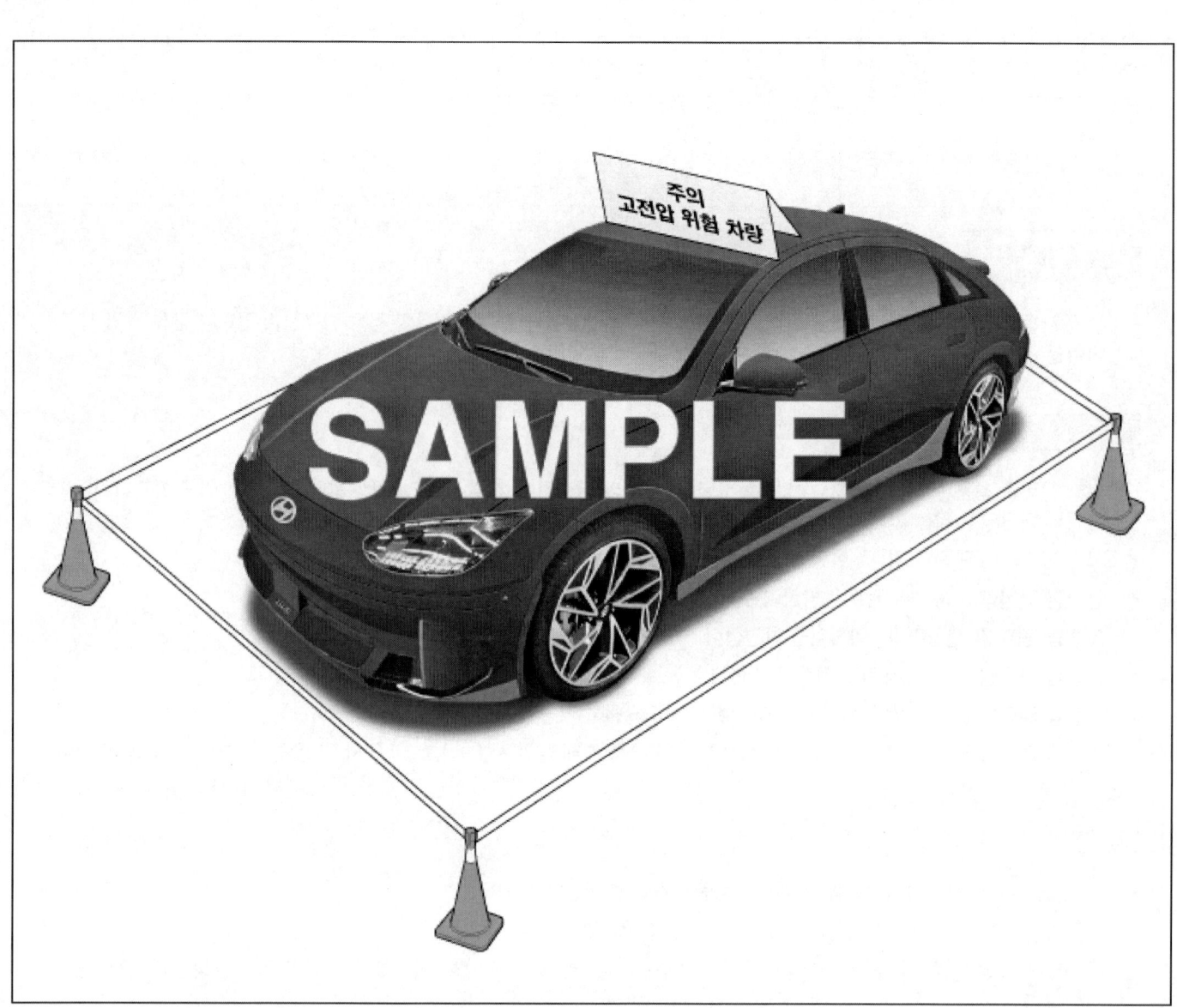

이 페이지를 복사해서 고전압 작업 중인 차량의 지붕 위에 접어서 올려 놓을 것.

담당자 : _____

차량 작업 중이니 만지지 마시오.

고전압 주의 :

경고

경고

고전압 주의 :
차량 작업 중이니 만지지 마시오.

담당자 : _____

이 페이지를 복사해서 고전압 작업 중인 차량의 지붕 위에 접어서 올려 놓을 것.

2. 금속성 물질(시계, 반지, 기타 금속성 제품 등)은 고전압 단락을 유발하여 심각한 신체 상해를 입을 수 있고, 차량이 손상될 수 있으므로 작업 전에 반드시 몸에서 제거한다.
3. 고전압 시스템 관련 작업 전에는 안전 사고 예방을 위해 개인 보호 장비를 착용하도록 한다.
(배터리 제어 시스템 – "개인 보호 장비(PPE)" 참조)
4. 고전압 시스템을 점검하거나 정비하기 전에는 반드시 고전압 차단 절차를 수행해야 한다.
(배터리 제어 시스템 – "고전압 차단 절차" 참조)

개인 보호 장비(PPE)

명칭	형상	용도
절연 장갑		고전압 부품 점검 및 관련 작업 시 착용 [절연 성능 : 1000V / 300A 이상]
절연화		고전압 부품 점검 및 관련 작업 시 착용
절연복		고전압 부품 점검 및 관련 작업 시 착용
절연 안전모		
보호 안경		아래의 경우에 착용 • 스파크가 발생할 수 있는 고전압 배터리 단자나 와이어링을 탈장착 또는 점검 • 고전압 배터리 시스템 어셈블리(BSA) 작업

안면 보호대		
절연 매트		탈거한 고전압 부품에 의한 감전 사고 예방을 위해 절연 매트 위에 정리하여 보관
절연 덮개		보호 장비 미착용자의 안전 사고 예방을 위해 고전압 부품을 절연 덮개로 차단
경고 테이프		작업 중 사고 발생할 수 있으므로 사람들의 접근을 막기위해 차량 주변에 설치

개인 보호 장비(PPE) 점검

- 절연화, 절연복, 절연 안전모, 안전 보호대등도 찢어졌거나 파손되었는지 확인한다.
- 절연 장갑 찢어졌거나 파손되었는지 확인한다.
- 절연 장갑의 물기를 완전히 제거하여 착용한다.

> 📋 참 고

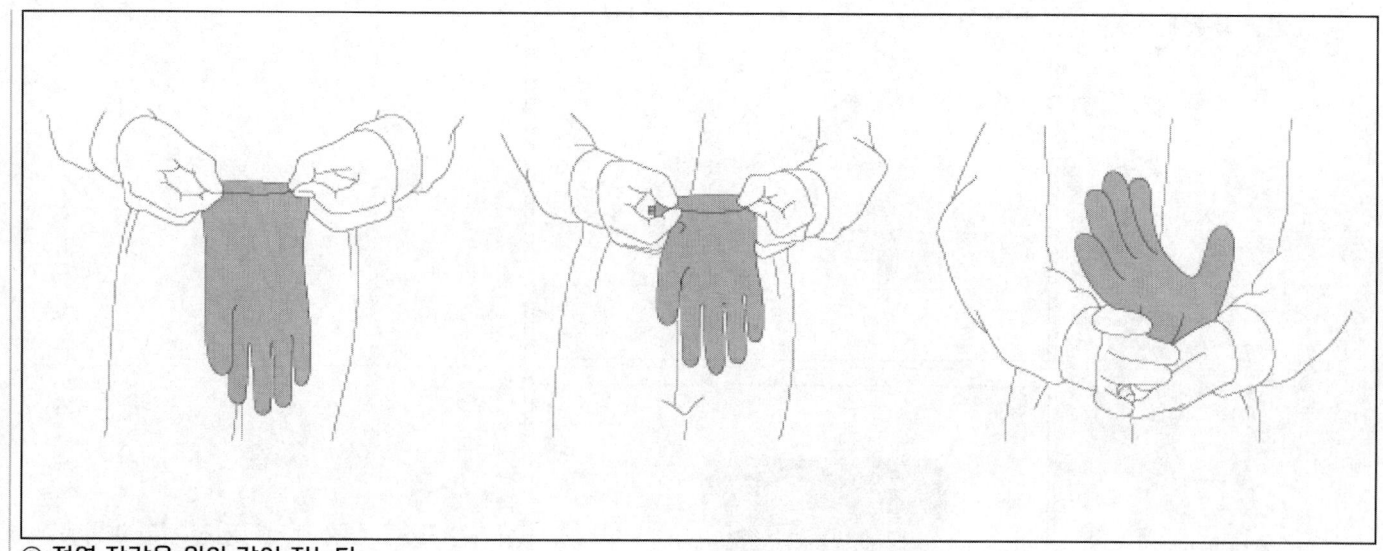

① 절연 장갑을 위와 같이 접는다.
② 공기 배출을 방지하기 위해 3~4번 더 접는다.
③ 찢어지거나 손상된 곳이 있는지 확인한다.

사고 차량 작업 및 취급 주의사항

사고 차량 작업 시 준비사항
- 개인 보호 장비(PPE)
  (배터리 제어 시스템 - "개인 보호 장비(PPE)" 참조)
- 붕소액(Boric Acid Powder or Solution)
- 이산화탄소 소화기 또는 그외 별도의 소화기
- 전해질용 수건
- 비닐 테이프(터미널 절연용)
- 메가옴 테스터(고전압 절연저항 확인용)

사고 차량 취급 시 주의사항
- 개인 보호 장비(PPE)를 착용한다.
- 절연 피복이 벗겨진 파워 케이블은 절대 접촉하지 않는다.
- 차량이 침수된 경우, 고전압 관련 부품에 절대 접근하지 않는다. 불가피한 경우, 차량을 안전한 곳으로 완전히 이동시킨 후 조치한다.
- 가스는 수소 및 알칼리성 증기이므로, 실내일 경우는 즉시 환기를 실시하여 안전한 장소로 대피한다.
- 누출된 액체가 피부에 접촉 시, 즉각 붕소액으로 중화시키고, 흐르는 물 또는 소금물로 환부를 세척한다.
- 고전압 차단이 필요할 경우, "고전압 차단 절차"를 수행한다.
  (배터리 제어 시스템 - "고전압 차단 절차" 참조)

화재시 주의사항
소규모 화재가 발생한 경우 전기 화재용 소화기(ABC 및 BC 소화기)를 사용해 진화한다.
- 초기에 신속하게 화재를 진압하지 못한 경우 안전한 장소로 대피하고 다른 사람들이 차량에 접근하지 않도록 조치한다.
- 소방서에 연락해 전기 차량 화재가 발생했음을 알리고 소방서의 지시를 따른다.

> ⚠ **주 의**
> - 차량의 진화가 어렵다고 판단되는 경우 신속하게 안전한 장소로 대피해 구조 인력이 도착할 때까지 대기한다.
> - 차량 하부의 구동용 배터리에 화재가 발생한 경우, 화재를 완전히 진압하려면 대량의 물을 긴 시간 동안 지속적으로 공급해야 한다. 충분한 양의 물이나 진화에 적합한 소화기를 사용하지 않으면 진화가 어려우며, 섣불리 차량에 접근하는 경우 감전 등 사고로 인한 인명피해가 발생할 수 있다.

사고 유형 별 조치 사항
1. 외관 점검 후 일반 고장수리 또는 사고차량 수리 해당 여부를 판단한다.
2. 일반적인 고장수리 시 DTC 코드 별 수리절차를 준수하여 고장수리를 진행한다.
3. 사고로 인한 차량수리 시 아래와 같이 사고유형을 판단하여 차량수리를 진행한다.
   (1) 전기적 사고
   - 과충전/과방전 : 배터리 과전압(P0DE7)/저전압(P0DE6) 코드 표출 (DTC 진단가이드 참조)
   - 단락 : 고전압 퓨즈 단선관련 진단(P1B77, P1B25) 코드 표출 (DTC 진단가이드 참조)
   (2) 화재 사고

구분	점검 절차	점검 결과	조치사항
고전압 배터리 탑재부위 외 화재	1. 외관 점검 (변형, 부식, 와이어링 피복 상태, 냄새, 커넥터)	고전압 배터리 손상	고전압 배터리 탈거 후 절연 처리 및 포장
	2. 고전압 차단 후, 고전압 배터리 절연 저항 측정 (고전압 배터리 시스템 - "절연 저항 점검" 참조)	고전압 배터리 절연 파괴	
	3. 고전압 배터리 메인 퓨즈 단선 유무 점검	메인 퓨즈 단선	메인 퓨즈 교환

점검 절차	점검 결과	조치사항
(고전압 배터리 컨트롤 시스템 - "메인 퓨즈" 참조)		
4. 고전압 배터리 메인 릴레이 융착 유무 점검 (고전압 배터리 컨트롤 시스템 - "파워 릴레이 어셈블리 (PRA)" 참조)	메인 릴레이 융착	파워 릴레이 어셈블리 (PRA) 교환
5. 기타 부품 고장 확인	기타 부품 고장	기타 부품 교환
6. 배터리 매니지먼트 유닛(BMU)의 DTC 코드 확인	DTC 발생	DTC 진단 가이드 수리 절차 수행

고전압 배터리 탑재부위 화재

점검 절차	점검 결과	조치사항
1. 외관 점검 (변형, 부식, 와이어링 피복 상태, 냄새, 커넥터)	고접압 배터리 손상	고전압 배터리 탈거 후 절연 처리 및 포장
2. 고전압 배터리 외관 손상 유무 점검	고전압 배터리 외관 손상(열흔, 그을음 등)	고전압 배터리 탈거 후 배터리 폐기 절차 수행
3. 고전압 차단 후, 고전압 배터리 절연 저항 측정 (고전압 배터리 시스템 - "절연 저항 점검" 참조)	고전압 배터리 절연 파괴	고전압 배터리 탈거 후 절연 처리 및 포장
4. 고전압 배터리 메인 퓨즈 단선 유무 점검 (고전압 배터리 컨트롤 시스템 - "메인 퓨즈" 참조)	메인 퓨즈 단선	메인 퓨즈 교환
5. 고전압 배터리 메인 릴레이 융착 유무 점검 (고전압 배터리 컨트롤 시스템 - "파워 릴레이 어셈블리 (PRA)" 참조)	메인 릴레이 융착	파워 릴레이 어셈블리 (PRA) 교환
6. 기타 부품 고장 확인	기타 부품 고장	기타 부품 교환
7. 배터리 매니지먼트 유닛(BMU)의 DTC 코드 확인	DTC 발생	DTC 진단 가이드 수리 절차 수행

(3) 충돌 사고

> **참고**
> - 차량 손상으로 고전압 배터리 탑재 부위로 접근 불가 시 고전압 시스템이 손상되지 않도록 차량 외부를 변형 및 절단하여 점검 및 수리 절차를 수행한다.
> - DTC 미발생 및 배터리 외관이 정상이면 고전압 배터리를 교체하지 않는다(단, 차량 폐차 수준으로 파손 시, 필요에 따라 고전압 배터리 폐기 절차를 수행한다).

점검 절차	점검 결과	조치사항
1. 외관 점검 (변형, 부식, 와이어링 피복 상태, 냄새, 커넥터)	고전압 배터리 손상	고전압 배터리 탈거 후 절연 처리 및 포장
2. 고전압 차단 후, 고전압 배터리 절연 저항 측정 (고전압 배터리 시스템 - "절연 저항 점검" 참조)	고전압 배터리 절연 파괴	
3. 고전압 배터리 메인 퓨즈 단선 유무 점검 (고전압 배터리 컨트롤 시스템 - "메인 퓨즈" 참조)	메인 퓨즈 단선	메인 퓨즈 교환
4. 고전압 배터리 메인 릴레이 융착 유무 점검 (고전압 배터리 컨트롤 시스템 - "파워 릴레이 어셈블리 (PRA)" 참조)	메인 릴레이 융착	파워 릴레이 어셈블리(PRA) 교환
5. 기타 부품 고장 확인	기타 부품 고장	기타 부품 교환
6. 배터리 매니지먼트 유닛(BMU)의 DTC 코드 확인	DTC 발생	DTC 진단 가이드 수리 절차 수행

(4) 침수 사고

> **참고**
> - 차량이 절반 이상 침수 상태인 경우, 서비스 인터록 커넥터 등 고전압 관련 부품에 절대 접근하지 않는다. 불가피

한 경우라도 차량을 안전한 곳으로 완전히 이동시킨 후 조치한다.

구분	점검 절차	점검 결과	조치사항
고전압 배터리 탑재부위 외 침수	1. 외관 점검 (변형, 부식, 와이어링 피복 상태, 냄새, 커넥터)	고전압 배터리 손상	고전압 배터리 탈거 후 절연 처리 및 포장
	2. 고전압 차단 후, 고전압 배터리 절연 저항 측정 (고전압 배터리 시스템 - "절연 저항 점검" 참조)	고전압 배터리 절연 파괴	
	3. 고전압 배터리 메인 퓨즈 단선 유무 점검 (고전압 배터리 컨트롤 시스템 - "메인 퓨즈" 참조)	메인 퓨즈 단선	메인 퓨즈 교환
	4. 고전압 배터리 메인 릴레이 융착 유무 점검 (고전압 배터리 컨트롤 시스템 - "파워 릴레이 어셈블리 (PRA)" 참조)	메인 릴레이 융착	파워 릴레이 어셈블리 (PRA) 교환
	5. 기타 부품 고장 확인	기타 부품 고장	기타 부품 교환
	6. 배터리 매니지먼트 유닛(BMU)의 DTC 코드 확인	DTC 발생	DTC 진단 가이드 수리 절차 수행
고전압 배터리 탑재부위 침수	1. 외관 점검 (변형, 부식, 와이어링 피복 상태, 냄새, 커넥터)	점검결과와 무관하게 조치사항 수행	고전압 배터리 탈거 후 절연처리/절연포장
	2. 고전압 배터리 외관 손상 유무 점검		
	3. 고전압 차단 후, 고전압 배터리 절연 저항 측정 (고전압 배터리 시스템 - "절연 저항 점검" 참조)		
	4. 고전압 배터리 메인 퓨즈 단선 유무 점검 (고전압 배터리 컨트롤 시스템 - "메인 퓨즈" 참조)		
	5. 고전압 배터리 메인 릴레이 융착 유무 점검 (고전압 배터리 컨트롤 시스템 - "파워 릴레이 어셈블리 (PRA)" 참조)		
	6. 기타 부품 고장 확인		
	7. 배터리 매니지먼트 유닛(BMU)의 DTC 코드 확인		

차량 장기 방치 및 냉매 주의사항

차량 장기 방치 시 주의사항

- 시동 스위치를 OFF 한 후, 의도치 않은 시동 방지를 위해 스마트 키를 차량으로부터 2m이상 떨어진 위치에 보관하도록 한다. (암전류 등으로 인한 고전압 배터리 심방전 방지)
- 고전압 배터리 SOC(State Of Charge, 배터리 충전률)가 30% 이하일 경우, 장기 방치를 금한다.
- 차량을 장기 방치할 경우, 고전압 배터리 SOC의 상태가 0으로 되는 것을 방지하기 위해 3개월에 한 번 보통 충전으로 만충전하여 보관한다.
- 보조 배터리 방전 여부 점검 및 교체 시, 고전압 배터리 SOC 초기화에 따른 문제점을 점검한다.

전기 자동차 냉매 회수/충전 시 주의사항

- 고전압을 사용하는 전기 자동차의 전동식 컴프레서는 절연성능이 높은 POE 오일을 사용한다.
- 냉매 회수/충전 시 일반 차량의 PAG 오일이 혼입되지 않도록 전기 자동차 정비를 위한 별도 전용 장비(냉매 회수/충전기)를 사용한다.

> ⚠️ **경 고**
>
> - 반드시 전동식 컴프레서 전용의 냉매 회수/충전기를 사용하여 지정된 냉매(R-134a)와 냉동유(POE)를 주입한다. 일반 차량의 냉동유(PAG)가 혼입될 경우 컴프레서 손상 및 안전사고가 발생할 수 있다.

2023 > 160kW > 스티어링 시스템 > 고전압 차단 절차

고전압 차단 절차

> **⚠ 경 고**
> - 고전압 시스템 관련 작업 시, 반드시 "안전 및 주의사항" 내용을 숙지하여 준수해야 한다. 미준수 시, 감전 또는 누전 등으로 인한 심각한 사고를 초래할 수 있다.
> - 고전압 시스템 관련 작업 시, "고전압 차단절차"에 따라 반드시 고전압을 먼저 차단해야 한다. 미준수 시, 감전 또는 누전 등으로 인한 심각한 사고를 초래할 수 있다.

> **ⓘ 참 고**
> - 고전압 시스템 부품 : 배터리 시스템 어셈블리(BSA), 모터 어셈블리, 인버터 어셈블리, 고전압 정션 블록, 파워 케이블 등

1. 진단 기기를 자기 진단 커넥터(DLC)에 연결한다.
2. IG 스위치를 ON 한다.
3. 진단 기기 서비스 데이터의 BMS 융착 상태를 확인한다.

   규정값 : Relay Welding not detection

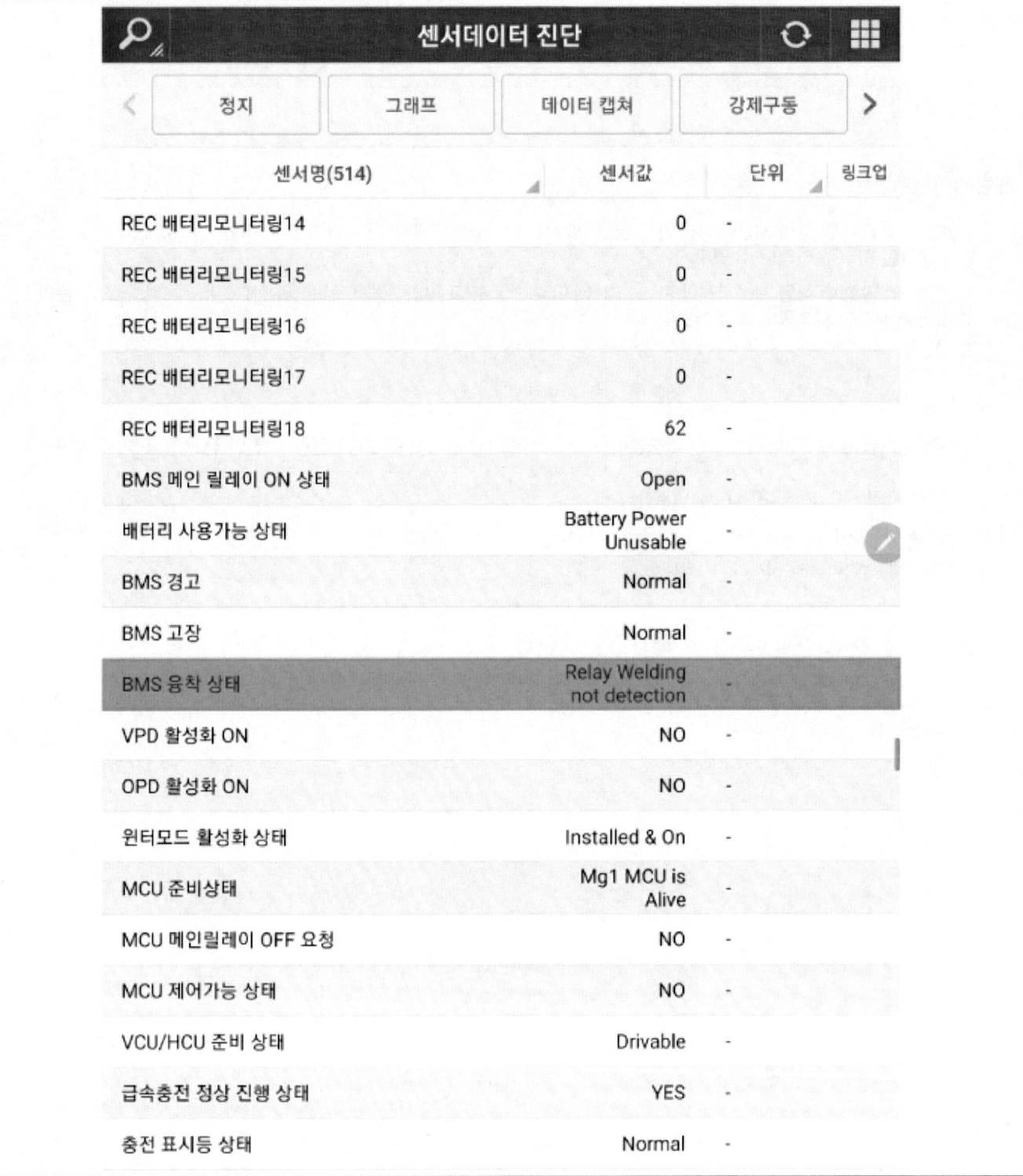

4. IG 스위치를 OFF 한다.
5. 12V 배터리 (-) 터미널을 분리한다.
   (차량 제어 시스템 - "보조 배터리 (12V)" 참조)
6. 서비스 인터록 커넥터(A)를 화살표 방향으로 분리한다.

> ⚠ 경 고
>
> - 고전압 시스템의 캐패시터가 완전히 방전될 수 있도록 3분 이상 기다린다.

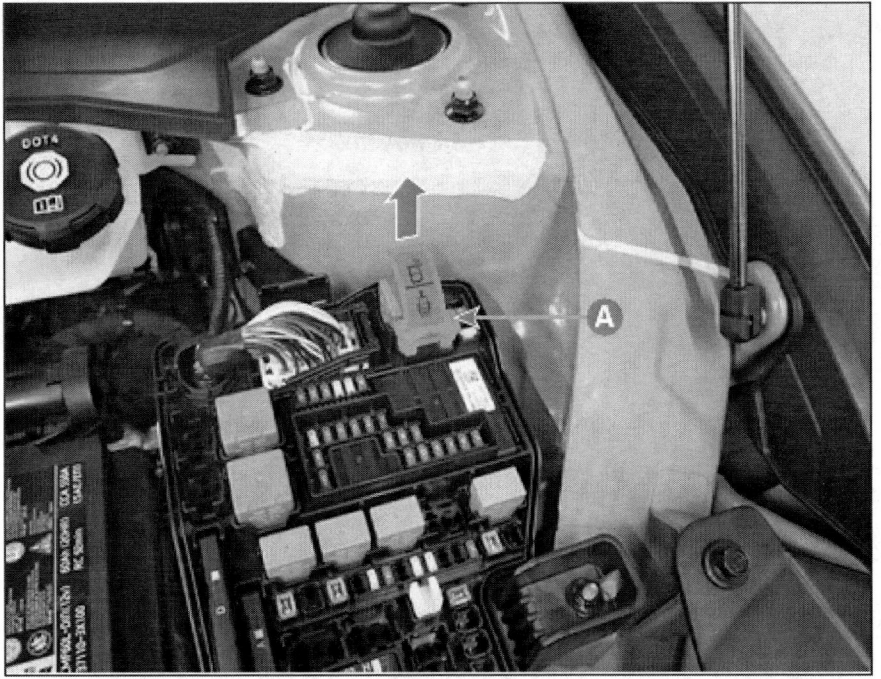

7. 인버터 단자 사이의 전압을 측정하여 인버터 캐패시터가 방전되었는지 확인한다.
   (1) 리프트를 사용하여, 차량을 들어올린다.
   (2) 프런트 언더커버를 탈거한다. [AWD]
       (모터 및 감속기 시스템 - "프런트 언더 커버" 참조)
   (3) 리어 언더커버를 탈거한다.
       (모터 및 감속기 시스템 - "리어 언더 커버" 참조)
   (4) 고전압 커넥터 커버(A)를 탈거한다. [AWD]

   체결 토크 : 0.8 ~ 1.2 kgf.m

   (5) 고전압 배터리 프런트 커넥터(A)를 분리한다. [AWD]

(6) 고전압 배터리 리어 커넥터(A)를 분리한다.

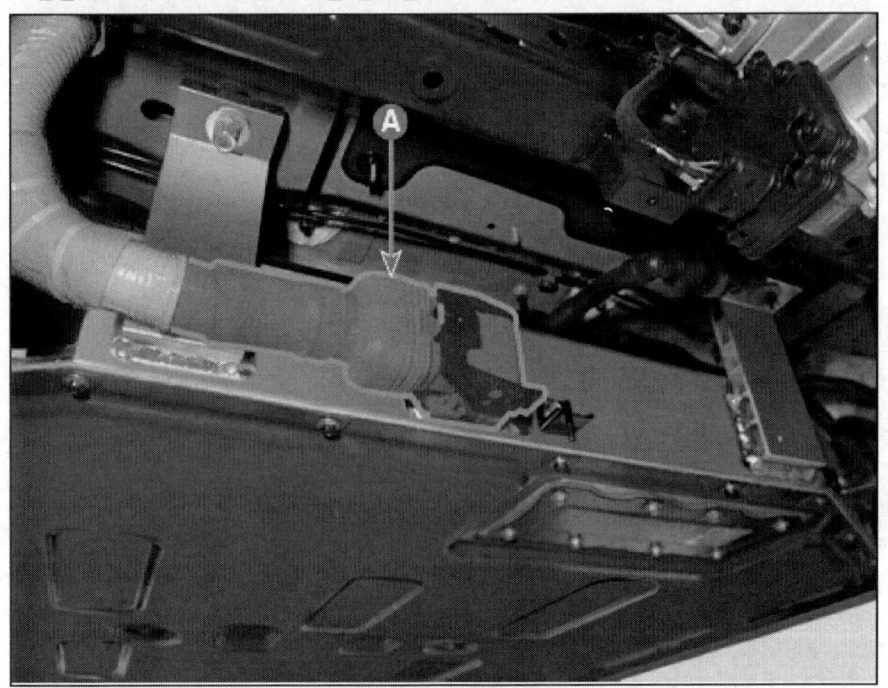

(7) 프런트 인버터 단자 사이의 전압을 측정한다. [AWD]

정상 : 30V 이하

(8) 리어 인버터 단자 사이의 전압을 측정한다.

정상 : 30V 이하

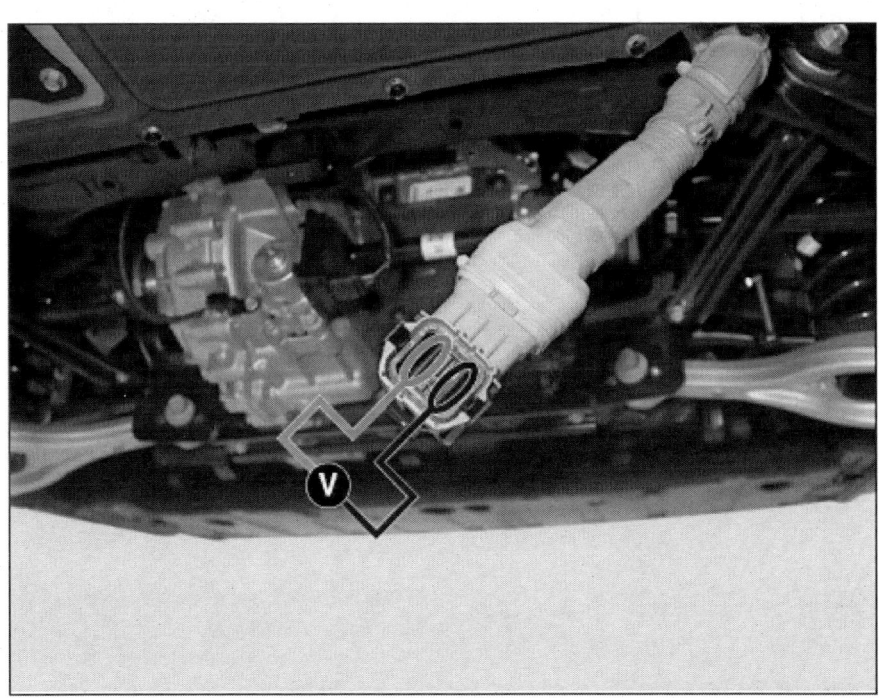

8. 배터리 시스템 어셈블리의 리어 고전압 커넥터 단자 간 전압을 측정하여 파워 릴레이 어셈블리의 융착 유무를 점검한다.

정상 : 0V

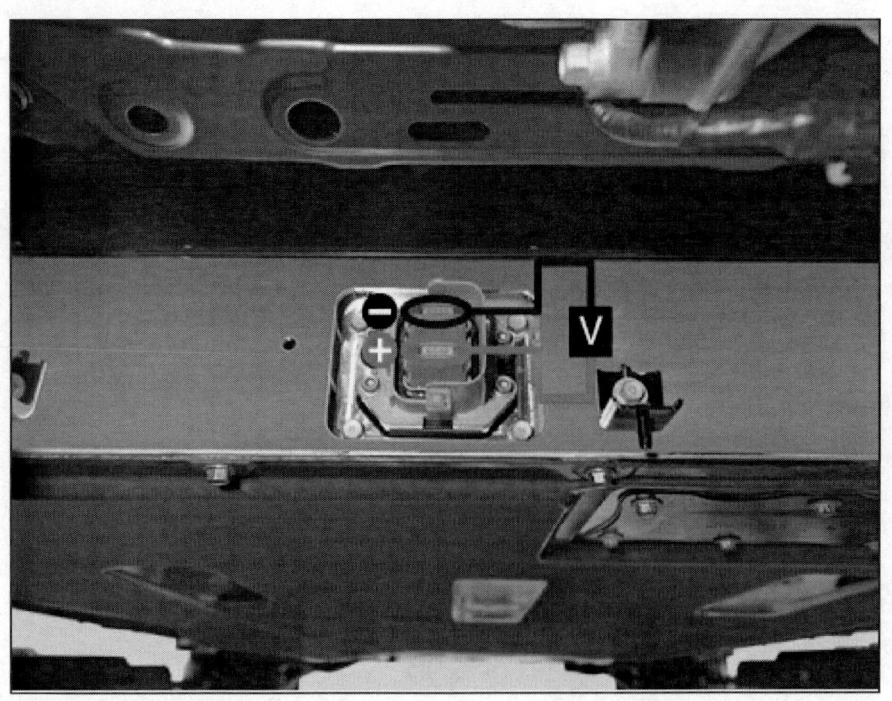

> ⚠ **경 고**
>
> - 전압이 비정상으로 측정 된 경우, 고전압 차단이 정상적으로 되지 않았을 수 있으므로 메인 퓨즈를 탈거한다.
>   (고전압 배터리 컨트롤 시스템 - "메인 퓨즈" 참조)

서비스 정보

항목	사양
형식	모터 구동식 파워 스티어링 시스템

스티어링 기어

항목	사양
형식	랙 & 피니언
랙 행정	160 ± 1 mm

스티어링 기어 최대 조향 각(공차 시)

항목	사양
내륜	37.7 ° + 0.5 ° / − 1.5°
외륜	32.8 °
내륜 조향각 좌우차	최대 1.5 °
스티어링 휠 좌우 편차	최대 10 °

히티드 스티어링 휠

항목	제원
정격 소비 전력	80 W ± 10 % (13.5V)
히티드 패드 저항	1.88 Ω ± 0.2 (22 ± 1 ℃ 에서)
NTC 저항	10.0 kΩ ± 3 % (25 ℃ 에서)
	8.88 ~ 11.27 kΩ (23 ~ 27 ℃ 에서)

체결 토크

스티어링 휠

항목	체결 토크(kgf.m)
스티어링 휠 볼트	4.0 ~ 5.0
혼 플레이트 스토퍼 볼트	0.31 ~ 0.51

MDPS 컬럼 & 하우징

항목	체결 토크(kgf.m)
유니버설 조인트와 스티어링 기어박스 볼트	5.0 ~ 6.0
스티어링 컬럼 더스트 커버 너트	1.7 ~ 2.2
스티어링 컬럼 어셈블리 하부 볼트	5.5 ~ 6.0
스티어링 컬럼 어셈블리 상부 너트	2.5 ~ 3.0
스티어링 컬럼과 유니버설 조인트 어셈블리 볼트	5.0 ~ 6.0

스티어링 기어박스

항목	체결 토크(kgf.m)
스티어링 기어박스와 서브 프레임 볼트	11.0 ~ 13.0
유니버설 조인트와 스티어링 기어박스 볼트	5.0 ~ 6.0

타이로드 엔드

항목	체결 토크(kgf.m)
타이로드 엔드와 프런트 액슬 너트	10.0 ~ 12.0
타이로드 엔드 너트	5.0 ~ 5.5

특수공구

공구 명칭 / 번호	형상	용도
볼 조인트 풀러 09568-2J100		타이로드 엔드 볼 조인트 탈거

고장진단

스티어링 휠의 유격이 과하다.

예상 원인	정비
유니버설 조인트 볼트 풀림	재조임 혹은 필요 시 교환
요크 플러그 풀림	재조임
스티어링 기어박스 볼트 풀림	재조임
타이로드 엔드의 스터드 마모, 풀림	재조임 혹은 필요 시 교환

스티어링 휠이 적절히 복원되지 않는다.

고장 원인	정비
타이로드 볼 조인트의 회전 저항이 과도함	교환
요크 플러그의 과도한 조임	조정
내측 타이로드 및 볼 조인트 불량	교환
스티어링 기어박스와 크로스 멤버의 체결이 풀림	재조임
스티어링 컬럼 샤프트 및 바디 그로밋의 마모	수리 혹은 교환
랙이 휨	교환

랙과 피니언에서 덜거덕거리거나 삐거덕거리는 소음이 난다.

예상 원인	정비
기어박스 브래킷이 풀림	재조임
타이로드 엔드 볼 조인트의 풀림	재조임
타이로드 및 타이로드 엔드 볼 조인트의 마모	교환
요크 플러그가 풀림	재조임

정비 조정 절차

스티어링 휠 유격 점검

1. 스티어링 휠을 일직선으로 정렬한다.
2. 마스킹 테이프, 케이블 타이 등을 이용해 스티어링 휠 중앙을 표시한다.

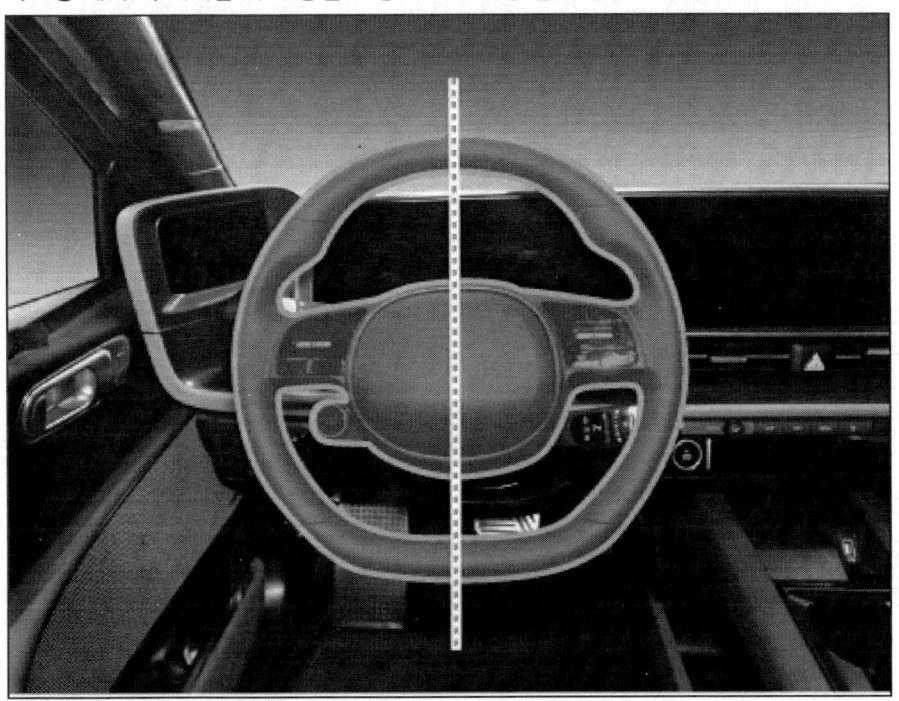

3. MDPS 파워 ON 상태에서 스티어링 휠을 좌우로 가볍게 돌려 바퀴가 움직이기 전까지 스티어링 휠이 회전한 거리를 측정한다.

스티어링 휠 유격 범위 : 0 ~ 30 mm

4. 유격이 규정 범위를 초과하는 경우 스티어링 컬럼, 기어 기타 링키지 및 체결 부의 유격을 점검한다.

정지 시 보조 조타력 점검

1. 바닥 면이 깨끗하고 평탄한 장소에 차량을 위치시킨다.

2. MDPS 파워 ON 상태에서 스프링 저울을 스티어링 휠 끝부분에 걸고 저울을 당겨 스티어링 휠이 움직이기 시작할 때의 힘을 측정한다.

조타력 : 최대 3.0 kgf

3. 측정값이 규정 값 이상인 경우 스티어링 기어박스를 점검한다.

2023 > 160kW > 스티어링 시스템 > 스티어링 휠 > 1 Page Guide Manual

스티어링 휠 탈장착

	작업	H/W	체결토크 (kgf.m)	SST/장비	케미컬	기타
• 탈거						
1	스티어링 휠 일직선으로 정렬	-	-	-	-	-
2	시동 OFF	-	-	-	-	-
3	12V 배터리 (-) 터미널 분리 (차량 제어 시스템 - "보조 배터리 (12V)" 참조)	-	-	-	-	-
4	운전석 에어백 모듈 탈거 (에어백 시스템 - "운전석 에어백 (DAB)" 참조)	-	-	-	-	매뉴얼 참고
5	스티어링 휠 커넥터 분리	-	-	-	-	-
6	스티어링 휠 탈거	볼트	4.0 ~ 5.0	-	-	매뉴얼 참고
• 분해						
1	패들 시프터 스크류 탈거	스크류	-	-	-	-
2	커넥터를 분리하여 패들 시프터 탈거	-	-	-	-	-
3	스티어링 휠 베젤 분리	스크류	-	-	-	-
4	커넥터를 분리하여 스티어링 휠 베젤 탈거	-	-	-	-	-
5	커넥터를 분리하여 DRIVE MODE 스위치 탈거	스크류	-	-	-	-
6	혼 플레이트 탈거	볼트	0.31 ~ 0.51	-	-	매뉴얼 참고
7	스티어링 휠 로어 커버 탈거	스크류	-	-	-	-
• 조립						
분해의 역순으로 진행						매뉴얼 참고
• 장착						
탈거의 역순으로 진행						매뉴얼 참고

구성부품 및 부품위치

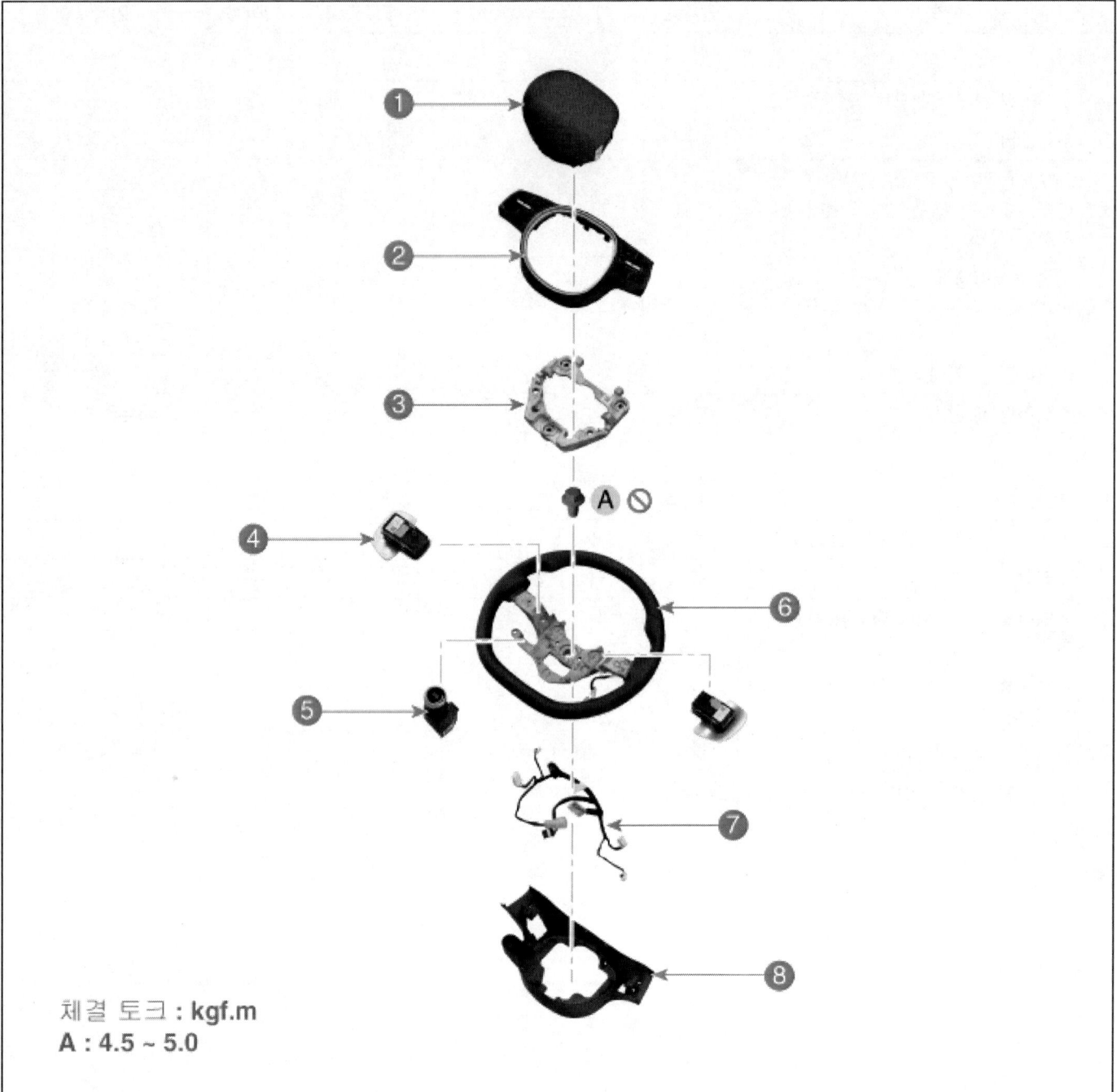

체결 토크 : kgf.m
A : 4.5 ~ 5.0

1. 운전석 에어백 모듈 (DAB)
2. 스티어링 휠 베젤
3. 혼 플레이트
4. 패들 시프터
5. 드라이브 모드 버튼
6. 스티어링 휠 바디
7. 스티어링 휠 익스텐션 와이어링
8. 로어 커버

탈거 및 장착

1. 스티어링 휠을 일직선으로 정렬한다.
2. 시동을 OFF 한다.
3. 12V 배터리 (-) 터미널을 분리한다.
   (차량 제어 시스템 - "보조 배터리 (12V)" 참조)
4. 운전석 에어백 모듈을 탈거한다.
   (에어백 시스템 - "운전석 에어백(DAB)" 참조)

⚠ **주 의**

- 에어백이 전개될 경우 부상의 위험이 있을 수 있으므로 분리한 에어백 모듈은 항상 커버 측(A)이 위를 향하도록 보관한다.

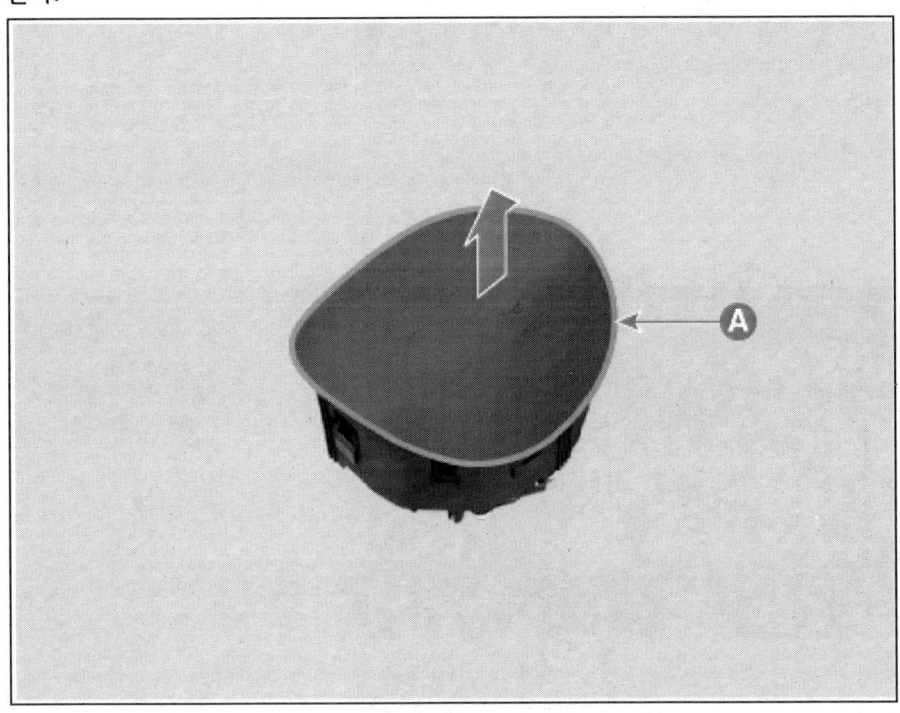

5. 스티어링 휠 커넥터(A)를 분리한다.

6. 볼트를 풀어 스티어링 휠(A)을 탈거한다.

체결 토크 : 4.0 ~ 5.0 kgf.m

> 유 의
>
> - 탈거 시 망치 등의 공구로 타격하지 않는다. 충격으로 스티어링 컬럼 및 스티어링 휠이 손상될 수 있다.
> - 스티어링 휠 볼트는 재사용하지 않는다.

7. 장착은 탈거의 역순으로 진행한다.

> 유 의
>
> - 스티어링 휠 장착 시 스티어링 휠 결치부 인식 마크(A) 및 스티어링 컬럼 합치부(B)를 일치시켜 장착한다.

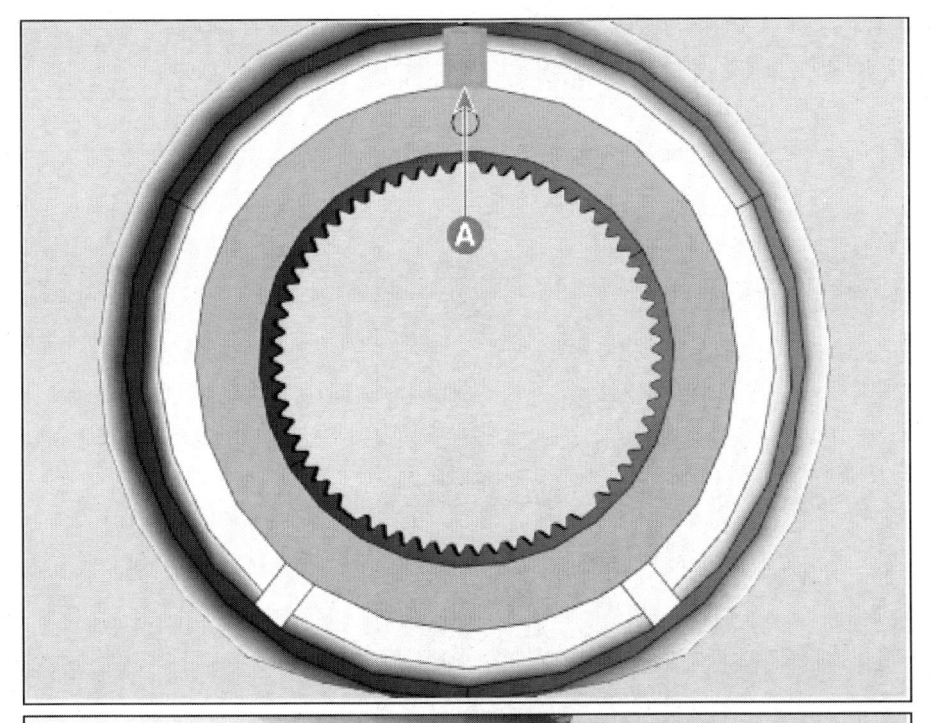
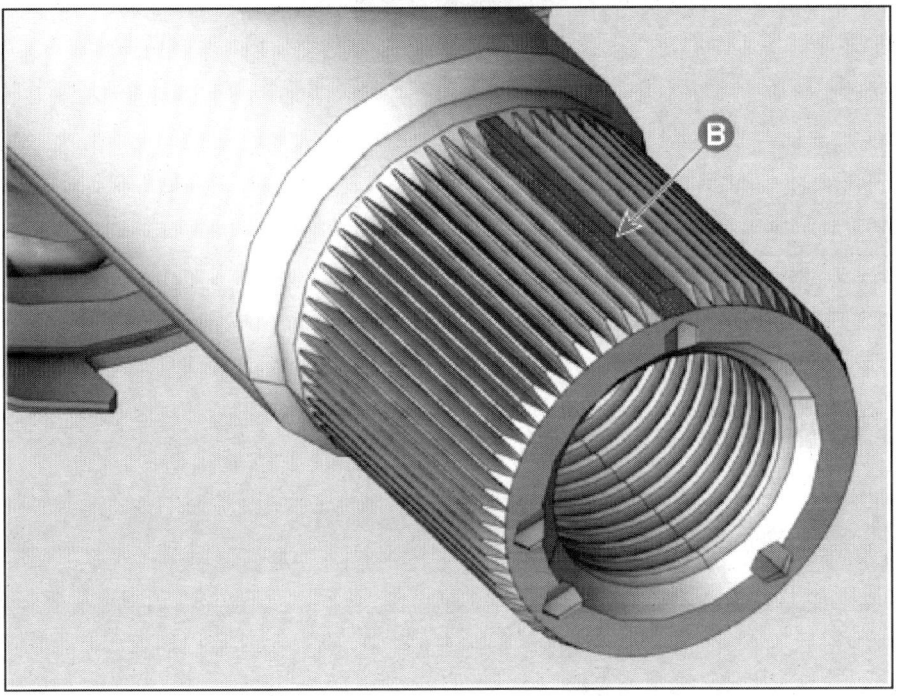

분해 및 조립

1. 패들 시프터 스크류(A)를 탈거한다.

2. 커넥터(A)를 분리하여 패들 시프터를 탈거한다.

3. 스크류(A)를 풀어 스티어링 휠 베젤(B)을 분리한다.

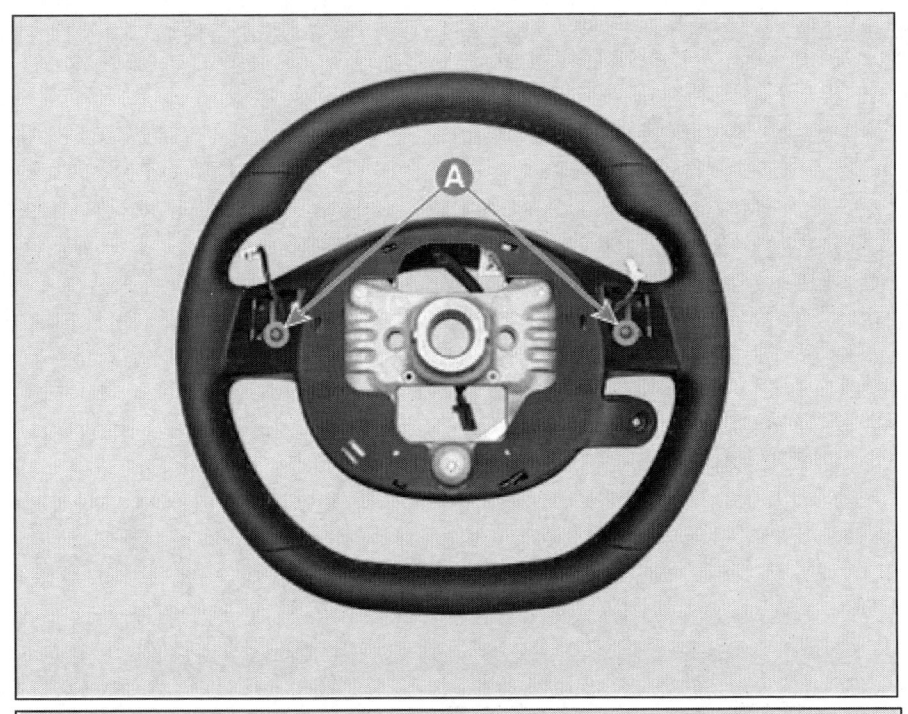

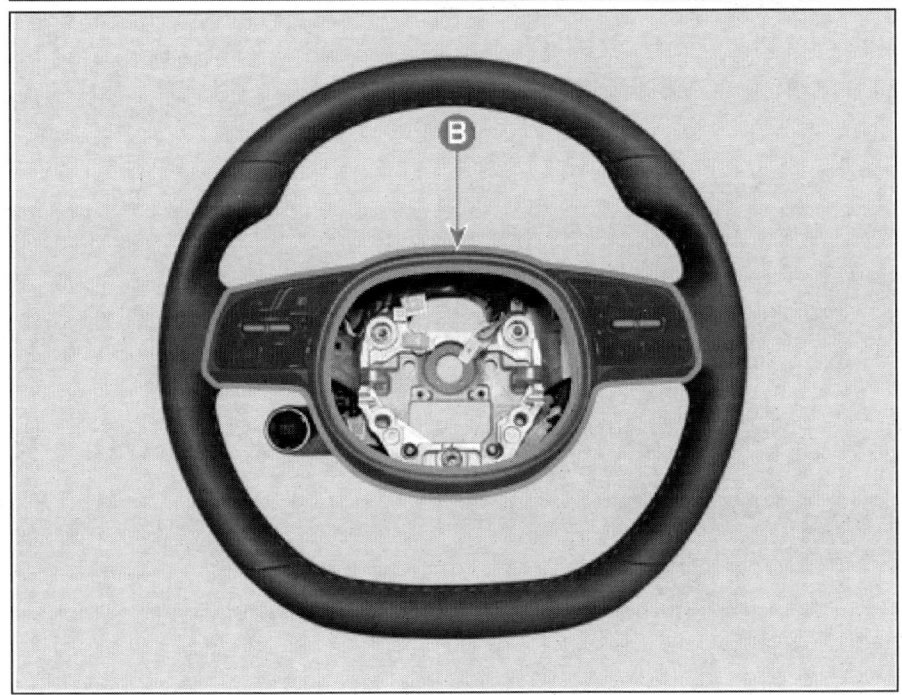

4. 커넥터(A)를 분리하여 스티어링 휠 베젤을 탈거한다.

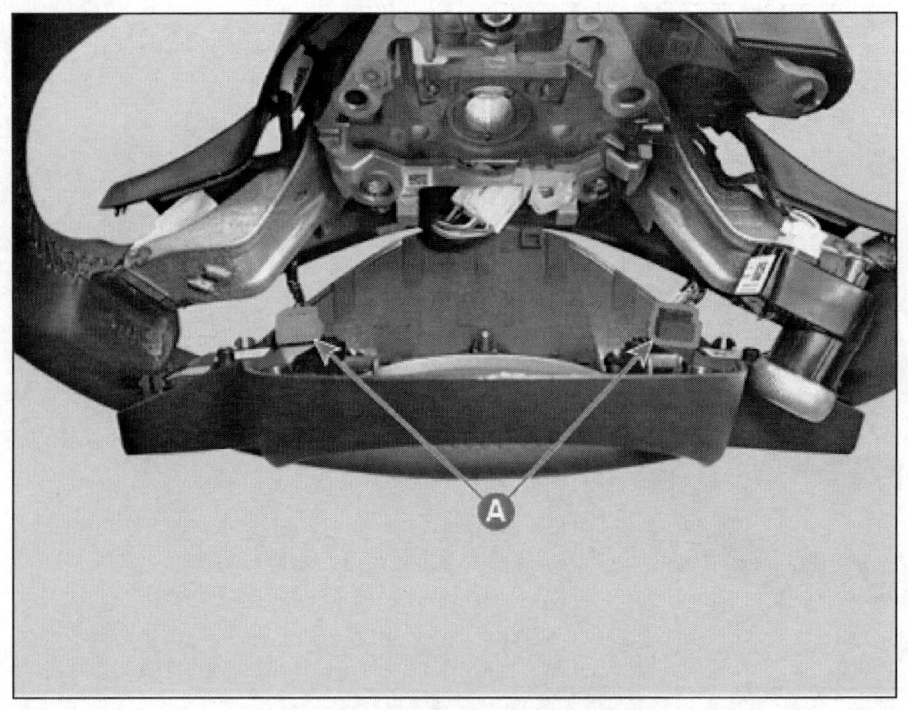

5. 스크류(A)를 풀고 커넥터(B)를 분리하여 DRIVE MODE 스위치를 탈거한다.

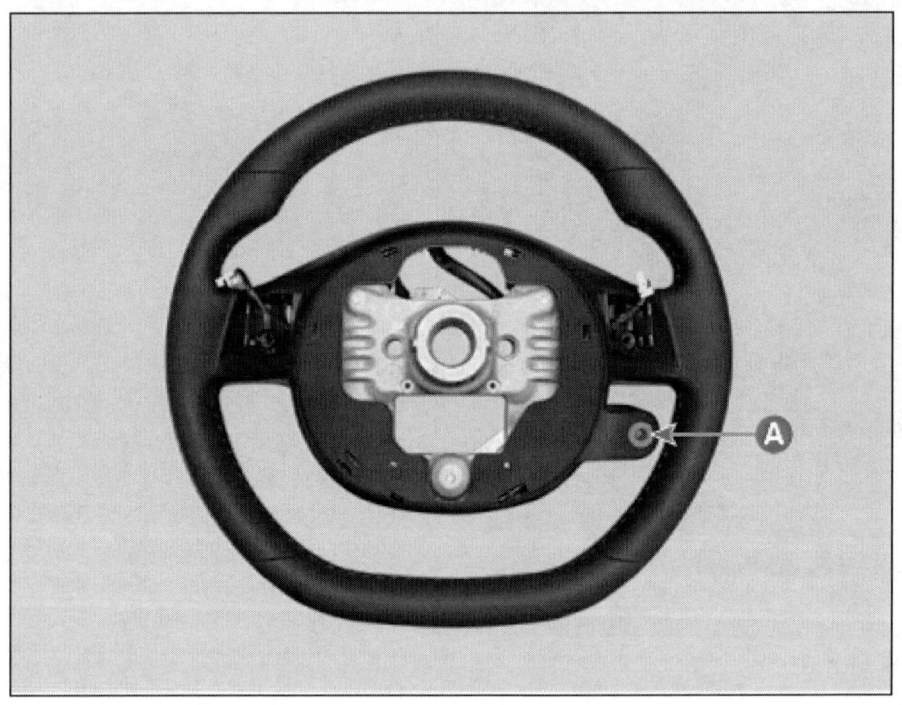

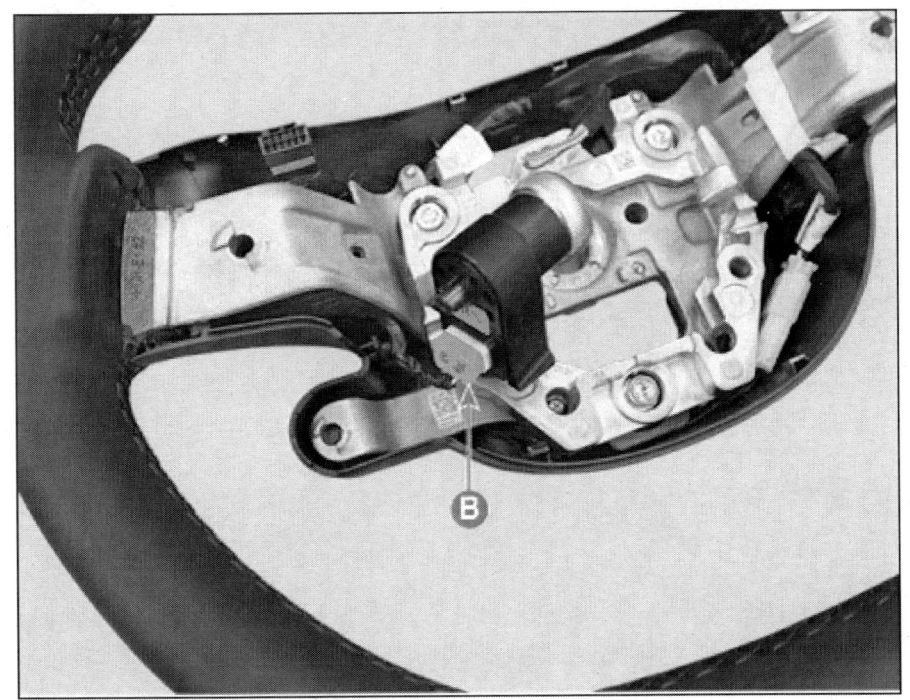

6. 볼트를 풀어 혼 플레이트(A)를 탈거한다.

   체결 토크 : 0.31 ~ 0.51 kgf.m

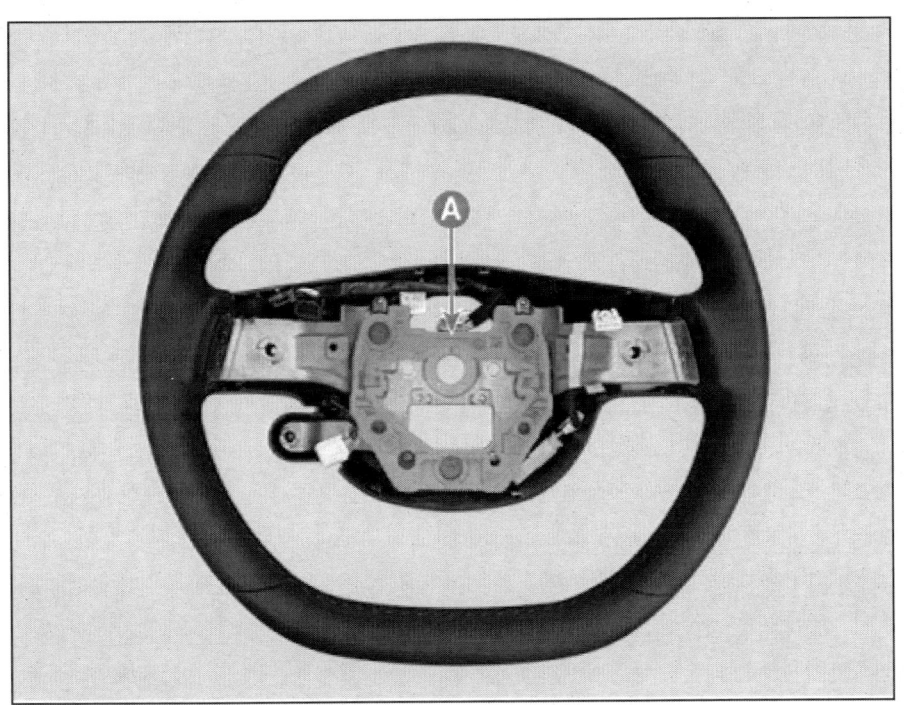

> **유 의**
>
> - 혼 플레이트 스토퍼 볼트는 재사용하지 않는다.
> - 운전석 에어백 전개 시 고정력 확보에 영향이 있으므로 반드시 규정 토크를 준수한다.

7. 스크류(A)를 풀어 스티어링 휠 로어 커버를 탈거한다.

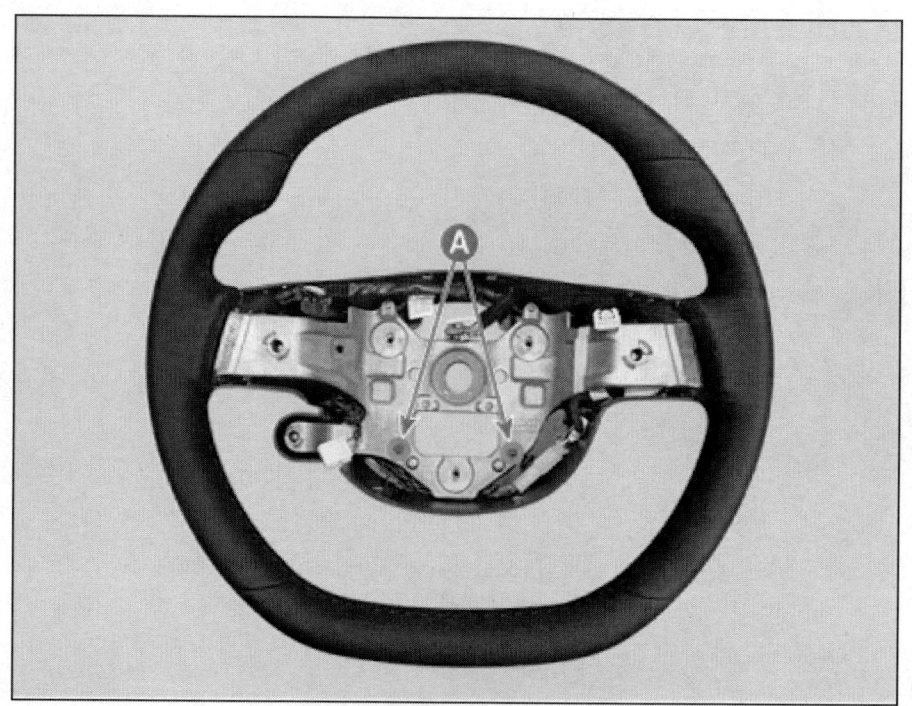

8. 스티어링 휠 익스텐션 와이어링(A)을 탈거한다.

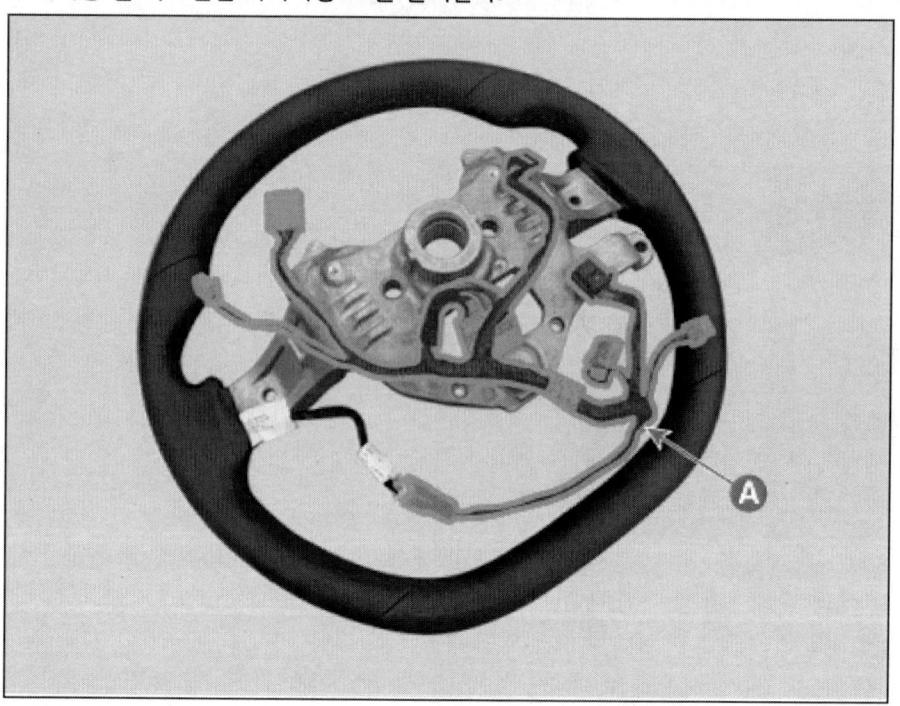

9. 조립은 분해의 역순으로 진행한다.

> **유 의**
>
> - 스티어링 휠 조립 시 과도한 토크로 조이면 부품의 손상이 유발될 수 있다.
> - 스티어링 휠 익스텐션 와이어링을 정위치로 고정하지 않고 스티어링 휠 로어 커버를 장착할 경우 단선, 단락이 발생할 수 있다.

패들 시프터 탈장착

작업		H/W	체결토크 (kgf.m)	SST/장비	케미컬	기타
• 탈거						
1	12V 배터리 (-) 터미널 분리 (차량 제어 시스템 - "보조 배터리 (12V)" 참조)	-	-	-	-	-
2	스티어링 휠 탈거 (스티어링 휠 - "탈거 및 장착" 참조)	-	-	-	-	-
3	패들 시프터 스크류 탈거	스크류	-	-	-	-
4	커넥터를 분리하여 패들 시프터 탈거	-	-	-	-	-
• 장착						
탈거의 역순으로 진행						-

커넥터 및 단자 정보

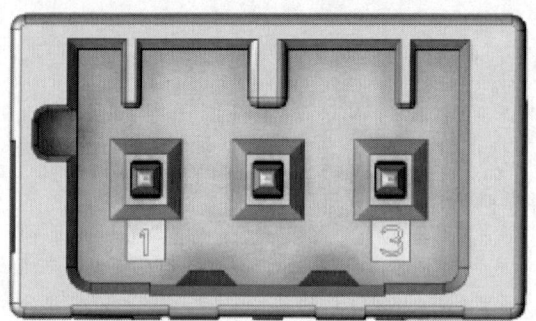

[좌측]

핀 번호	기능
1	접지
2	드라이브 모드 스위치 입력
3	시프트 스위치 DOWN 출력

[우측]

핀 번호	기능
1	접지
2	-
3	시프트 스위치 UP 출력

2023 > 160kW > 스티어링 시스템 > 스티어링 휠 > 패들 시프터 > 탈거 및 장착

탈거 및 장착

1. 12V 배터리 (-) 터미널을 분리한다.
   (차량 제어 시스템 - "보조 배터리 (12V)" 참조)
2. 스티어링 휠을 탈거한다.
   (스티어링 휠 - "탈거 및 장착" 참조)
3. 패들 시프터 스크류(A)를 탈거한다.

4. 커넥터(A)를 분리하여 패들 시프터를 탈거한다.

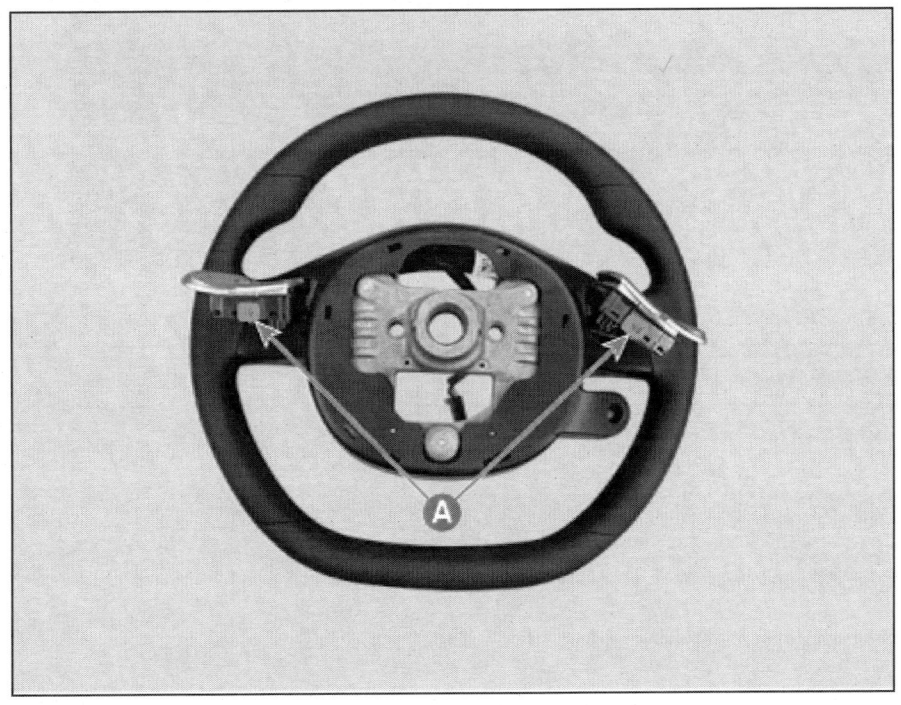

5. 장착은 탈거의 역순으로 진행한다.

2023 > 160kW > 스티어링 시스템 > 스티어링 휠 > 히티드 스티어링 휠 > 구성부품 및 부품위치

구성부품 및 부품위치

1. 히티드 스티어링 휠 컨트롤 유닛(통합 중앙 컨트롤 유닛-ICU와 통합)

탈거 및 장착

히티드 스티어링 휠 컨트롤 유닛(통합 중앙 컨트롤 유닛과 통합)

1. 통합 중앙 컨트롤 유닛(ICU)을 탈거한다.
   (바디 (내장 / 외장 / 전장) - "퓨즈 및 릴레이" 참조)

2. 장착은 탈거의 역순으로 진행한다.

구성부품 및 부품위치

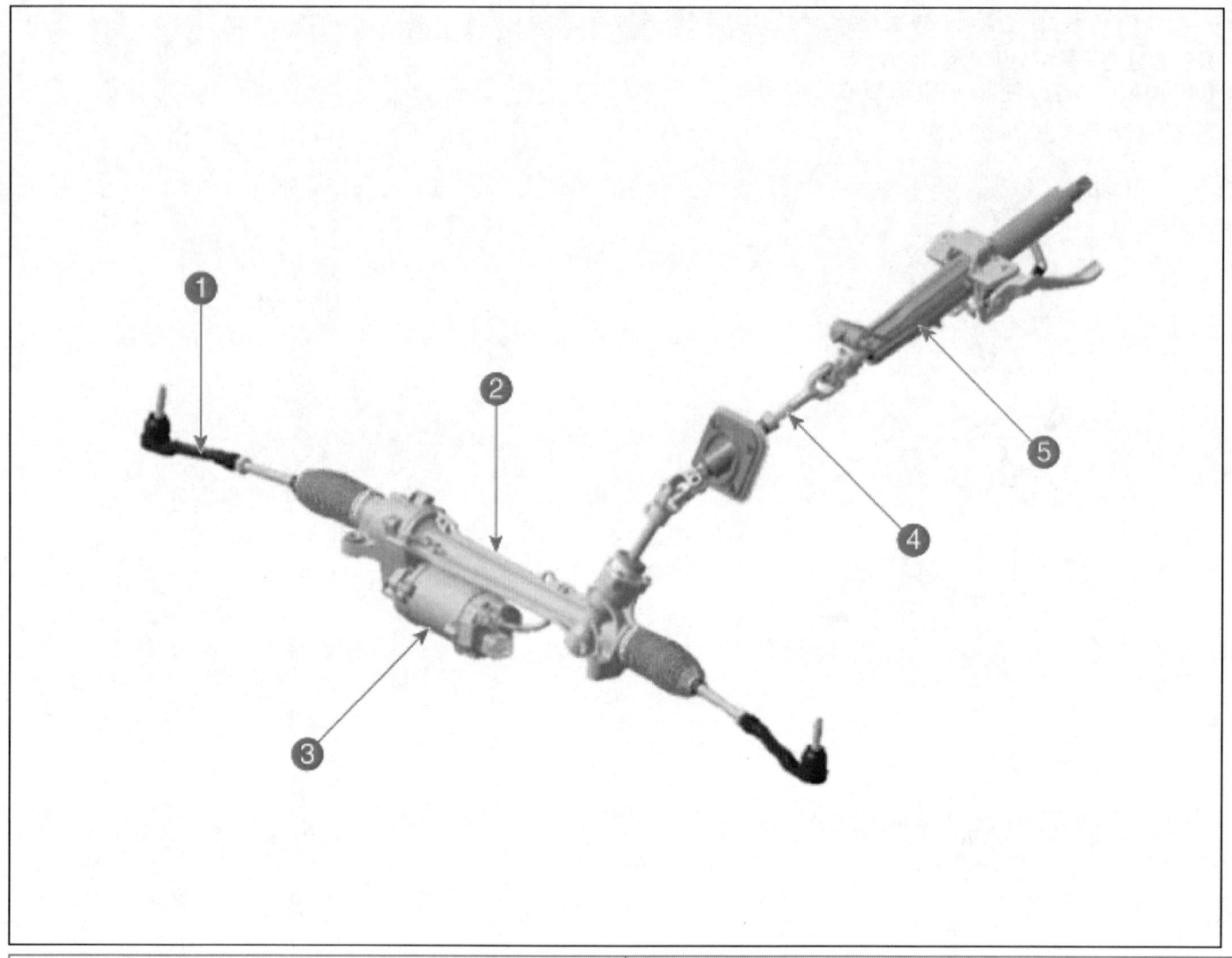

1. 타이로드 엔드
2. 스티어링 기어박스
3. MDPS 파워팩 (모터 + ECU)
4. 유니버설 조인트 어셈블리
5. 스티어링 컬럼

개요

MDPS(Motor Driven Power Steering) 시스템은 조타력을 보조하기 위한 전기 모터를 사용하며 기존의 유압식 파워 스티어링과 달리 엔진 출력의 소모 없이 독립적으로 기능을 수행한다.
MDPS 시스템은 토크 센서, 조향각 센서 등의 입력 신호들을 바탕으로 모터의 작동을 제어함으로써 운전 조건에 따라 보조 조타력을 가변적으로 발생 시킨다.
MDPS 시스템에 대한 점검은 각 구성부품에 대해서 가능하나, 교환은 파셜화 부품 단위로만 가능하며, 그 이외 부품들은 분해해서는 안 된다.

경고등

전동 파워 스티어링 경고등은 시동 'ON' 시 켜지며, 전동 파워 스티어링 시스템에 결함이 없을 경우 약 3초간 유지 후 소등된다. 주행 중에 점등되거나 3초 이후에도 유지될 경우 전동 파워 스티어링 시스템을 점검한다.

작동원리

MDPS 취급 시 주의 사항

예상 원인	대상 부품	차량 현상	이 유	요구 사항
낙하, 충격, 과다 하중	모터	• 소음 증가	• 외형상 변형이 없더라도 내부 손상 발생 가능하며 낙하품 사용 시 부하 편중 현상 발생 • 파워팩의 정밀 부품은 진동과 충격에 민감하며 오작동 발생 • 과다한 부하 하중은 예상치 못한 고장 발생	• 충격이 가해진 MDPS 사용하지 말 것 • 각 부품에 제품 자체 중량 이상의 하중 부하 금지
	ECU	• 회로 손상에 의한 오작동 - 용접점 이탈 - PCB 파손 - 정밀 부품 파손		
	토크 센서	• 토크 센서 작동 불량으로 조타감/조타력 저해	• 입력축 샤프트에 과다 하중 부하 시 토크 센서 작동 불량	• 연결부 작업 시(삽입&토크) 충격을 가하지 말 것 • 스티어링 휠 탈거 시 정규 공구 사용할 것(해머로 가격하지 말 것) • 충격이 가해진 MDPS 사용하지 말 것
	샤프트	• 조타감 저하 (좌우 상이) • 샤프트 변형으로 장착성 나빠짐		• 충격이 가해진 MDPS 사용하지 말 것
찍힘	하니스	• 오작동 - 파워 작동 불가 • MDPS 성능 불안정	• 하니스 연결부 및 하니스 자체 분리 발생	• 하니스에 부하 금지 • 과다한 충격이 가해진 하니스 사용 금지
비정상적인 온도 / 습도	파워팩	• 파워팩 오작동으로 조타 불안정	• 일반적인 사용 조건에서는 방수가 가능하나, 수분 침투로 인한 고장 발생 우려 • 수분 침투는 소량일지라도 파워팩의 정밀부품 오작동 유발	• 상온 및 적정 습도 유지 • 비 등으로 인한 침수 주의

1. MDPS 시스템은 충격에 민감하므로 낙하 등 큰 충격이 발생한 경우 신품으로 교체해야 한다.
2. 고온 다습한 환경에서 MDPS 시스템을 보관하지 않는다.
3. 변형 및 정전기에 의해 문제가 발생할 우려가 있으므로 커넥트 단자를 맨손으로 작업하지 않는다.
4. 모터 및 토크 센서 부에 낙하 등 큰 충격이 발생한 경우 신품으로 교체해야 한다.

5. 커넥터의 분리 및 접속은 반드시 차량 IG OFF 상태에서만 수행한다.

고장진단 절차

소음 / 작동 불량 정비 가이드

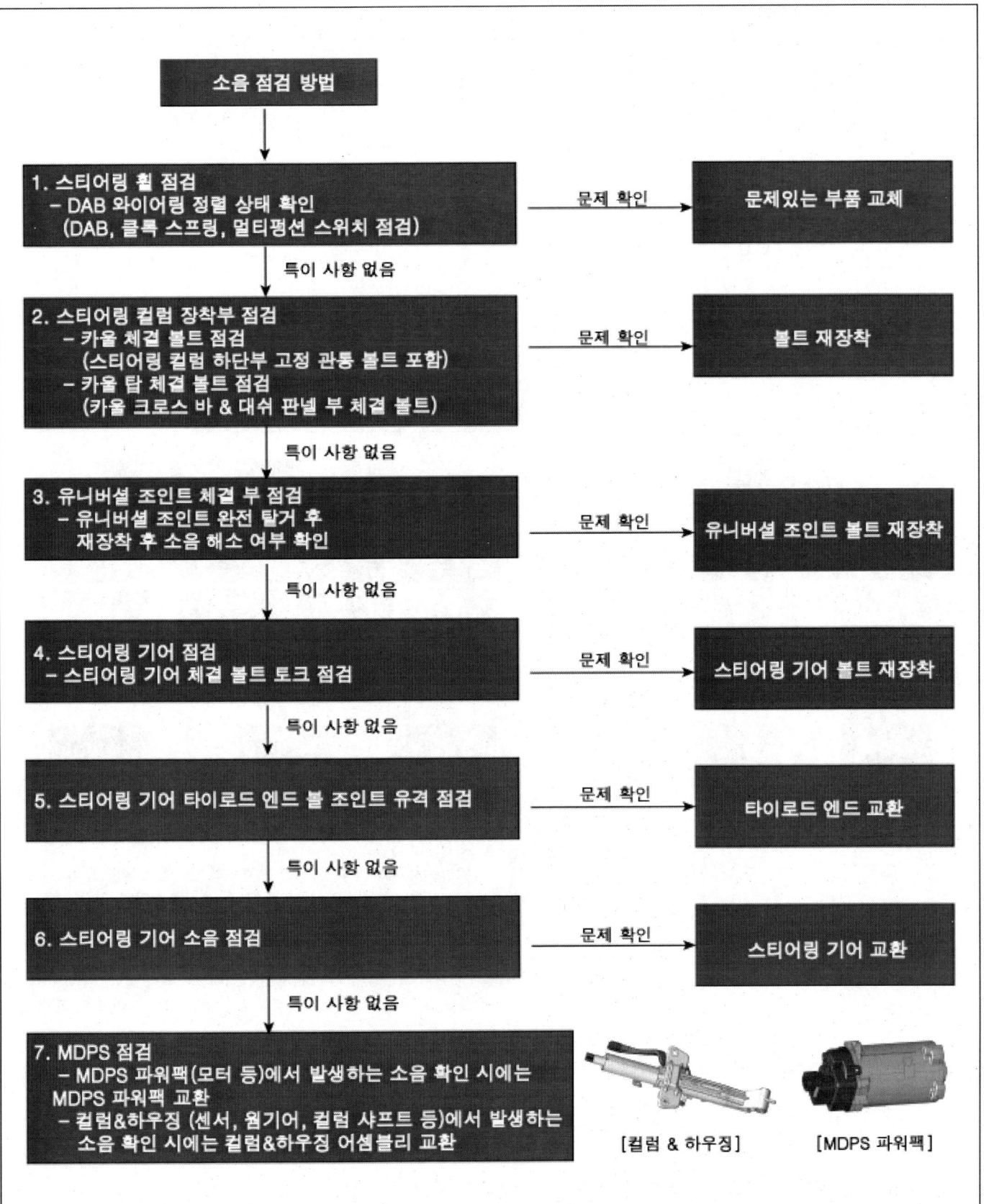

소음 / 이음 점검

현상	고장 내용 및 점검 방법	조치 방법
소음 / 이음	1. MDPS 컬럼 & 하우징 부 소음 발생	

소음 / 이음			
		- 주변 부품 제거 후 동일 소음 발생 점검	- 컬럼 & 하우징 파셜품 교환 - 모터 소음 확인 시 모터 교환
	1. 핸들 및 주변 체결 부품 점검 - DAB 와이어링 정렬 문제 등 DAB, 클록 스프링, 멀티펑션 스위치 점검		해당 부품 소음 점검 - 별도 점검 실시
	2. 스티어링 컬럼 장착부 점검 - 카울 볼트 탈거 후 재장착 (스티어링 컬럼 하단부 관통 볼트 포함)		카울 장착성 점검
	3. 유니버셜 조인트 볼트 체결부 점검 - 유니버셜 조인트 어셈블리 완전 탈거 후 재장착 후 소음 해소 여부 확인		유니버셜 조인트 볼트 마모 시 신규 볼트 체결 할 것
	4. 정차 중 조타 시 컬럼 유동부 점검 - MDPS로 연결되는 메인 와이어링 및 컬럼 / 쉬라우드 주변 간섭 / 마찰 점검		주변품 간 간격 확보 - 와이어링 및 컬럼 주변 유동 및 간섭 점검

경고등 진단 가이드

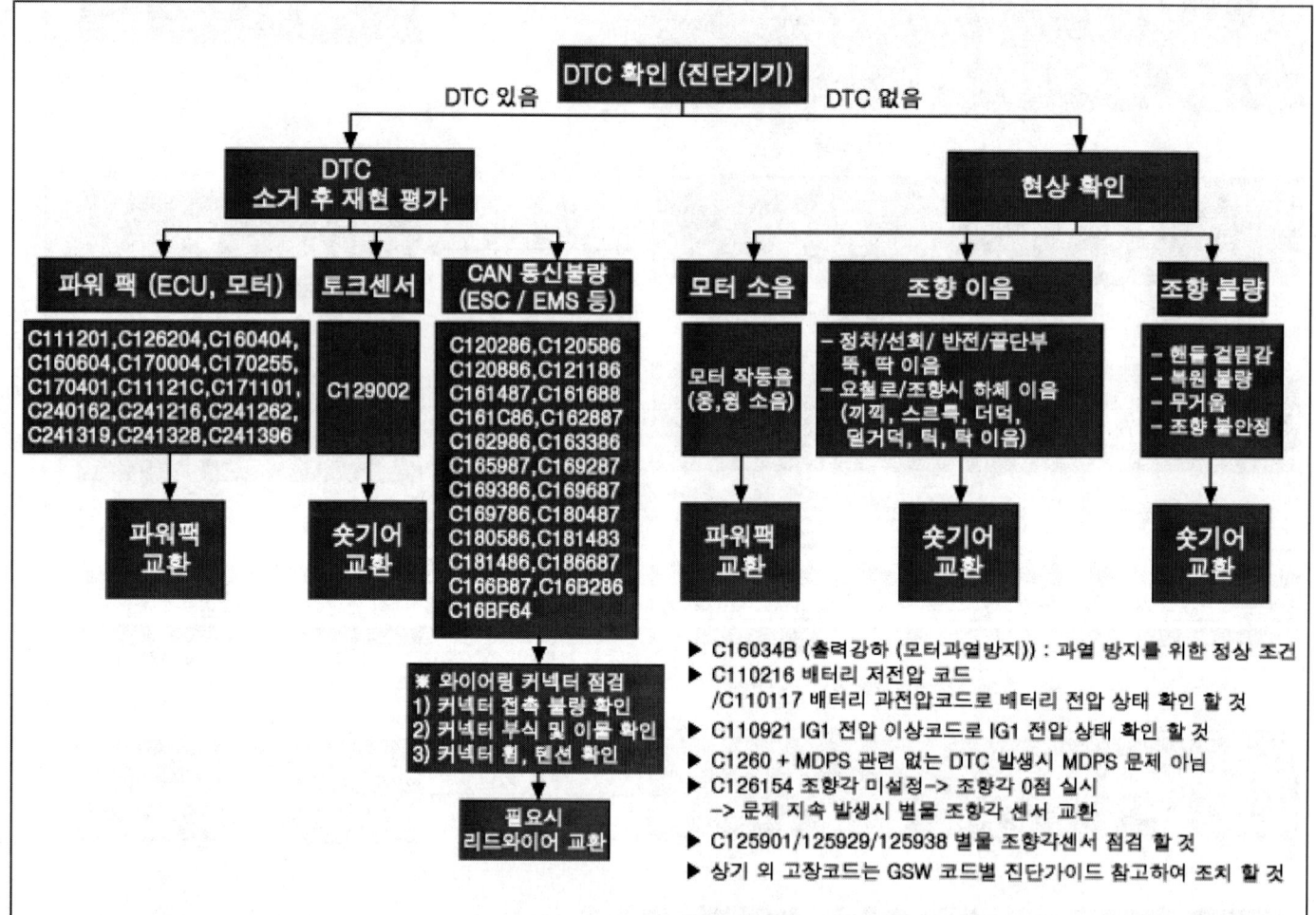

DTC 코드별 점검 항목

no	고장코드	고장코드 점등 원인	점검해야 될 항목
1	C110117	배터리 전압 높음	1. 발전기
			2. 배터리
			3. MDPS ECU
2	C110216	배터리 전압 낮음	1. 발전기
			2. 배터리
			3. MDPS ECU

3	C110921	IG1 전압 이상	1. 발전기
			2. IGN 라인
			3. MDPS ECU
4	C111201	토크 센서 공급전압 이상	1. MDPS ECU
5	C120286	휠 속도 센서 신호 이상	1. CAN 라인
	C120586		2. MDPS ECU
	C120886		3. 휠 센서 라인
	C121186		
6	C126154	조향각 센서 영점 조정 안됨	1. 조향각 초기화 여부
			2. CAN 라인
7	C126204	온도센서 고장	1. 온도센서 (MDPS ECU)
8	C129002	토크 센서 메인 신호 고장	1. 메인토크센서
			2. 토크센서커넥터
9	C16034B	출력 강하(과열방지)	1. MDPS ECU
10	C160404	ECU 하드웨어 이상	1. MDPS ECU
11	C160604	MDPS ECU 소프트웨어 이상	1. MDPS ECU
12	C161487	VCU CAN 통신 응답 지연	1. VCU CAN 라인 점검
			2. CAN 라인 점검
13	C161688	CAN BUS 이상	1. CAN 라인 점검
14	C161C86	VCU CAN 통신 신호 이상	1. VCU CAN 라인 점검
			2. CAN 라인 점검
15	C161F86	차속 신호 이상	1. CAN 라인
			2. MDPS ECU
			3. 휠센서
16	C162887	CLU CAN 통신 응답 지연	1. CAN 라인
			2. MDPS ECU
			3. 클러스터
17	C162986	CLU CAN 통신 신호 이상	1. CAN 라인
			2. MDPS ECU
			3. 클러스터
18	C163386	CLU CAN 통신 신호 이상	1. CAN 라인
			2. MDPS ECU
			3. 클러스터
19	C165987	CAN SAS 신호 미입력	1. SAS 송출 UNIT
			2. CAN 라인
20	C169287	VSM CAN 신호 미입력	1. CAN 라인
			2. MDPS ECU
			3. BCM (IPM)
21	C169386	VSM CAN 신호 이상	1. CAN 라인
			2. MDPS ECU
			3. BCM (IPM)
22	C169687	PA CAN 신호 미입력	1. CAN 라인

			2. MDPS ECU
			3. SPAS ECU
23	C169786	PA CAN 신호 이상	1. CAN 라인
			2. MDPS ECU
			3. SPAS ECU
24	C170004	사양인식 미적용(BYTE)	1. MDPS ECU
25	C170255	사양인식 미적용(Variant)	1. 지역별 사양 선택
26	C170401	ECU 안전 릴레이 이상	1. MDPS ECU
27	C171101	비정상 파워OFF 누적	1. 발전기
			2. 배터리
			3. MDPS ECU
28	C180487	LKAS CAN 신호 미입력	1. CAN 라인
			2. MDPS ECU
			3. LKAS ECU
29	C180586	LKAS CAN 신호 이상	1. CAN 라인
			2. MDPS ECU
			3. LKAS ECU
30	C181483	CAN SAS 신호 이상	1. SAS 송출 UNIT
	C181486		2. CAN 라인
31	C240162	모터 회로 이상	1. 모터 위치 센서
			2. 모터 커넥터
32	C241216	모터 단락/단선	1. 모터
	C241262		2. 모터 센서 커넥터
33	C186687	ICSC CAN 미수신	1. ICSC(통합제어기)
34	C166B87	휠 속도 센서 신호 미수신	1. 휠 속도 센서
			2. CAN 라인
35	C16B286	휠 속도 센서 신호 이상	1. 휠 속도 센서
			2. CAN 라인
36	C16BF64	휠 속도 차속 모니터링 이상	1. 휠 속도 센서
			2. CAN 라인
37	C241319	모터 전류 이상	1. 모터 전류 센서
	C241328		
	C241396		
38	C11121C	모터 포지션 센서의 공급 전원 이상	1. 모터 포지션 센서 추가 필요

> ⚠ **주 의**
>
> MDPS 경고등이 점등되지 않은 상태에서 아래 현상들은 고장이 아니다.
> - 엔진 시동 직후 MDPS 시스템 자기진단 시간(약 2초) 동안 일시적으로 보조 조타력이 발생되지 않을 수 있다.
> - 엔진 On 또는 OFF 시 릴레이 접속으로 인한 소음이 있을 수 있다.
> - 정차 또는 저속 주행 상태에서 스티어링 휠 조작 시 모터 회전에 의한 소음이 있을 수 있다.

MDPS(Motor Driven Power Steering) 취급 시 주의사항
1. 신규 파셜 부품의 낙하, 충격, 외부 과다 하중 발생 시 내부 손상으로 고장 발생됨.

→ 파셜 부품 충격 주의 및 낙하 등으로 인해 충격을 받았을 경우 신품으로 교환할 것.
2. 스티어링 휠 체결 시 과도한 토크로 체결할 경우 토크 센서 중심이 틀어질 수 있음.
   → 과도한 힘(임팩트 렌치 등) 체결 주의.
3. 커넥터 탈장착 시 과도한 외력을 가할 시 변형 등 배선 손상이 발생할 수 있음
   → 커넥터 장착 / 탈거 시 과도한 외력 사용 금지.
4. 비정상적인 온도, 습도 조건에서 파셜 부품 보관 및 교체 작업 주의 필요.

2023 > 160kW > 스티어링 시스템 > 전동 파워 스티어링 시스템(MDPS) > MDPS 컬럼 & 하우징 > 1 Page Guide Manual

MDPS 컬럼 & 하우징 탈장착

	작업	H/W	체결토크 (kgf.m)	SST/장비	케미컬	기타
• 탈거						
1	스티어링 휠 일직선으로 정렬	-	-	-	-	-
2	시동 OFF	-	-	-	-	-
3	스티어링 휠이 움직이지 않게 고정	-	-	-	-	매뉴얼 참고
4	12V 배터리 (-) 터미널 분리 (차량 제어 시스템 - "보조 배터리 (12V)" 참조)	-	-	-	-	-
5	클록 스프링 어셈블리 탈거 (에어백 시스템 - "클록 스프링" 참조)	-	-	-	-	-
6	메인 크래쉬 패드 어셈블리 탈거 (바디 (내장 / 외장 / 전장) - "메인 크래쉬 패드 어셈블리" 참조)	-	-	-	-	-
7	브레이크 페달 탈거 (브레이크 시스템 - "브레이크 페달" 참조)	-	-	-	-	-
8	유니버설 조인트를 피니언 샤프트에서 분리	볼트	5.0 ~ 6.0	-	-	매뉴얼 참고
9	와이어링 클립 분리	클립	-	-	-	-
10	스티어링 컬럼 더스트 커버 탈거	너트	1.7 ~ 2.2	-	-	-
11	스티어링 컬럼 볼트 탈거	볼트	5.5 ~ 6.0	-	-	-
12	스티어링 컬럼 탈거	너트	2.5 ~ 3.0	-	-	-
• 분해						
1	유니버설 조인트 어셈블리 탈거	볼트	5.0 ~ 6.0	-	-	매뉴얼 참고
• 조립						
분해의 역순으로 진행						매뉴얼 참고
• 장착						
탈거의 역순으로 진행						매뉴얼 참고
• 부가기능						
• 진단기능 - MDPS 튜닝 사양 설정을 실행하여 지역별 사양을 선택 - 조향각 센서(SAS) 영점 설정 및 조향감 토크 영점 설정						

2023 > 160kW > 스티어링 시스템 > 전동 파워 스티어링 시스템(MDPS) > MDPS 컬럼 & 하우징 > 탈거

탈거

1. 스티어링 휠을 일직선으로 정렬한다.
2. 시동을 OFF 한다.
3. 스티어링 휠이 움직이지 않게 고정한다.

> **유 의**
> - 유니버설 조인트 어셈블리를 스티어링 기어박스에서 분리한 상태에서 스티어링 휠이 계속 회전하면 클락 스프링 중립 위치가 변경되어 클락 스프링 내부 케이블 단선등이 발생할 수 있다.

4. 12V 배터리 (-) 터미널을 분리한다.
   (차량 제어 시스템 - "보조 배터리 (12V)" 참조)
5. 클록 스프링 어셈블리를 탈거한다.
   (에어백 시스템 - "클록 스프링" 참조)
6. 메인 크래쉬 패드 어셈블리를 탈거한다.
   (바디 (내장 / 외장 / 전장) - "메인 크래쉬 패드 어셈블리" 참조)
7. 브레이크 페달을 탈거한다.
   (브레이크 시스템 - "브레이크 페달" 참조)
8. 볼트(A)를 풀어 유니버설 조인트를 피니언 샤프트에서 분리한다.

체결 토크 : 5.0 ~ 6.0 kgf.m

> **유 의**
> - 스티어링 휠을 유동하지 않게 고정한다.
> - 스티어링 유니버설 조인트 볼트는 재사용하지 않는다.
> - 스티어링 휠 유동 시 클록 스프링 내부 케이블이 손상될 수 있으므로 중립을 유지한다.

9. 와이어링 클립(A)을 분리한다.

10. 너트(A)를 풀어 스티어링 컬럼 더스트 커버를 탈거한다.

   체결 토크 : 1.7 ~ 2.2 kgf.m

11. 스티어링 컬럼 볼트(A)를 탈거한다.

   체결 토크 : 5.5 ~ 6.0 kgf.m

12. 너트(A)를 풀어 스티어링 컬럼을 탈거한다.

체결 토크 : 2.5 ~ 3.0 kgf.m

분해 및 조립

1. 볼트를 풀어 유니버설 조인트 어셈블리(A)를 탈거한다.

   체결 토크 : 5.0 ~ 6.0 kgf.m

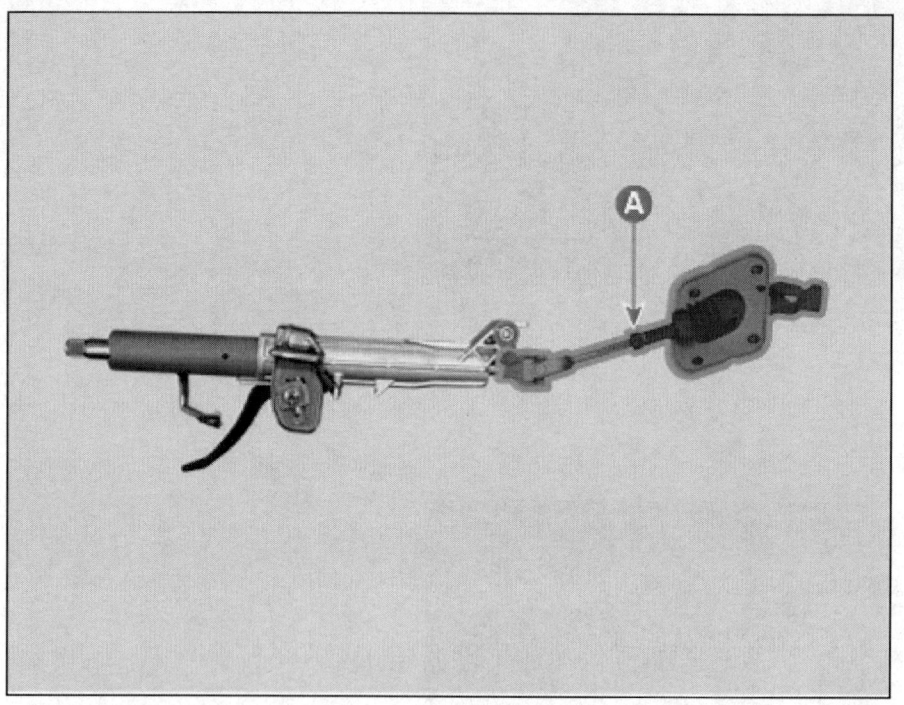

> **유 의**
>
> - 유니버설 조인트 볼트는 재사용하지 않는다.

2. 조립은 분해의 역순으로 한다.

> **유 의**
>
> - 단품 장착 시 규정 토크를 준수하여 장착한다.

2023 > 160kW > 스티어링 시스템 > 전동 파워 스티어링 시스템(MDPS) > MDPS 컬럼 & 하우징 > 점검

점검

1. 스티어링 컬럼의 손상 및 변형을 점검한다.
2. 조인트 베어링의 손상 및 마모를 점검한다.
3. 틸트 브래킷의 손상 및 균열을 점검한다.

2023 > 160kW > 스티어링 시스템 > 전동 파워 스티어링 시스템(MDPS) > MDPS 컬럼 & 하우징 > 장착

장착

1. 장착은 탈거의 역순으로 진행한다.

   > **유 의**
   >
   > - 단품 장착 시 규정 토크를 준수하여 장착한다.
   > - 스티어링 컬럼 장착 시 다월핀(A)을 MDPS 브래킷 홈(B)에 잘 끼워 넣는다.

   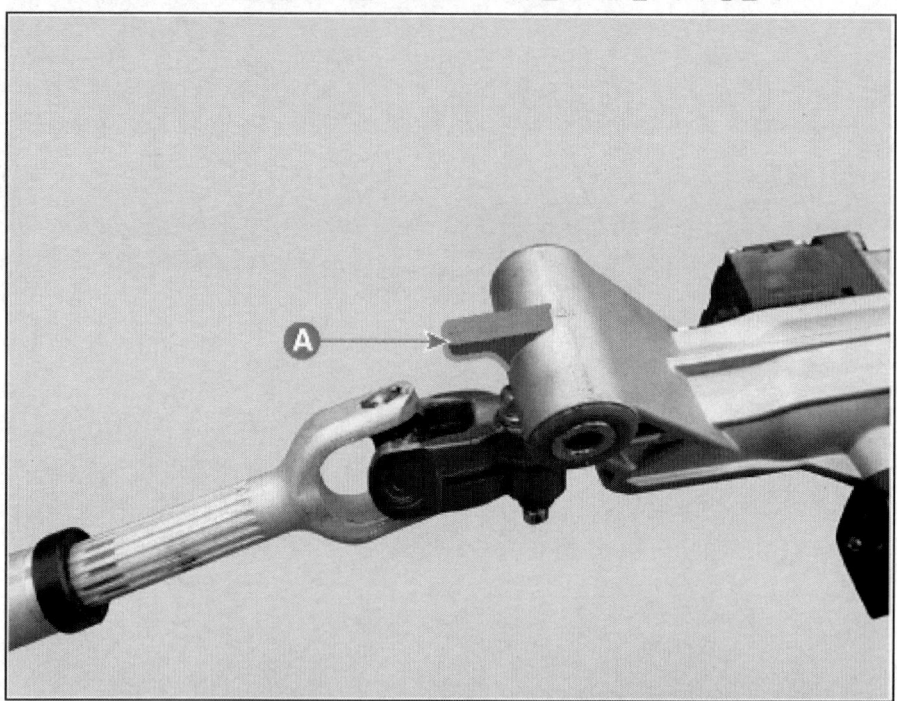

   > - 장착 시 유니버설 조인트 어셈블리를 스티어링 기어박스 피니언 샤프트에 확실히 삽입하여 체결한다.

2. MDPS 튜닝 사양 설정을 실행하여 지역별 사양을 선택한다.
   (MDPS 컬럼 & 하우징 - "조정" 참조)

3. 조향각 센서(SAS) 영점 설정 및 조향감 토크 영점 설정을 실시한다.
   (MDPS 컬럼 & 하우징 - "조정" 참조)

2023 > 160kW > 스티어링 시스템 > 전동 파워 스티어링 시스템(MDPS) > MDPS 컬럼 & 하우징 > 조정

진단 기기 부가기능

MDPS 사양 인식

전동 파워 스티어링(MDPS)은 조타감이 다른 여러 가지 설정(튜닝맵)을 ECU 내에 저장할 수 있으며, 적용 지역 및 차량 엔진 타입에 따라 다른 조타감을 저장하고 있기 때문에 적용 지역과 차량에 알맞은 코드를 설정해야 한다.

> **유 의**
>
> - MDPS 튜닝 사양 설정 절차 누락 시 전동 파워 스티어링 성능에 문제가 발생할 수 있다.

MDPS 튜닝 사양 설정 절차

> **유 의**
>
> - 진단 기기를 사용하여 MDPS 사양 인식 전 배터리 전압이 정상인지 확인한다.
> - MDPS 사양 인식 중 차량 또는 진단 기기와 연결된 어떠한 커넥터도 분리되지 않도록 주의한다.
> - MDPS 사양 인식 작업이 완료되면, IG OFF하고 20초 이상 대기한 후 엔진을 시동하여 정상 작동 여부를 확인한다.

1. 진단 기기 진단 장비를 차량의 자가 진단 커넥터와 연결한다.
2. IG ON한다.
3. 스티어링 휠을 직진 상태로 정렬한다.

> **유 의**
>
> - 클록 스프링을 중립 상태로 세팅한다.
>   (중립 기준 ±90° 이상이면 영점 설정 안 됨)

4. 진단 기기 초기 화면에서 "차종"과 "Motor Driven Power Steering"을 선택한 후 확인을 선택한다.
5. MDPS 튜닝 사양 설정 메뉴를 선택한다.

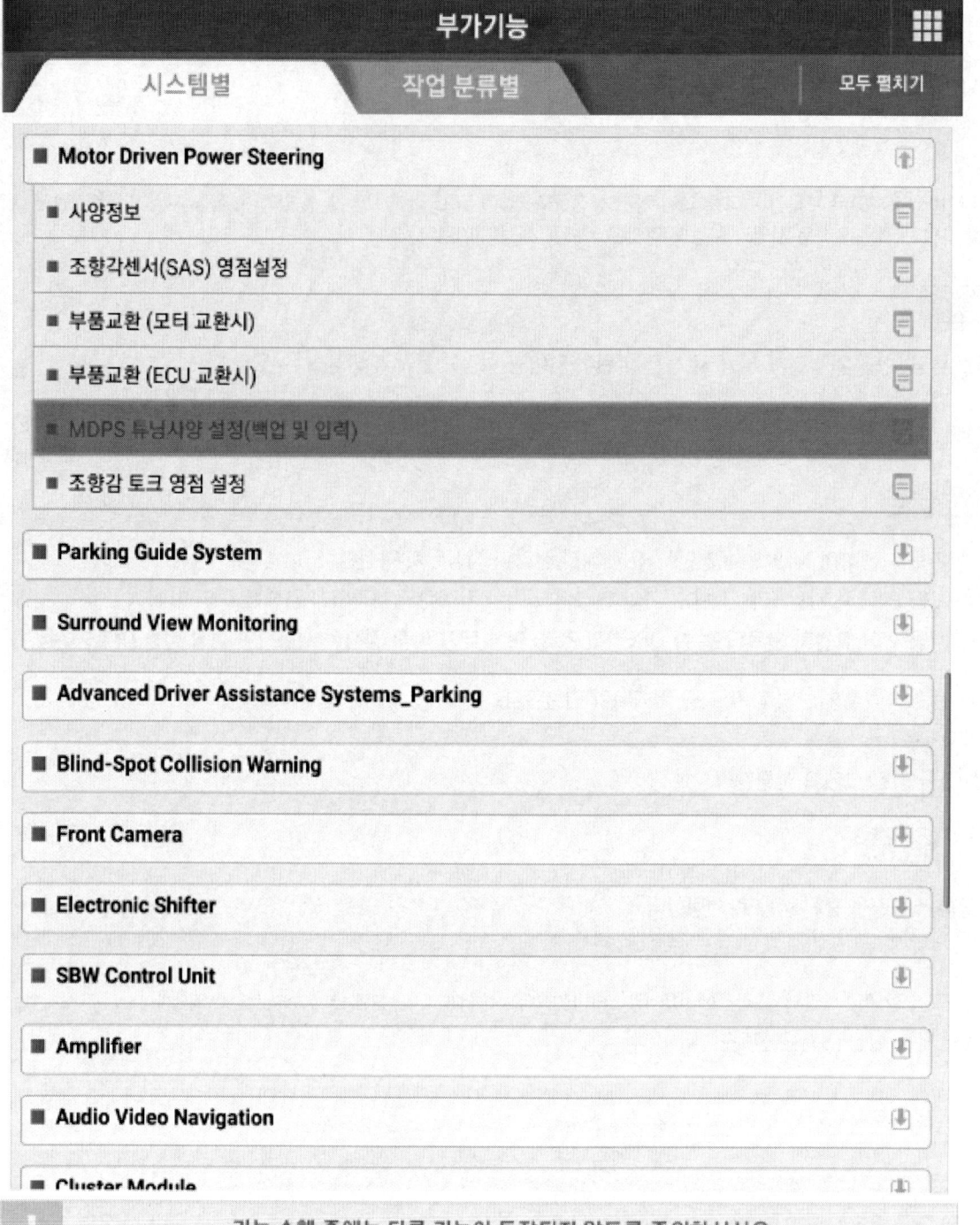

부가기능

- MDPS 튜닝사양 설정

검사목적	본 기능은 MDPS Type을 해당 지역별로 정확히 인식시켜 MDPS 기능을 최적화 시키는 작업입니다.
검사조건	1. 시동키 ON 2. 엔진 정지
연계단품	Motor Driven Power Steering(MDPS) ECU
연계DTC	C170255
불량현상	경고등 점등
기 타	-

[확인]

! 기능 수행 중에는 다른 기능이 동작되지 않도록 주의하십시오.

부가기능

■ MDPS 튜닝사양 설정(백업 및 입력)

● [MDPS 튜닝사양 설정]

백업 및 입력이 불가 할 경우 아래 지역 및 사양에 맞는 튜닝값을 선택하고 [확인] 버튼을 누르십시오.

현재값 : -

[확인] 버튼 : 튜닝값 입력

[취소] 버튼 : 부가기능 종료

| 확인 | 취소 |

! 기능 수행 중에는 다른 기능이 동작되지 않도록 주의하십시오.

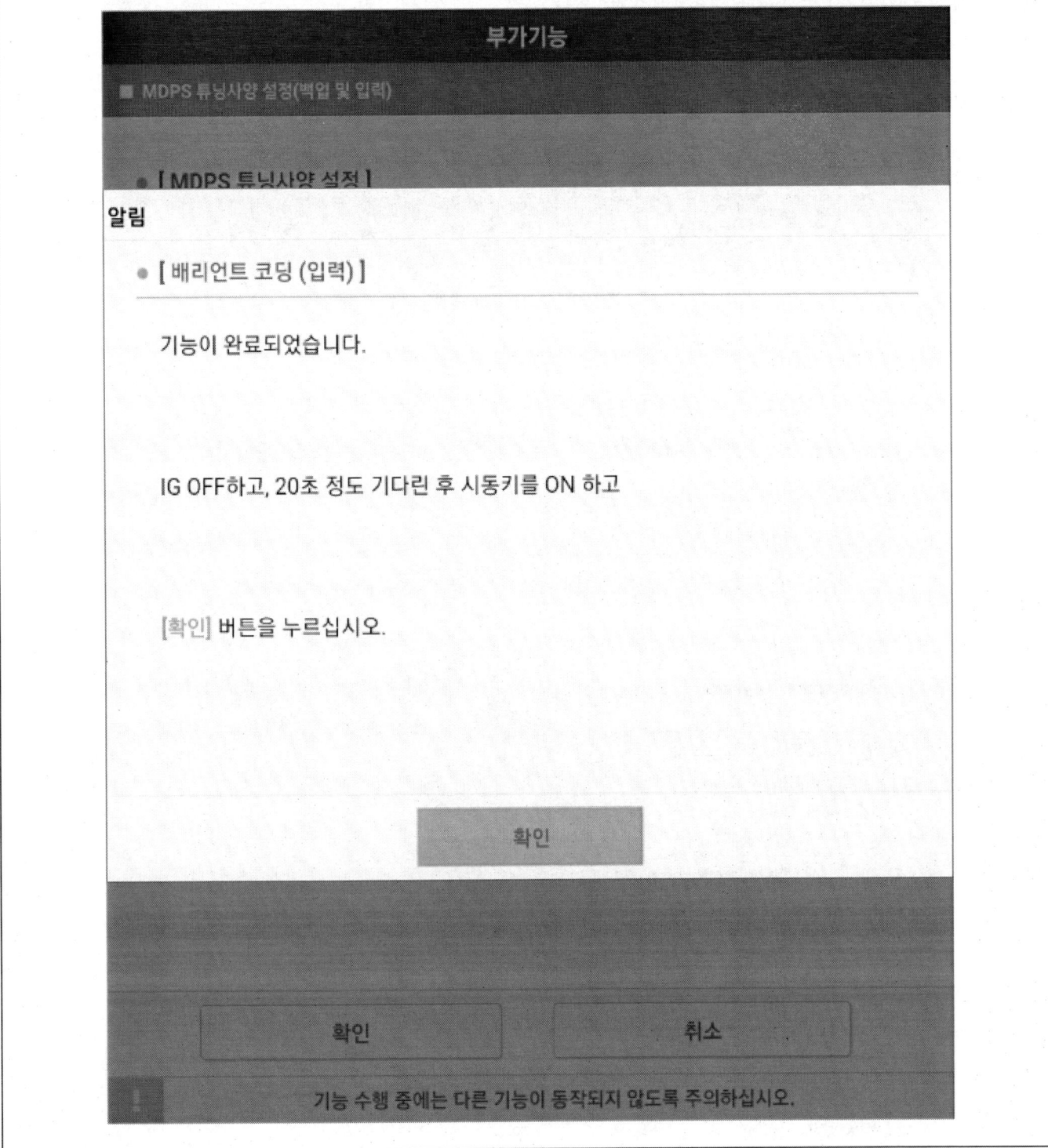

6. DTC를 소거한다.
7. IG OFF하고 20초 이상 대기한 후 엔진을 시동하여 정상 작동 여부를 확인한다.

조향각 센서(SAS) 영점 설정

- 조향각 센서는 운전자의 조향각 및 조향각 속도를 감지하는 역할을 한다. 조향각 및 조향각 속도는 기본 조타력 외에 댐핑 제어 및 복원 제어 시 사용된다.

조향각 센서(SAS) 영점 설정 절차

> **유 의**
>
> - 진단 기기를 사용하여 조향각 센서(SAS) 영점 설정 작업 전 배터리 전압이 정상인지 확인한다.
> - 조향각 초기화 작업 중 차량 또는 진단 기기와 연결된 어떠한 커넥터도 분리되지 않도록 주의한다.
> - 조향각 초기화 작업이 완료되면, IG OFF하고 20초 이상 대기한 후 엔진을 시동하여 정상 작동 여부를 확인한다.

1. 진단 기기 진단 장비를 차량의 자가진단 커넥터와 연결한다.
2. IG ON한다.
3. 스티어링 휠을 직진 상태로 정렬한다.
4. 진단 기기 초기 화면에서 "차종"과 "Motor Driven Power Steering"를 선택한 후 확인을 선택한다.
5. 조향각 센서(SAS) 영점 설정 메뉴를 선택한다.

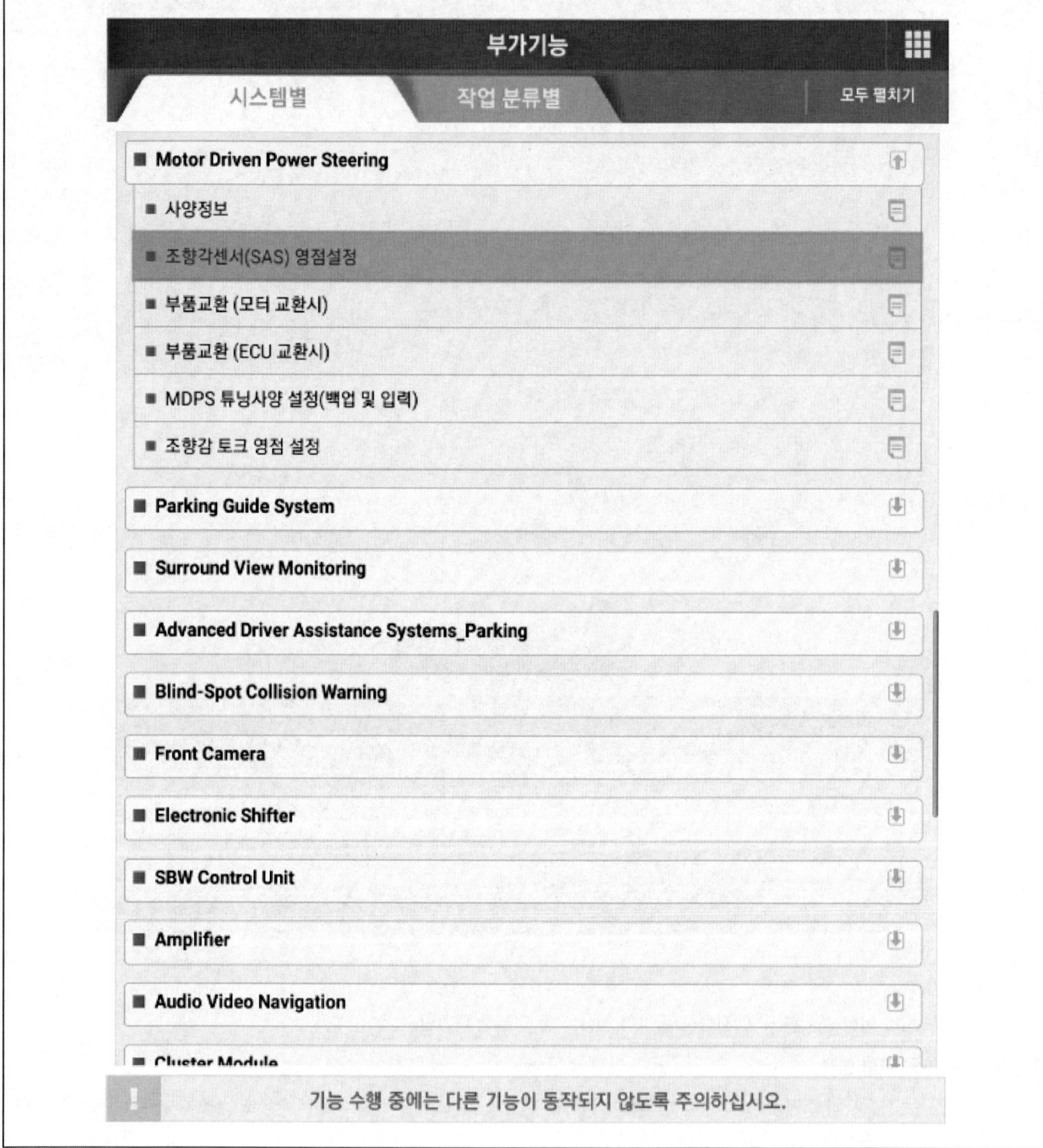

부가기능

- 조향각센서(SAS) 영점설정

검사목적	EPS ECU에 입력된 조향각 값과 실제 차량의 조향각 값을 일치시켜 영점으로 맞추는 기능.
검사조건	1. 엔진 정지 2. 점화스위치 On
연계단품	Electric Power Steering(EPS) ECU, Steering Angle Sensor(SAS)
연계DTC	C126154
불량현상	경고등 점등
기 타	EPS나 ECU 교체 및 EPS 관련 작업 시 반드시 실시.

확인

기능 수행 중에는 다른 기능이 동작되지 않도록 주의하십시오.

부가기능

■ 조향각센서(SAS) 영점설정

● [조향각센서(SAS) 영점설정]

이 기능은 EPS ECU에 입력된 조향각값과 실제 차량의 조향각

값을 일치시켜 영점으로 맞추는 기능입니다. EPS ECU 교체 및

EPS 관련작업시 반드시 실시해야 합니다.

1. 시동키 On

2. 엔진 정지

스티어링휠을 직진방향으로 돌리고 [확인] 버튼을 누르십시오.

종료하려면 [취소] 버튼을 누르십시오.

확인	취소

기능 수행 중에는 다른 기능이 동작되지 않도록 주의하십시오.

부가기능

■ 조향각센서(SAS) 영점설정

● [조향각센서(SAS) 영점설정]

이 기능은 EPS ECU에 입력된 조향각값과 실제 차량의 조향각

값을 일치시켜 영점으로 맞추는 기능입니다.

EPS ECU 교체 및 EPS 관련작업시 반드시 실시해야 합니다.

1. 시동키 On

2. 엔진 정지

[초기화중 ......]

기능 수행 중에는 다른 기능이 동작되지 않도록 주의하십시오.

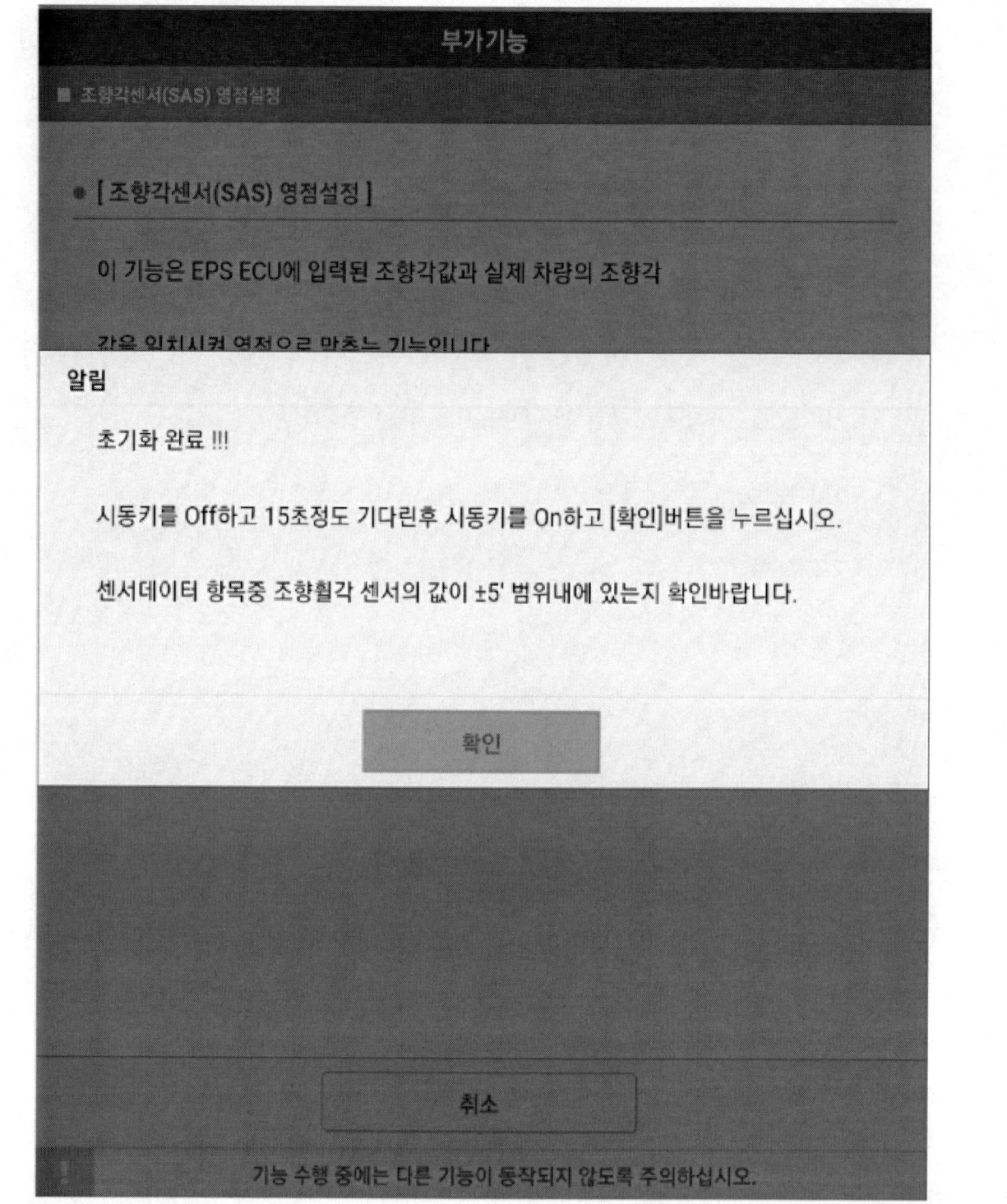

조향감 토크 영점 설정

- 운전자가 조향 시 느껴지는 스티어링 휠 좌우 조향감 차이를 개선하기 위해 토크 센서 영점 재조정을 하는 기능이다.

조향감 토크 영점 설정 절차

1. 진단 기기 진단 장비를 차량의 자가 진단 커넥터와 연결한다.
2. IG On하고 엔진을 구동한다.
3. 스티어링 휠을 직진 상태로 정렬한다.
4. 스티어링 휠에서 손을 뗀다.
5. 진단 기기 초기 화면에서 "차종"과 "Motor Driven Power Steering"을 선택한 후 확인을 선택한다.
6. "조향감 토크 영점 설정" 메뉴를 선택한다.

부가기능

시스템별 | 작업 분류별 | 모두 펼치기

- **Motor Driven Power Steering**
  - 사양정보
  - 조향각센서(SAS) 영점설정
  - 부품교환 (모터 교환시)
  - 부품교환 (ECU 교환시)
  - MDPS 튜닝사양 설정(백업 및 입력)
  - 조향감 토크 영점 설정
- **Parking Guide System**
- **Surround View Monitoring**
- **Advanced Driver Assistance Systems_Parking**
- **Blind-Spot Collision Warning**
- **Front Camera**
- **Electronic Shifter**
- **SBW Control Unit**
- **Amplifier**
- **Audio Video Navigation**
- **Cluster Module**

기능 수행 중에는 다른 기능이 동작되지 않도록 주의하십시오.

| 부가기능 | |

- 조향감 토크 영점 설정

검사목적	이 기능은 운전자가 조향시 느껴지는 스티어링 휠 좌/우 조향력 차이를 개선하기 위해 토크 센서 영점 재조정을 하는 기능
검사조건	1. IG ON, 엔진 구동 2. 차량 공차 상태 3. 스티어링 휠은 중앙 정렬
연계단품	-
연계DTC	-
불량현상	-
기 타	좌/우 조타력 차이가 발생할 경우, 주행 후 조향이 불안정할 수 있으므로 해당 기능을 통해 토크 영점을 설정합니다.

확인

기능 수행 중에는 다른 기능이 동작되지 않도록 주의하십시오.

부가기능

■ 조향감 토크 영점 설정

● [조향감 토크 영점 설정]

이 기능은 운전자가 조향시 느껴지는 스티어링 휠 좌/우 조향감 차이를 개선하기 위해 토크 센서 영점 재조정을 하는 기능입니다.

이 기능은 아래와 같은 경우에 수행이 필요합니다.

1. 주행중 좌/우 핸들 조향감 차이 발생 시

2. 컬럼 또는 하우징 어샘블리 교체 시 반드시 실시할 것

● [조건]
1. IG ON, 엔진 구동
2. 차량 공차 상태
3. 스티어링 휠은 중앙 정렬
4. 운전자는 스티어링 휠에서 손을 뗄 것

⚠ [주의]
좌/우 조향감 차이가 발생할 경우, 주행 후 조향이 불안정할 수 있으므로 해당 기능을 통해 토크 영점을 설정합니다.

| 확인 | 취소 |

기능 수행 중에는 다른 기능이 동작되지 않도록 주의하십시오.

2023 > 160kW > 스티어링 시스템 > 전동 파워 스티어링 시스템(MDPS) > 유니버설 조인트 어셈블리 > 1 Page Guide Manual

유니버설 조인트 어셈블리 탈장착

	작업	H/W	체결토크 (kgf.m)	SST/장비	케미컬	기타
• 탈거						
1	스티어링 휠 일직선으로 정렬	-	-	-	-	-
2	시동 OFF	-	-	-	-	-
3	스티어링 휠이 움직이지 않게 고정	-	-	-	-	매뉴얼 참고
4	12V 배터리 (-) 터미널 분리 (차량 제어 시스템 - "보조 배터리 (12V)" 참조)	-	-	-	-	-
5	크래쉬 패드 로어 패널 탈거 (바디 (내장 / 외장 / 전장) - "크래쉬 패드 로어 패널" 참조)	-	-	-	-	-
6	유니버설 조인트를 피니언 샤프트에서 분리	볼트	5.0 ~ 6.0	-	-	매뉴얼 참고
7	유니버설 조인트 어셈블리 볼트 탈거	볼트	5.0 ~ 6.0	-	-	매뉴얼 참고
8	유니버설 조인트 어셈블리 탈거	너트	1.7 ~ 2.2	-	-	-
• 장착						
탈거의 역순으로 진행						매뉴얼 참고
• 부가기능						
진단기능 - 조향각 센서(SAS) 영점 설정 및 조향감 토크 영점 설정						

2023 > 160kW > 스티어링 시스템 > 전동 파워 스티어링 시스템(MDPS) > 유니버설 조인트 어셈블리 > 탈거 및 장착

탈거 및 장착

1. 스티어링 휠을 일직선으로 정렬한다.
2. 시동을 OFF 한다.
3. 스티어링 휠이 움직이지 않게 고정한다.

> **유 의**
>
> - 유니버설 조인트 어셈블리를 스티어링 기어박스에서 분리한 상태에서 스티어링 휠이 계속 회전하면 클락 스프링 중립 위치가 변경되어 클락 스프링 내부 케이블 단선등이 발생할 수 있다.

4. 12V 배터리 (-) 터미널을 분리한다.
   (차량 제어 시스템 - "보조 배터리 (12V)" 참조)
5. 크래쉬 패드 로어 패널을 탈거한다.
   (바디 (내장 / 외장 / 전장) - "크래쉬 패드 로어 패널" 참조)
6. 볼트(A)를 풀어 유니버설 조인트를 피니언 샤프트에서 분리한다.

체결 토크 : 5.0 ~ 6.0 kgf.m

> **유 의**
>
> - 스티어링 휠을 유동하지 않게 고정한다.
> - 스티어링 유니버설 조인트 볼트는 재사용하지 않는다.
> - 스티어링 휠 유동 시 클록 스프링 내부 케이블이 손상될 수 있으므로 중립을 유지한다.

7. 유니버설 조인트 어셈블리 볼트(A)를 탈거한다.

체결 토크 : 5.0 ~ 6.0 kgf.m

> **유 의**
> • 유니버설 조인트 볼트는 재사용하지 않는다.

8. 너트(A)를 풀어 유니버설 조인트 어셈블리를 탈거한다.

체결 토크 : 1.7 ~ 2.2 kgf.m

9. 장착은 탈거의 역순으로 진행한다.

> **유 의**
> • 장착 시 유니버설 조인트 어셈블리를 스티어링 기어박스 피니언 샤프트에 확실히 삽입하여 체결한다.

10. 조향각 센서(SAS) 영점 설정 및 조향감 토크 영점 설정을 실시한다.
    (MDPS 컬럼 & 하우징 - "조정" 참조)

2023 > 160kW > 스티어링 시스템 > 전동 파워 스티어링 시스템(MDPS) > 스티어링 기어박스 > 1 Page Guide Manual

스티어링 기어박스 탈장착

작업	H/W	체결토크 (kgf.m)	SST/장비	케미컬	기타
• 탈거					
1	12V 배터리 (-) 터미널 분리 (차량 제어 시스템 - "보조 배터리 (12V)" 참조)	-	-	-	-	-
2	프런트 서브 프레임 탈거 (서스펜션 시스템 - "프런트 서브 프레임" 참조)	-	-	-	-	-
3	스티어링 기어박스 탈거	볼트	11.0 ~ 13.0	-	-	매뉴얼 참고
• 장착					
탈거의 역순으로 진행					매뉴얼 참고	
• 부가기능					
• 휠 얼라인먼트 - 휠 얼라인먼트 조정 진행					

탈거 및 장착

1. 12V 배터리 (-) 터미널을 분리한다.
   (차량 제어 시스템 - "보조 배터리 (12V)" 참조)
2. 프런트 서브 프레임을 탈거한다.
   (서스펜션 시스템 - "프런트 서브 프레임" 참조)
3. 볼트를 풀어 스티어링 기어박스(A)를 탈거한다.

   체결 토크 : 11.0 ~ 13.0 kgf.m

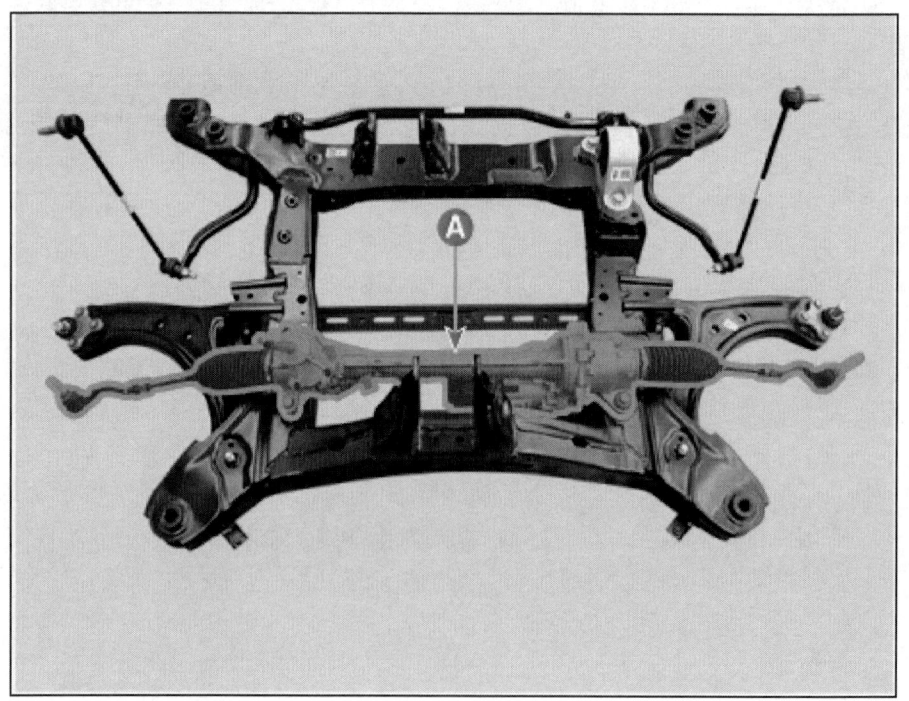

> **유의**
> - 스티어링 기어박스의 유격을 최소화 하기 위해 볼트를 모두 가체결한 다음 체결 토크까지 완체결한다.

4. 장착은 탈거의 역순으로 진행한다.

> **참고**
> - 프런트 서브 프레임 장착 시 부싱 쪽 볼트부터 장착 후 나머지 너트를 장착한다.

5. 얼라인먼트를 점검한다.
   (서스펜션 시스템 - "얼라인먼트" 참조)

2023 > 160kW > 스티어링 시스템 > 전동 파워 스티어링 시스템(MDPS) > 타이로드 엔드 > 1 Page Guide Manual

타이로드 엔드 탈장착

	작업	H/W	체결토크 (kgf.m)	SST/장비	케미컬	기타
• 교환						
1	프런트 휠 및 타이어 탈거 (서스펜션 시스템 - "휠 및 타이어" 참조)	-	-	-	-	-
2	타이로드 엔드 볼 조인트 분리	너트	10.0 ~ 12.0	09568-2J100	-	매뉴얼 참고
3	타이로드 엔드의 회전이 가능해질 만큼 타이로드 엔드 록 너트 이격	너트	5.0 ~ 5.5	-	-	매뉴얼 참고
4	타이로드 엔드를 반 시계 방향으로 돌려 탈거	-	-	-	-	-
5	타이로드 엔드를 신품으로 교환	-	-	-	-	매뉴얼 참고
• 부가기능						

- 휠 얼라인먼트
  - 휠 얼라인먼트 조정 진행

교환

1. 프런트 휠 및 타이어를 탈거한다.
   (서스펜션 시스템 - "휠 및 타이어" 참조)
2. 특수공구를 사용하여 타이로드 엔드 볼 조인트를 분리한다.
   (1) 분할 핀(A)을 탈거한다.

   (2) 록 너트(A)를 탈거한다.

   체결 토크 : 10.0 ~ 12.0 kgf.m

   (3) 특수공구(09568-2J100)를 사용하여 타이로드 엔드 볼 조인트(A)를 분리한다.

> #### 유 의
> - 분할 핀은 재사용하지 않는다.
> - 록 너트는 재사용하지 않는다.
> - 볼 조인트의 고무 부트가 손상되지 않도록 유의한다.
> - 록 너트 탈거 및 장착 시 반드시 수공구를 이용한다.

3. 타이로드 엔드의 회전이 가능해질 만큼 타이로드 엔드 록 너트(A)를 푼다.

체결 토크 : 5.0 ~ 5.5 kgf.m

> #### 유 의
> - 타이로드 엔드를 탈거하기 전 나사선(A)의 길이를 측정하거나 타이로드 엔드 록 너트의 장착 위치(B)를 표시한다.

4. 타이로드 엔드(A)를 반 시계 방향으로 돌려 탈거한다.

5. 타이로드 엔드를 신품으로 교환한다.
6. 장착은 탈거의 역순으로 진행한다.

> **유 의**
>
> • 단품 장착 시 규정 토크를 준수하여 장착한다.

7. 얼라인먼트를 점검한다.
   (서스펜션 시스템 - "얼라인먼트" 참조)

브레이크 시스템

- 서비스 정보 ··· 76
- 체결토크 ··· 78
- 윤활유 ·· 80
- 특수공구 ··· 81
- 고장진단 ··· 82
- 브레이크 블리딩 ································· 84
- 브레이크 시스템 ································· 95
- 주차 브레이크 시스템 ······················ 173
- 통합형 전동 부스터(IEB) 시스템 ······ 189
- 차량 자제 제어 장치(ESC) ················ 211

서비스 정보

항목		제원
프런트 브레이크(17인치 디스크)	형식	벤틸레이티드 디스크
	디스크 외경	Ø325 mm
	디스크 두께	30 mm
	실린더 형식	싱글 피스톤
	실린더 직경	Ø60.6 mm
리어 브레이크(17인치 디스크)	형식	솔리드 디스크
	디스크 외경	Ø325 mm
	디스크 두께	12 mm
	실린더 형식	싱글 피스톤
	실린더 직경	Ø45.0 mm
주차 브레이크 시스템	형식	전자식 주차 브레이크(EPB)

제원(ESC)

품목	항목	기준치	비고
통합형 전동 부스터 (IEB) [Integrated Electronic Brake]	형식	BLAC(Brushless AC Motor)	
	작동 전압	9 ~ 17V (제한 작동 : 6.5 ~ 9V, 17 ~ 18V)	
	스트로크	메인 실린더 : 34 mm	
		백업 실린더 : 33 mm	
	작동 온도	-40℃ ~ 120℃	
	최대 토크/속도/전류	3.2 N.m / 3170 rpm / 120A	
	최대 출력	670W	
액티브 휠 속도 센서(ABS)	공급 전원	전륜 : DC 5.2 ~ 16V 후륜 : DC 5.2 ~ 16V	
	작동 온도	-40℃ ~ 150℃ (센서) -40℃ ~ 115℃ (케이블)	
	출력 전류(Low)	전륜 : 5.95 ~ 8.05mA 후륜 : 5.95 ~ 8.05mA	Typ .7
	출력 전류(Middle)	전륜 : 11.9 ~ 16.1mA (RSPA)	Typ/ 14
	출력 전류(High)	전륜 : 11.9 ~ 16.1mA (non-RSPA) 23.8 ~ 32.2mA (RSPA) 후륜 : 11.9 ~ 16.1mA	Typ .14 (non-RSPA) Typ. 28 (RSPA) Typ. 14
	출력 범위(Hz)	전륜 : 0.25 ~ 3,000Hz (non-RSPA) 0 ~ 3,000Hz (RSPA) 후륜 : 0.25 ~ 3,000Hz	
	치형수	프런트 : 52개, 리어 : 46개	
	에어 갭	0.4 ~ 1.5 mm	Typ. 0.7
전자식 주차 브레이크(EPB) 스위치	보존 온도	-40℃ ~ 85℃	
	작동 온도	-30℃ ~ 75℃	
	정격 전압	DC 12.6 ± 0.2V	

작동 전압	9 ~ 16V	

정비 기준

브레이크 페달 행정		140 mm
정지등 스위치 간극		1 ~ 2 mm
프런트 브레이크 디스크 패드 [17인치]	두께	11 mm
	사용한계	2 mm
프런트 브레이크 디스크 [17인치]	두께	30 mm
	사용한계	28 mm
리어 브레이크 디스크 패드 [17인치]	두께	10 mm
	사용한계	2 mm
리어 브레이크 디스크 [17인치]	두께	12 mm
	사용한계	10 mm

체결 토크

브레이크 블리딩

항목	체결 토크(kgf.m)
에어 블리더 스크류	0.7 ~ 1.3

브레이크 라인

항목	체결 토크(kgf.m)
프런트/리어 캘리퍼와 브레이크 호스 볼트	2.5 ~ 3.0
브레이크 라인 브라켓과 차체 볼트	2.0 ~ 3.0
브레이크 라인 브라켓과 프런트 스트럿 볼트	1.3 ~ 1.7
브레이크 라인 튜브 플레어 너트	1.4 ~ 1.7

브레이크 페달

항목	체결 토크(kgf.m)
브레이크 페달 멤버 어셈블리 너트	1.7 ~ 2.6
브레이크 페달 암과 멤버 볼트	2.5 ~ 3.5

프런트 브레이크(캘리퍼, 디스크, 패드)

항목	체결 토크(kgf.m)
프런트 캘리퍼 가이드 로드 볼트	2.2 ~ 3.2
프런트 캘리퍼 볼트	10.0 ~ 12.0
프런트 캘리퍼와 브레이크 호스 볼트	2.5 ~ 3.0
프런트 디스크 스크류	0.5 ~ 0.6

리어 브레이크(캘리퍼, 디스크, 패드)

항목	체결 토크(kgf.m)
리어 캘리퍼 가이드 로드 볼트	2.2 ~ 3.2
리어 캘리퍼 볼트	10.0 ~ 12.0
리어 캘리퍼와 브레이크 호스 볼트	2.5 ~ 3.0
리어 디스크 스크류	0.5 ~ 0.6

전자식 주차 브레이크(EPB)

항목	체결 토크(kgf.m)
EPB 액추에이터 볼트	0.8 ~ 1.1

통합형 전동 부스터(IEB)

항목	체결 토크(kgf.m)
브레이크 튜브와 통합형 전동 부스터 플레어 너트	1.4 ~ 1.7
브레이크 페달 멤버 어셈블리 너트	1.7 ~ 2.6

리모트 리저버 탱크 너트	0.8 ~ 1.2

프런트 휠 속도 센서

항목	체결 토크(kgf.m)
프런트 휠 속도 센서 라인 브라켓 볼트	2.0 ~ 3.0
프런트 휠 속도 센서 볼트 (AWD사양 적용)	0.8 ~ 1.2
프런트 휠 속도 센서 라인과 프런트 스트럿 볼트	1.3 ~ 1.7

리어 휠 속도 센서

항목	체결 토크(kgf.m)
리어 휠 속도 센서 볼트	0.8 ~ 1.2
리어 휠 속도 센서 라인 브라켓 볼트	1.3 ~ 1.7
리어 휠 속도 센서 커넥터 브라켓 볼트	2.0 ~ 3.0

윤활유

항목	추천품	용량
브레이크 액	DOT 4-LV BF6	필요량
브레이크 페달 부싱 및 브레이크 페달 볼트	장수명 일반 그리스 - 섀시용 (GREASE PDLV-1)	필요량

> **유 의**
>
> - 차량의 제동 성능 및 ABS/ESC 성능을 최상으로 유지하기 위하여 브레이크 액은 규격에 맞는 순정 부품을 사용한다.
>   (규격 : SAE J1704 DOT-4 LV, ISO4925 CLASS-6, FMVSS 116 DOT-4)

특수공구

공구(품번 및 품명)	형상	용도
피스톤 익스팬더 09581-11000		프런트 캘리퍼 피스톤 압축
브레이크 블리딩 공구 09580-3D100		브레이크 공기 빼기 (0K585-E8100 공구와 같이 사용)
브레이크 블리딩 공구 0K585-E8100		브레이크 공기 빼기 (09580-3D100 공구와 같이 사용)
센서 캡 장착 공구 09527-AL500		센서 캡(외경 : Φ86.6)용 장착 공구 (09231-93100 공구와 함께 사용)
핸들 09231-93100		핸들 (09527-AL500 공구와 함께 사용)

2023 > 160kW > 브레이크 시스템 > 고장진단

고장진단

아래 표의 숫자는 해당 고장의 원인이 되는 이유 중 고장이 가장 잦은 순서를 나타낸다. 번호를 참고하여 점검을 수행한다.

브레이크 경고등 점등

고장 추측 부위	참고
1. 브레이크 액 레벨 센서 커넥터 미체결	커넥터 재체결 및 손상 확인
2. 브레이크 액 부족	보충 및 누유 확인
3. 주차 브레이크 체결	해제

로어 페달 또는 스펀지 페달

고장 추측 부위	참고
1. 브레이크 시스템(오일 누유)	수리
2. 브레이크 시스템(공기 유입)	공기 빼기 작업
3. 피스톤 실(마모 또는 파손)	교환
4. 마스터 실린더(고장)	교환

브레이크 고착

고장 추측 부위	참고
1. 브레이크 페달 자유 유격(최소)	조정
2. 패드 및 라이닝(균열 또는 비틀어짐)	교환
3. 피스톤(걸림)	교환
4. 피스톤(얼어 있음)	교환
5. 앵커 또는 리턴 스프링(고장)	교환
6. 부스터 시스템	교환
7. 마스터 실린더(고장)	교환

브레이크 편제동

고장 추측 부위	참고
1. 피스톤(걸림)	교환
2. 패드 또는 라이닝(오일 묻음)	교환
3. 피스톤(얼어 있음)	교환
4. 디스크(긁힘)	교환
5. 패드 및 라이닝(균열 또는 비틀어짐)	교환

페달이 무겁고 비효율적인 브레이크

고장 추측 부위	참고
1. 브레이크 시스템(오일 누유)	수리
2. 브레이크 시스템(공기 유입)	공기 빼기 작업
3. 패드 (마모)	교환
4. 패드 (균열 또는 비틀어짐)	교환

5. 패드 (오일 묻음)	교환
6. 패드 (미끄러움)	교환
7. 디스크(긁힘)	교환
8. 부스터 시스템	교환

브레이크 소음

고장 추측 부위	참고
1. 패드 또는 라이닝(균열 또는 비틀어짐)	교환
2. 장착 볼트(느슨함)	재체결
3. 디스크(긁힘)	교환
4. 슬라이딩 핀(마모)	교환
5. 패드 또는 라이닝(오염)	청소
6. 패드 또는 라이닝(미끄러움)	교환
7. 앵커 또는 리턴 스프링(고장)	교환
8. 브레이크 패드 쉼(손상)	교환

브레이크 제동이 잘 안 됨(빠른 속도로 주행 시)

고장 추측 부위	참고
1. 패드 또는 라이닝(마모)	교환
2. 마스터 실린더(고장)	교환

브레이크 진동

고장 추측 부위	참고
1. 브레이크 부스터	교환
2. 페달 자유 유격	조정
3. 마스터 실린더(고장)	교환
4. 캘리퍼	교환
5. 마스터 실린더 캡 실	교환
6. 손상된 브레이크 라인	교환
7. 디스크 떨림	브레이크 저더 점검

브레이크 블리딩 절차

> **⚠ 주 의**
> - 배출된 브레이크 액은 재사용하지 않는다.
> - 브레이크 액은 항상 정품 DOT 4를 사용한다.
>   ※ 규격 : SAE J1704 DOT-4 LV, ISO4925 CLASS-6, FMVSS 116 DOT-4
> - 리저버 캡을 열기 전에 반드시 리저버 및 리저버 캡 주위의 이물질을 제거한다.
> - 브레이크 액이 먼지 또는 기타 이물질로 오염되지 않도록 주의한다.
> - 브레이크 액이 차량 또는 신체에 접촉되지 않도록 주의하고, 접촉된 경우 즉시 닦아낸다.
> - 공기빼기 작업을 할 때 브레이크 액이 리저버의 "MIN"이하로 떨어지지 않도록 브레이크 액을 보충한다. 브레이크 액 보충을 위해 리저버 캡을 탈거할 때는 반드시 특수공구의 에어 차단 밸브를 닫고 리저버 캡을 탈거한다.

가압 장비 사용 방법

1. 특수공구를 차량에 장착하기 전에 압력게이지의 규정 압력값 조정을 위해 먼저 에어 차단 밸브(A)를 닫는다.

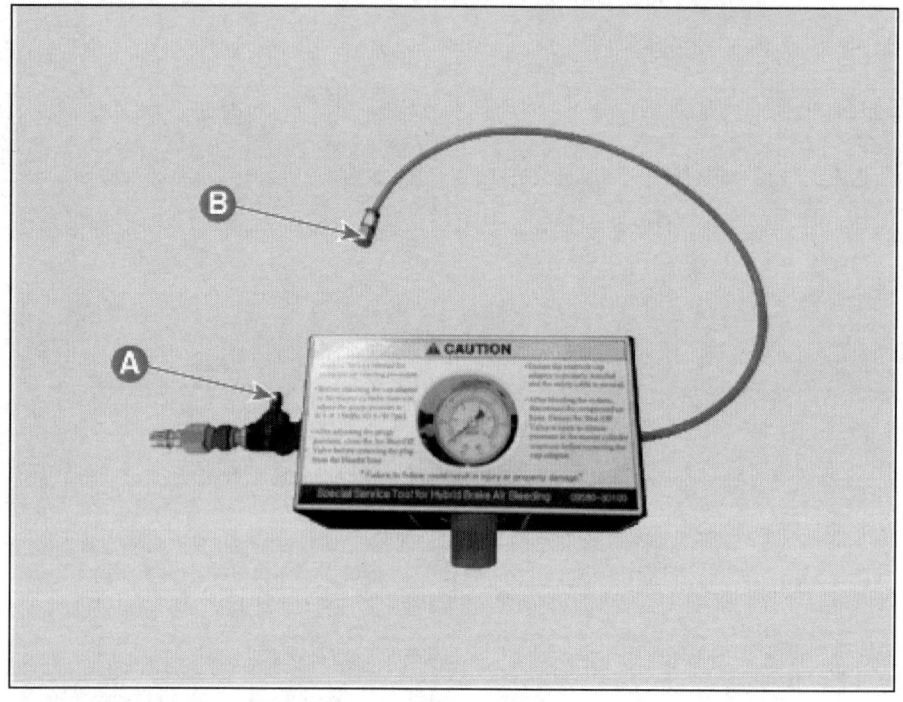

> **⚠ 주 의**
> - 브레이크 리저버 탱크의 파손 방지와 작업자의 안전을 위해 특수공구를 장착하기 전에 압력게이지 압력을 규정값 3 bar로 설정하여야 한다.
> - 작업자의 안전과 정확한 압력조절기 세팅을 위하여 에어 주입전 플러그(B)가 정확히 장착되었는지 확인한다.

2. 에어 호스 연결 후, 에어 차단 밸브(A)를 천천히 열어 압력조절기로 압력게이지(B)를 규정 값으로 설정한다.

압력 규정값 : 3 bar

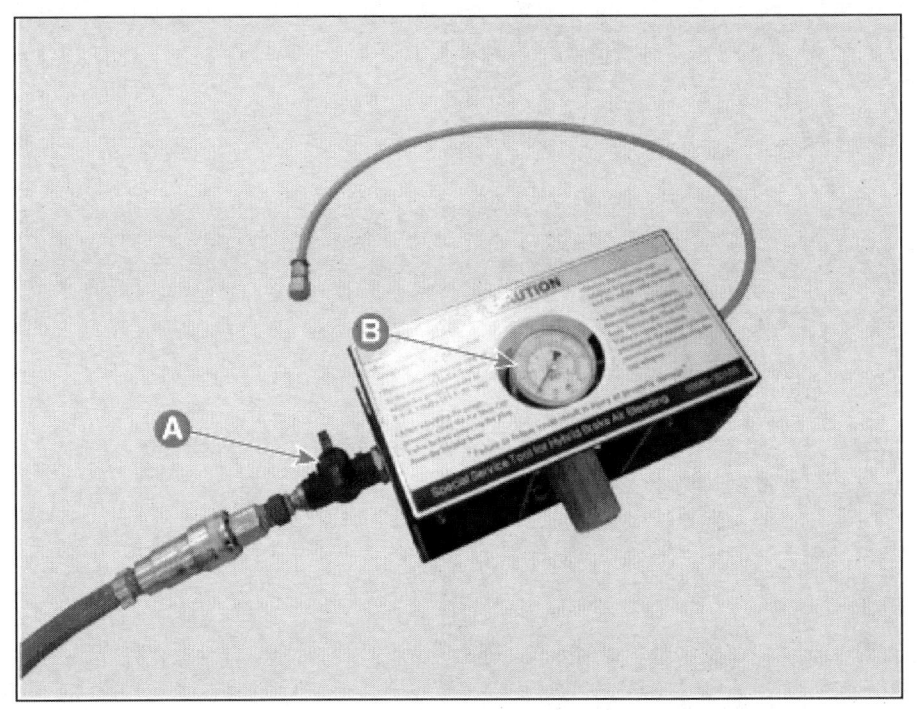

3. 에어 차단 밸브(A)를 먼저 닫고 플러그(B)를 제거하고, 캡을 장착한다.

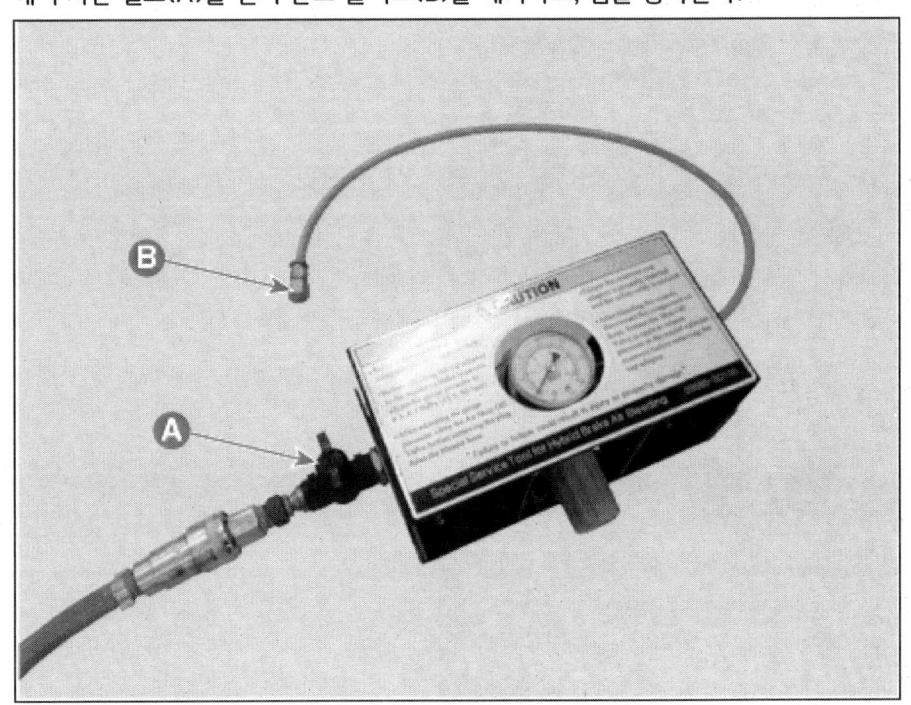

> ⚠ 주 의
>
> - 작업자의 안전을 위하여 반드시 에어 차단 밸브를 잠근 후, 플러그를 제거한다.

4. 브레이크 리저버 탱크 캡(A)을 탈거한다.

5. 특수공구(0K585-E8100)캡을 리저버 탱크에 장착 후 특수공구(09580-3D100)의 호스(A)를 연결한다.

6. 특수공구(09580-3D100)의 에어 차단 밸브(A)를 천천히 열어 리저버에 압력을 가한다.

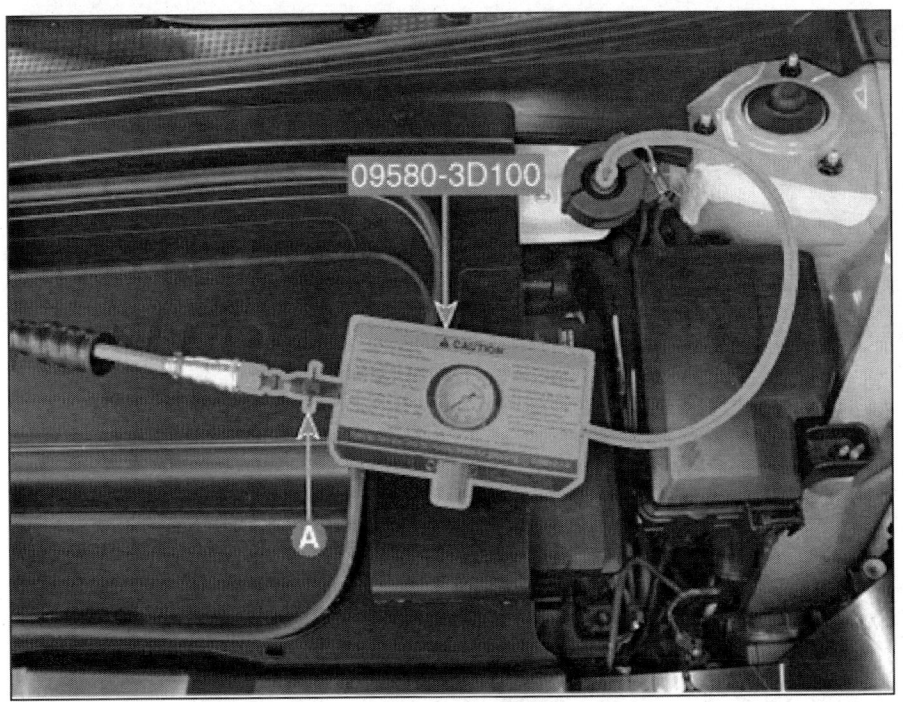

가압 장비 탈거 방법

1. 차단 밸브(A)를 닫고 에어 호스(B)를 제거한뒤 밸브를 천천히 열어 에어를 배출한다.

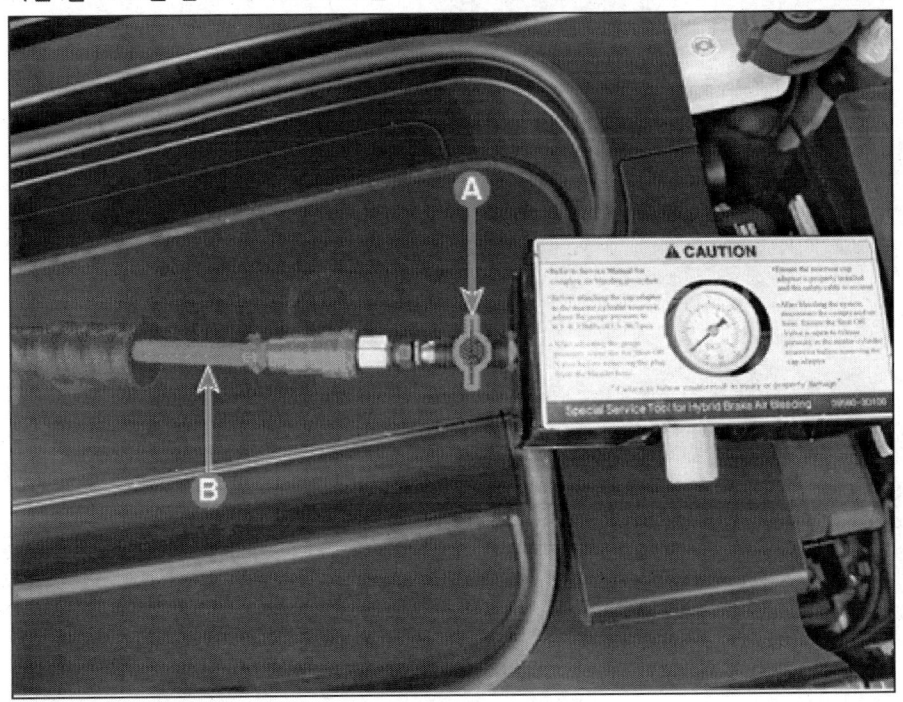

> **⚠ 주 의**
>
> - 브레이크 액 역류를 방지하기 위해 반드시 에어 차단 밸브를 천천히 열어 브레이크 리저버 탱크안의 에어를 제거한다.

2. 브레이크 리저버에서 특수공구(09580-3D100)와 특수공구(0K585-E8100)를 탈거한다.

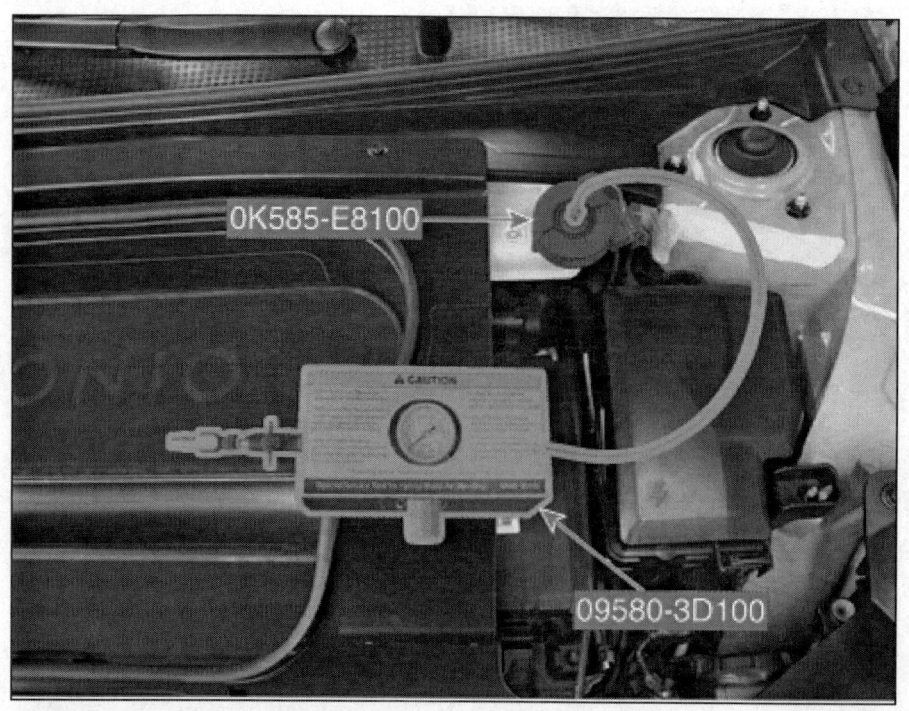

3. 브레이크 리저버 탱크 캡(A)을 장착한다.

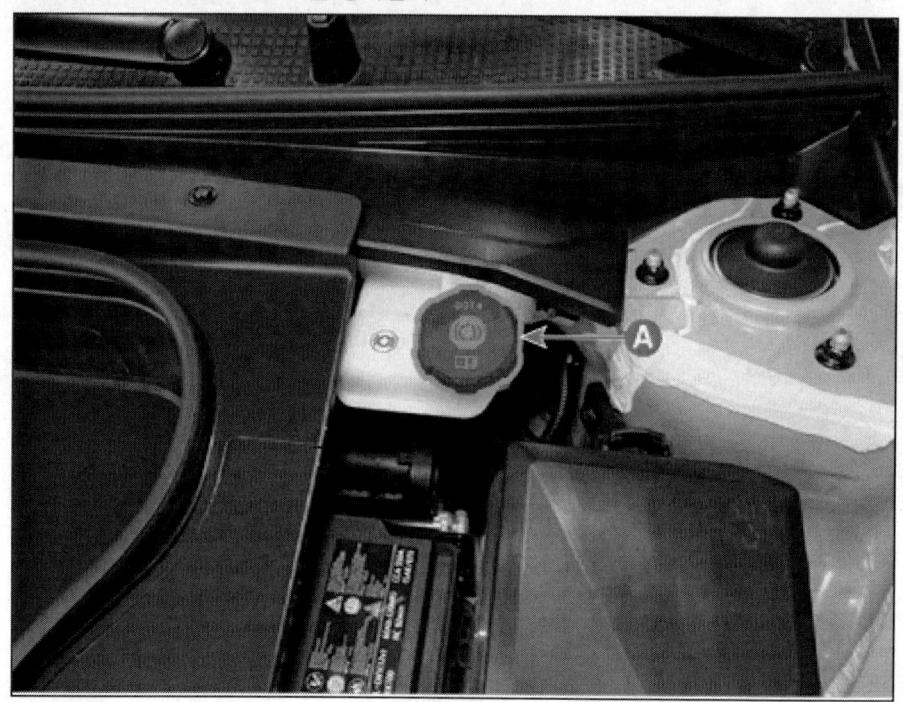

통합 전동 부스터(IEB) 시스템 공기 빼기

1. 통합 전동 부스터(IEB) ECU 전원 공급을 차단하기 위해 시동을 끄고 12V 배터리 (-) 터미널을 분리한다.
   (차량 제어 시스템 - "보조 배터리 (12V)" 참조)
2. 브레이크 리저버 탱크 캡(A)을 탈거한다.

3. 리저버 액량을 확인하여 'MAX' 라인까지 브레이크 액을 채운다.

   브레이크 액 : 정품 DOT 4

4. 가압 장비를 사용하여 3 bar로 저장소를 가압한다.
   ("가압 장비 사용 방법" 참조)
5. 각 블리드 스크류(A)를 열고 약 15초간 브레이크액을 배출 후 블리드 스크류를 잠근다.

   [프런트]

   체결 토크 : 0.7 ~ 1.3 kgf.m

[리어]

체결 토크 : 1.4 ~ 2.0 kgf.m

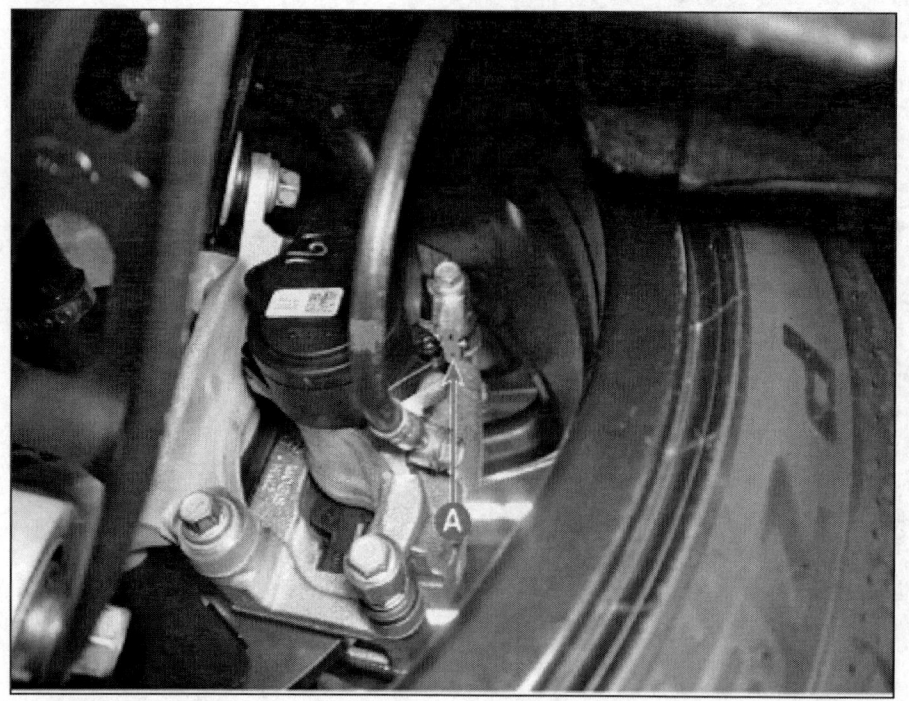

⚠ 주 의

- 브레이크 페달 작동 시 충격에 의한 통합 전동 부스터(IEB)의 파손 위험이 있으므로 주의한다.

유 의

- 작업 순서 : RR → RL → FL → FR
- 작업 중 브레이크액이 'MIN' 라인 이하로 떨어지기 전, 가압 주입 장비를 탈거하여 리저버에 브레이크 액을 보충 후 가압 주입 장비 장착 작업을 수행한다.
- 브레이크 액에 공기가 섞여 나오지 않을 때까지 반복한다.
- 블리드 스크류를 너무 많이 열면 공기가 배관으로 들어 갈 수 있으므로 주의한다.

6. 안전에 유의하여 가압 주입 장비를 탈거한다.
7. 리저버 액량을 확인하여 'MAX' 라인까지 브레이크 액을 채운다.
8. 브레이크 리저버 탱크 캡(A)을 장착한다.

9. 통합 전동 부스터(IEB) ECU 전원 공급을 위해 시동을 끄고 12V 배터리 (-) 터미널을 연결한다.
   (차량 제어 시스템 - "보조 배터리 (12V)" 참조)

   유 의
   - 배터리 상태 불량 시 통합 전동 부스터(IEB)의 이상 구동 가능성이 있으므로 배터리 상태를 우선 확인한다.

10. 경고등 점등 여부를 확인한다.

    유 의
    - 경고등 점등 시 공기빼기 모드 진입이 불가하여 발생되는 에러 코드의 원인을 해결한다.

2차 공기 빼기 작업

1. 공기 빼기 모드로 진입한다.
   (1) 시동(IGN ON)을 건 상태에서 스티어링 휠을 나란히(직진)하고 기어를 P단으로 설정한다.

   유 의
   - 시동(IGN ON)시 브레이크 페달을 최소로 밟으며 시동 한다.

   (2) ESC OFF 스위치를 누르고 있는 상태에서 브레이크 페달을 풀 스트로크로 10회 밟는다.

   유 의
   - 밟을 때는 페달 스트로크 40 mm이상, 해제할 때는 10 mm 이하로 밟는다.
   - 2차 공기 빼기 진입 과정에서 통합 전동 부스터(IEB)의 작동 소리가 발생 할 수 있다.

   (3) 시동을 껐다가 켠 다음 ESC OFF 스위치를 1회 눌러준다.

   유 의
   - 시동(IGN ON)시 브레이크 페달을 최소로 밟으며 시동 한다.
   - 공기 빼기 모드 진입 시 ESC OFF 램프, ABS 경고등과 주차 브레이크/브레이크 경고등 점등을 통하여 공기 빼기 모드로의 진입을 확인 할 수 있다.

     [ESC OFF 램프]

     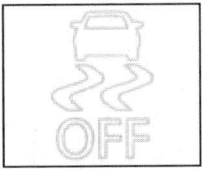

     [ABS 경고등]

     [주차 브레이크/브레이크 경고등]

   - ABS 경고등과 주차 브레이크/브레이크 경고등 미 점등 시 공기 빼기 모드 미 진입 상태이므로 진입 절차 재 실시

한다.
- 공기 빼기 모드 진입 (1) ~ (3)의 절차를 총 30 초 이내에 실시 한다.
- 경고등 OFF 시 블리딩 작업을 즉시 종료 하고 공기 빼기 모드에 재진입 한다.

2. 브레이크 리저버 탱크 캡(A)을 탈거한다.

3. 리저버 액량을 확인하여 'MAX' 라인까지 브레이크 액을 채운다.

브레이크 액 : 정품 DOT 4

4. 작업자는 캘리퍼 블리드 스크류(A)에 호스를 연결 후 잠금 유지한 상태에서 보조자에게 밟으라는 신호를 보낸다.
5. 보조자는 페달을 수차례 반복하여 밟고 유지 후 "대기" 신호를 보낸다.
6. 보조자가 브레이크 페달을 밟고 있는 상태에서 블리드 스크류(A)를 열어 공기를 제거한 뒤 스크류를 잠그고 페달을 해제하는 작업을 10회 실시한다.

[프런트]

체결 토크 : 0.7 ~ 1.3 kgf.m

[리어]

체결 토크 : 1.4 ~ 2.0 kgf.m

> **유 의**
>
> - 작업 순서 : RR → RL → FL → FR
> - 작업 중 브레이크액이 'MIN' 라인 이하로 떨어지기 전, 가압 주입 장비를 탈거하여 리저버에 브레이크 액을 보충 후 가압 주입 장비 장착 작업을 수행한다.
> - 브레이크 액에 공기가 섞여 나오지 않을 때까지 반복한다.
> - 블리드 스크류를 너무 많이 열면 공기가 배관으로 들어 갈 수 있으므로 주의한다.

7. 브레이크 액에 공기가 섞여 나오지 않을 때까지 위 절차를 반복한다.
8. 작업이 완료 되면 리저버 액량을 확인하여 'MAX' 라인까지 브레이크 액을 채운다.

브레이크 액 : 정품 DOT 4

9. 브레이크 리저버 탱크 캡(A)을 장착한다.

브레이크 시스템 작동 및 누유 점검

구성부품	절차
통합형 전동 부스터 [IEB](A)	시험 운행 동안 브레이크를 가하여 브레이크 작동을 점검한다. 만약 브레이크가 적절히 작동하지 않는다면 통합형 전동 부스터(IEB)를 점검한다. 만약 적절히 작동하지 않거나 누유가 있으면 통합형 전동 부스터를 교환한다.
브레이크 호스(B)	손상 또는 누유를 관찰한다. 만약 손상 또는 누유가 있으면 브레이크 호스를 신품으로 교환한다.
캘리퍼 피스톤 실 및 피스톤 부트(C)	브레이크 페달을 밟아 브레이크 작동을 점검하며 손상 또는 누유가 있는지 확인한다. 만약 페달이 적절히 작동하지 않는다면 브레이크가 끌리거나 손상 또는 누유가 발생한 것이므로 브레이크 캘리퍼를 신품으로 교환한다.

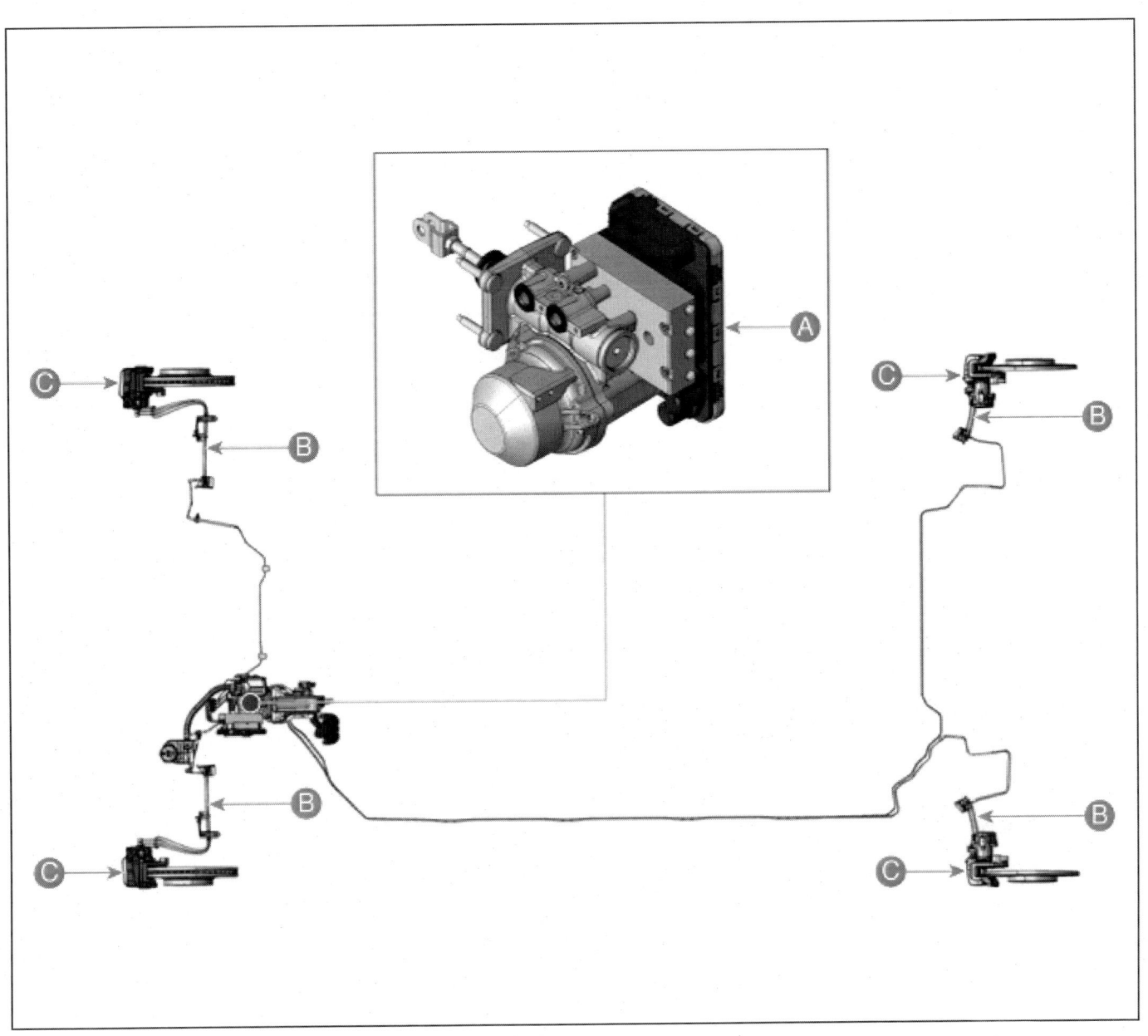

브레이크 라인 탈장착

프런트 브레이크 라인

작업		H/W	체결토크 (kgf.m)	SST/장비	케미컬	기타
• 탈거						
1	리저버 캡을 탈거하고 세척기를 사용하여 리저버 탱크에서 브레이크 액을 빼낸다	-	-	-	-	매뉴얼 참고
2	프런트 휠 및 타이어를 탈거 (서스펜션 시스템 - "휠" 참조)	-	-	-	-	-
3	프런트 휠 속도 센서 라인 그로밋 탈거	-	-	-	-	-
4	브레이크 라인 브라켓 탈거	볼트	1.3 ~ 1.7	-	-	-
5	브레이크 호스 클립을 제거하고 튜브 플레어 너트를 풀어 브레이크 튜브를 분리	너트	1.4 ~ 1.7	-	-	-
6	프런트 브레이크 호스 탈거	볼트	2.5 ~ 3.0	-	-	매뉴얼 참고
• 장착						
탈거의 역순으로 진행						매뉴얼 참고
• 부가기능						
• 브레이크 에어 블리딩 - 특수공구(09580-3D100), (0K585-E8100) 사용하여 에어 블리딩 실행						

리어 브레이크 라인

작업		H/W	체결토크 (kgf.m)	SST/장비	케미컬	기타
• 탈거						
1	리저버 캡을 탈거하고 세척기를 사용하여 리저버 탱크에서 브레이크 액을 빼낸다	-	-	-	-	매뉴얼 참고
2	리어 휠 및 타이어를 탈거 (서스펜션 시스템 - "휠" 참조)	-	-	-	-	-
3	리어 브레이크 호스 분리	볼트	2.5 ~ 3.0	-	-	매뉴얼 참고
5	브레이크 호스 클립을 제거하고 튜브 플레어 너트를 풀어 브레이크 리어 브레이크 호스 탈거	너트	1.4 ~ 1.7	-	-	-
• 장착						
탈거의 역순으로 진행						매뉴얼 참고
• 부가기능						
• 브레이크 에어 블리딩 - 특수공구(09580-3D100), (0K585-E8100) 사용하여 에어 블리딩 실행						

구성부품 및 부품위치

체결 토크 : kgf.m
A : 1.4 ~ 1.7
B : 1.4 ~ 1.7
C : 2.5 ~ 3.0

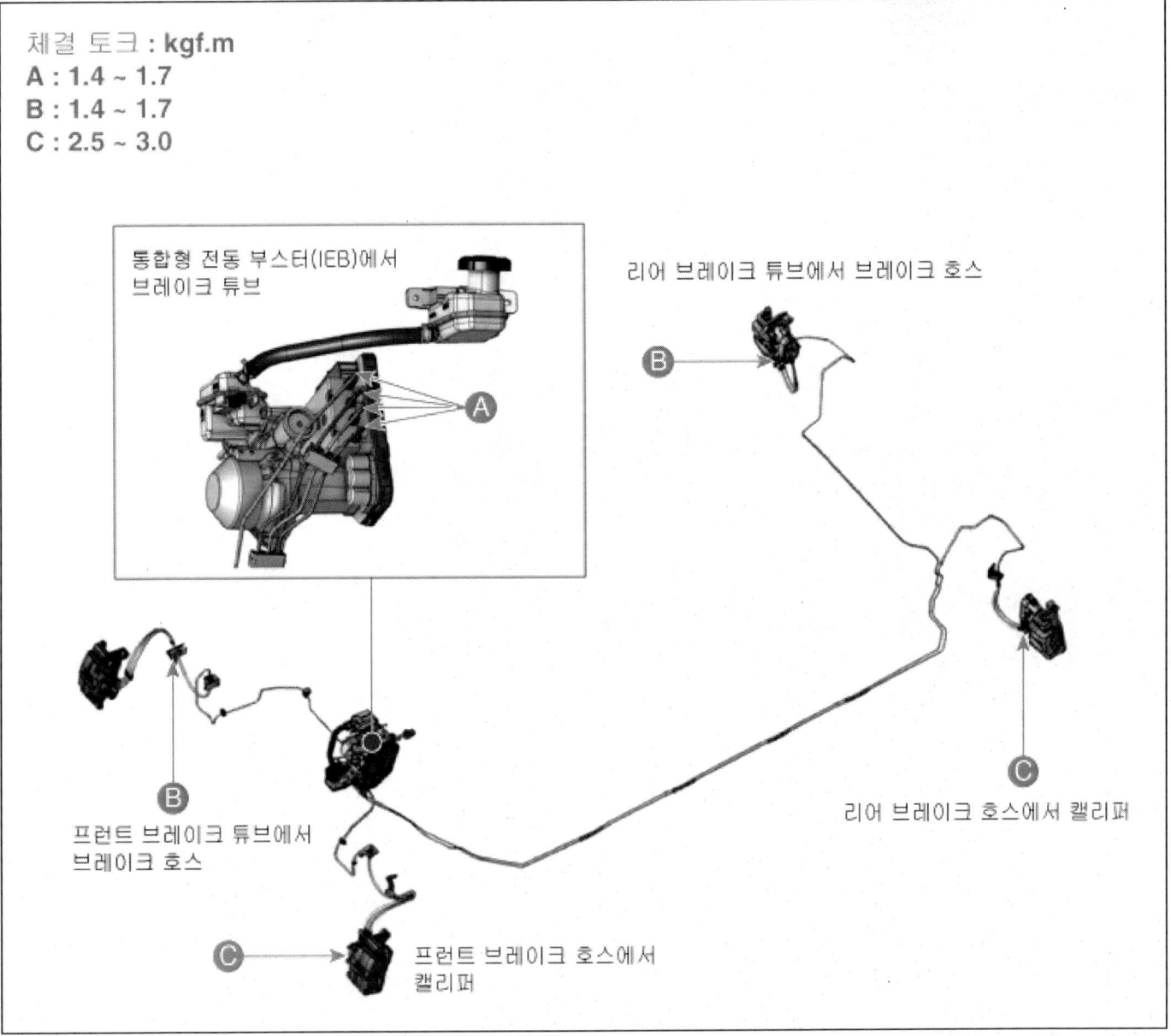

탈거

프런트 브레이크 라인

1. 리저버 캡(A)을 탈거하고 세척기를 사용하여 리저버 탱크에서 브레이크 액을 빼낸다.

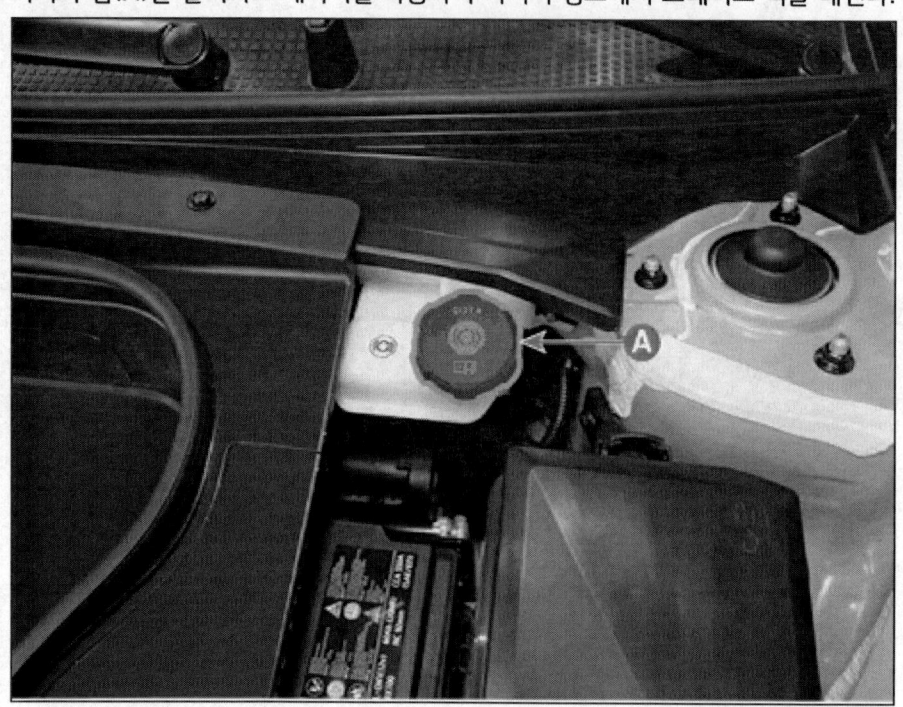

> ⚠ 주 의
>
> - 브레이크 액이 차량 또는 신체에 접촉되지 않도록 주의한다. 만약 접촉했을 경우 깨끗한 천 등을 이용해 즉시 닦아낸다.
> - 리저버 캡을 열기 전 반드시 리저버 및 리저버 캡 주위의 이물질을 제거하여 리저버 탱크 안으로 이물질이 유입되지 않도록 주의한다.

2. 프런트 휠 및 타이어를 탈거한다.
   (서스펜션 시스템 - "휠" 참조)
3. 프런트 휠 속도 센서 라인 그로밋(A)을 탈거한다.

4. 볼트를 풀어 브레이크 라인 브라켓(A)을 탈거한다.

   체결 토크 : 1.3 ~ 1.7 kgf.m

5. 브레이크 호스 클립(A)을 제거하고 튜브 플레어 너트(B)를 풀어 브레이크 튜브를 분리한다.

   체결 토크 : 1.4 ~ 1.7 kgf.m

6. 볼트를 풀어 프런트 브레이크 호스(A)를 탈거한다.

   체결 토크 : 2.5 ~ 3.0 kgf.m

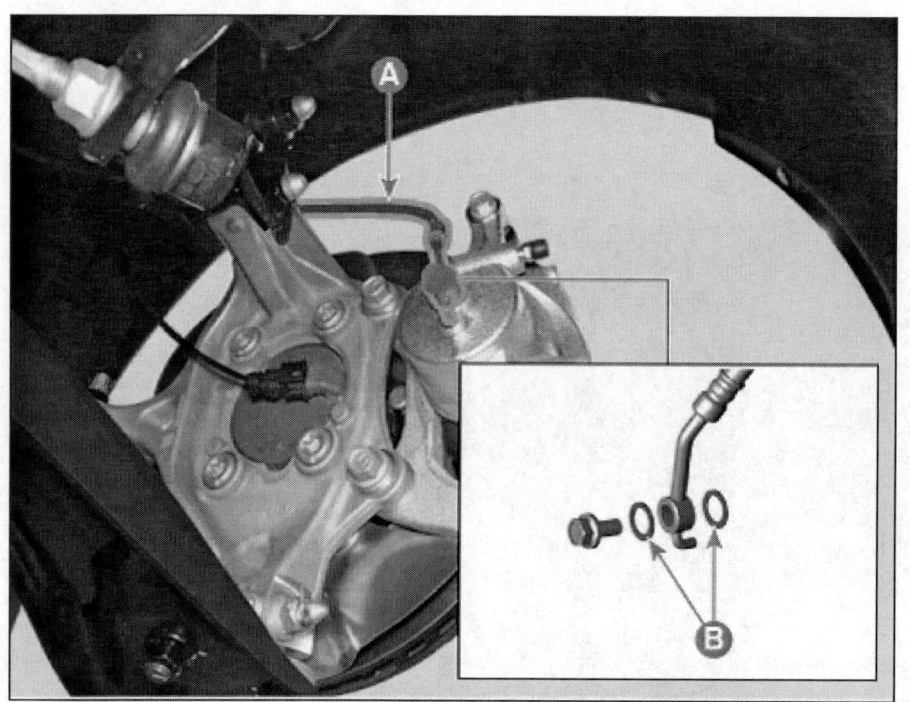

> **유 의**
> - 브레이크 호스 장착 시 와셔(B)는 재사용하지 않는다.

리어 브레이크 라인

1. 리저버 캡(A)을 탈거하고 세척기를 사용하여 리저버 탱크에서 브레이크 액을 빼낸다.

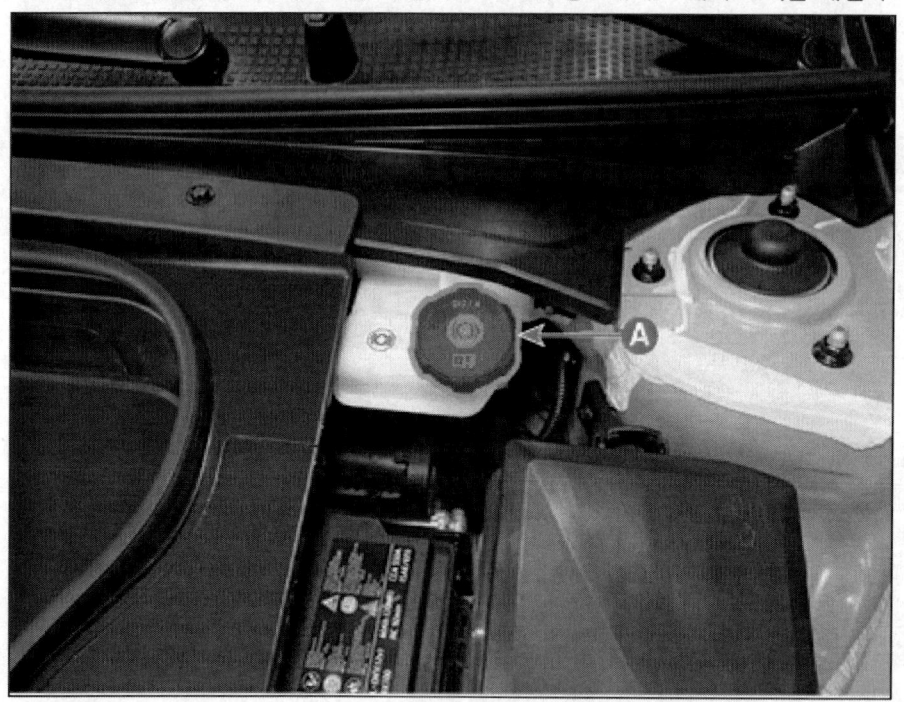

> **⚠ 주 의**
> - 브레이크 액이 차량 또는 신체에 접촉되지 않도록 주의한다. 만약 접촉했을 경우 깨끗한 천 등을 이용해 즉시 닦아낸다.
> - 리저버 캡을 열기 전 반드시 리저버 및 리저버 캡 주위의 이물질을 제거하여 리저버 탱크 안으로 이물질이 유입되지 않도록 주의한다.

2. 리어 휠 및 타이어를 탈거한다.
   (서스펜션 시스템 - "휠" 참조)
3. 볼트를 풀어 리어 브레이크 호스(A)를 분리한다.

체결 토크 : 2.5 ~ 3.0 kgf.m

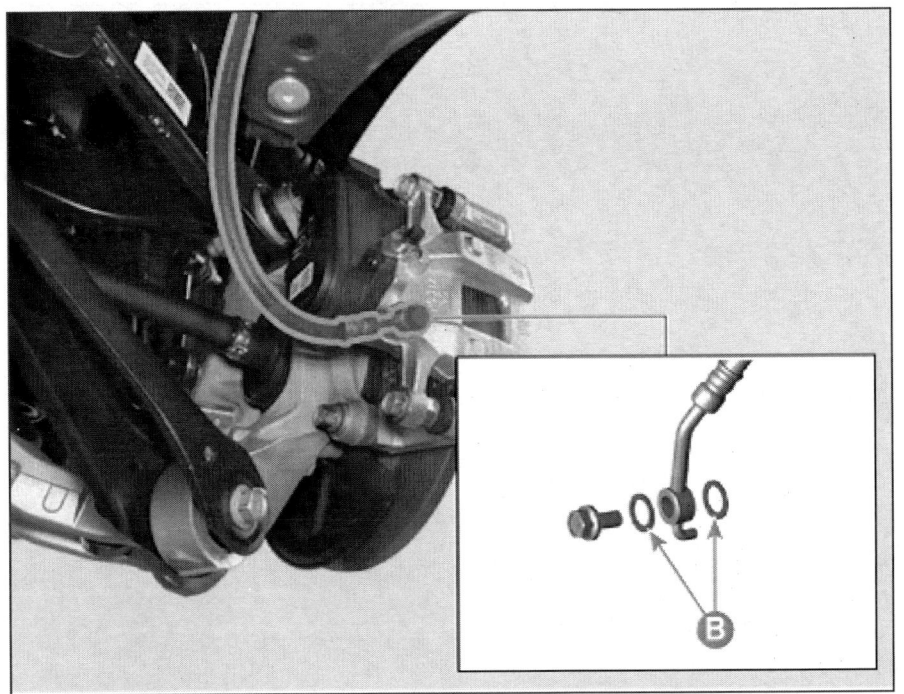

> **유 의**
>
> - 브레이크 호스 장착 시 와셔(B)는 재사용하지 않는다.

4. 브레이크 호스 클립(A)을 제거하고 튜브 플레어 너트(B)를 풀어 리어 브레이크 호스를 탈거한다.

체결 토크 : 1.4 ~ 1.7 kgf.m

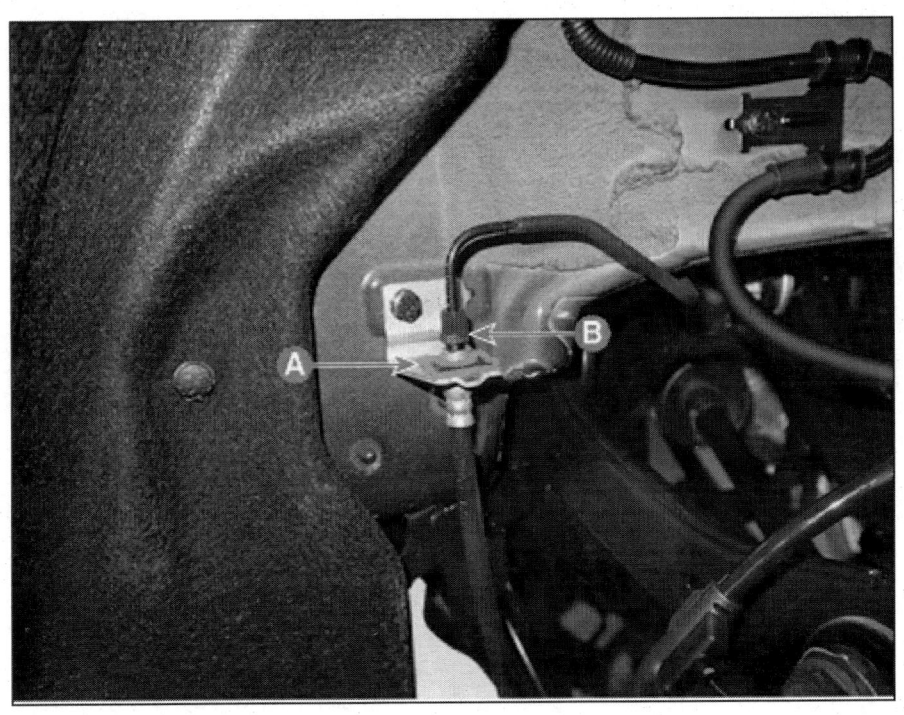

2023 > 160kW > 브레이크 시스템 > 브레이크 시스템 > 브레이크 라인 > 점검

점검

1. 브레이크 튜브 및 호스의 균열, 부식 등을 점검한다.
2. 튜브 플레어 너트의 손상을 점검한다.

장착

프런트 브레이크 라인

1. 장착은 탈거의 역순으로 진행한다.
2. 브레이크 리저버에 브레이크 액을 채운 후 공기 빼기 작업을 시행한다.
   (브레이크 시스템 - "브레이크 블리딩" 참조)

리어 브레이크 라인

1. 장착은 탈거의 역순으로 진행한다.
2. 브레이크 리저버에 브레이크 액을 채운 후 공기 빼기 작업을 시행한다.
   (브레이크 시스템 - "브레이크 블리딩" 참조)

브레이크 페달 탈장착

	작업	H/W	체결토크 (kgf.m)	SST/장비	케미컬	기타
• 탈거						
1	12V 배터리 (-) 터미널 분리 (차량 제어 시스템 - "보조 배터리 (12V)" 참조)	-	-	-	-	-
2	메인 크래쉬 패드 어셈블리 탈거 (바디 (내장 / 외장 / 전장) - "메인 크래쉬 패드 어셈블리" 참조)	-	-	-	-	-
3	와이어링 클립 분리	클립	-	-	-	-
4	브레이크 페달 스토퍼 탈거	너트	-	-	-	-
5	샤워 덕트 스크류 탈거	스크류	-	-	-	-
6	커넥터를 분리하여 샤워 덕트 탈거	-	-	-	-	-
7	스톱 램프 스위치 커넥터 분리	-	-	-	-	-
8	브레이크 페달 스트로크 센서 커넥터 분리	-	-	-	-	-
9	브레이크 페달 암 클레비스 핀과 분할 핀 분리	-	-	-	-	매뉴얼 참고
10	브레이크 페달 어셈블리 너트 탈거	너트	1.7 ~ 2.6	-	-	-
11	커넥터 와이어링 클립 분리	클립	-	-	-	-
12	브레이크 페달 어셈블리 탈거	너트	1.7 ~ 2.6	-	-	-
• 분해						
1	브레이크 페달 멤버 분리	너트	0.9 ~ 1.4	-	-	-
2	록킹 플레이트를 화살표 아래로 당긴다	-	-	-	-	-
3	스톱 램프 스위치를 반시계 방향으로 돌려 탈거	-	-	-	-	-
4	브레이크 페달 리턴 스프링 탈거	-	-	-	-	-
5	브레이크 페달 암 탈거	볼트	2.5 ~ 3.5	-	-	-
• 조립						
분해의 역순으로 진행						매뉴얼 참고
• 장착						
탈거의 역순으로 진행						매뉴얼 참고
• 부가기능						
• 진단 기기 - 브레이크 페달 어셈블리 교체 후 반드시 브레이크 페달 센서 영점 설정(PTS 영점 설정) 시행						

구성부품 및 부품위치

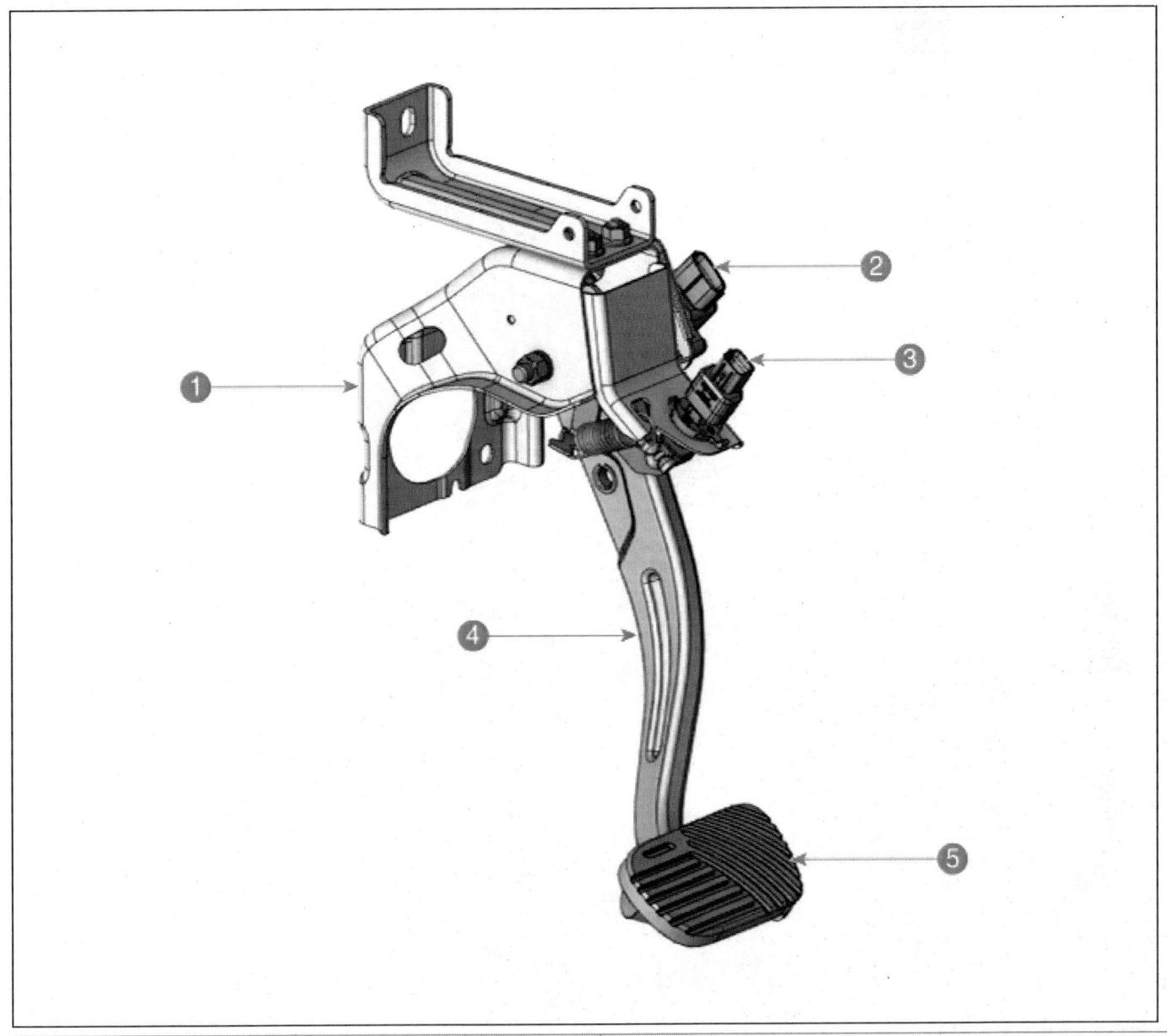

1. 브레이크 멤버 어셈블리
2. 페달 스트로크 센서
3. 스톱 램프 스위치
4. 브레이크 페달 암
5. 브레이크 페달 패드

2023 > 160kW > 브레이크 시스템 > 브레이크 시스템 > 브레이크 페달 > 탈거

탈거

1. 12V 배터리 (-) 터미널을 분리한다.
   (차량 제어 시스템 - "보조 배터리 (12V)" 참조)
2. 메인 크래쉬 패드 어셈블리를 탈거한다.
   (바디 (내장 / 외장 / 전장) - "메인 크래쉬 패드 어셈블리" 참조)
3. 와이어링 클립(A)을 분리한다.

4. 너트를 풀어 브레이크 페달 스토퍼(A)를 탈거한다.

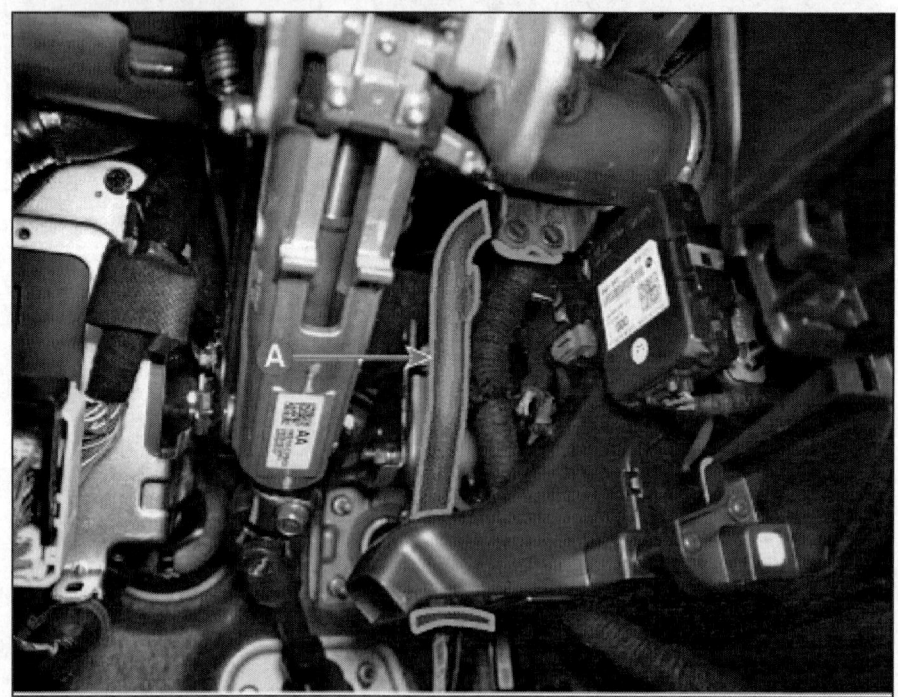

5. 샤워 덕트 스크류(A)를 탈거한다.

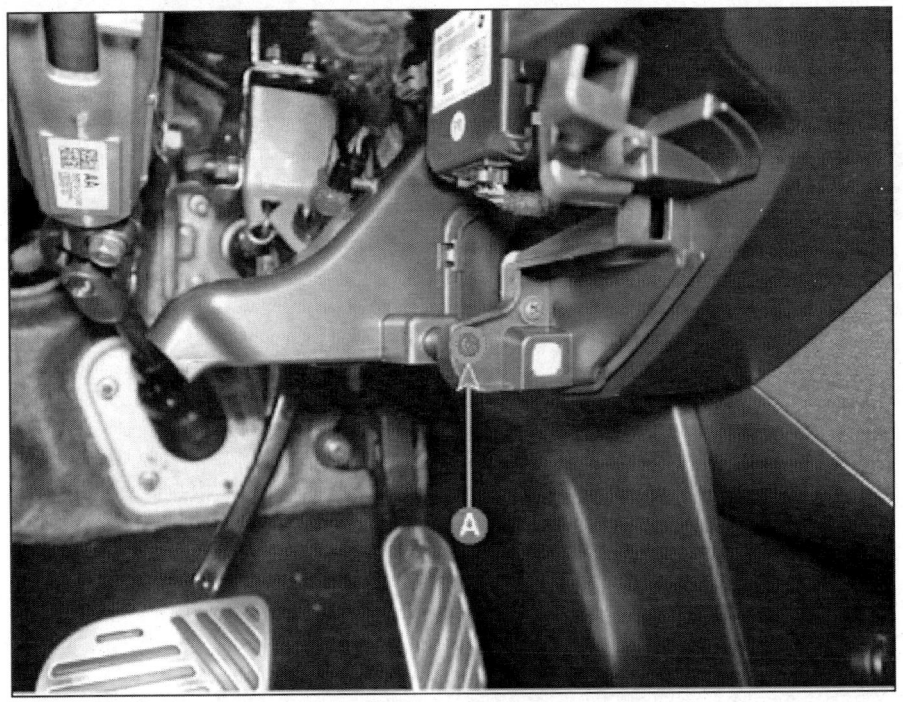

6. 커넥터(A)를 분리하여 샤워 덕트(B)를 화살표 방향으로 탈거한다.

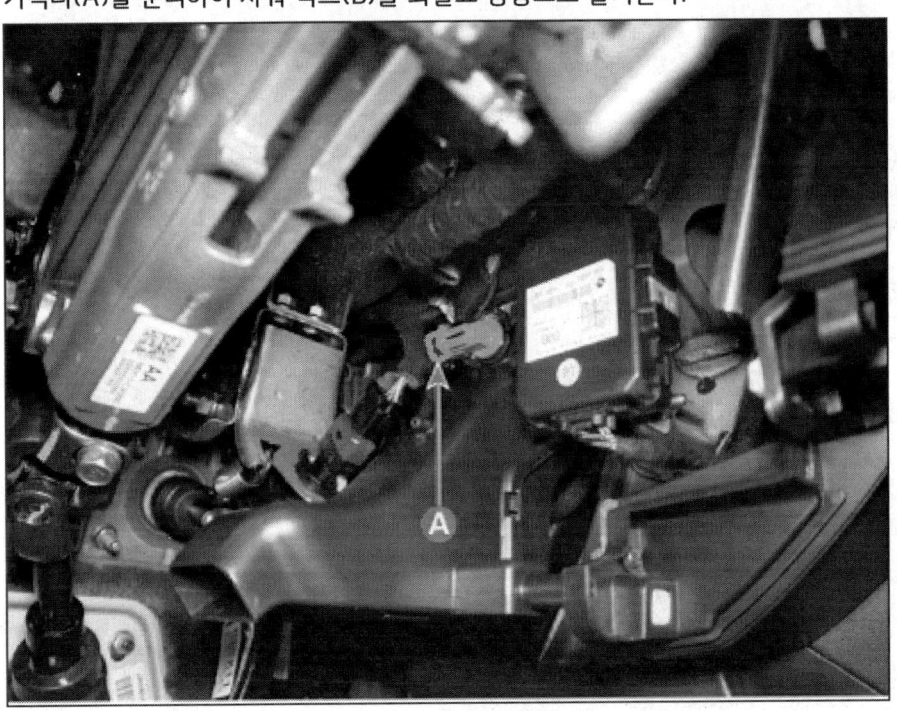

7. 스톱 램프 스위치 커넥터(A)를 분리한다.

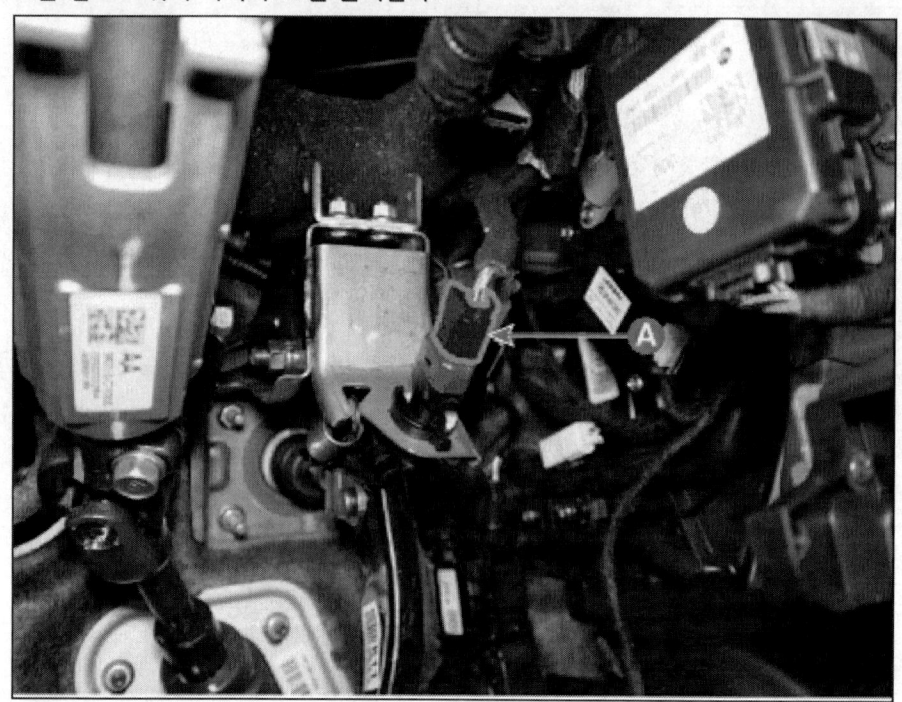
8. 브레이크 페달 스트로크 센서 커넥터(A)를 분리한다.

9. 브레이크 페달 암 클레비스 핀(A)과 분할 핀(B)을 분리한다.

> **유 의**
>
> • 분할 핀(B)은 재사용하지 않는다.

10. 브레이크 페달 어셈블리 너트(A)를 탈거한다.

체결 토크 : 1.7 ~ 2.6 kgf.m

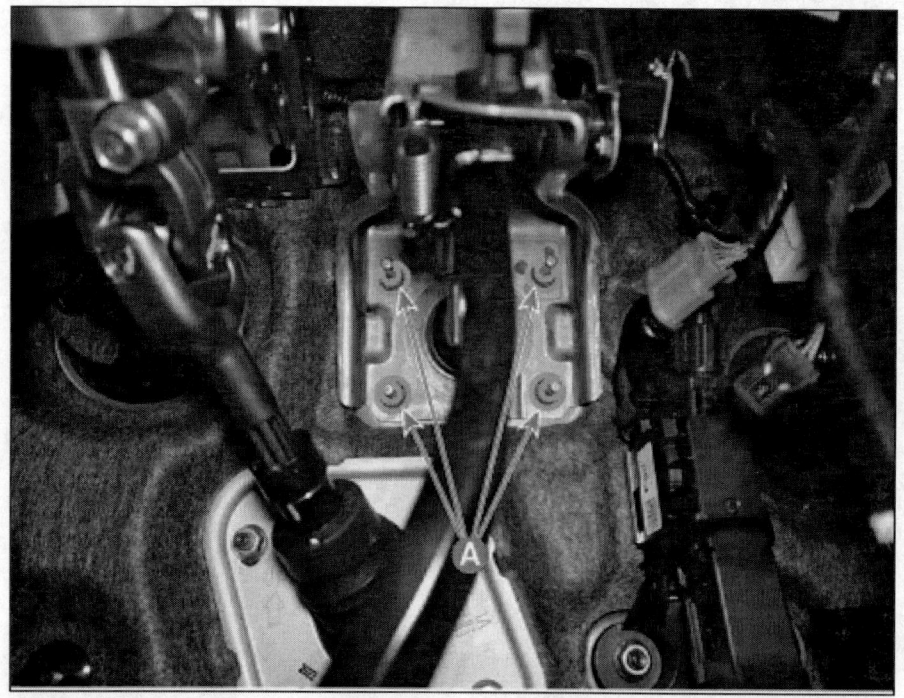

11. 커넥터 와이어링 클립(A)을 분리한다.

12. 너트(A)를 풀어 브레이크 페달 어셈블리를 탈거한다.

체결 토크 : 1.7 ~ 2.6 kgf.m

분해

1. 너트를 풀어 브레이크 페달 멤버(A)를 분리한다.

    체결 토크 : 0.9 ~ 1.4 kgf.m

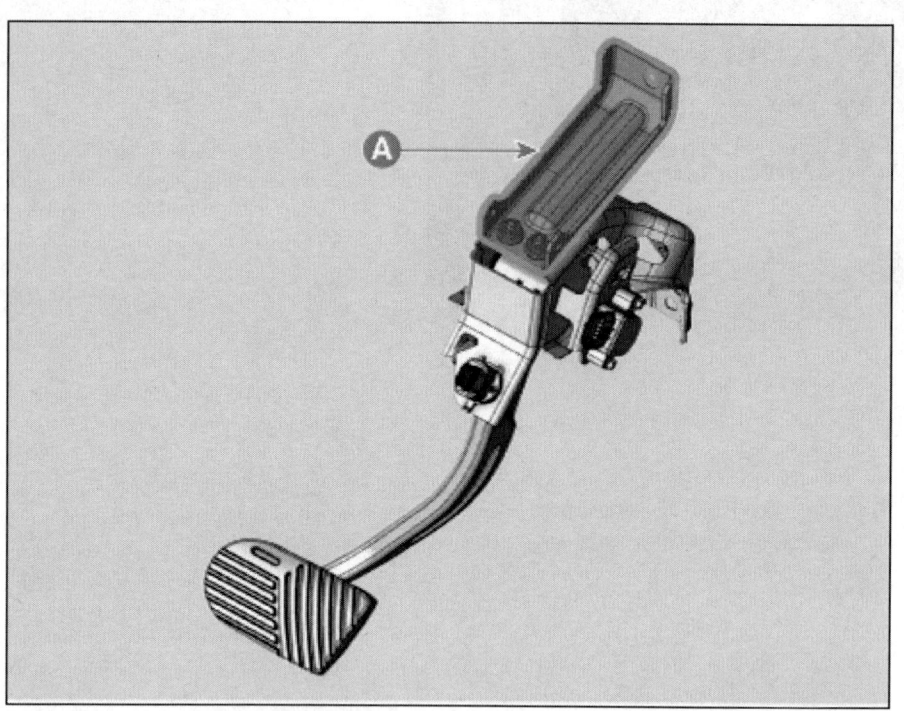

2. 록킹 플레이트(A)를 화살표 방향으로 당긴다.

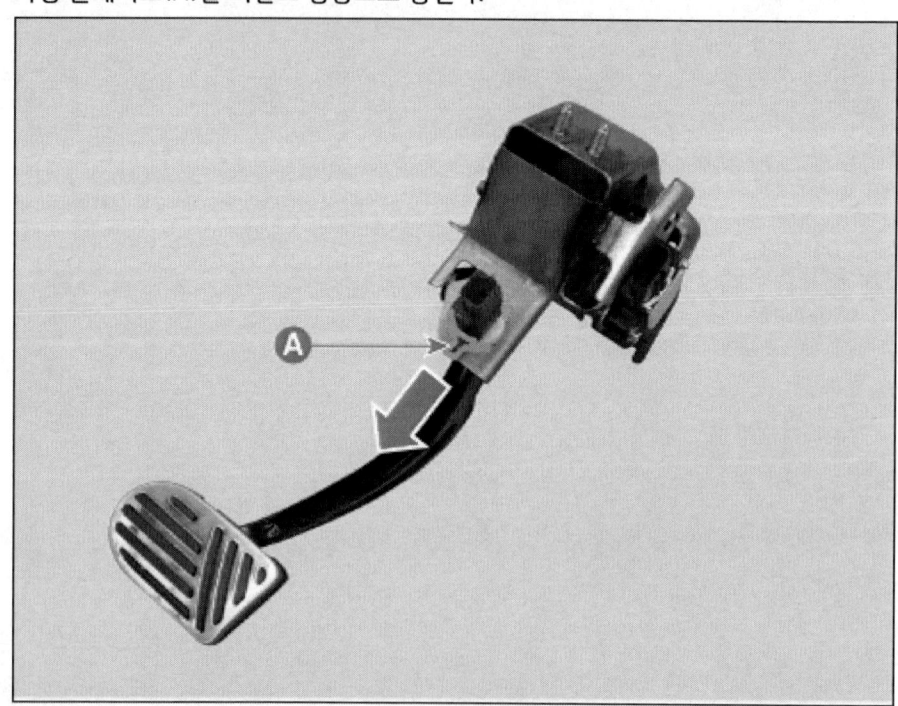

3. 스톱 램프 스위치(A)를 반시계 방향으로 돌려 탈거한다.

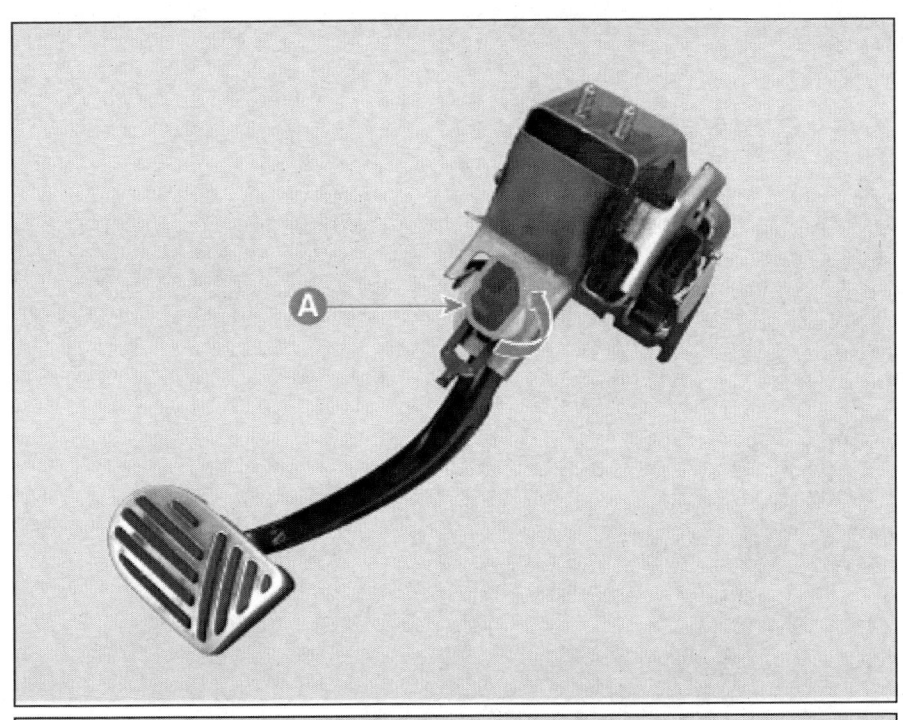

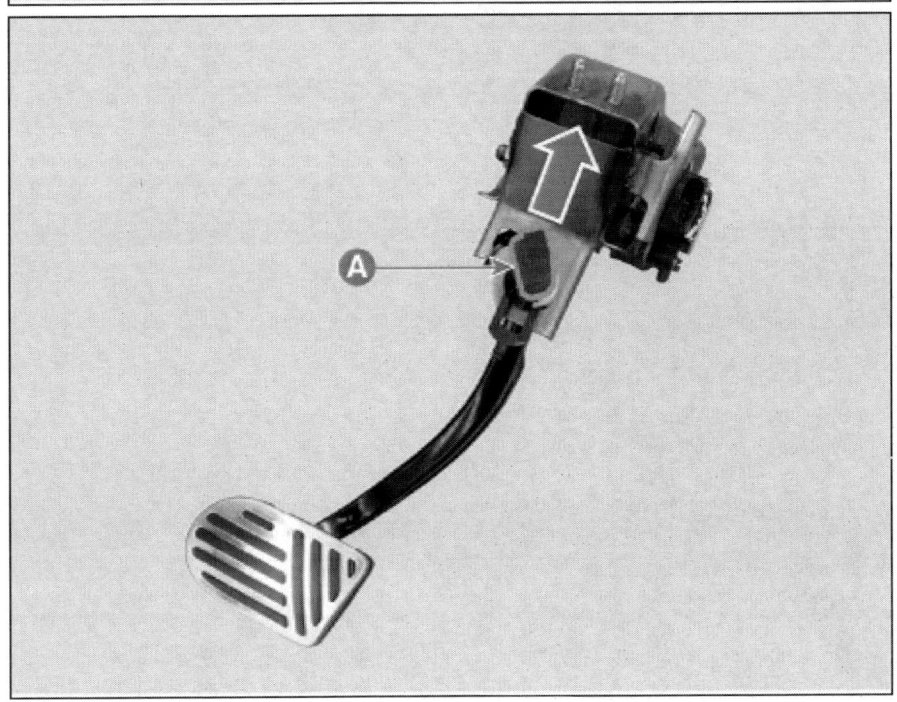

4. 브레이크 페달 리턴 스프링(A)을 탈거한다.

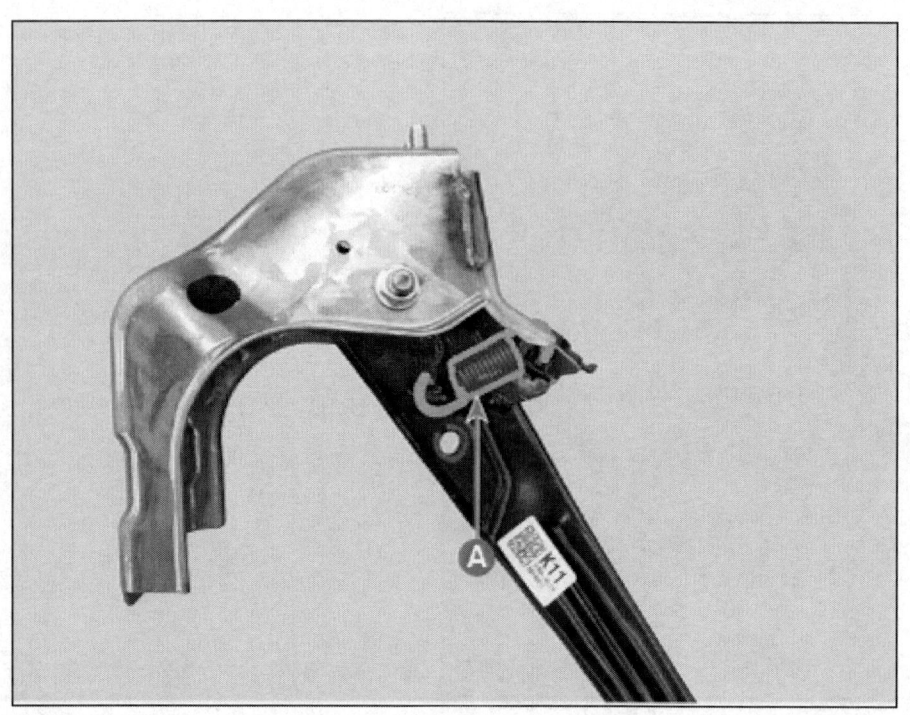

5. 볼트를 풀어 브레이크 페달 암(A)을 탈거한다.

체결 토크 : 2.5 ~ 3.5 kgf.m

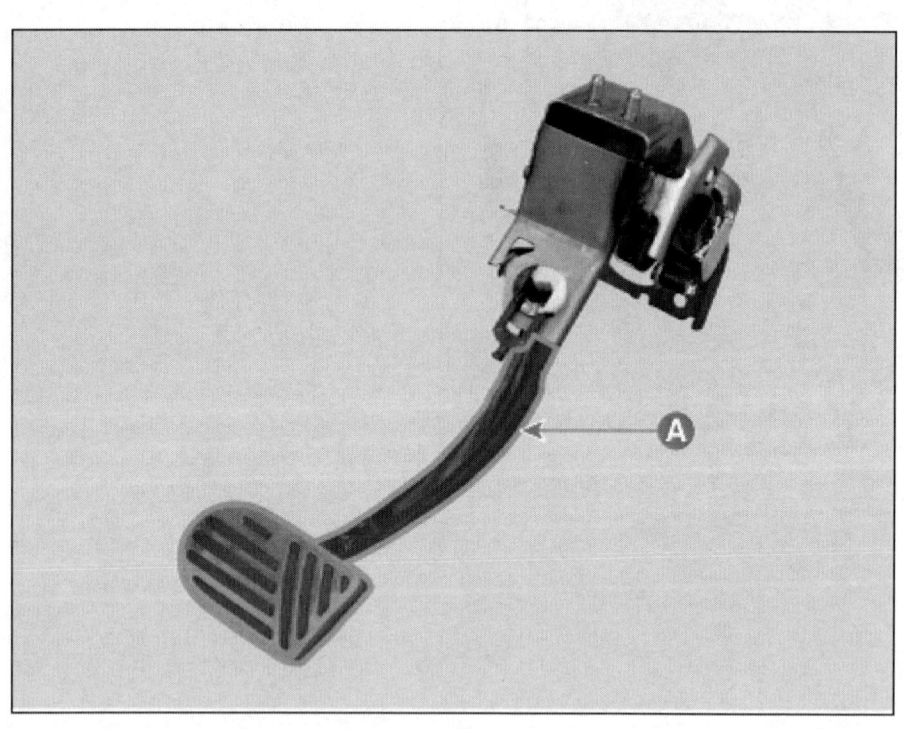

2023 > 160kW > 브레이크 시스템 > 브레이크 시스템 > 브레이크 페달 > 조립

조립

1. 조립은 분해의 역순으로 진행한다.

   > **유 의**
   >
   > - 브레이크 리턴 스프링 조립 시 그리스를 도포한다. (그리스 타입 : GREASE PDLV-1)
   > - 스톱 램프 스위치 간극(A)을 확인하여 규정치에서 벗어났을 경우 재조립 한다.
   >
   > **스톱 램프 스위치 간극(A) : 1 ~ 2 mm**
   >
   >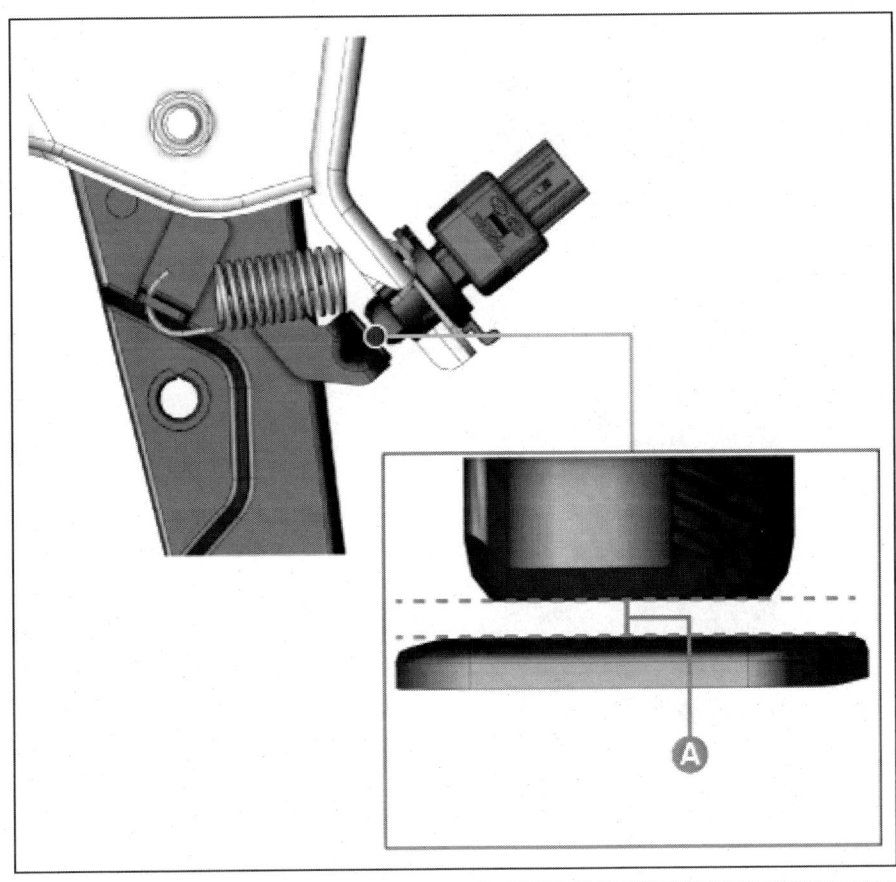

장착

1. 장착은 탈거의 역순으로 진행한다.

   > **유 의**
   >
   > - 브레이크 페달 암 클레비스 핀 장착 시 그리스를 도포한다. (그리스 타입 : GREASE PDLV-1)
   > - 클레비스 핀과 분할 핀 장착 시 위치가 바뀌지 않도록 주의한다.

   > **i 참 고**
   >
   > - 장착 시 나사산 및 브레이크 멤버 어셈블리의 손상을 최소화하기 위해 모든 너트를 가체결 한 뒤 아래와 같은 순서로 체결 토크 값으로 완체결한다.

   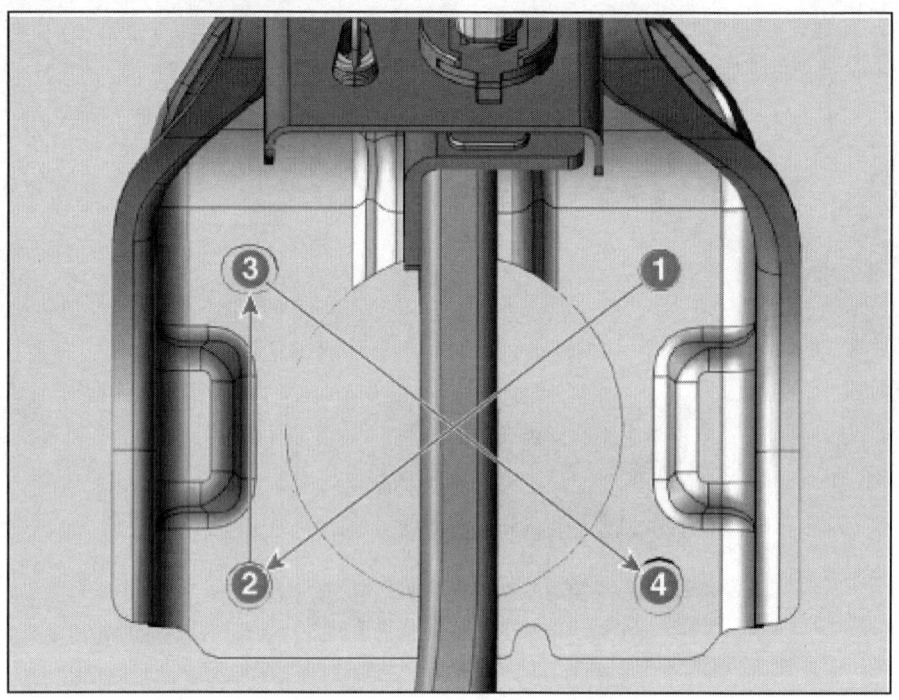

2. 브레이크 페달 어셈블리 교체 후 반드시 브레이크 페달 센서 영점 설정(PTS 영점 설정)을 시행한다.
   (브레이크 페달 - "조정" 참조)
3. 브레이크 액의 누유 및 페달의 작동 상태를 점검한다.

브레이크 페달 센서 영점 설정(PTS 영점 설정)

브레이크 페달 센서는 설정된 영점을 기준으로 브레이크 페달 스트로크를 계산하므로 최초 장착할 때 영점 설정이 필요하다.
아래의 경우 영점 설정을 시행한다.
- 브레이크 페달 어셈블리를 교체한 경우
- C138004(영점 설정) 또는 C137902(신호 이상)이 검출되었을 경우

> **유 의**
> - 브레이크 페달 센서 단독 교환 또는 재장착 시, 제동 신호를 사용하는 시스템에 악영향을 미칠 수 있으므로 반드시 영점 설정을 시행한다.

영점 설정 방법
차량의 진동으로 떨림이 없는 정지 상태, 브레이크 페달은 밟지 않은 상태에서 영점 설정 작업을 시행하여야 한다.
1. 차량의 OBD 커넥터에 진단 기기를 연결한다.
2. 점화 스위치를 ON 한다.
3. 진단 기기에서 브레이크 페달 센서 영점 설정을 한다.
4. 브레이크 페달 영점 설정(PTS 영점 설정) 절차를 수행한다.

5. 점화 스위치를 OFF 후 다시 ON으로 하고, 영점 설정이 완료되었는지 확인한다.

스톱 램프 스위치 탈장착

	작업	H/W	체결토크 (kgf.m)	SST/장비	케미컬	기타
•	탈거					
1	12V 배터리 (-) 터미널 분리 (차량 제어 시스템 - "보조 배터리 (12V)" 참조)	-	-	-	-	-
2	스톱 램프 스위치 커넥터 분리	-	-	-	-	-
3	록킹 플레이트를 화살표 아래로 당긴다	-	-	-	-	-
4	스톱 램프 스위치를 반시계 방향으로 돌려 탈거	-	-	-	-	-
•	장착					
탈거의 역순으로 진행						매뉴얼 참고

구성부품 및 부품위치

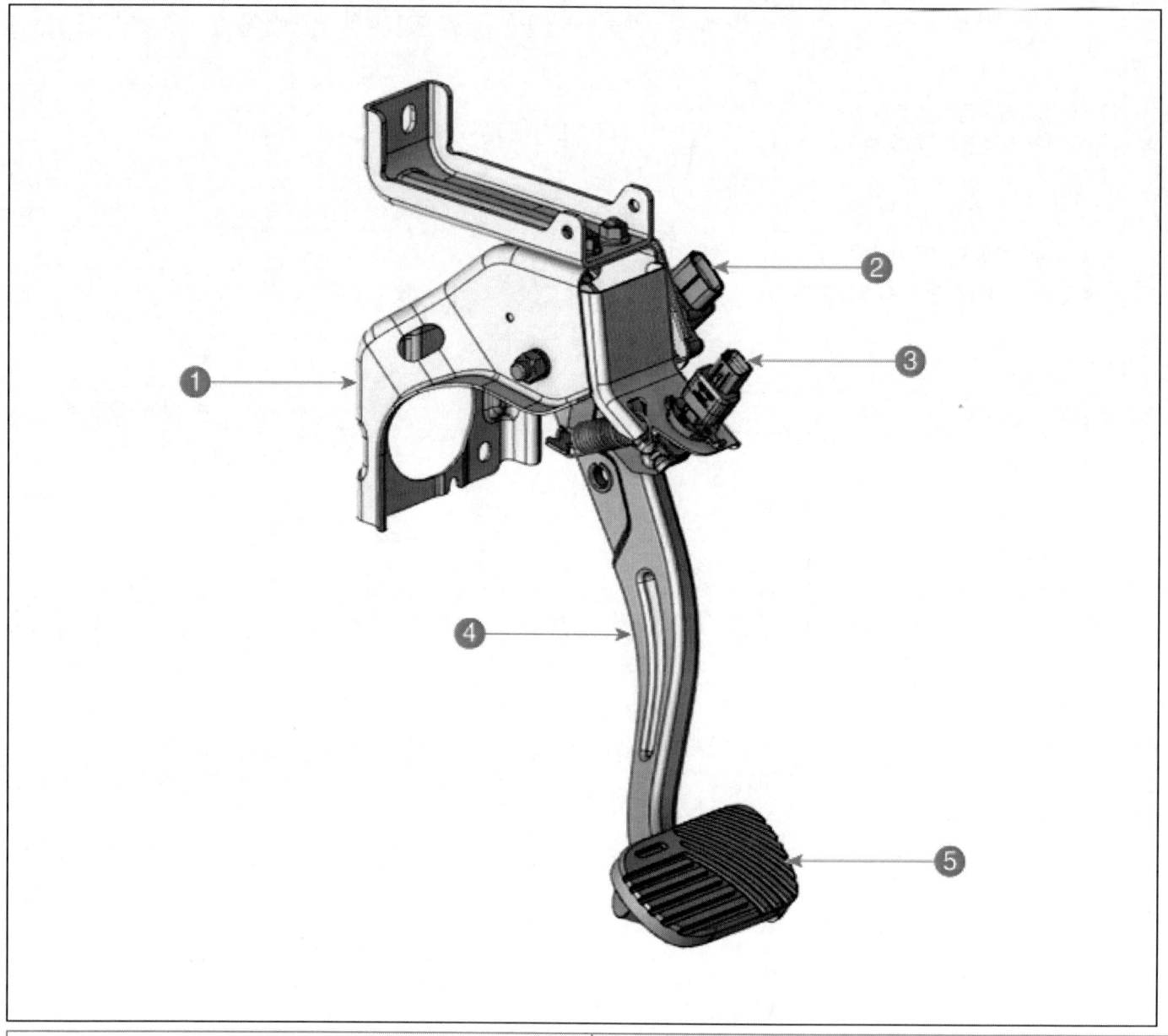

1. 브레이크 멤버 어셈블리
2. 페달 스트로크 센서
3. 스톱 램프 스위치
4. 브레이크 페달 암
5. 브레이크 페달 패드

개요 및 작동원리

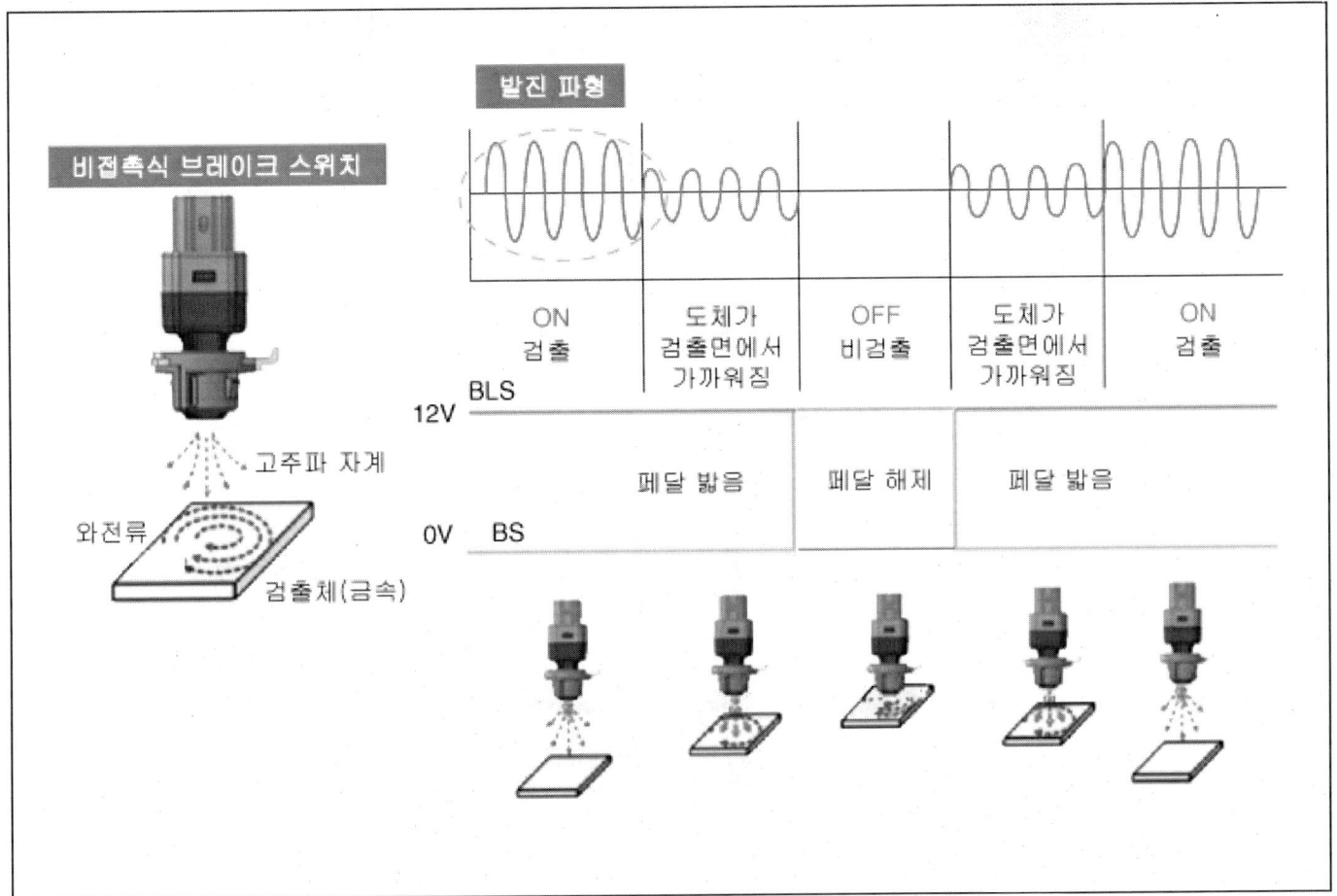

인덕티브 비접촉식 스위치 작동원리
1. 스위치 내부의 코일을 발진 시켜(전압인가) 발생하는 고주파 자계와 유도 전류를 이용한다.
2. 고주파 자계 내에 금속이 있으면 전자 유도 현상에 의해 금속 표면에 와전류가 발생한다.
3. 발생한 와전류는 스위치의 자속을 방해하여 발생한 만큼 고주파 자계를 감쇠시킨다.
4. 고주파 자계의 감쇠 여부를 판단(전압 차이를 금속체와 코일 간의 거리로 계산)하여 on-OFF 출력한다.

시스템 구성도

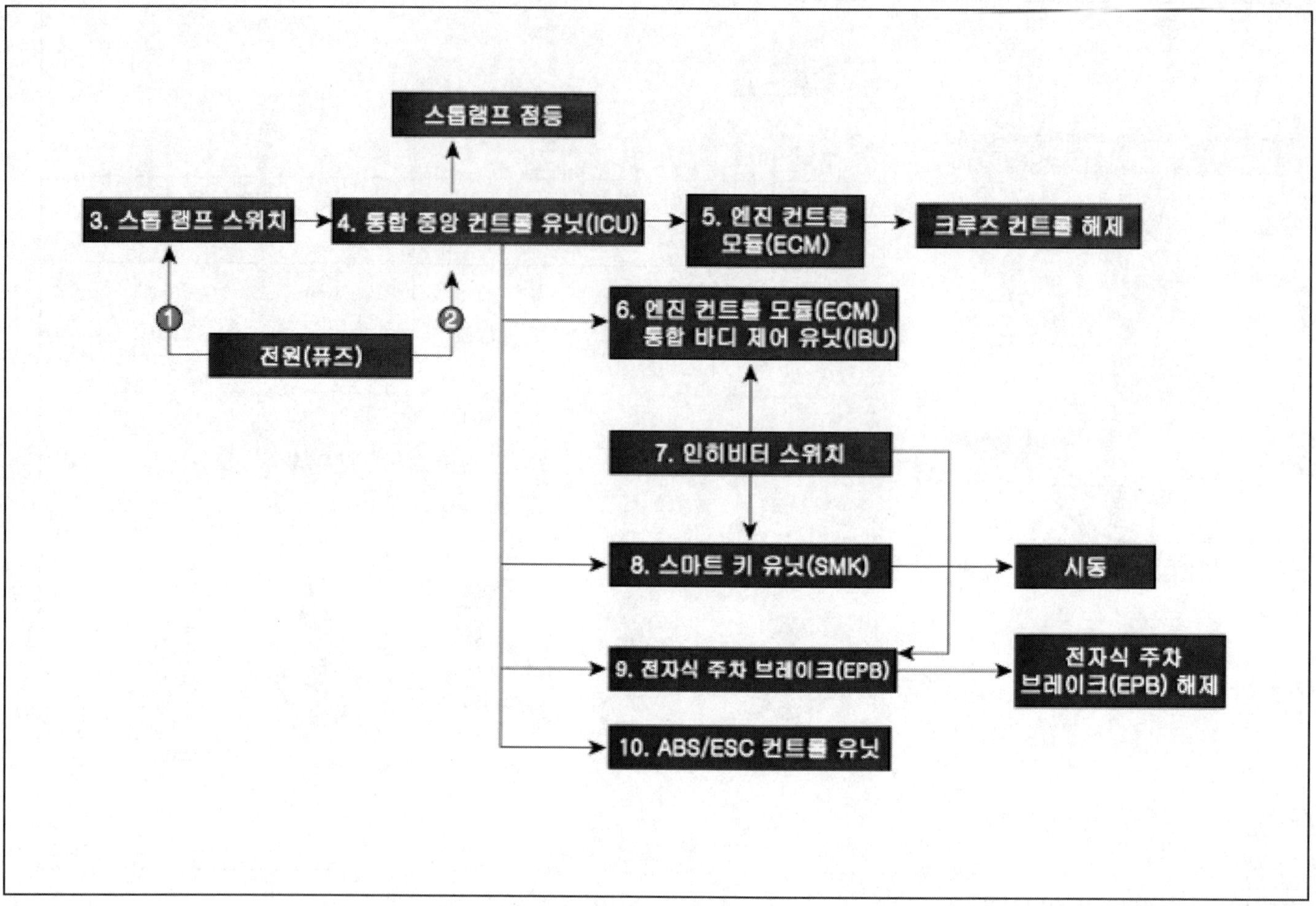

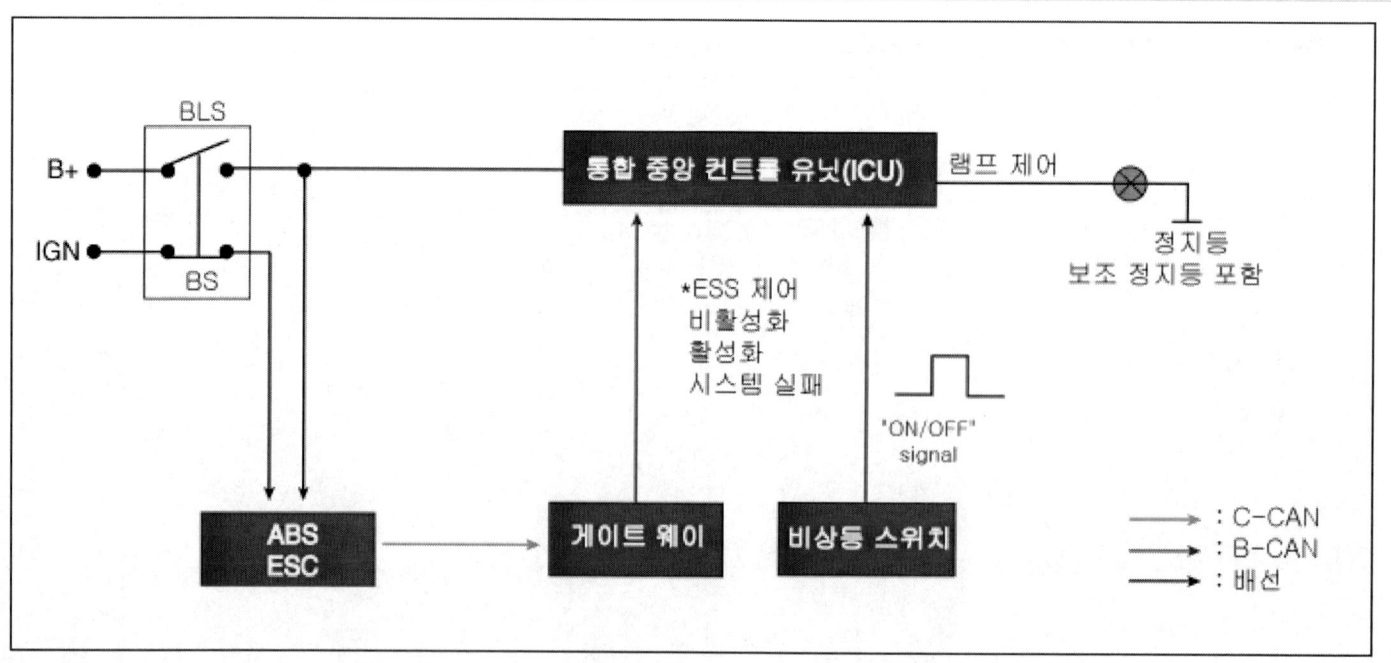

시스템 회로도

단자 기능

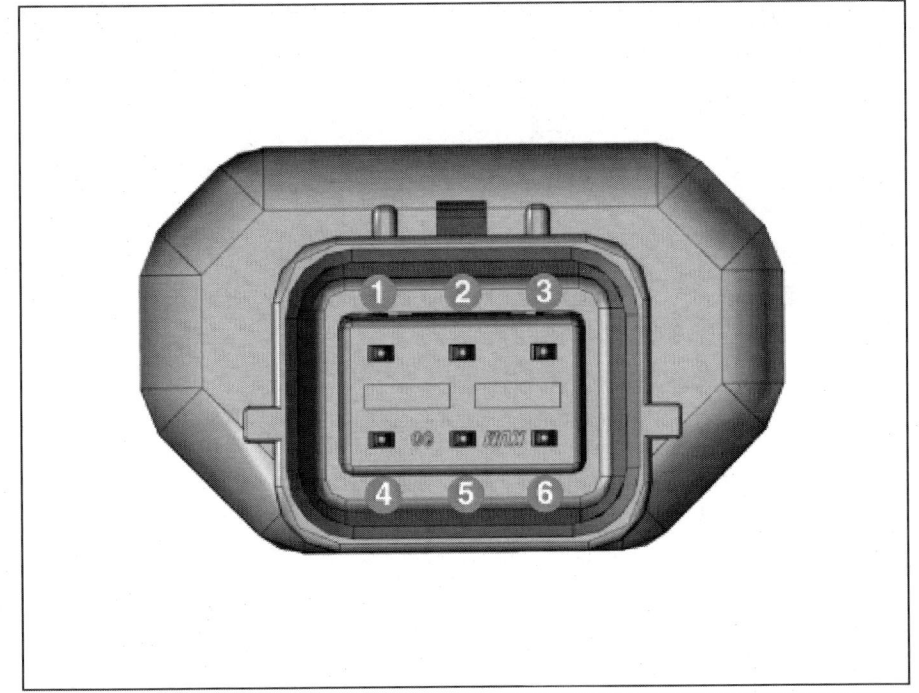

단자 번호	기능
1	IGN1
2	ECM
3	-
4	B+
5	스톱 램프
6	접지

고장진단

1. 부품별 진단

명칭	원인	고장 현상	조치 방법
스위치 퓨즈	퓨즈 접촉 불량, 소손	- DTC 코드 : C154201 - 현상 : 변속 불량, 시동 불량, 크루즈 해제 불량, EPB 해제 불량, 스톱 램프 점등 불량, ESC 경고등 점등	① 오실로 스코프를 사용하여 각 부품의 차량 가속/정시 시 파형을 점검한다. (스톱 램프 스위치 회로 점검 절차 참조) ② 이상 파형 발견 시, 해당 부품의 정비 절차를 참조하여 단품을 점검하고, 필요시 교체한다.
릴레이 퓨즈	퓨즈 접촉 불량, 소손	- DTC 코드 : C154201 - 현상 : 변속 불량, 시동 불량, 크루즈 해제 불량, EPB 해제 불량, 스톱 램프 점등 불량, ESC 경고등 점등	
스톱 램프 스위치	· 각 부품의 배선 손상 · 커넥터 접속 불량 · 각 단품 불량	- DTC 코드 : C154201 - 현상 : 변속 불량, 시동 불량, 크루즈 해제 불량, EPB 해제 불량, 스톱 램프 점등 불량, ESC 경고등 점등	
정지 신호 전자 모듈(적용 시)		- DTC 코드 : P0504, C2130, C2131 - 현상 : 변속 불량, 시동 불량, 크루즈 해제 불량, EPB 해제 불량, 스톱 램프 점등 불량, ESC 경고등 점등	
엔진 컨트롤 모듈(ECM)		- DTC 코드 : C154201 - 현상 : 변속 불량, 크루즈 해제 불량	
통합 바디 제어 유닛(IBU)		- 변속 불량	
인히비터 스위치		- DTC 코드 : P0705, P0706, C154201 - 현상 : 변속 불량, 시동 불량, 크루즈 해제 불량, EPB 해제 불량	
스마트 키 유닛(SMK)		- 시동 불량	
전자식 주차 브레이크(EPB)		- 현상 : EPB 해제 불량, ESC 경고등 점등	
ABS/ESC 컨트롤 모듈 (압력 센서)		- 현상 : ESC 경고등 점등	

2. 현상별 진단

고장 현상	가능한 원인 부품	조치 방법
시동 불량	스위치 퓨즈, 릴레이 퓨즈, 스톱 램프 스위치, 정지 신호 전자 모듈, ABS/ESC 컨트롤 모듈, 각 배선, 커넥터	① 오실로 스코프를 사용하여 각 부품의 차량 가속/정시 시 파형을 점검한다. (스톱 램프 스위치 회로 점검 절차 참조) ② 이상 파형 발견 시, 해당 부품의 정비 절차를 참조하여 단품을 점검하고, 필요시 교체한다.
변속 불량	스위치 퓨즈, 릴레이 퓨즈, 스톱 램프 스위치, 정지 신호 전자 모듈, IBU, ECM, 인히비터 스위치, 각 배선, 커넥터	
ESC 경고등 점등	스위치 퓨즈, 릴레이 퓨즈, 스톱 램프 스위치, 정지 신호 전자 모듈, ABS/ESC 컨트롤 모듈, 각 배선, 커넥터	
P0504	스위치 퓨즈, 릴레이 퓨즈, 스톱 램프 스위치, 정지 신호 전자 모듈, ECM, 각 배선, 커넥터	
스톱 램프 미 작동	스위치 퓨즈, 릴레이 퓨즈, 스톱 램프 스위치, 정지 신호 전자 모듈, 배선/커넥터 단선	
스톱 램프 상시 점등	스톱 램프 스위치, 정지 신호 전자 모듈, 배선 쇼트	

3. 스톱 램프 스위치 시스템 진단

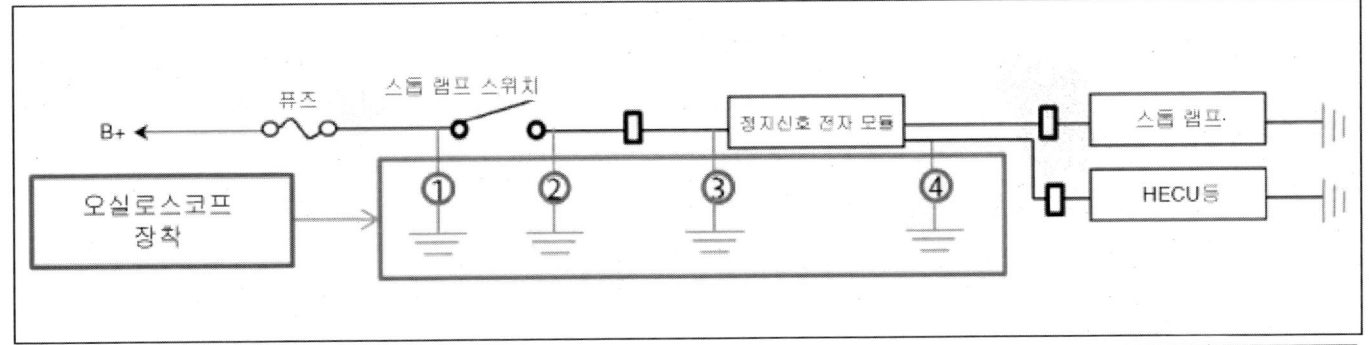

현상 (ESC 경고등 점등 시)	① 스위치 전원단(B+)	② 스위치 후단	③ 정지 신호 전자 모듈 입력단	④ 정지 신호 전자 모듈 출력단	조치 방법
스위치 내부 단선	●	X	X	X	스톱램프 스위치 신품 교환 후 재 점검한다.
스위치 내부 단락	●	●	●	●	스톱 램프 스위치 탈거 후 이상 여부를 점검한다. ① 스위치 이상시 : 신품으로 교환 한다. ② 배선이상시 : 단락부위 점검이 필요하다
정지 신호 전자 모듈 내부 단락	●	○	○	●또는X	정지 신호 전자 모듈 탈거 후 이상 여부를 점검 한다. ① 정지 신호 전자 모듈 이상시 : 신품으로 교환 한다. ② 배선이상시 : 단락부위 점검 필요
정지 신호 전자 모듈 내부 단선	●	○	○	X	정지 신호 전자 모듈 교환 후 재 점검한다.
전원단 단선 시	X	X	X	X	전원단 커넥터 및 퓨즈등을 점검 한다.
전원단 단락 시 (전류량 감소)	●	○	○	●또는X	전원단 단락시는 전류량 감소로 정지 신호 전자 모듈의 ON-OFF동작이 잘되지 않을수 있다. 퓨즈 소손여부를 확인한다.
출력-정지 신호 전자 모듈간 불량	●	○	X	X	커넥터 점검 및 와이어링을 점검 한다.
정지 신호 전자 모듈-램프간 불량	●	○	○	○	커넥터, 와이어링 및 각 부품을 점검한다.

● : 상시 ON ○ : ON-OFF동작 X : 상시 OFF

> **유 의**
>
> • 브레이크 페달 밟기, 정차 시 가속 등으로 실시간으로 확인해야 정확히 측정할 수 있다.

4. DTC 표출 시, DTC 진단 가이드를 참조하여 조치한다.

조정

스톱 램프 스위치 간극 조정

1. 12V 배터리 (-) 터미널을 분리한다.
   (차량 제어 시스템 - "보조 배터리 (12V)" 참조)
2. 스톱 램프 스위치의 간극(A)을 확인한다.

   스톱 램프 스위치 간극(A) : 1 ~ 2 mm

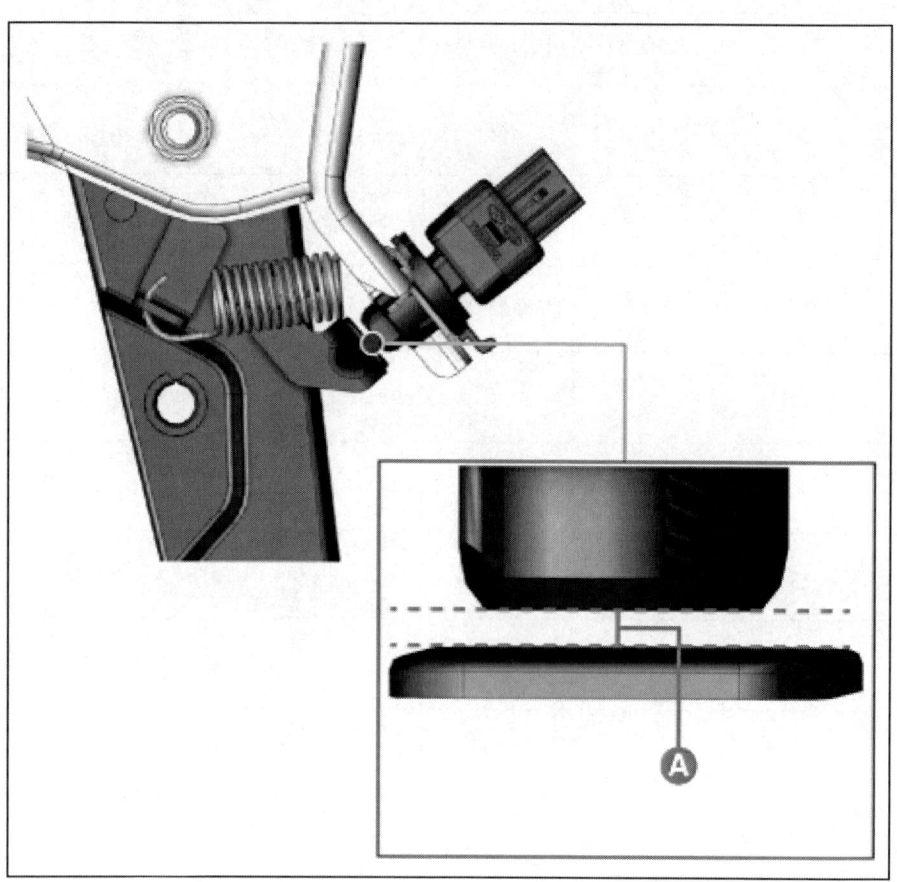

3. 스위치 간극이 규정 값을 만족하지 않으면, 스톱 램프 스위치를 탈거하고 장착부의 클립 등 주변 부품의 손상 여부를 확인한다.
4. 이상이 없으면 스톱 램프 스위치를 재장착한 후 간극을 재확인한다.
5. 12V 배터리 (-) 터미널을 연결한다.
   (차량 제어 시스템 - "보조 배터리 (12V)" 참조)

탈거

1. 12V 배터리 (-) 터미널을 분리한다.
    (차량 제어 시스템 - "보조 배터리 (12V)" 참조)
2. 스톱 램프 스위치 커넥터(A)를 분리한다.

3. 록킹 플레이트(A)를 화살표 방향으로 당긴다.

4. 스톱 램프 스위치(A)를 반시계 방향으로 45° 돌려 탈거한다.

점검

1. 탈거된 스톱 램프 스위치를 아래와 같이 점검한다.
    (1) 단자부 정상 체결 상태를 확인한다.
        - 정상적으로 커넥터가 체결되는지 체결 흔적의 유/무로 확인할 수 있다.

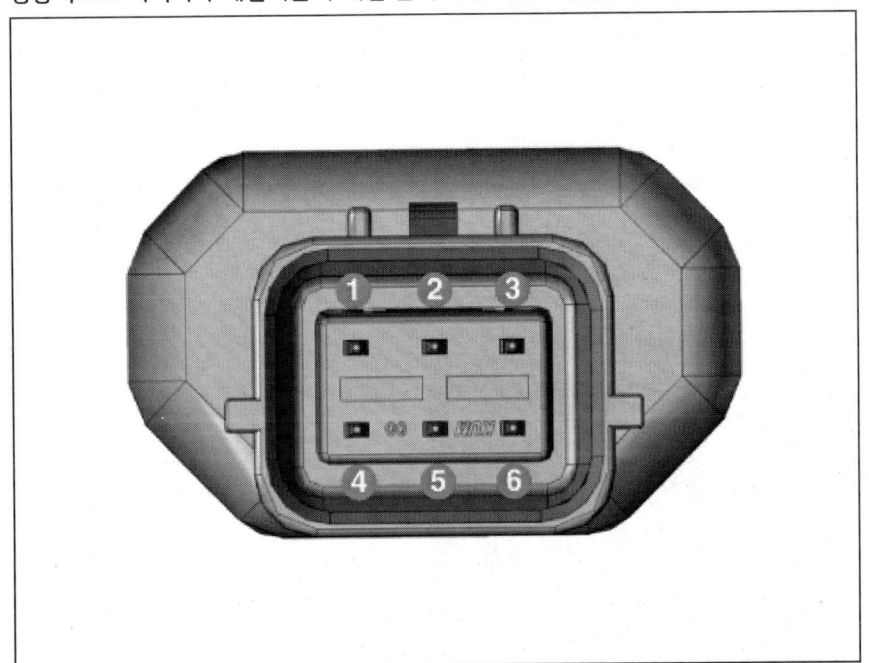

단자 번호	기능
1	IGN1
2	ECM
3	-
4	B+
5	스톱 램프
6	접지

(2) 단품 저항 점검을 시행한다.

저항 값 : 800 Ω

1. 퓨즈 점검
스위치 퓨즈, 릴레이 퓨즈부에 테스트용 퓨즈를 장착하여 정상 체결 여부를 확인한다.

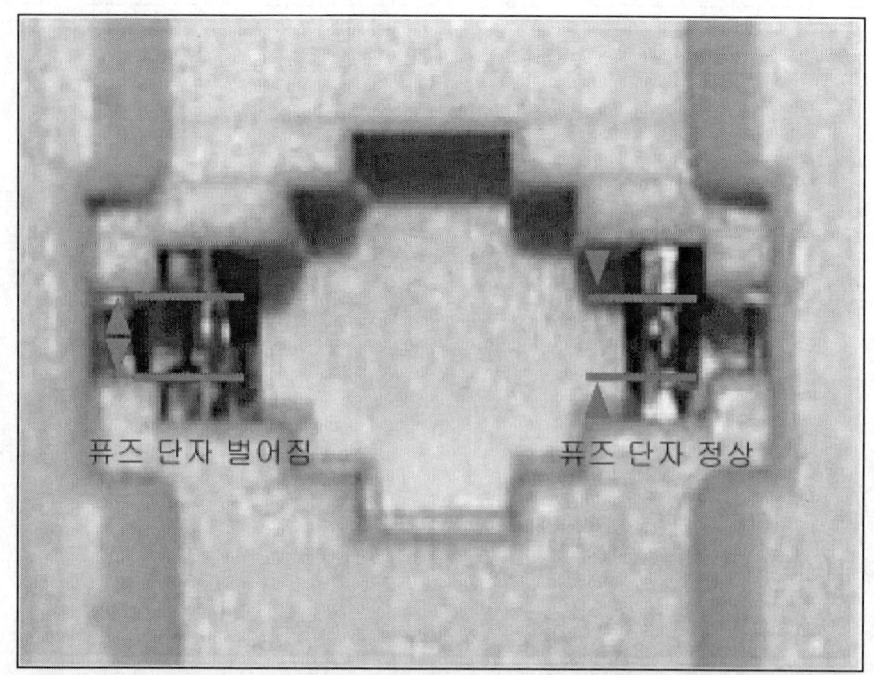

퓨즈 단자 벌어짐   퓨즈 단자 정상

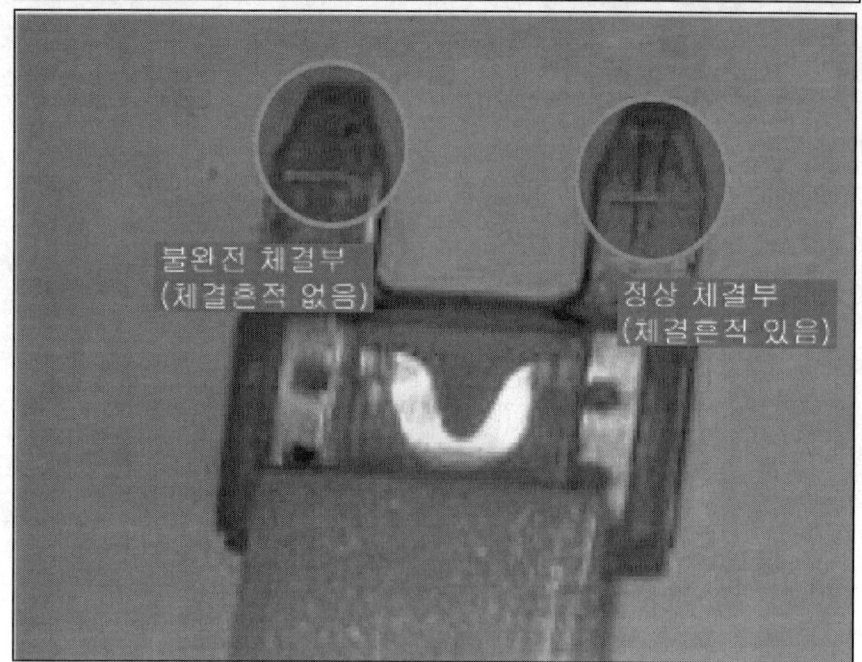

불완전 체결부
(체결흔적 없음)   정상 체결부
(체결흔적 있음)

2. 진단 기기 데이터 분석

1. 진단 기기 데이터를 분석하여 스톱 램프 스위치의 이상 유무를 확인한다.
   (1) 자기 진단 커넥터에 진단 기기를 연결한다.
   (2) 점화 스위치를 ON 한다.
   (3) 브레이크 페달을 밟는다.
   (4) 진단 기기의 "센서 데이터"에 표시되는 "브레이크 스위치" 항목을 점검한다.

   정상 파형 : 브레이크 스위치 ON/OFF에 따라 압력 센서 신호 값이 변경된다.

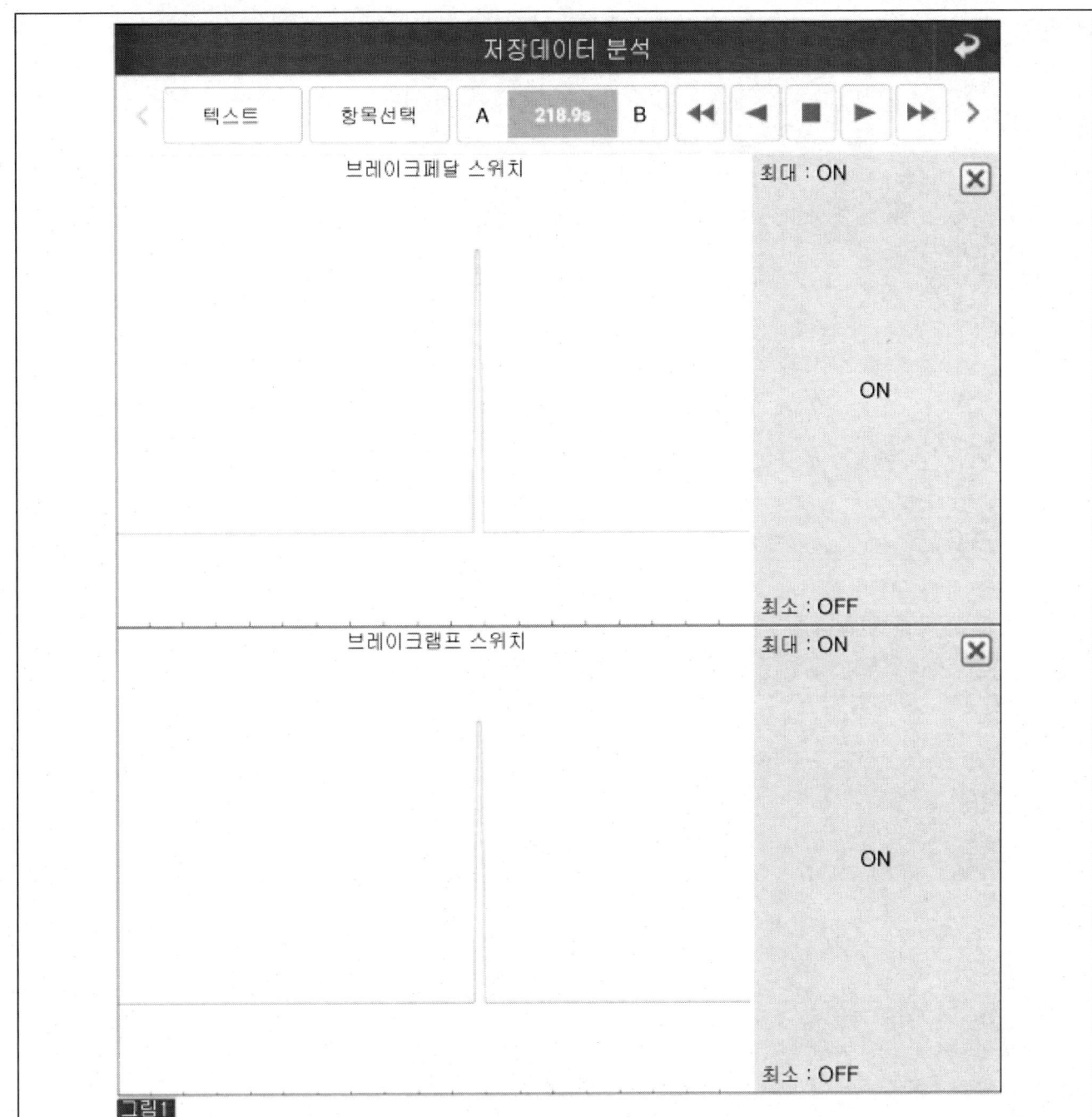

그림1

3.부품별 커넥터 점검
각 커넥터의 손상 및 단자 밀림, 불완전 체결 여부를 확인한다.

[엔진 룸 정션 박스]

[ABS/ESC 컨트롤 모듈]

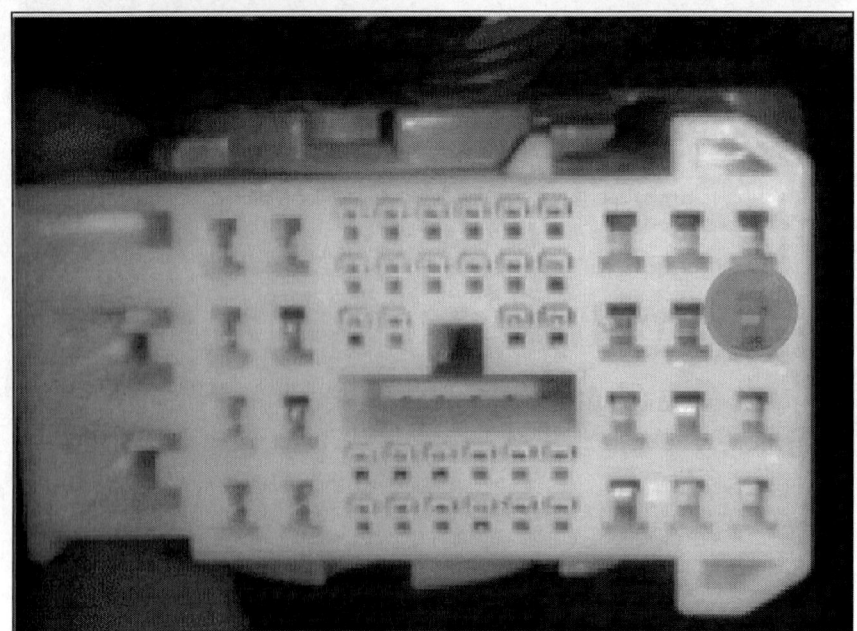

4. 브레이크 스톱 램프 회로 점검
각 단자 배선에 프로브를 연결하고 오실로스코프 파형을 확인한다.

[스톱 램프 스위치 입/출력단]

[오실로스코프 파형 화면]

10.0 V/div
10.0 V/div
10.0 V/div
Main : 125 k
1s/div
스톱 램프 스위치 입력단 (B+ 단자)
정상
스톱 램프 스위치 출력단
스마트 정션박스 / 인텔리전트 파워 스위치입력단
배선이상
스마트 정션박스 / 인텔리전트 파워 스위치출력단

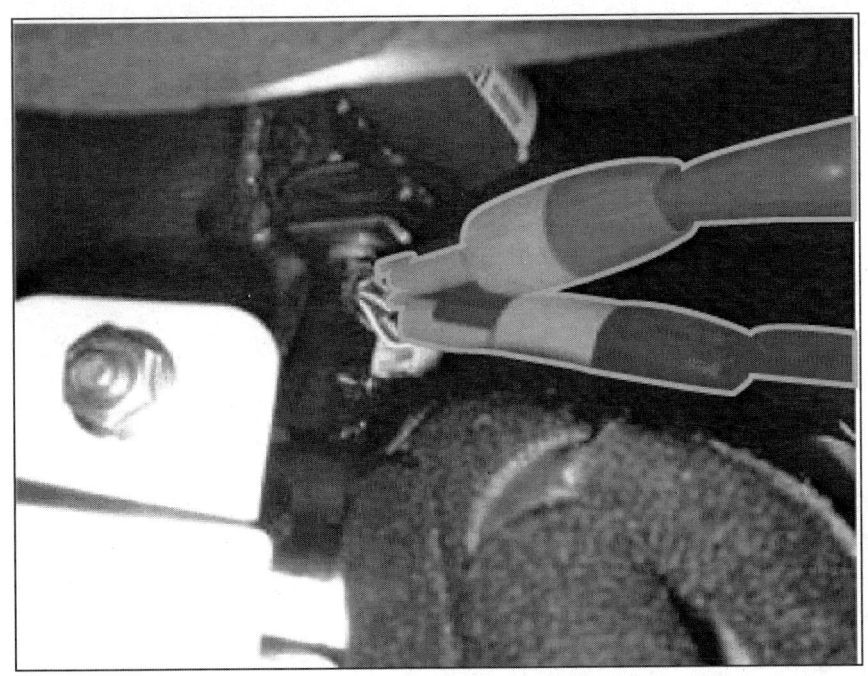

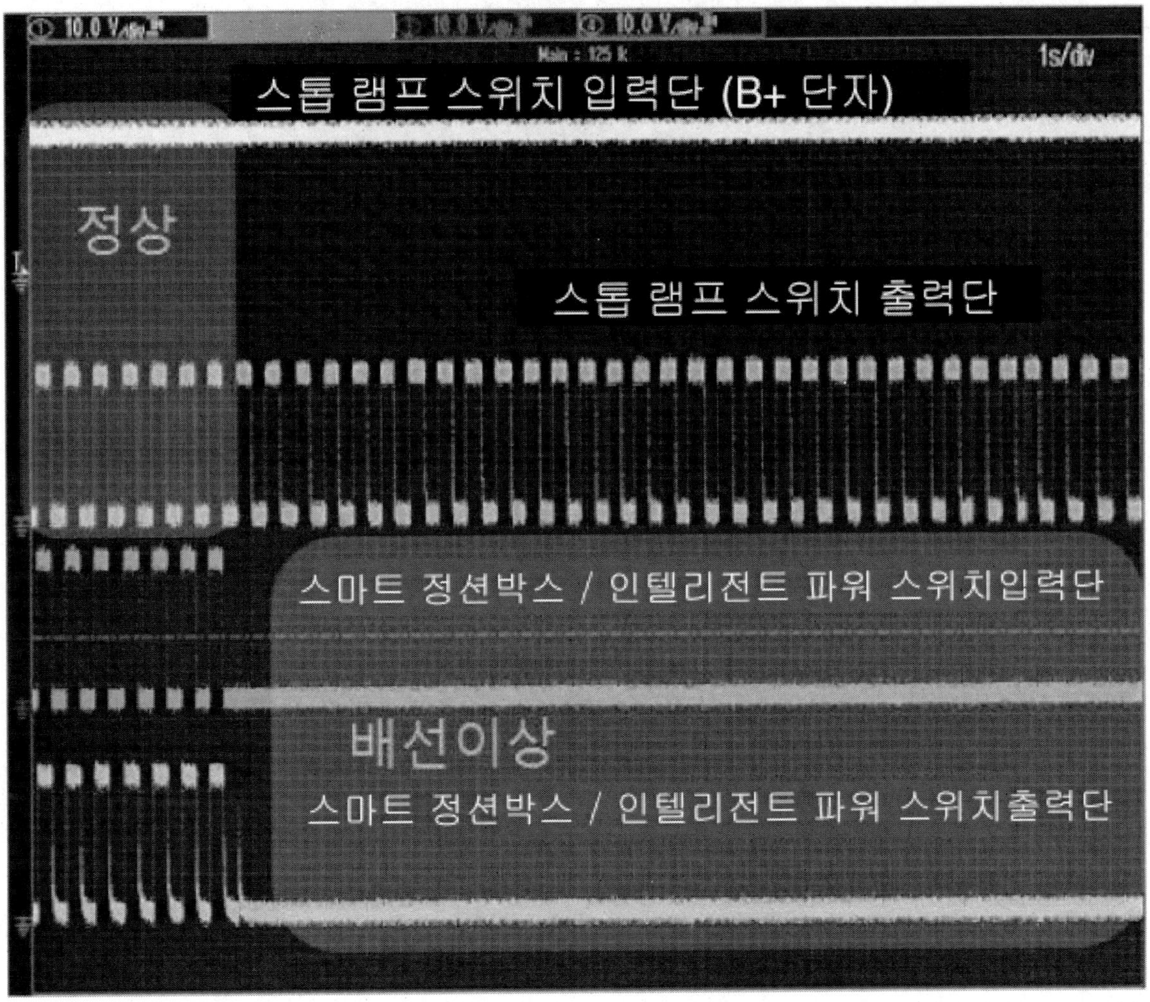

장착

1. 장착은 탈거의 역순으로 진행한다.

   > **유 의**
   >
   > - 장착 시 스톱 램프 스위치(A)의 방향성에 유의하여 장착한다.
   >
   >
   >
   > - 스톱 램프 스위치 간극(A)을 확인한다.
   >
   > **스톱 램프 스위치 간극(A) : 1 ~ 2 mm**

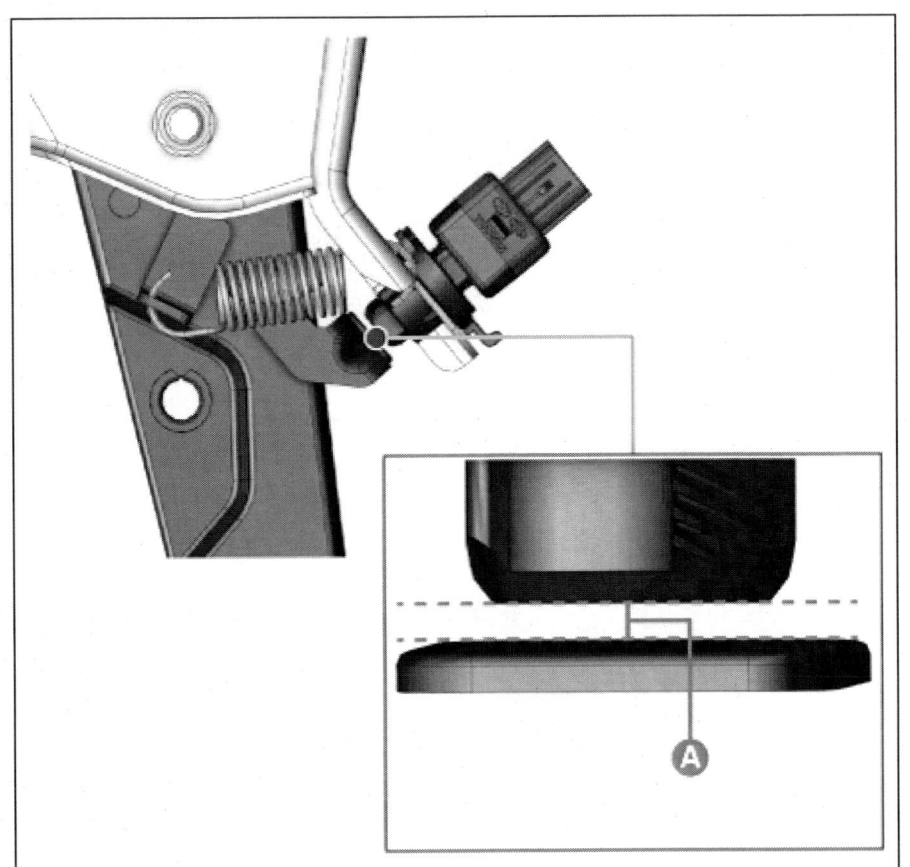

> **유 의**
>
> - 스톱 램프 스위치 간극이 규정치에서 벗어났을 때는 스톱 램프 스위치를 재장착한다.

프런트 브레이크 캘리퍼 탈장착

	작업	H/W	체결토크 (kgf.m)	SST/장비	케미컬	기타
• 탈거						
1	프런트 휠 및 타이어 탈거 (서스펜션 시스템 - "휠" 참조)	-	-	-	-	-
2	프런트 브레이크 호스 분리	볼트	2.5 ~ 3.0	-	-	매뉴얼 참고
3	프런트 브레이크 캘리퍼 바디를 위로 젖힌다	볼트	2.2 ~ 3.2	-	-	-
4	브레이크 패드 탈거	-	-	-	-	-
5	브레이크 패드 라이너 탈거	-	-	-	-	-
6	프런트 브레이크 캘리퍼 탈거	볼트	10.0 ~ 12.0	-	-	매뉴얼 참고
• 장착						
탈거의 역순으로 진행						매뉴얼 참고
• 부가기능						
• 브레이크 에어 블리딩 - 특수공구(09580-3D100), (0K585-E8100) 사용하여 에어 블리딩 실행						

구성부품 및 부품위치

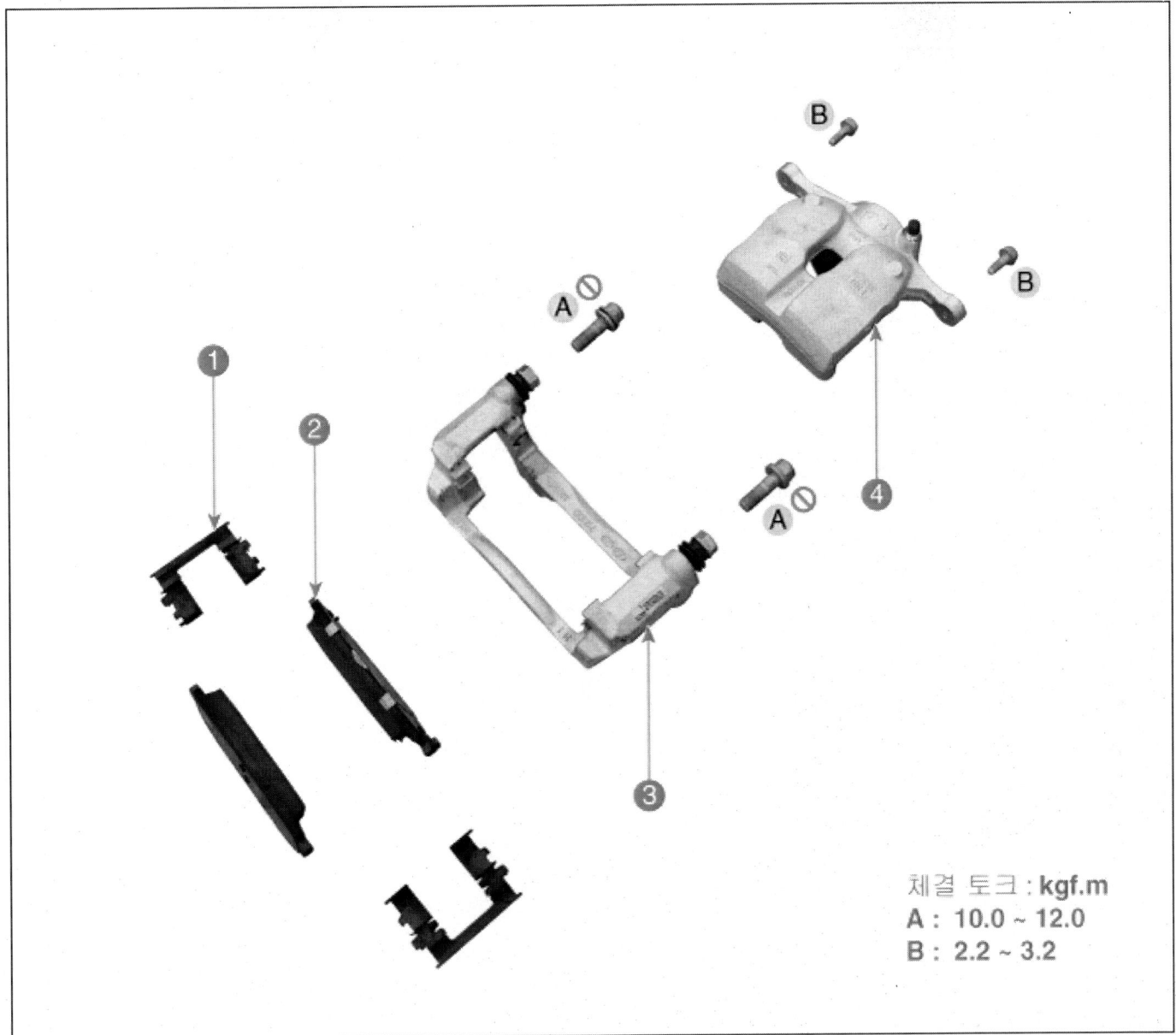

체결 토크 : kgf.m
A : 10.0 ~ 12.0
B : 2.2 ~ 3.2

1. 패드 라이너
2. 브레이크 패드
3. 토크 멤버
4. 캘리퍼 바디

탈거

1. 프런트 휠 및 타이어를 탈거한다.
   (서스펜션 시스템 - "휠" 참조)
2. 볼트를 풀어 프런트 브레이크 호스(A)를 분리한다.

   체결 토크 : 2.5 ~ 3.0 kgf.m

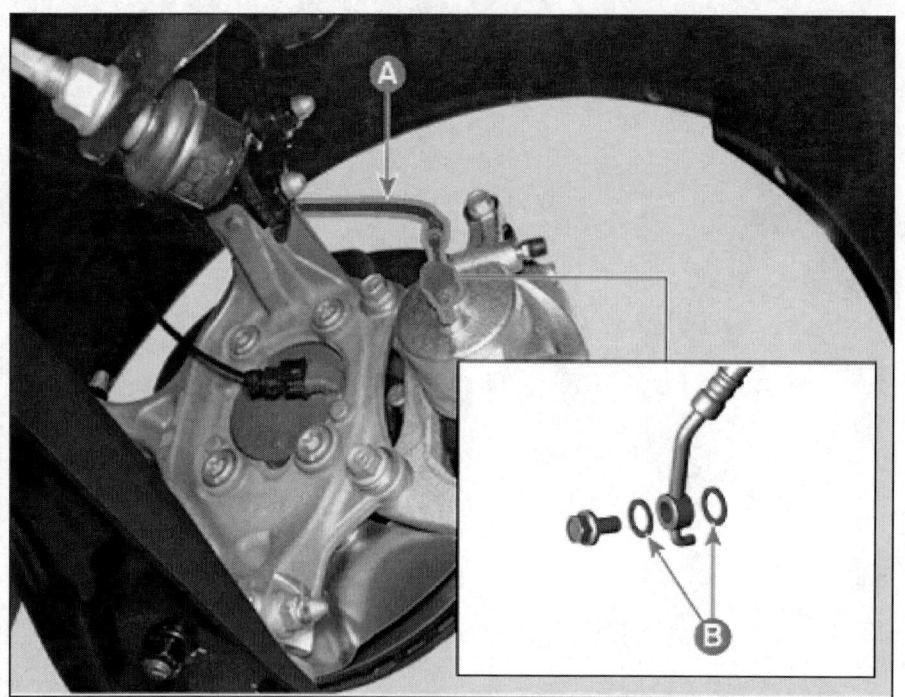

> **유 의**
> - 브레이크 호스 장착 시 와셔(B)는 재사용하지 않는다.

3. 볼트를 풀어 프런트 브레이크 캘리퍼 바디(A)를 위로 젖힌다.

   체결 토크 : 2.2 ~ 3.2 kgf.m

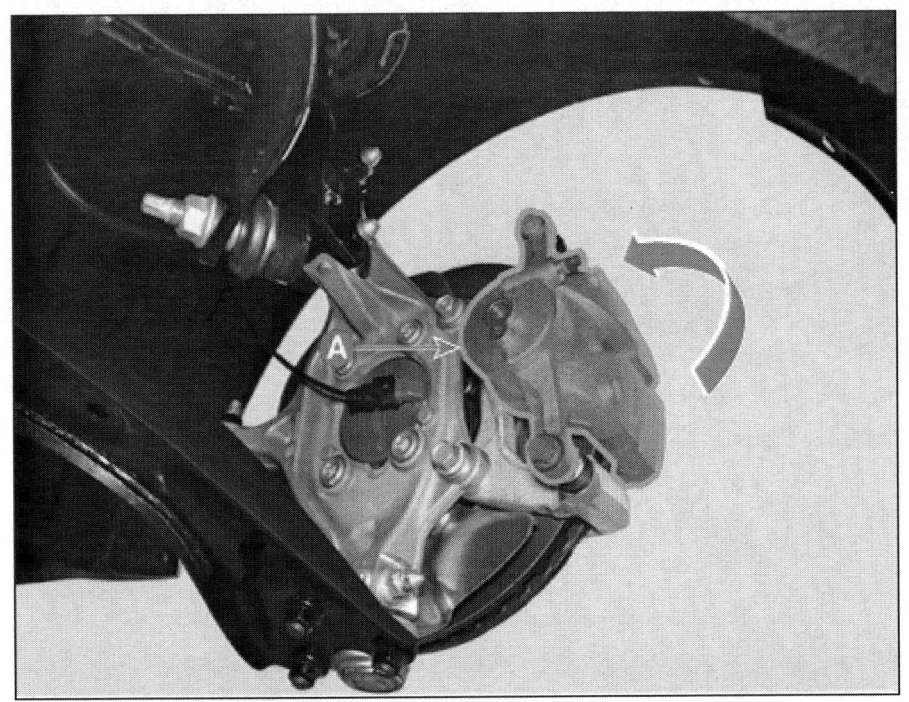

4. 브레이크 패드(A)를 탈거한다.

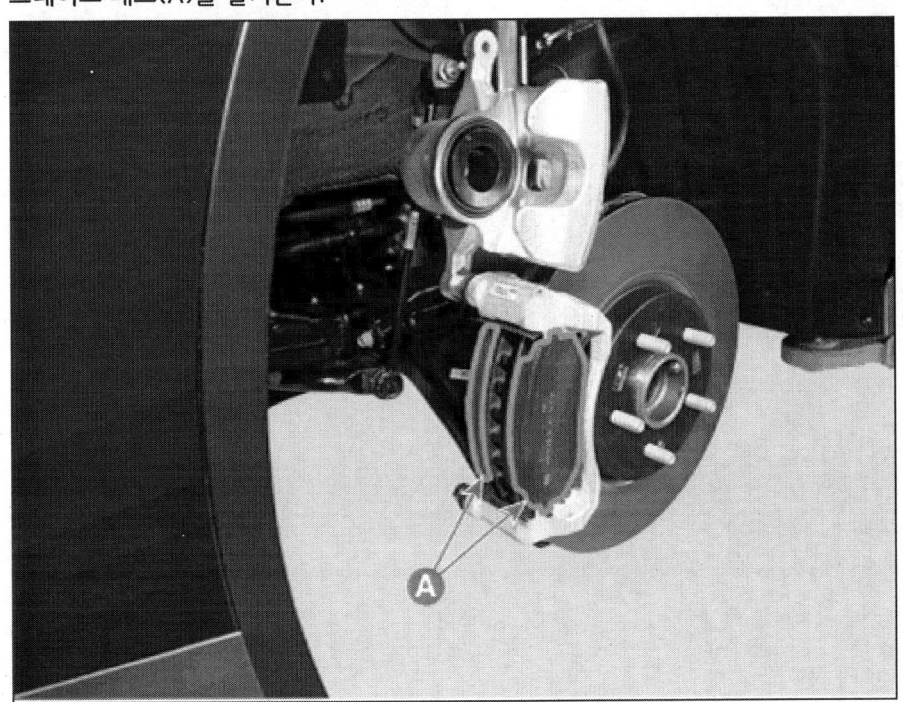

5. 브레이크 패드 라이너(A)를 탈거한다.

6. 볼트를 풀어 프런트 브레이크 캘리퍼(A)를 탈거한다.

    체결 토크 : 10.0 ~ 12.0 kgf.m

> **유 의**
>
> - 캘리퍼 장착 볼트는 재사용하지 않는다.

장착

1. 장착은 탈거의 역순으로 진행한다.

> **유 의**
> - 피스톤 입구부가 파손되지 않도록 유의하여 압입한다.
> - 토크 멤버에 캘리퍼 바디 조립 시 피스톤이 간섭되지 않도록 유의한다.
> - 캘리퍼 바디 장착 시 특수공구(09581-11000)를 사용하여 브레이크 피스톤을 압입한다.

2. 브레이크 리저버에 브레이크 액을 채운 후 공기 빼기 작업을 시행한다.
   (브레이크 시스템 - "브레이크 블리딩" 참조)
3. 브레이크 액의 누유 및 페달 작동 상태를 점검한다.
4. 브레이크 피스톤이 정상 작동 위치에 오도록 여러 차례 브레이크 페달을 밟고 정상 작동 여부를 확인한다.

프런트 브레이크 디스크 탈장착

	작업	H/W	체결토크 (kgf.m)	SST/장비	케미컬	기타
• 탈거						
1	프런트 휠 및 타이어 탈거 (서스펜션 시스템 - "휠" 참조)	-	-	-	-	-
2	프런트 브레이크 캘리퍼 바디를 위로 젖힌다	볼트	2.2 ~ 3.2	-	-	-
3	브레이크 패드 탈거	-	-	-	-	-
4	프런트 브레이크 캘리퍼 탈거	볼트	10.0 ~ 12.0	-	-	매뉴얼 참고
5	프런트 브레이크 디스크 탈거	볼트	0.5 ~ 0.6	-	-	-
• 장착						
탈거의 역순으로 진행						매뉴얼 참고

탈거

1. 프런트 휠 및 타이어를 탈거한다.
   (서스펜션 시스템 - "휠" 참조)
2. 볼트를 풀어 프런트 브레이크 캘리퍼 바디(A)를 위로 젖힌다.

   체결 토크 : 2.2 ~ 3.2 kgf.m

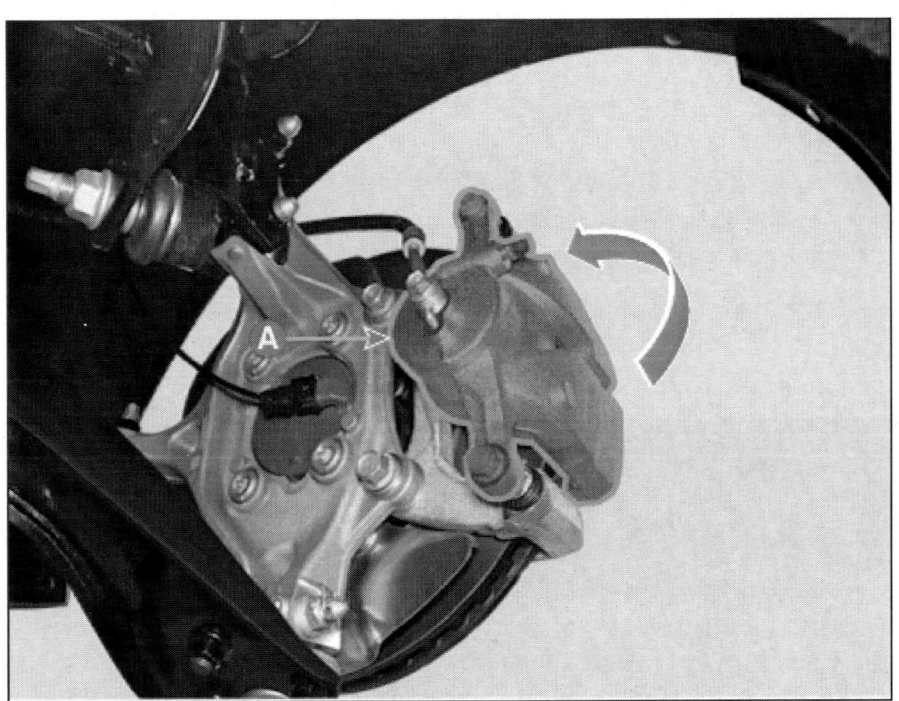

3. 프런트 브레이크 패드(A)를 탈거한다.

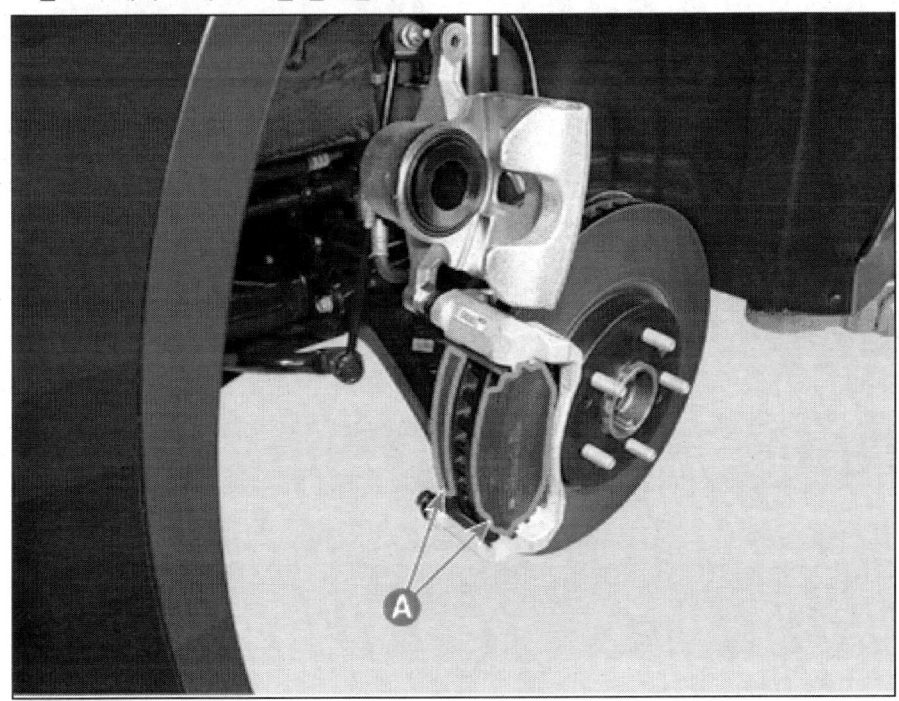

4. 볼트를 풀어 프런트 브레이크 캘리퍼(A)를 탈거한다.

   체결 토크 : 10.0 ~ 12.0 kgf.m

> **유 의**
> - 탈거한 브레이크 캘리퍼(A)는 케이블 타이 등을 사용하여 고정한다.
>
>
>
> - 캘리퍼 장착 볼트는 재사용하지 않는다.

5. 볼트를 풀어 프런트 브레이크 디스크(A)를 탈거한다.

체결 토크 : 0.5 ~ 0.6 kgf.m

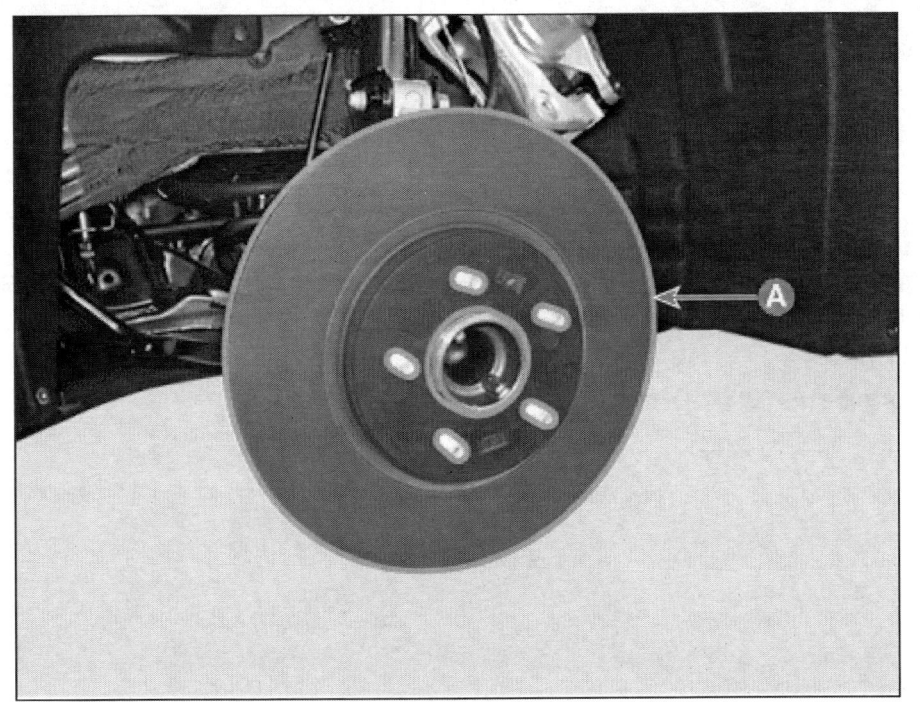

2023 > 160kW > 브레이크 시스템 > 브레이크 시스템 > 프런트 브레이크 디스크 > 점검

점검

사전 절차 (브레이크 디스크 녹 제거)

장기간 방치된 브레이크 디스크에 발생한 녹은 일반적인 주행 조건에서 자연스럽게 사라지지만 두께 및 런 아웃 측정값에 영향을 미칠 수 있으므로 정확한 측정을 위해 브레이크 디스크의 녹을 제거한다.

1. 브레이크 디스크의 오염 상태를 점검한다.
2. 녹이 확인될 경우 녹슨 브레이크 디스크 표면에 스프레이를 사용하여 비누물을 도포한다.

   비누물 : 물 (300 ml) + 세제 (15 ml)

> ⚠ **주 의**
> - 윤활, 기름 성분이 있는 세척제(광택제, 방청제 등)는 절대 사용하지 않는다. 제동 성능이 떨어지며 제동 시 화재가 발생할 수 있다.

3. 차량을 50 km/h 까지 가속했다가 차량을 완전히 정지시킨다. 이 과정을 최소 5번 이상 반복한다.
4. 브레이크 디스크를 깨끗한 물로 세척한다.
5. 브레이크 디스크의 녹이 제거되었는지 확인한다.
6. 녹이 제거되지 않았을 경우 위 절차를 다시 반복한다.

프런트 브레이크 디스크 두께 점검

1. 프런트 휠 및 타이어를 탈거한다.
   (서스펜션 시스템 – "휠" 참조)
2. 브레이크 디스크의 손상을 점검한다.
3. 마이크로미터와 다이얼 게이지를 사용하여 브레이크 디스크의 두께(A)와 런 아웃을 점검한다. 아래 그림에 표시된 선을 따라 동일 원주상의 24부분 이상에서 디스크 두께를 측정한다.

프런트 브레이크 디스크 두께(A)
17 인치 디스크 규정치 : 30 mm
17 인치 디스크 한계치 : 28 mm
각 측정부의 두께 차이 :
원주 방향 : 0.015 mm 미만
반경 방향 : 0.015 mm 미만

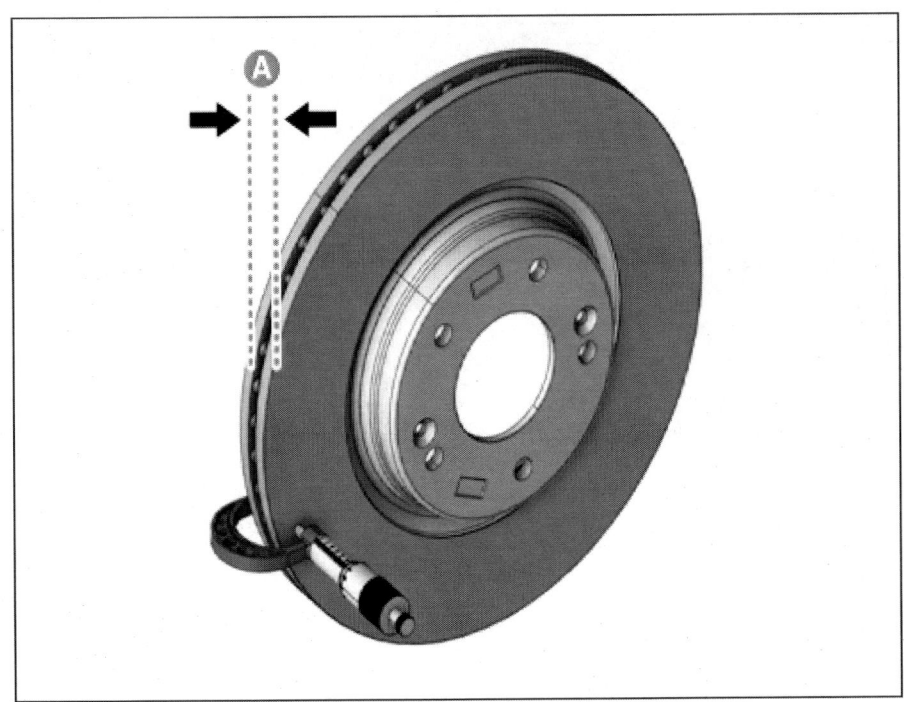

4. 각 측정부의 두께차이가 기준치 이상일 경우 브레이크 디스크를 연마 또는 교환한다.

> **유 의**
> - 보유중인 연마장비 사용법에 따라 브레이크 디스크를 연마한다.
> - 브레이크 디스크 두께 한계치 이하일 경우 반드시 브레이크 디스크를 신품으로 교환한다.

5. 프런트 휠 및 타이어를 장착한다.
   (서스펜션 시스템 - "휠" 참조)

프런트 브레이크 디스크 런 아웃 점검

1. 프런트 휠 및 타이어를 탈거한다.
   (서스펜션 시스템 - "휠" 참조)
2. 브레이크 디스크 외경 10 mm 위치에 다이얼 게이지를 수직이 되도록 설치하고 디스크를 1회전 시켜 런 아웃을 측정한다

브레이크 디스크 런 아웃
정비 한계 : 0.050 mm이하

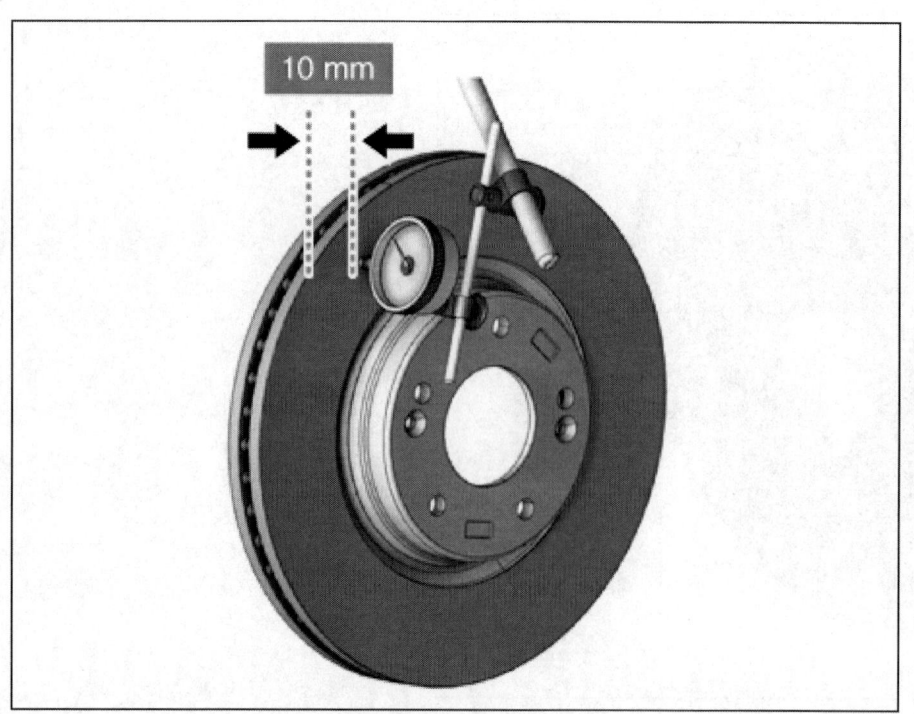

3. 브레이크 디스크 런 아웃이 한계치를 초과하면 브레이크 디스크를 연마 또는 교환한다.

> **유 의**
>
> - 보유중인 연마장비 사용법에 따라 브레이크 디스크를 연마한다.
> - 브레이크 디스크 두께 한계치 이하일 경우 반드시 브레이크 디스크를 신품으로 교환한다.

4. 프런트 휠 및 타이어를 장착한다.
   (서스펜션 시스템 - "휠" 참조)

장착

1. 장착은 탈거의 역순으로 진행한다.

> **유 의**
> - 피스톤 입구부가 파손되지 않도록 유의하여 압입한다.
> - 토크 멤버에 캘리퍼 바디 조립 시 피스톤이 간섭되지 않도록 유의한다.
> - 캘리퍼 바디 장착 시 특수공구(09581-11000)를 사용하여 브레이크 피스톤을 압입한다.
>
>

2. 브레이크 피스톤이 정상 작동 위치에 오도록 여러 차례 브레이크 페달을 밟고 정상 작동 여부를 확인한다.

리어 브레이크 캘리퍼 탈장착

	작업	H/W	체결토크 (kgf.m)	SST/장비	케미컬	기타
• 탈거						
1	진단 기기를 사용하여 주차 브레이크 해제 (주차 브레이크 시스템 - "조정" 참조)	-	-	-	-	-
2	12V 배터리 (-) 터미널 분리 (차량 제어 시스템 - "보조 배터리 (12V)" 참조)	-	-	-	-	-
3	리어 휠 및 타이어 탈거 (서스펜션 시스템 - "휠" 참조)	-	-	-	-	-
4	EPB 액추에이터 커넥터 분리	-	-	-	-	-
5	리어 브레이크 호스 분리	볼트	2.5 ~ 3.0	-	-	매뉴얼 참고
6	리어 브레이크 캘리퍼 바디를 위로 젖힌다	볼트	2.2 ~ 3.2	-	-	-
7	브레이크 패드 탈거	-	-	-	-	-
8	브레이크 패드 라이너 탈거	-	-	-	-	-
9	리어 브레이크 캘리퍼 탈거	볼트	10.0 ~ 12.0	-	-	매뉴얼 참고
• 장착						
탈거의 역순으로 진행						매뉴얼 참고
• 부가기능						

- 브레이크 에어 블리딩
  - 특수공구(09580-3D100), (0K585-E8100) 사용하여 에어 블리딩 실행
- 진단 기기
  - 리어 캘리퍼 장착 후, 진단 기기를 사용하여 "브레이크 패드 교체모드"를 수행

구성부품 및 부품위치

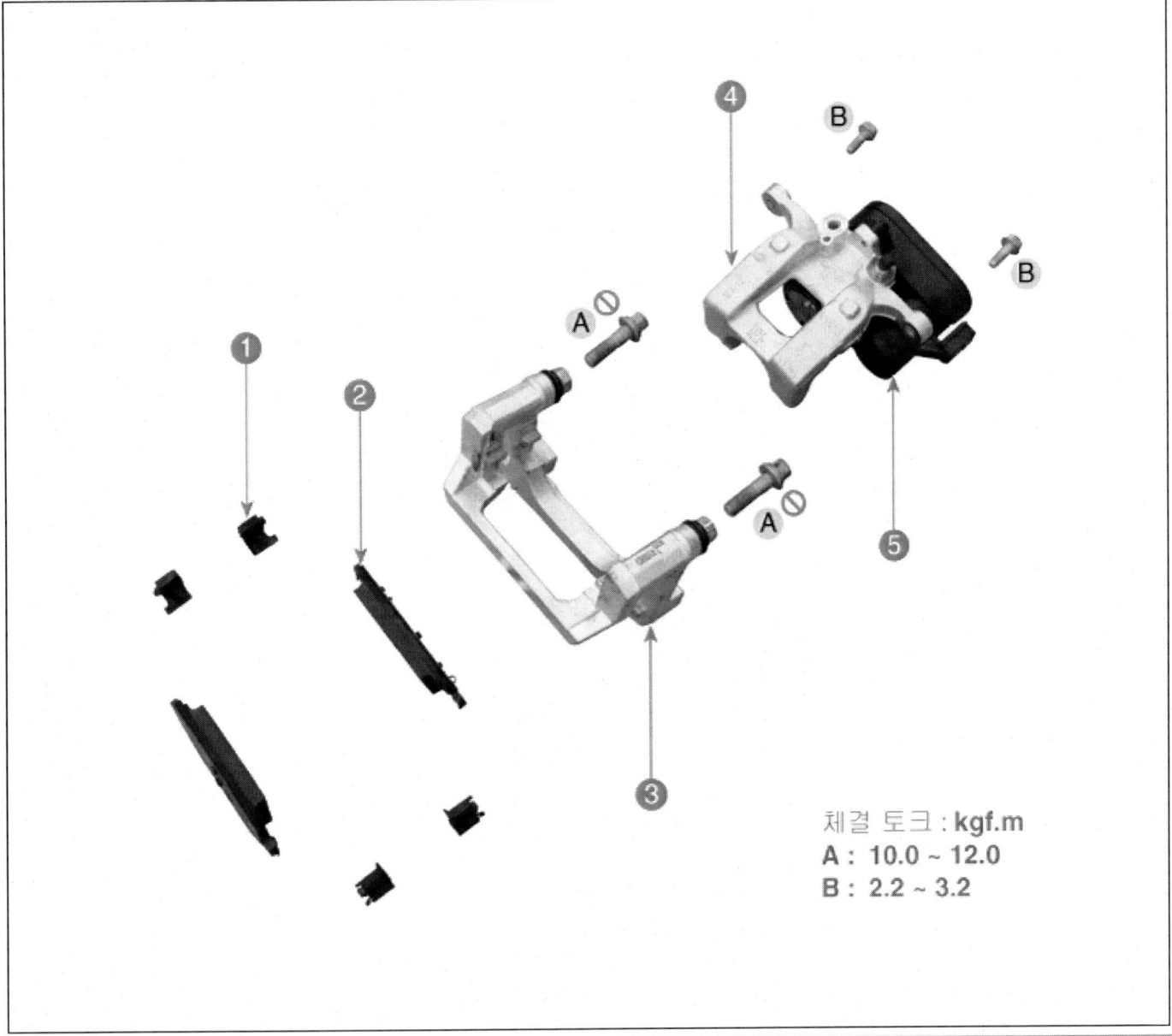

체결 토크 : kgf.m
A : 10.0 ~ 12.0
B : 2.2 ~ 3.2

1. 패드 라이너 2. 브레이크 패드 3. 토크 멤버	4. 캘리퍼 바디 5. EPB 액추에이터

2023 > 160kW > 브레이크 시스템 > 브레이크 시스템 > 리어 브레이크 캘리퍼 > 탈거

탈거

1. 진단 기기를 사용하여 주차 브레이크를 해제한다.
   (주차 브레이크 시스템 - "조정" 참조)
2. 12V 배터리 (-) 터미널을 분리한다.
   (차량 제어 시스템 - "보조 배터리 (12V)" 참조)
3. 리어 휠 및 타이어를 탈거한다.
   (서스펜션 시스템 - "휠" 참조)
4. EPB 액추에이터 커넥터(A)를 분리한다.

5. 볼트를 풀어 리어 브레이크 호스(A)를 분리한다.

   체결 토크 : 2.5 ~ 3.0 kgf.m

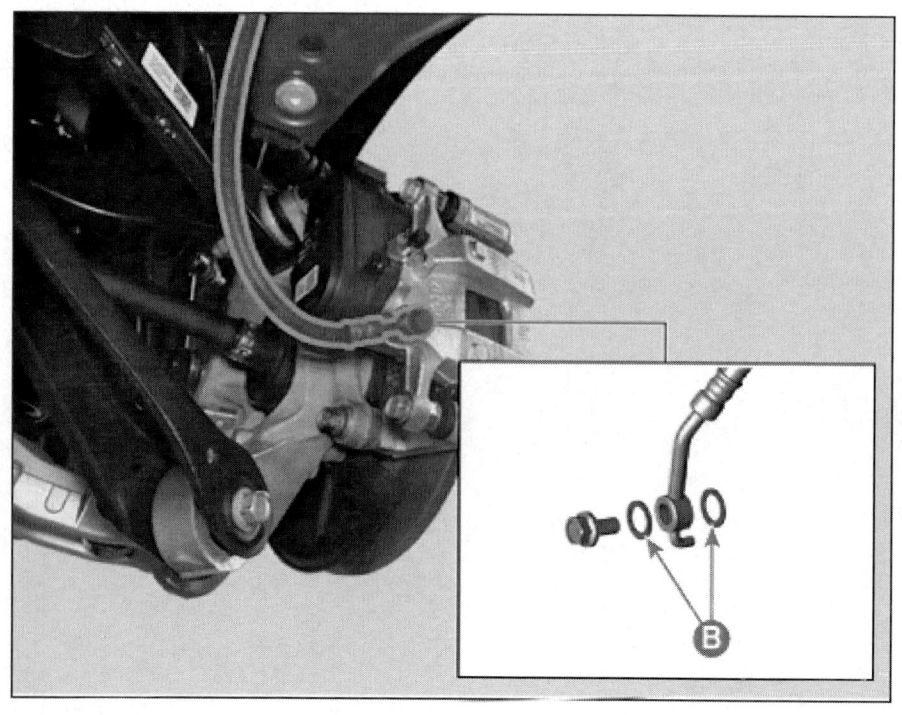

- 152 -

> **유 의**
> - 브레이크 호스 장착 시 와셔(B)는 재사용하지 않는다.

6. 볼트를 풀어 리어 브레이크 캘리퍼 바디(A)를 위로 젖힌다.

체결 토크 : 2.2 ~ 3.2 kgf.m

7. 브레이크 패드(A)를 탈거한다.

8. 브레이크 패드 라이너(A)를 탈거한다.

9. 볼트를 풀어 리어 브레이크 캘리퍼(A)를 탈거한다.

체결 토크 : 10.0 ~ 12.0 kgf.m

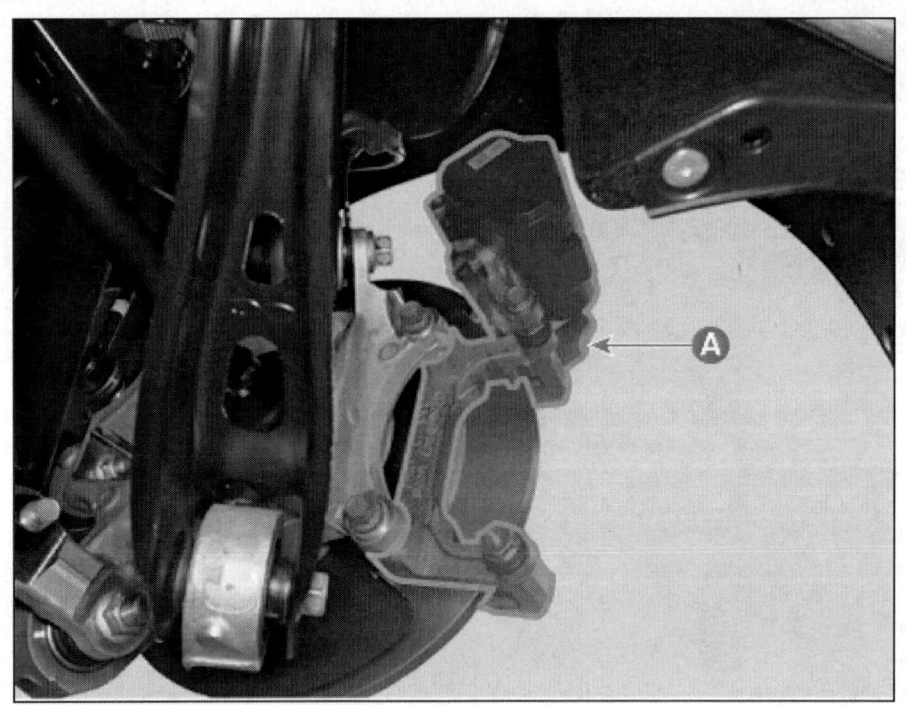

> **유 의**
>
> - 캘리퍼 장착 볼트는 재사용하지 않는다.

2023 > 160kW > 브레이크 시스템 > 브레이크 시스템 > 리어 브레이크 캘리퍼 > 장착

장착

1. 장착은 탈거의 역순으로 진행한다.

   > **유 의**
   > - 토크 멤버에 캘리퍼 바디 조립 시 피스톤이 간섭되지 않도록 유의한다.
   > - 캘리퍼 바디 장착 시 브레이크 피스톤(A)을 시계 방향으로 회전하여 압입한다.
   >
   >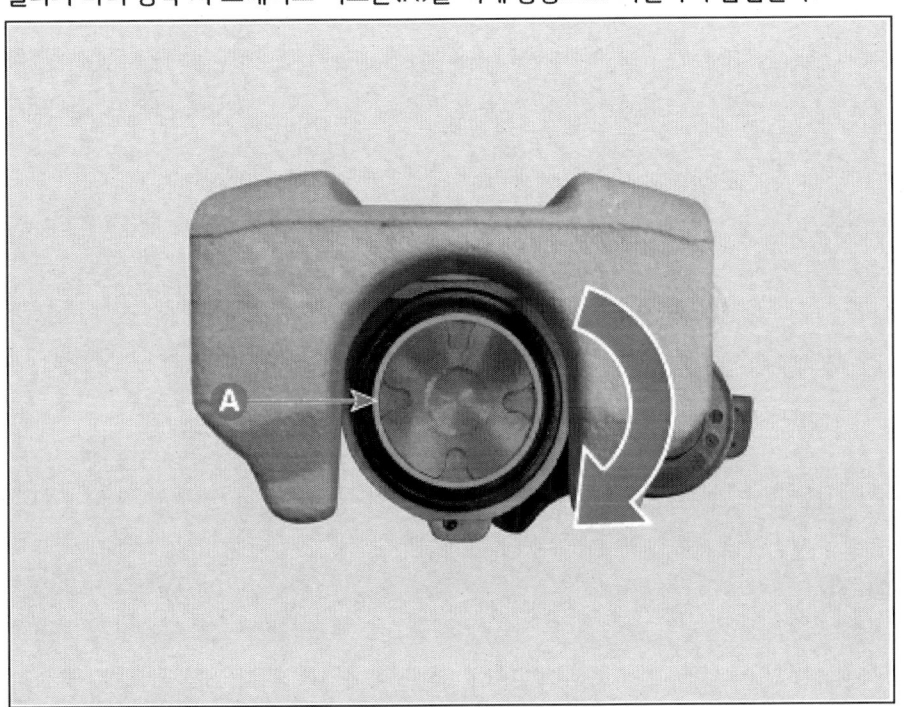
   >
   > - 캘리퍼 바디 장착 전, 피스톤 홈의 위치를 확인한다.
   >
   >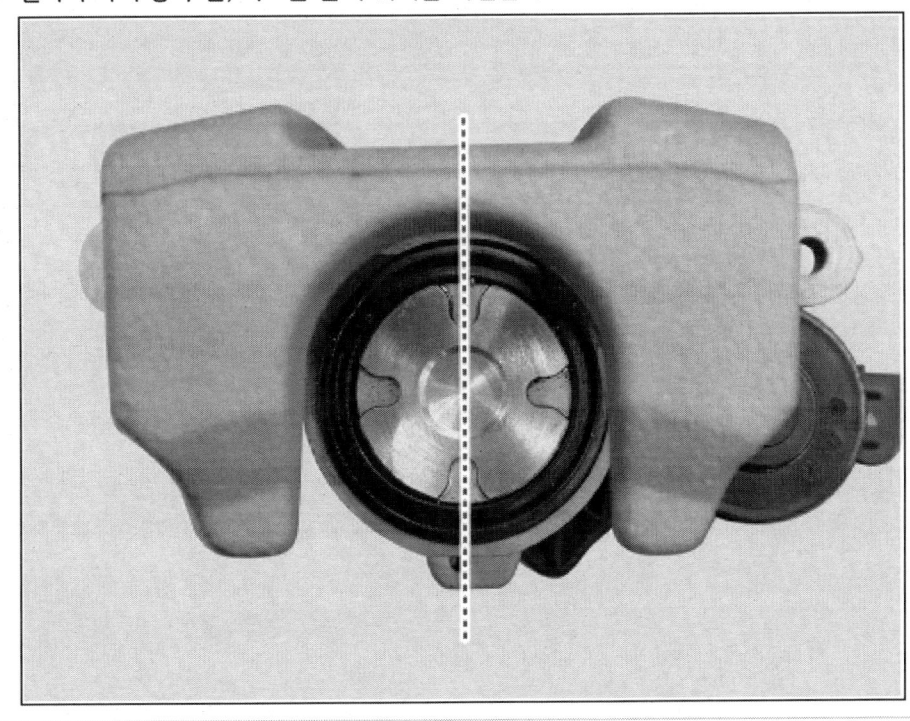

2. 브레이크 리저버에 브레이크 액을 채운 후 공기 빼기 작업을 시행한다.
   (브레이크 시스템 - "브레이크 블리딩" 참조)

3. 리어 캘리퍼 장착 후, 진단 기기를 사용하여 "브레이크 패드 교체모드"를 수행한다.
   (주차 브레이크 시스템 - "조정" 참조)

4. 브레이크 피스톤이 정상 작동 위치에 오도록 여러 차례 브레이크 페달을 밟고 정상 작동 여부를 확인한다.
5. 브레이크 액의 누유 및 페달 작동 상태를 점검한다.
6. 주차 브레이크가 정상적으로 작동하는지 확인한다.

리어 브레이크 디스크 탈장착

	작업	H/W	체결토크 (kgf.m)	SST/장비	케미컬	기타
• 탈거						
1	진단 기기를 사용하여 주차 브레이크 해제 (주차 브레이크 시스템 - "조정" 참조)	-	-	-	-	-
2	12V 배터리 (-) 터미널 분리 (차량 제어 시스템 - "보조 배터리 (12V)" 참조)	-	-	-	-	-
3	리어 휠 및 타이어 탈거 (서스펜션 시스템 - "휠" 참조)	-	-	-	-	-
4	EPB 액추에이터 커넥터 분리	-	-	-	-	-
5	리어 브레이크 캘리퍼 바디를 위로 젖힌다	볼트	2.2 ~ 3.2	-	-	-
6	브레이크 패드 탈거	-	-	-	-	-
7	리어 브레이크 캘리퍼 탈거	볼트	10.0 ~ 12.0	-	-	매뉴얼 참고
8	리어 브레이크 디스크 탈거	볼트	0.5 ~ 0.6	-	-	-
• 장착						
탈거의 역순으로 진행						매뉴얼 참고
• 부가기능						
• 진단 기기 - 리어 캘리퍼 장착 후, 진단 기기를 사용하여 "브레이크 패드 교체모드"를 수행						

2023 > 160kW > 브레이크 시스템 > 브레이크 시스템 > 리어 브레이크 디스크 > 탈거

탈거

1. 진단 기기를 사용하여 주차 브레이크를 해제한다.
   (주차 브레이크 시스템 - "조정" 참조)
2. 12V 배터리 (-) 터미널을 분리한다.
   (차량 제어 시스템 - "보조 배터리 (12V)" 참조)
3. 리어 휠 및 타이어를 탈거한다.
   (서스펜션 시스템 - "휠" 참조)
4. EPB 액추에이터 커넥터(A)를 분리한다.

5. 볼트를 풀어 리어 브레이크 캘리퍼 바디(A)를 위로 젖힌다.

   체결 토크 : 2.2 ~ 3.2 kgf.m

6. 브레이크 패드(A)를 탈거한다.

7. 볼트를 풀어 리어 브레이크 캘리퍼(A)를 탈거한다.

체결 토크 : 10.0 ~ 12.0 kgf.m

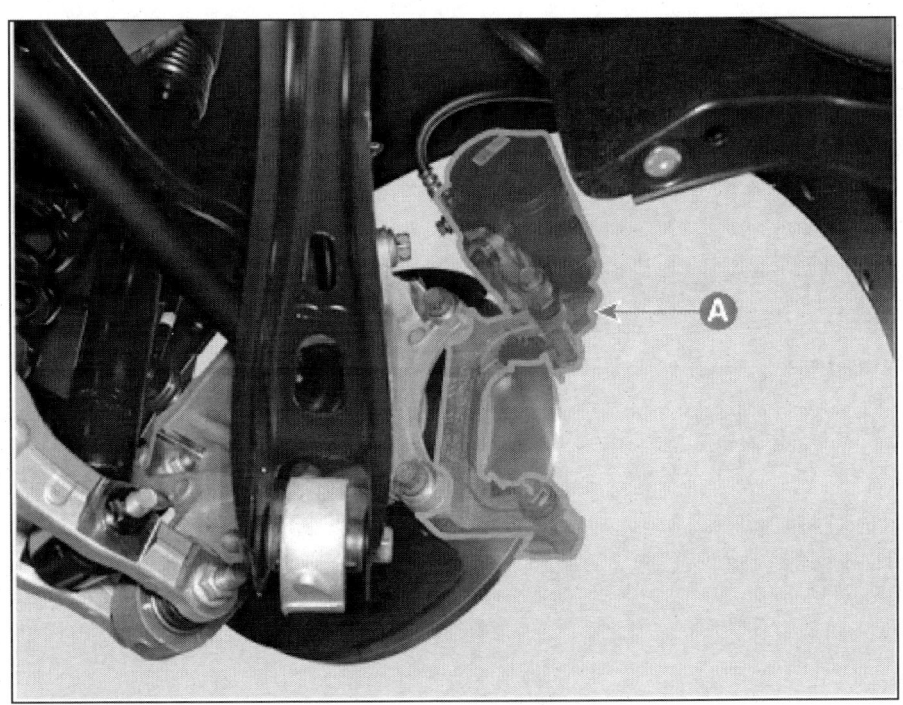

> **유 의**
>
> • 탈거한 리어 브레이크 캘리퍼(A)는 케이블 타이 등을 사용하여 고정한다.

- 캘리퍼 장착 볼트는 재사용하지 않는다.

8. 볼트를 풀어 리어 브레이크 디스크(A)를 탈거한다.

체결 토크 : 0.5 ~ 0.6 kgf.m

점검

사전 절차 (브레이크 디스크 녹 제거)
장기간 방치된 브레이크 디스크에 발생한 녹은 일반적인 주행 조건에서 자연스럽게 사라지지만 두께 및 런 아웃 측정값에 영향을 미칠 수 있으므로 정확한 측정을 위해 브레이크 디스크의 녹을 제거한다.

1. 브레이크 디스크의 오염 상태를 점검한다.
2. 녹이 확인될 경우 녹슨 브레이크 디스크 표면에 스프레이를 사용하여 비눗물을 도포한다.

비눗물 : 물 (300 ml) + 세제 (15 ml)

> ⚠ **주 의**
> - 윤활, 기름 성분이 있는 세척제(광택제, 방청제 등)는 절대 사용하지 않는다. 제동 성능이 떨어지며 제동 시 화재가 발생할 수 있다.

3. 차량을 50 km/h 까지 가속했다가 차량을 완전히 정지시킨다. 이 과정을 최소 5번 이상 반복한다.
4. 브레이크 디스크를 깨끗한 물로 세척한다.
5. 브레이크 디스크의 녹이 제거되었는지 확인한다.
6. 녹이 제거되지 않았을 경우 위 절차를 다시 반복한다.

리어 브레이크 디스크 두께 점검
1. 리어 휠 및 타이어를 탈거한다.
   (서스펜션 시스템 - "휠" 참조)
2. 브레이크 디스크의 손상을 점검한다.
3. 마이크로미터와 다이얼 게이지를 사용하여 브레이크 디스크의 두께(A)와 런 아웃을 점검한다. 아래 그림에 표시된 선을 따라 동일 원주상의 24부분 이상에서 디스크 두께를 측정한다.

리어 브레이크 디스크 두께(A)
17 인치 디스크 규정치 : 12 mm
17 인치 디스크 한계치 : 10 mm
각 측정부의 두께 차이 :
원주 방향 : 0.015 mm 미만
반경 방향 : 0.015 mm 미만

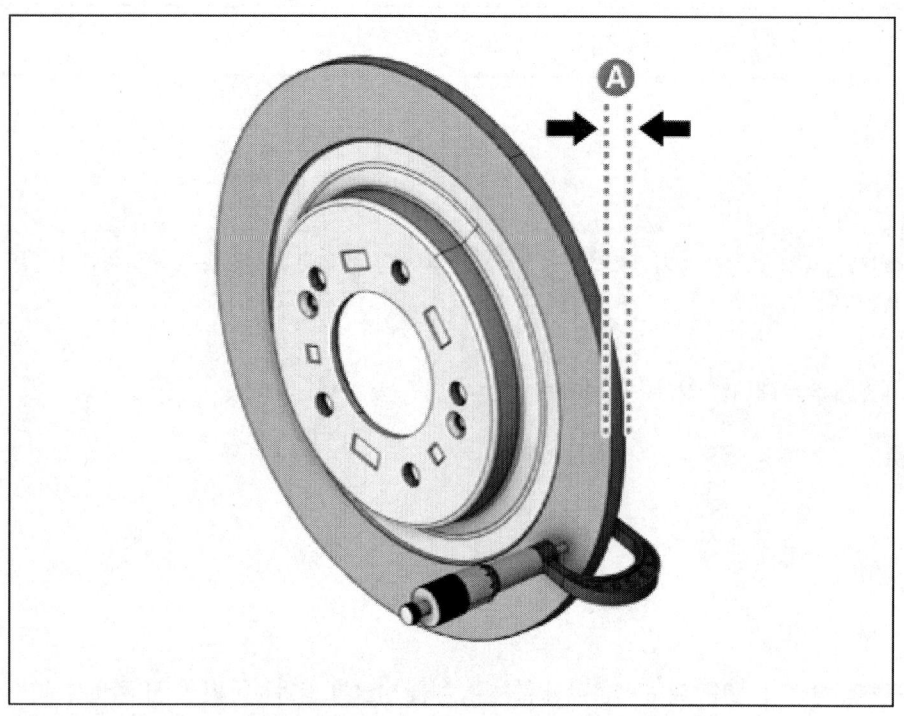

4. 한계치 이상으로 마모되었으면 차량 좌우의 디스크와 패드를 교환한다.
5. 리어 휠 및 타이어를 장착한다.
   (서스펜션 시스템 - "휠" 참조)

리어 브레이크 디스크 런 아웃 점검

1. 리어 휠 및 타이어를 탈거한다.
   (서스펜션 시스템 - "휠" 참조)
2. 브레이크 디스크 외경 10 mm 위치에 다이얼 게이지를 수직이 되도록 설치하고 디스크를 1회전 시켜 런 아웃을 측정한다.

   브레이크 디스크 런 아웃
   정비 한계 : 0.055 mm 이하

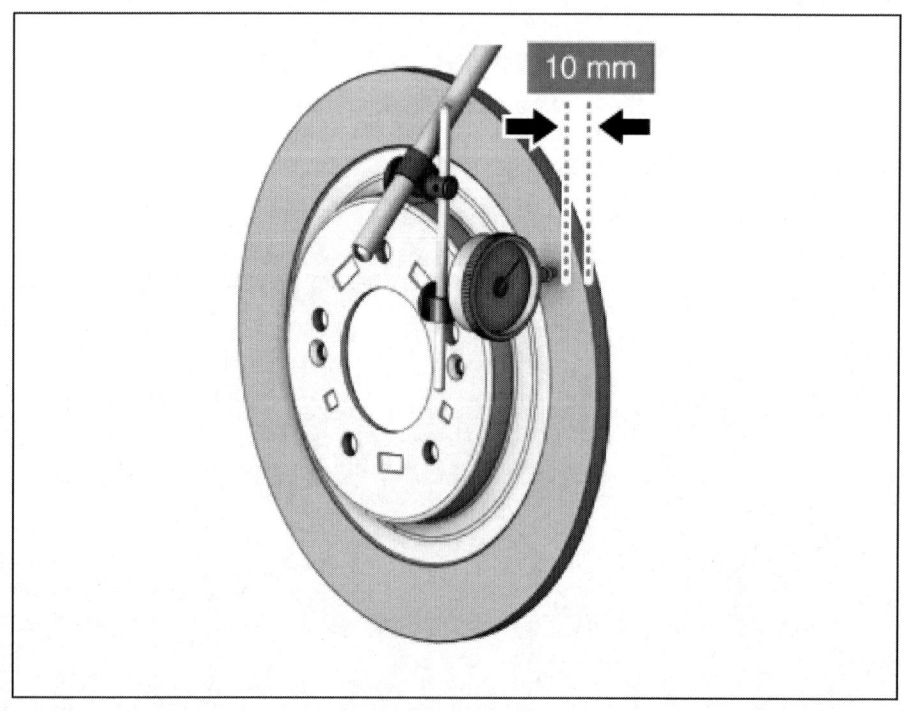

3. 브레이크 디스크의 런 아웃이 한계치 이상이 되면 디스크를 교환하여 런 아웃을 재측정한다.
4. 브레이크 디스크를 교환 후 런 아웃이 한계치를 초과하면 다른 신품의 디스크를 장착하여 런 아웃을 재점검한다.
5. 리어 휠 및 타이어를 장착한다.
   (서스펜션 시스템 - "휠" 참조)

장착

1. 장착은 탈거의 역순으로 진행한다.

   > **유 의**
   > - 토크 멤버에 캘리퍼 바디 조립 시 피스톤이 간섭되지 않도록 유의한다.
   > - 캘리퍼 바디 장착 시 브레이크 피스톤을 시계 방향으로 회전하여 압입한다.

   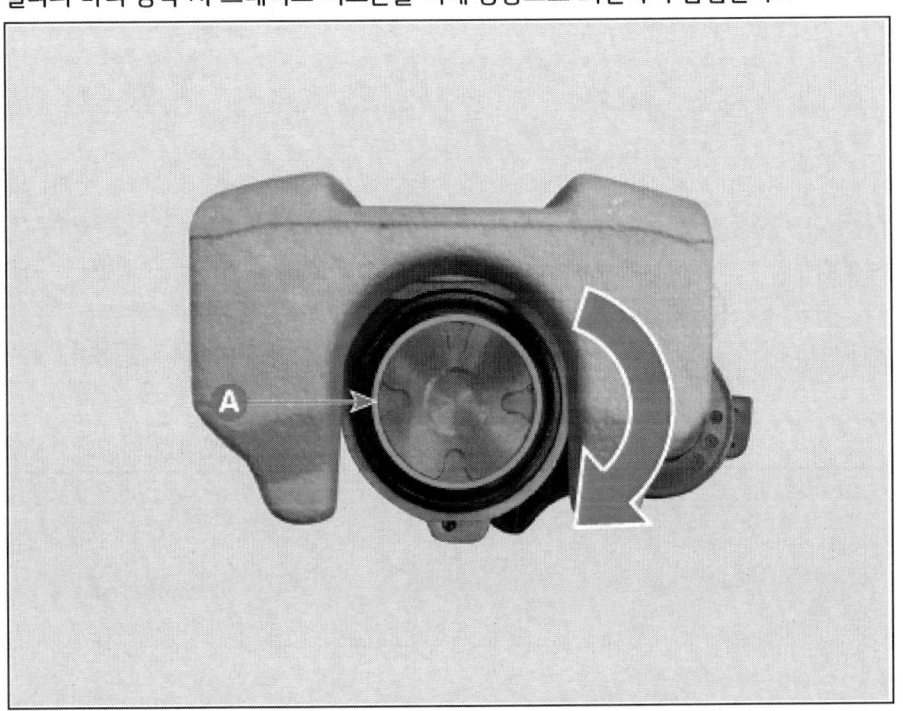

   - 캘리퍼 바디 장착 전, 피스톤 홈의 위치가 아래와 같은지 확인한다.

   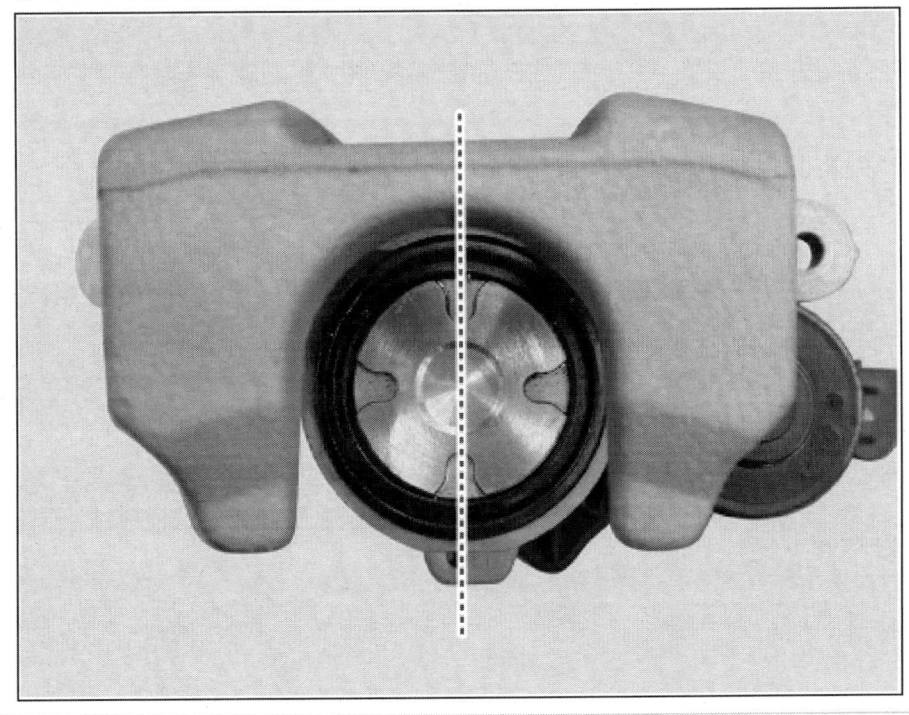

2. 리어 캘리퍼 장착 후, 진단 기기를 사용하여 "브레이크 패드 교체모드"를 수행한다.
   (주차 브레이크 시스템 – "조정" 참조)
3. 브레이크 피스톤이 정상 작동 위치에 오도록 여러 차례 브레이크 페달을 밟고 정상 작동 여부를 확인한다.
4. 주차 브레이크가 정상적으로 작동하는지 확인한다.

브레이크 패드 탈장착

프런트 브레이크 패드

	작업	H/W	체결토크 (kgf.m)	SST/장비	케미컬	기타
• 탈거						
1	프런트 휠 및 타이어 탈거 (서스펜션 시스템 - "휠" 참조)	-	-	-	-	-
2	프런트 브레이크 캘리퍼 바디를 위로 젖힌다	볼트	2.2 ~ 3.2	-	-	-
3	브레이크 패드 탈거	-	-	-	-	-
4	브레이크 패드 라이너 탈거	-	-	-	-	매뉴얼 참고
• 장착						
탈거의 역순으로 진행						매뉴얼 참고

리어 브레이크 패드

	작업	H/W	체결토크 (kgf.m)	SST/장비	케미컬	기타
• 탈거						
1	진단 기기를 사용하여 주차 브레이크 해제 (주차 브레이크 시스템 - "조정" 참조)	-	-	-	-	-
2	12V 배터리 (-) 터미널 분리 차량 제어 시스템 - "보조 배터리 (12V)" 참조	-	-	-	-	-
3	리어 휠 및 타이어 탈거 (서스펜션 시스템 - "휠" 참조)	-	-	-	-	-
4	EPB 액추에이터 커넥터 분리	-	-	-	-	-
5	리어 브레이크 캘리퍼 바디를 위로 젖힌다	볼트	2.2 ~ 3.2	-	-	-
6	브레이크 패드 탈거	-	-	-	-	-
7	브레이크 패드 라이너 탈거	-	-	-	-	매뉴얼 참고
• 장착						
탈거의 역순으로 진행						매뉴얼 참고

• 부가기능

• 진단 기기
  - 리어 캘리퍼 장착 후, 진단 기기를 사용하여 "브레이크 패드 교체모드"를 수행

탈거

프런트 브레이크 패드

1. 프런트 휠 및 타이어를 탈거한다.
   (서스펜션 시스템 - "휠" 참조)
2. 볼트를 풀어 프런트 브레이크 캘리퍼 바디(A)를 위로 젖힌다.

   체결 토크 : 2.2 ~ 3.2 kgf.m

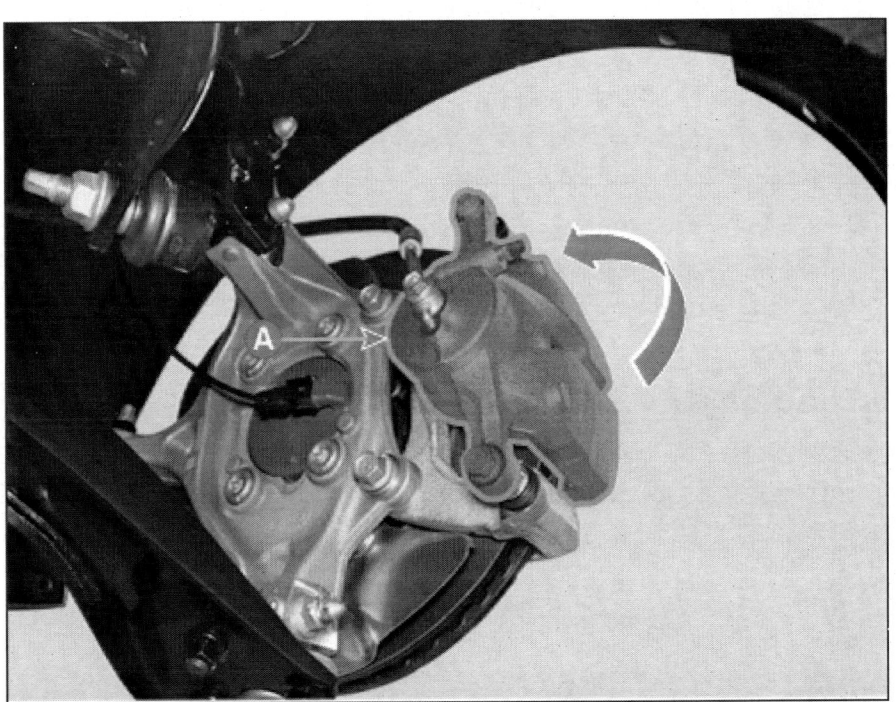

3. 브레이크 패드(A)를 탈거한다.

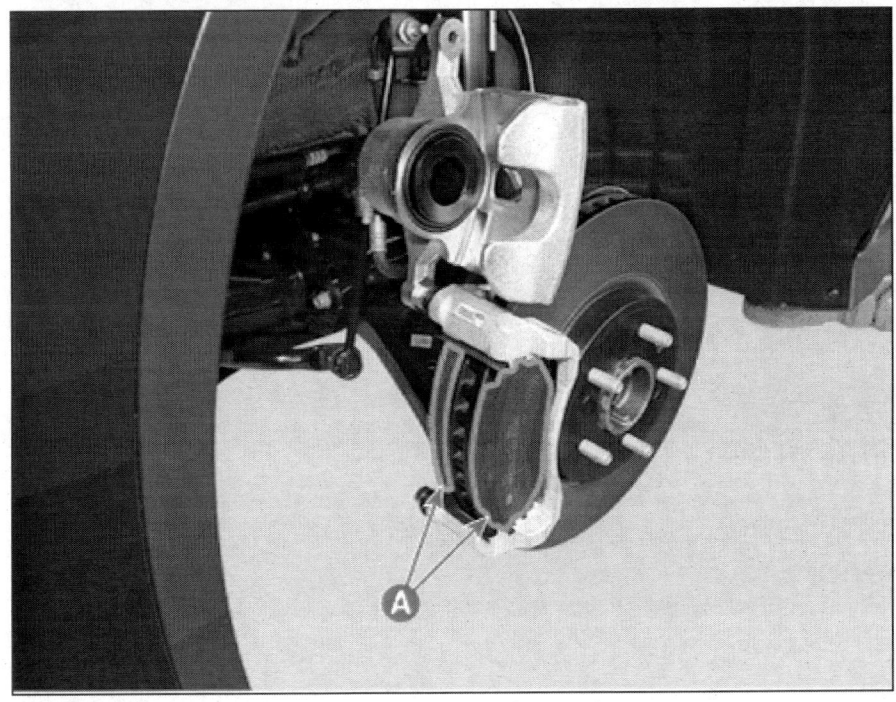

4. 브레이크 패드 라이너(A)를 탈거한다.

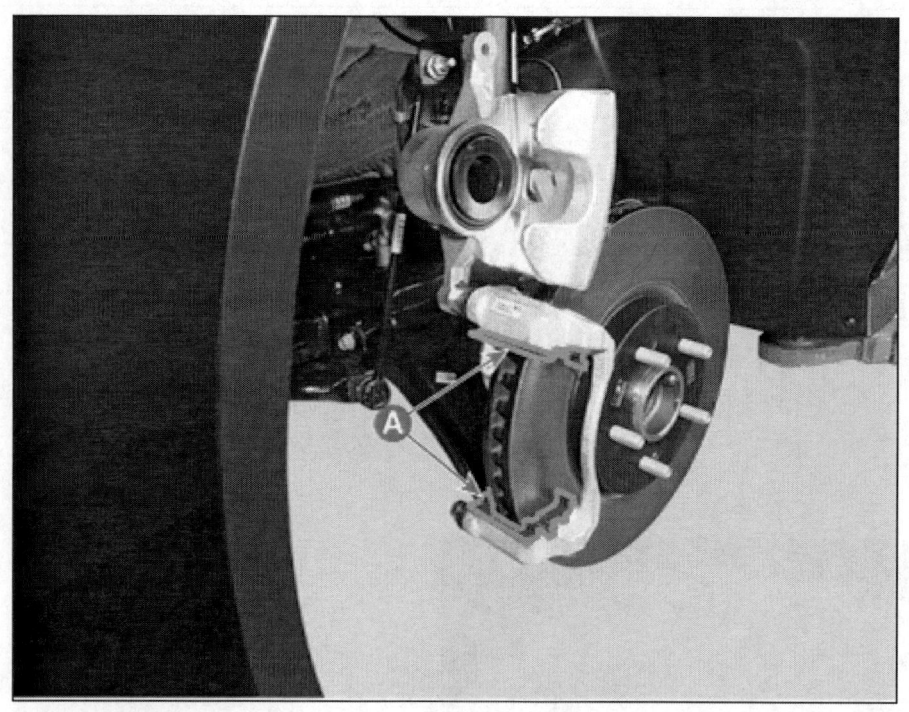

> **유 의**
>
> - 브레이크 패드를 교체할 때, 브레이크 패드, 패드 라이너, 패드 이너 심 모두를 교체한다.
> - 패드 라이너 및 내측 패드 심 교체 시 방향에 유의한다.
> - 패드 라이너 교체 시 들뜸이 발생하지 않도록 장착한다.
> - 패드 라이너 변형 또는 들뜸 시, 작동 중 제동 성능 저하/드래그/소음이 발생할 수 있다.
> - 패드 라이너의 리턴부(A)에 변형이 생기지 않도록 취급에 주의한다.

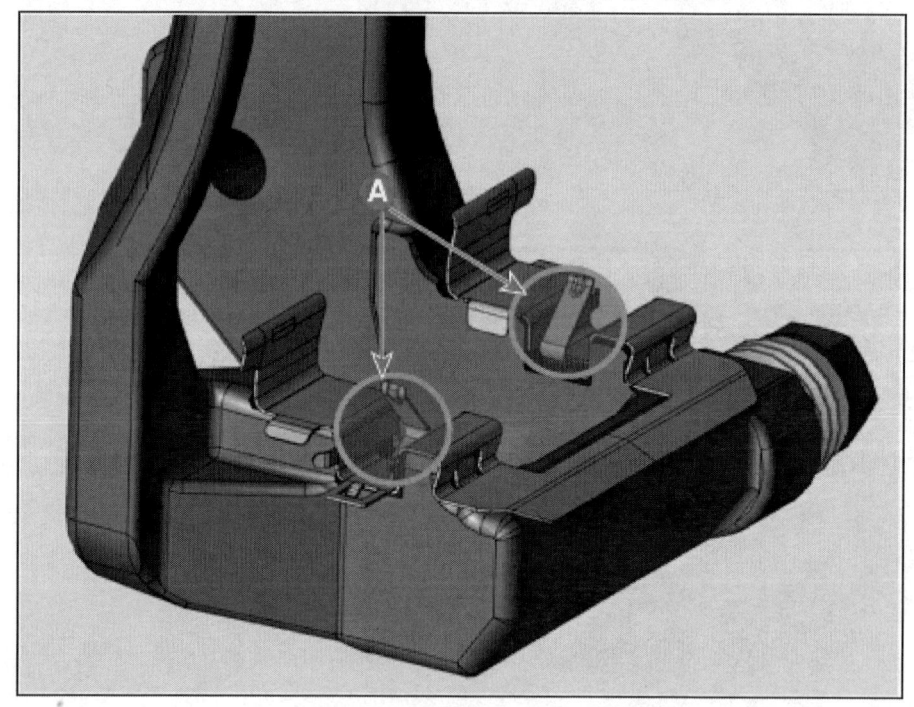

리어 브레이크 패드

1. 진단 기기를 사용하여 주차 브레이크를 해제한다.
   (주차 브레이크 시스템 - "조정" 참조)
2. 12V 배터리 (-) 터미널을 분리한다.
   (차량 제어 시스템 - "보조 배터리 (12V)" 참조)
3. 리어 휠 및 타이어를 탈거한다.
   (서스펜션 시스템 - "휠" 참조)

4. EPB 액추에이터 커넥터(A)를 분리한다.

5. 볼트를 풀어 리어 브레이크 캘리퍼 바디(A)를 위로 젖힌다.

체결 토크 : 2.2 ~ 3.2 kgf.m

6. 브레이크 패드(A)를 탈거한다.

7. 브레이크 패드 라이너(A)를 탈거한다.

> 유 의
>
> - 브레이크 패드를 교체할 때, 브레이크 패드, 패드 라이너, 패드 이너 심 모두를 교체한다.
> - 패드 라이너 및 내측 패드 심 교체 시 방향에 유의한다.
> - 패드 라이너 교체 시 들뜸이 발생하지 않도록 장착한다.
> - 패드 라이너 변형 또는 들뜸 시, 작동 중 제동 성능 저하/드래그/소음이 발생할 수 있다.
> - 패드 라이너의 리턴부(A)에 변형이 생기지 않도록 취급에 주의한다.

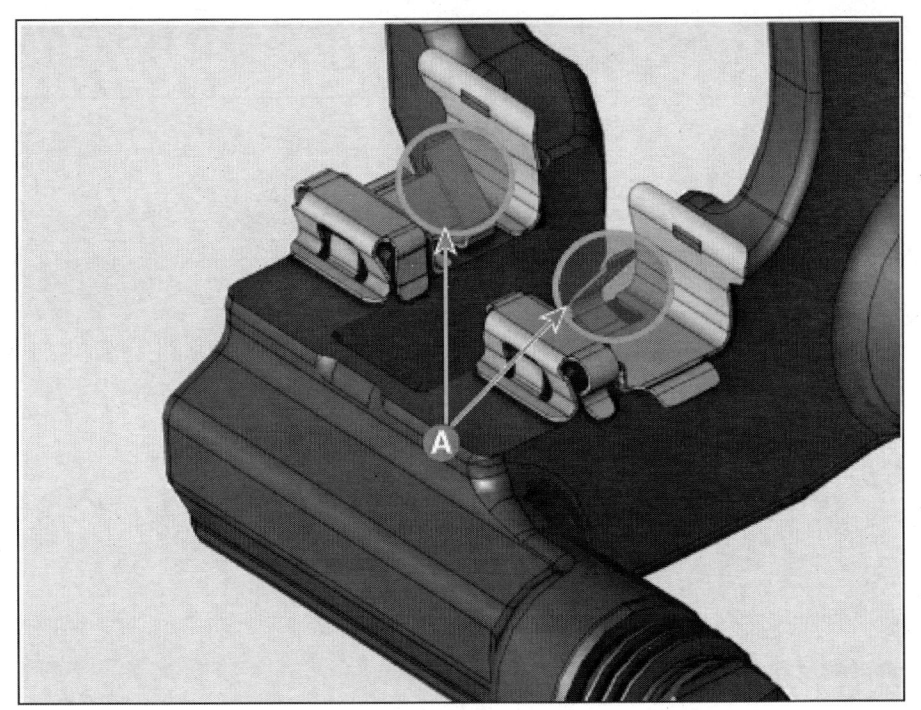

점검

브레이크 패드 마모의 점검

1. 마모부의 두께(A)를 측정하여 한계치 이하일 때는 패드 어셈블리를 교환한다.

   프런트 브레이크 패드 두께
   17 인치 디스크 패드 규정치 : 11 mm
   17 인치 디스크 패드 정비 한계 : 2 mm

   리어 브레이크 패드 두께
   17 인치 디스크 패드 규정치 : 10 mm
   17 인치 디스크 패드 정비 한계 : 2 mm

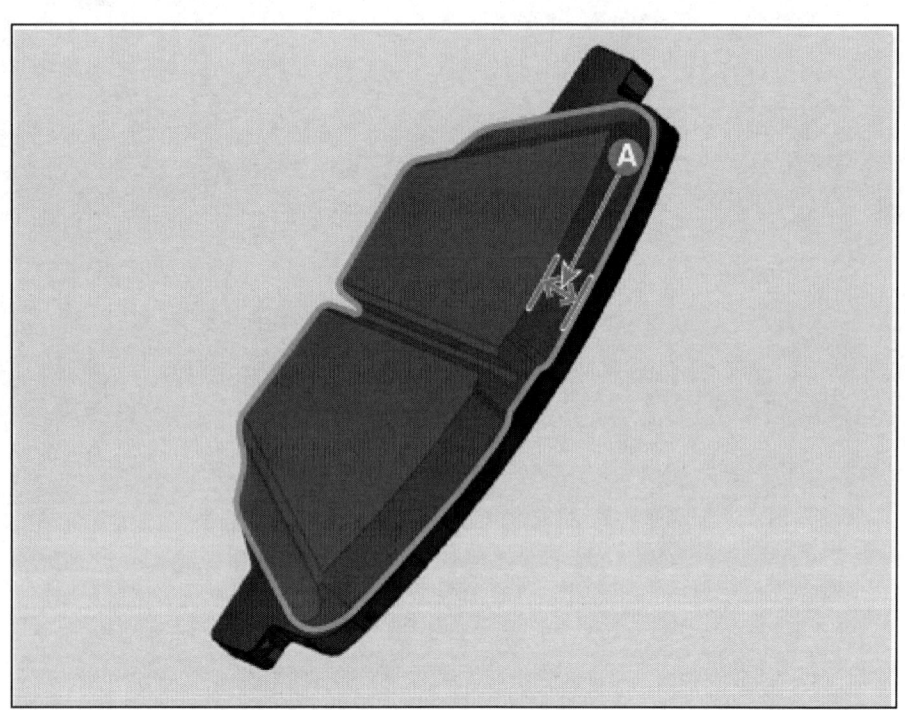

2. 패드의 손상, 그리스의 접착, 백킹 메탈의 손상을 점검한다.

장착

프런트 브레이크 패드

1. 장착은 탈거의 역순으로 진행한다.

> **유의**
> - 피스톤 입구부가 파손되지 않도록 유의하여 압입한다.
> - 토크 멤버에 캘리퍼 바디 조립 시 피스톤이 간섭되지 않도록 유의한다.
> - 캘리퍼 바디 장착 시 특수공구(09581-11000)를 사용하여 브레이크 피스톤을 압입한다.
>
>

2. 브레이크 피스톤이 정상 작동 위치에 오도록 여러 차례 브레이크 페달을 밟고 정상 작동 여부를 확인한다.

리어 브레이크 패드

1. 장착은 탈거의 역순으로 진행한다.

> **유의**
> - 토크 멤버에 캘리퍼 바디 조립 시 피스톤이 간섭되지 않도록 유의한다.
> - 캘리퍼 바디 장착 시 브레이크 피스톤(A)을 시계 방향으로 회전하여 압입한다.

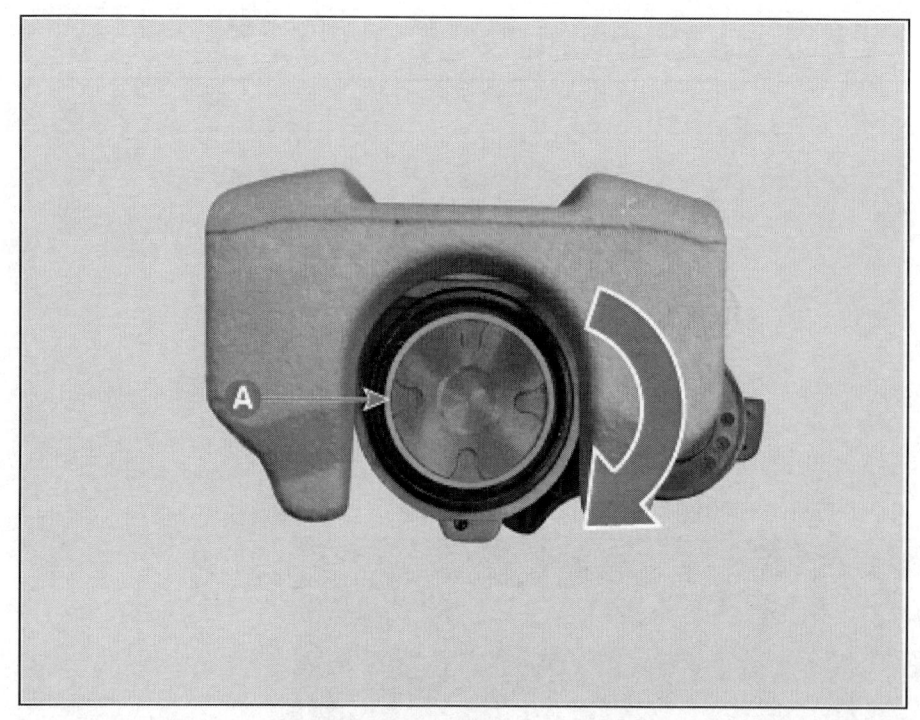

- 캘리퍼 바디 장착 전, 피스톤 홈의 위치를 확인한다.

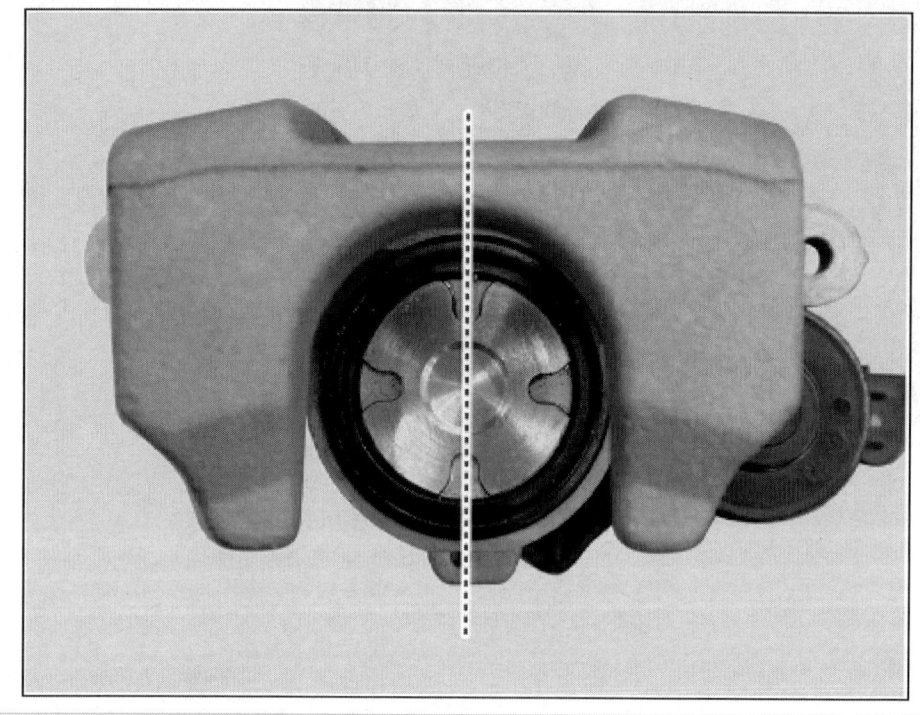

2. 리어 캘리퍼 장착 후, 진단 기기를 사용하여, "브레이크 패드 교체모드"를 수행한다.
   (주차 브레이크 시스템 - "조정" 참조)
3. 브레이크 피스톤이 정상 작동 위치에 오도록 여러 차례 브레이크 페달을 밟고 정상 작동 여부를 확인한다.
4. 주차 브레이크가 정상적으로 작동하는지 확인한다.

전자식 주차 브레이크(EPB) 탈장착

EPB 스위치

작업	H/W	체결토크 (kgf.m)	SST/장비	케미컬	기타
• 탈거					
1 12V 배터리 (-) 터미널 분리 (차량 제어 시스템 - "보조 배터리 (12V)" 참조)	-	-	-	-	-
2 크래쉬 패드 로어 패널 탈거 (바디 (내장 / 외장 / 전장) - "크래쉬 패드 로어 패널" 참조)	-	-	-	-	-
3 EPB 스위치 어셈블리 탈거	스크류	-	-	-	-
• 장착					
탈거의 역순으로 진행					매뉴얼 참고

EPB 액추에이터

작업	H/W	체결토크 (kgf.m)	SST/장비	케미컬	기타
• 탈거					
1 진단 기기를 사용하여 주차 브레이크 해제 (주차 브레이크 시스템 - "조정" 참조)	-	-	-	-	-
2 12V 배터리 (-) 터미널 분리 (차량 제어 시스템 - "보조 배터리 (12V)" 참조)	-	-	-	-	-
3 리어 휠 및 타이어 탈거 (서스펜션 시스템 - "휠" 참조)	-	-	-	-	-
4 EPB 액추에이터 커넥터 분리	-	-	-	-	-
5 리어 브레이크 호스 분리	볼트	2.5 ~ 3.0	-	-	매뉴얼 참고
6 브레이크 캘리퍼 바디 탈거	볼트	2.2 ~ 3.2	-	-	-
7 EPB 액추에이터 탈거	볼트	0.8 ~ 1.1	-	-	-
• 장착					
탈거의 역순으로 진행					매뉴얼 참고

EPB 컨트롤유닛(차량 차체 제어 장치(ESC, IEB와 통합)

작업	H/W	체결토크 (kgf.m)	SST/장비	케미컬	기타
• 탈거					
1 통합형 전동 부스터(IEB) 탈거 (통합형 전동 부스터(IEB) 시스템 - "통합형 전동 부스터(IEB)" 참조)	-	-	-	-	-
• 장착					
탈거의 역순으로 진행					매뉴얼 참고

구성부품 및 부품위치

1. EPB 액추에이터
2. 통합형 전동 부스터(IEB)
* EPB 컨트롤 유닛은 IEB와 통합

3. EPB 스위치

2023 > 160kW > 브레이크 시스템 > 주차 브레이크 시스템 > 전자식 주차 브레이크(EPB) > 개요 및 작동원리

개요

EPB(Electric Parking Brake), 전자식 주차 브레이크는 페달 또는 레버로 케이블을 당겨 주차 브레이크를 작동시키는 기존의 주차 브레이크 시스템과는 달리, 운전자의 스위치 조작에 의해서 전기 신호가 HECU로 전달되어 HECU가 각 리어 캘리퍼에 있는 EPB 액추에이터를 작동 시켜 캘리퍼 내의 피스톤을 밀어서 제동력을 발생시키는 시스템이다.

EPB의 주요 기능으로는 차량 정치 상태에서 스위치 조작으로 주차 브레이크를 작동 및 해제하는 정차 기능, 유압 브레이크 고장 등으로 인한 위급 상황에서 EPB로 제동을 하는 비상 제동 기능, 차량 정지 시 점화 스위치 OFF 되면 자동으로 주차 브레이크가 체결되는 자동 체결 기능 등을 가지고 있다.

EPB 주요 기능

1. 주차 브레이크 작동(Static Apply)
   차량 정지 상태에서 EPB 스위치를 당겨 수동으로 주차 브레이크를 체결하는 기능이며, 계기판에 브레이크 경고등이 점등된다.

2. 평지 감소력 체결(RCF : Reduced Clamp Force on Flat)
   EPB는 경사도별 체결력으로 동작한다. 이때, 스위치를 3초 이상 작동시키면 최대 힘의 주차 브레이크 체결로 전환된다.

3. 주차 브레이크 작동 해제(Static Release)
   EPB 스위치를 수동으로 눌러 주차 브레이크 해제할 수 있다.
   단 아래 조건이 만족되는 경우에 해제된다.
   (1) IG ON일 때
   (2) 브레이크 페달을 밟은 상태
   점화 스위치 OFF시 주차 브레이크 해제는 불가하다.

4. 자동 작동 해제(DAR : Drive Away Release)
   아래의 모든 조건이 만족된 경우 가속 페달을 천천히 밟아 주차 브레이크를 자동으로 해제시킬 수 있다.
   (1) EV Ready 상태
   (2) 운전자 안전벨트를 착용한 상태
   (3) 운전석 도어, 엔진 후드 및 트렁크가 닫힌 상태
   (4) 변속 레버가 R/D 또는 스포츠 모드에 있는 경우

   > **참 고**
   >
   > 다음의 자동 작동 해제 조건을 함께 참고한다.
   > 1) EV Ready 상태
   > 2) 브레이크 페달을 밟은 상태

5. 전자 제어 감속 기능(ECD : Electric Controlled Deceleration)
   주행중 EPB 스위치를 조작하면 ESC에게 작동 명령을 송부하여 감속한다. (브레이크 시스템 고장등 비상시 사용) EPB 액추에이터가 아닌 ESC의 유압 브레이크를 사용하여 감속한다.

6. EPB 비상 제동 기능(Dynamic Brake by EPB)
   - 주행 중 ESC 시스템의 일부 또는 전체 고장으로 인해 정상적인 감속이 어려울 경우, EPB 스위치를 조작함으로서 비상 제동 기능을 사용하여 감속할 수 있다. 작동 조건에 따라 후륜 잠김 방지 감속 기능(RWU : Rear Wheel Unlocker)을 사용한 제어 또는 후륜에 발생하는 제동력을 느리게 올리는 기능(SRU : Slow Ramp Up)을 제공한다.

7. 자동 체결(KOA;Key Off Apply)
   - AUTO HOLD 스위치를 켠 상태에서 차량을 정지한 후 점화 스위치 OFF하면 자동으로 주차 브레이크가 체결된다. 이때 EPB 스위치를 누른 상태에서 점화 스위치를 OFF하면 자동 체결 기능이 작동하지 않는다.

8. 차량 흐름 감지 재 체결(RAR : Roll Away Reclamp)
   - 주차 후 차량의 움직임 발생시 주차 브레이크를 재 체결 기능이다. 휠 속도로 차량 움직임 파악하며 CAN 통신 수신되는 기간까지 모니터링 가능하다.

9. 고온 재 체결(HTR : High Temperature Reclamp)
   - 주차 브레이크를 체결할 때 브레이크가 과열된 상태이면 온도 차로 생기는 체결력 손실 보상을 위해 일정 시간 후 주차 브레이크를 자동으로 재 체결하는 기능이다.
   작동 조건 : 300°C 이상

10. 협조 제어 체결 (EAR : External Apply / Release)
    - 다른 시스템 요청에 따른 EPB 체결 기능이다.

11. 패드 교체 모드 (Pad Change Mode)
    - 브레이크 패드 교체를 위해 브레이크 캘리퍼의 피스톤을 후퇴시킬 수 있는 기능으로 진단 기기를 차량의 진단 커넥터에 연결하여 사용한다.

주차 브레이크 비상 해제 방법(수동식)

본 작업은 EPB가 작동하지 않을 시 수동으로 주차 브레이크 비상 해제를 위한 작업 방법이다.
액추에이터 또는 EPB의 직접 손상 또는 전원선 단선 등이 의심되어 진단 기기 또는 전기적 방법으로 해제가 불가능할 때 사용하는 최후의 방법이다.

> ⚠ 경 고
>
> - 작업은 평탄하고 안전한 곳에서 이루어져야 하며 주차 브레이크를 해제할 때는 반드시 차량이 움직이지 않도록 안전하게 작업 되어야 한다.

1. 차량에 장착된 리어 캘리퍼 뒷면에 스크류(A)를 탈거한다.

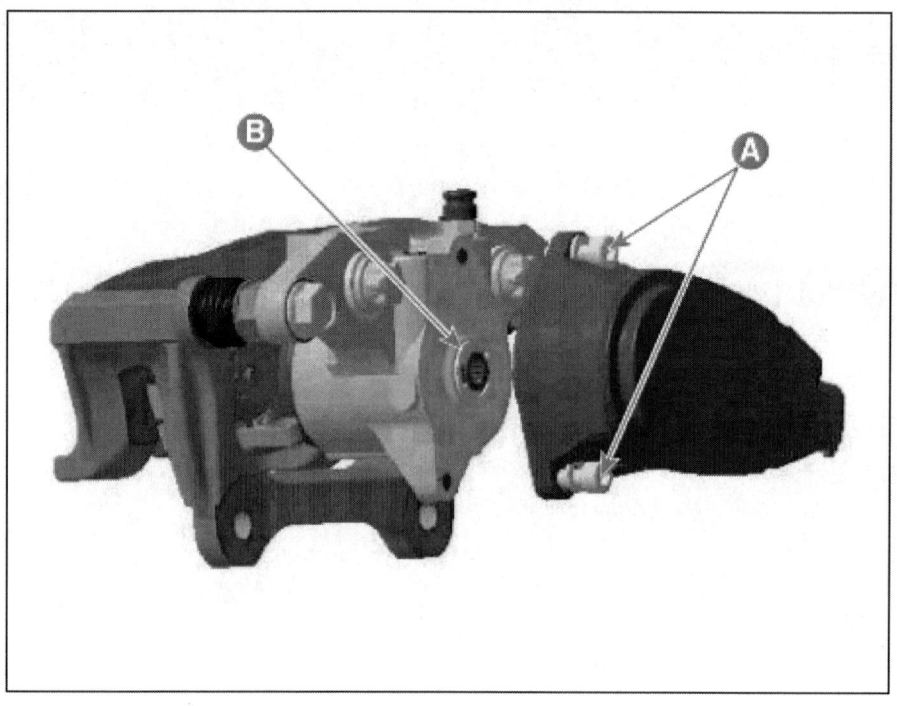

2. 내측 바닥의 스핀들(B)을 TORX-T40 또는 6 mm 육각렌치를 사용하여 시계 방향으로 0.5~1회전하면 주차 브레이크는 해제된다.

자동 정차 기능(Auto Hold)

변속 레버 D/N단 혹은 스포츠 모드에서 브레이크 페달을 밟고 차량이 정지한 후, 브레이크 페달에서 발을 떼고 있어도 정지 상태를 계속 유지하는 기능이다. D단 혹은 스포츠 모드에서 가속 페달을 밟고 출발하면 자동으로 브레이크 상태가 해제되어 차량 출발이 가능하다.
자동 정차 기능은 안전을 위해서 다음과 같은 조건에서는 작동되지 않는다.
- 엔진 후드가 열렸을 때
- 전동식 주차 브레이크가 작동 중 일 때
- 변속 레버가 P(주차) 위치에 있을 때
- 테일게이트가 열렸을 때

자동 정차 상태(녹색등)에서 다음과 같은 조건이 발생하면 안전을 위해서 주차 브레이크(EPB 작동)로 전환된다. "AUTO HOLD" 표시등이 녹색에서 흰색으로 바뀌고, 빨간색 브레이크 경고등이 점등된다.
- 엔진 후드가 열렸을 때
- 전동식 주차 브레이크가 작동 중 일 때
- 변속 레버가 P(주차) 위치에 있을 때
- 테일게이트가 열렸을 때

1. 설정
   (1) 운전석 도어, 엔진 후드가 닫혀 있는 상태에서 운전석 안전벨트 체결 또는 브레이크 페달을 밟은 상태에서 AUTO HOLD 스

위치를 누른다. 이때, 계기판에 흰색 "AUTO HOLD" 표시등이 점등된다.

(2) 주행 중 브레이크 페달을 밟고 차량이 멈추면 자동 정차 기능이 작동되면서 "AUTO HOLD" 표시등이 흰색에서 녹색으로 바뀐다. 이때 브레이크 페달에서 발을 떼어도 차량은 정지 상태를 유지한다.

(3) EPB가 작동 중일 경우에는 자동 정차 기능은 작동하지 않고 표시등은 흰색을 유지한다.

2. 해제

수동으로 해제를 원할 경우, 브레이크 페달을 밟은 상태에서 AUTO HOLD 스위치를 눌러 자동 정차 기능을 해제한다. "AUTO HOLD" 표시등은 녹색에서 소등된다.

커넥터 및 단자 정보

[EPB 스위치]

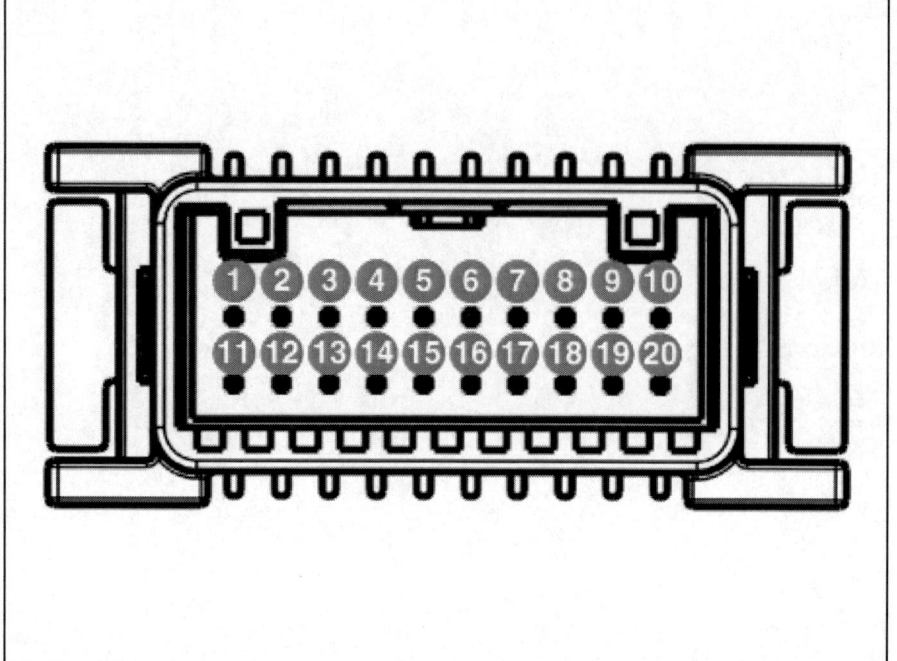

단자	기능	단자	기능
1	EPB 스위치 4	11	EPB 스위치 2
2	EPB 스위치 3	12	EPB 스위치 1
3	NC	13	조명(-)
4	레오스탯 UP	14	NC
5	레오스탯 DOWN	15	조명(+)
6	NC	16	트렁크 리드
7	헤드 램프 레벨링 디바이스 접지	17	연료 도어
8	접지	18	헤드 램프 레벨링 디바이스 신호
9	ESC OFF	19	NC
10	NC	20	IGN 1

[EPB 컨트롤 모듈(차량 자체 제어 장치(ESC)]

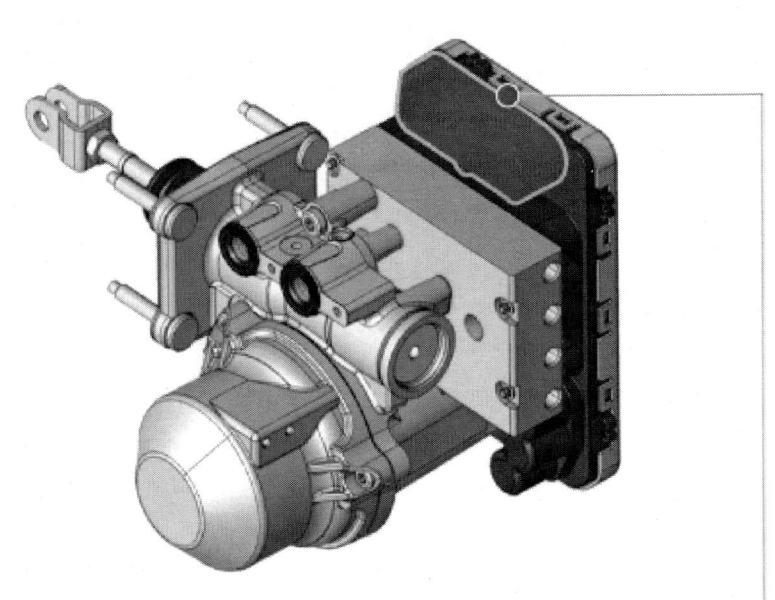

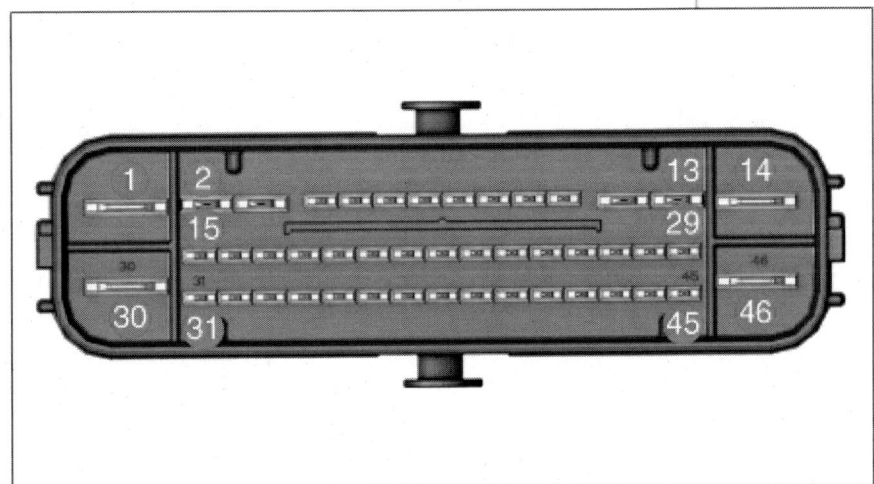

번호	설명	12V / 전류	허용 저항	비고
1	밸브A 배터리 전원	60 A	10 mΩ	
2	우측 뒤 EPB 모터 전원	30 A	10 mΩ	
3	우측 뒤 EPB 모터 접지	30 A	10 mΩ	
4	휠 속도 센서 전원 [우측 앞]	150 mA	250 mΩ	연선
5	휠 속도 센서 전원 [우측 뒤]	150 mA	250 mΩ	연선
6	EPB 스위치 신호 1 [작동]	20 mA	250 mΩ	
7	EPB 스위치 신호 2 [작동]	20 mA	250 mΩ	
8	EPB 스위치 신호 3 [해제]	20 mA	250 mΩ	
9	EPB 스위치 신호 4 [해제]	20 mA	250 mΩ	
10	휠 속도 센서 전원 [좌측 앞]	150 mA	250 mΩ	연선
11	휠 속도 센서 전원 [좌측 뒤]	150 mA	250 mΩ	연선
12	좌측 뒤 EPB 모터 접지	30 A	10 mΩ	
13	좌측 뒤 EPB 모터 전원	30 A	10 mΩ	
14	접지	60 A	10 mΩ	
15	NC			
16	NC			
17	휠 속도 센서 신호 [우측 앞]	150 mA	250 mΩ	연선

18	휠 속도 센서 신호 [우측 뒤]	150 mA	250 mΩ	연선
19	nc			
20	nc			
21	G-CAN_FD High 신호	100 mA	250 mΩ	연선
22	G-CAN_FD Low 신호	100 mA	250 mΩ	연선
23	휠 속도 출력 [우측 앞] 휠 속도 출력 [우측 뒤]	50 mA	250 mΩ	
24	nc			
25	C-CAN_FD High 신호	100 mA	250 mΩ	연선
26	C-CAN_FD Low 신호	100 mA	250 mΩ	연선
27	nc			
28	휠 속도 센서 신호 [좌측 앞]	150 mA	250 mΩ	연선
29	휠 속도 센서 신호 [좌측 뒤]	150 mA	250 mΩ	연선
30	밸브B 배터리 전원	60 A	10 mΩ	
31	페달 센서 전원 1	10 mA	250 mΩ	
32	페달 센서 신호 1	10 mA	250 mΩ	
33	페달 센서 접지 1	10 mA	250 mΩ	
34	페달 센서 접지 2	10 mA	250 mΩ	
35	페달 센서 신호 2	10 mA	250 mΩ	
36	페달 센서 전원 2	10 mA	250 mΩ	
37	nc			
38	브레이크 등 스위치 신호	1.2 mA	250 mΩ	
39	ESC ON/OFF 스위치 신호	1.2 mA	250 mΩ	
40	nc			
41	AVH ON/OFF 스위치 신호	1.2 mA	250 mΩ	
42	nc			
43	nc			
44	IGNITION	10 mA	50 mΩ	
45	도어 오픈 신호	5 mA	250 mΩ	
46	펌프 모터 접지	60 A	10 mΩ	

조정

브레이크 패드 교체모드

1. 리어 캘리퍼 탈거 전, 진단 기기를 사용하여, "브레이크 패드 교체모드"를 수행한다.

	부가기능	

• 브레이크 패드 교체모드

검사목적	브레이크 라이닝을 교체하기 전 피스톤을 캘리퍼 안쪽으로 밀 수 있도록 액츄에이터로 스핀들 너트를 끝까지 당기는 기능.
검사조건	1. 엔진 정지 2. 점화스위치 On
연계단품	Electric Parking Brake(EPB) ECU, EPB Switch, Brake Caliper, Cluster
연계DTC	-
불량현상	-
기타	C1 : 체결 C2 : 해제

확인

! 기능 수행 중에는 다른 기능이 동작되지 않도록 주의하십시오.

2. 아래 화면에서 C2(해제)를 선택한다.

부가기능

■ 브레이크 패드 교체모드

● [브레이크 패드 교체모드]

브레이크 라이닝을 교체하기전에 피스톤을 캘리퍼 안쪽으로 밀 수

있도록 액츄에이터로 스핀들 너트를 끝까지 당기는 모드 입니다. 브레이크 라이닝 교체 모드 중에는 클러스터에 관한 문구가

표시 됩니다. 브레이크 교환이 완료된 후에는 반드시 체결/해제를 3회 반복

하시기 바랍니다.

● [조건]
엔진 정지
IG ON

C1 : 체결

C2 : 해제

| C1 | C2 | 취소 |

기능 수행 중에는 다른 기능이 동작되지 않도록 주의하십시오.

탈거

[EPB 스위치]

1. 12V 배터리 (-) 터미널을 분리한다.
   (차량 제어 시스템 - "보조 배터리 (12V)" 참조)
2. 크래쉬 패드 로어 패널을 탈거한다.
   (바디 (내장 / 외장 / 전장) - "크래쉬 패드 로어 패널" 참조)
3. 스크류를 풀어 EPB 스위치 어셈블리(A)를 탈거한다.

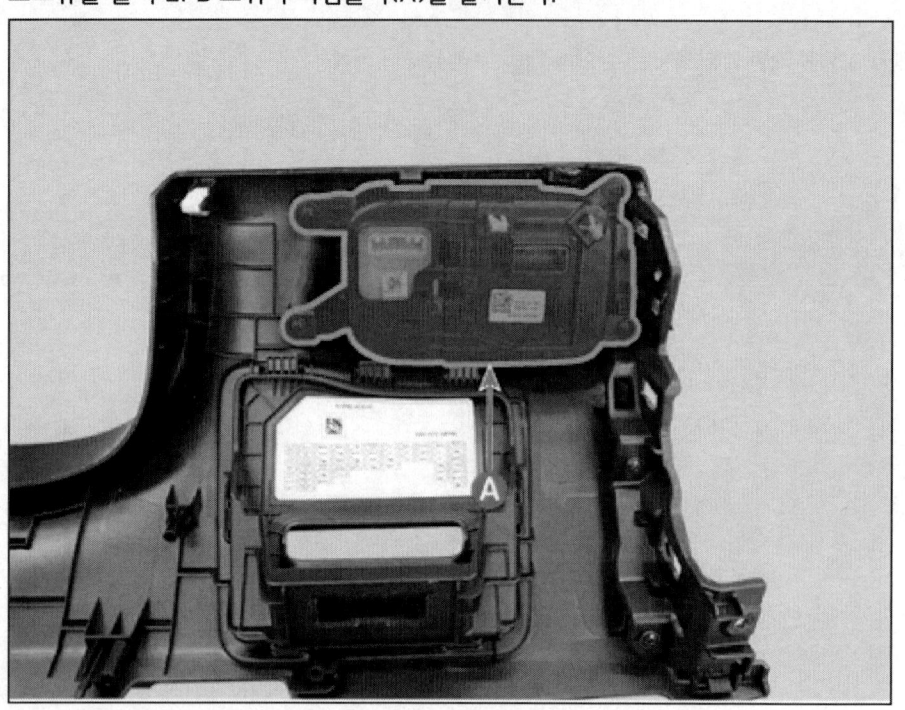

[EPB 액추에이터]

1. 진단 기기를 사용하여 주차 브레이크를 해제한다.
   (전자식 주차 브레이크 (EPB) - "조정" 참조)
2. 12V 배터리 (-) 터미널을 분리한다.
   (차량 제어 시스템 - "보조 배터리 (12V)" 참조)
3. 리어 휠 및 타이어를 탈거한다.
   (서스펜션 시스템 - "휠" 참조)
4. EPB 액추에이터 커넥터(A)를 분리한다.

5. 볼트를 풀어 리어 브레이크 호스(A)를 분리한다.

   체결 토크 : 2.5 ~ 3.0 kgf.m

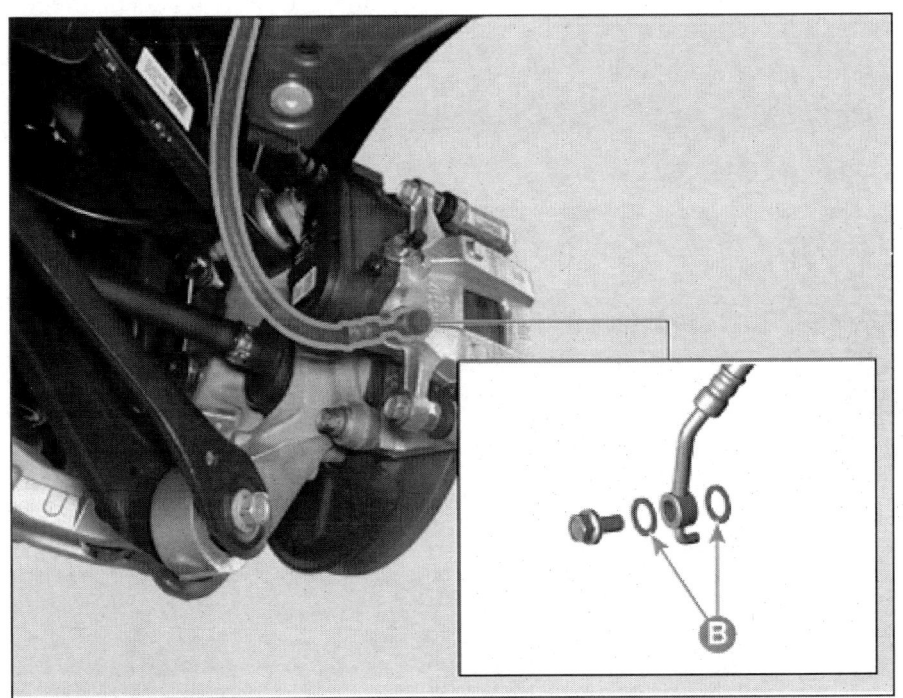

> **유 의**
>
> • 브레이크 호스 장착 시 와셔(B)는 재사용하지 않는다.

6. 볼트를 풀어 브레이크 캘리퍼 바디(A)를 탈거한다.

   체결 토크 : 2.2 ~ 3.2 kgf.m

7. 볼트를 풀어 EPB 액추에이터(A)를 탈거한다.

   체결 토크 : 0.8 ~ 1.1 kgf.m

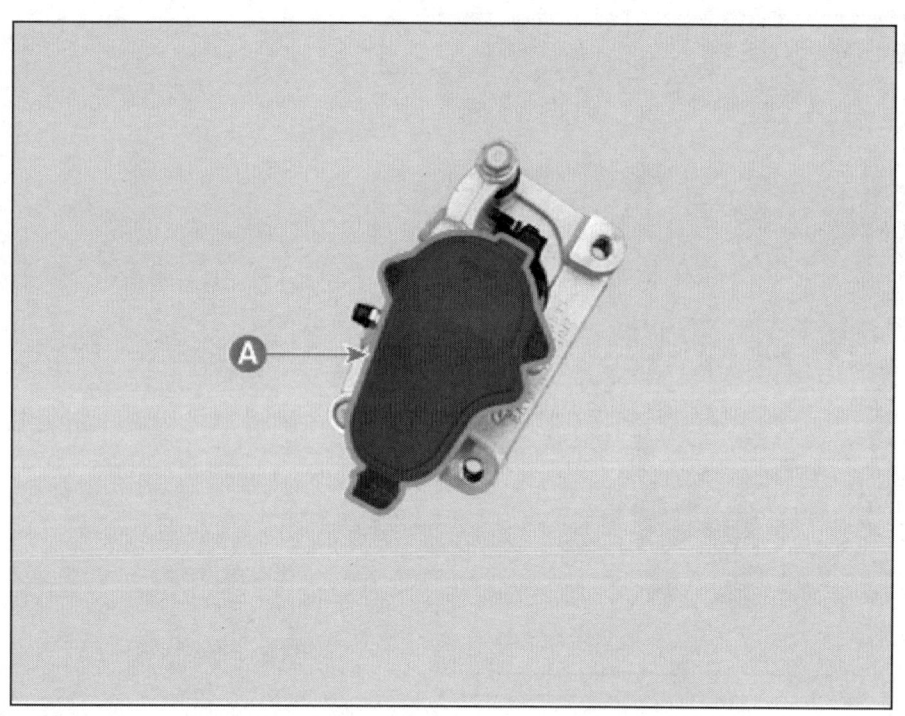

[EPB 컨트롤 유닛(차량 자세 제어 장치(ESC, IEB와 통합)]
1. 통합형 전동 부스터(IEB)를 탈거한다.
   (통합형 전동 부스터(IEB) 시스템 - "통합형 전동 부스터(IEB)" 참조)

점검

1. EPB 스위치를 작동시키면서 스위치 단자의 통전을 점검한다.

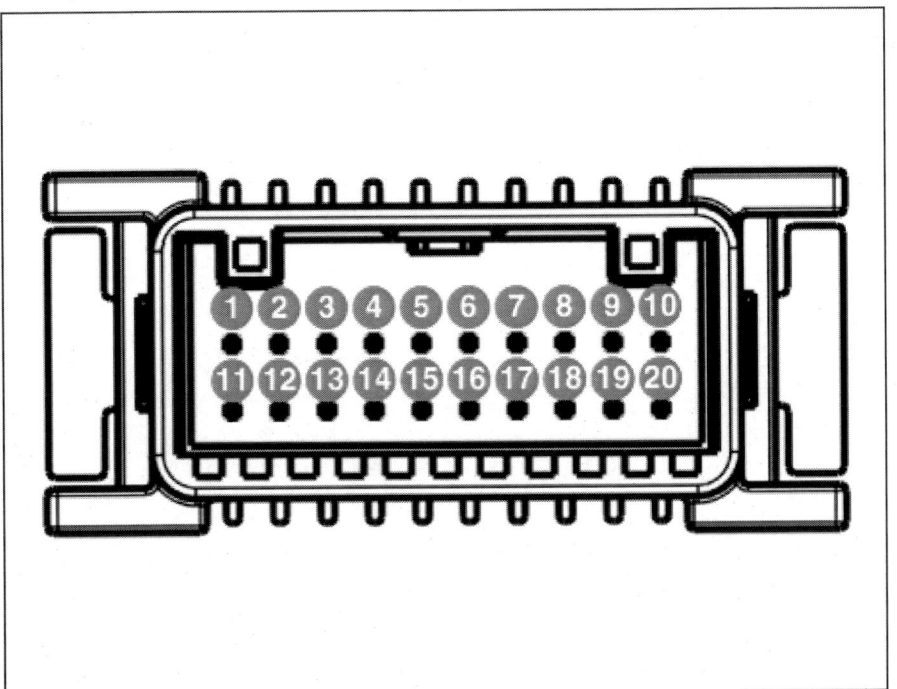

단자	기능	단자	기능
1	EPB 스위치 4	11	EPB 스위치 2
2	EPB 스위치 3	12	EPB 스위치 1
3	NC	13	조명(-)
4	레오스탯 UP	14	NC
5	레오스탯 DOWN	15	조명(+)
6	NC	16	트렁크 리드
7	헤드 램프 레벨링 디바이스 접지	17	연료 도어
8	접지	18	헤드 램프 레벨링 디바이스 신호
9	ESC OFF	19	NC
10	NC	20	IGN 1

장착

[EPB 스위치]
1. 장착은 탈거의 역순으로 진행한다.

> **참고**
> - 커넥터를 확실히 조립한다.
> - 손상된 클립은 교환한다.

[EPB 액추에이터]
1. 장착은 탈거의 역순으로 진행한다.

> **참고**
> - 커넥터를 확실히 조립한다.

[EPB 컨트롤 유닛(차량 자세 제어 장치(ESC, IEB와 통합)]
1. 장착은 탈거의 역순으로 진행한다.

> **참고**
> - 커넥터를 확실히 조립한다.
> - 손상된 클립은 교환한다.

개요

회생 제동 시스템(Regeneration Brake System)
회생 제동 시스템은 차량의 감속, 제동 시 발생하는 운동에너지를 전기에너지로 변화 시켜 배터리에 충전하는 시스템을 말한다.
회생 제동량은 차량의 속도, 배터리의 충전량 등에 의해서 결정된다.
가속 및 감속이 반복되는 시가지 주행 시 큰 연비 향상 효과가 가능하다.

회생 제동 협조 제어

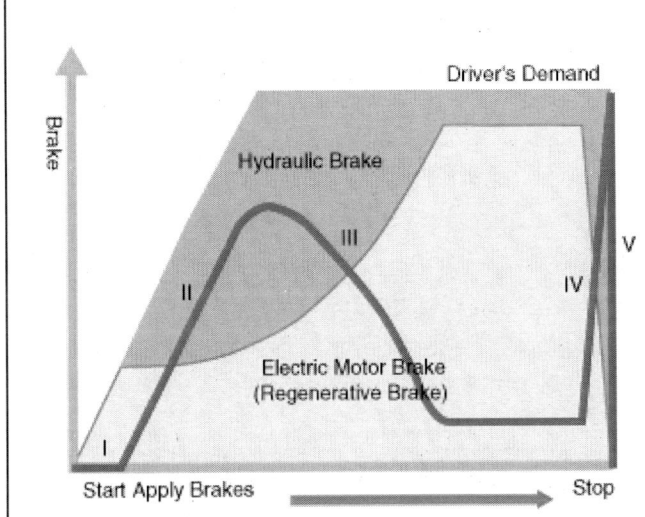

	Driver's Demand = Friction Brake + Electric Brake	
I	Electric Brake	Driver's Demand = Electric Brake
II	Blended Brake	Pressure Increase
III		Pressure Decrease
IV		Fast Pressure Increase
V	Friction Brake	Driver's Demand = Friction Brake

제동력 배분은 유압 제동을 제어함으로써 배분되고, 전체 제동력(유압+회생)은 운전자가 요구하는 제동력이 된다.
고장 등의 이유로 회생 제동이 되지 않으면, 운전자가 요구하는 전체 제동력은 유압 브레이크 시스템에 의해 공급된다.

작동원리

일반 제동

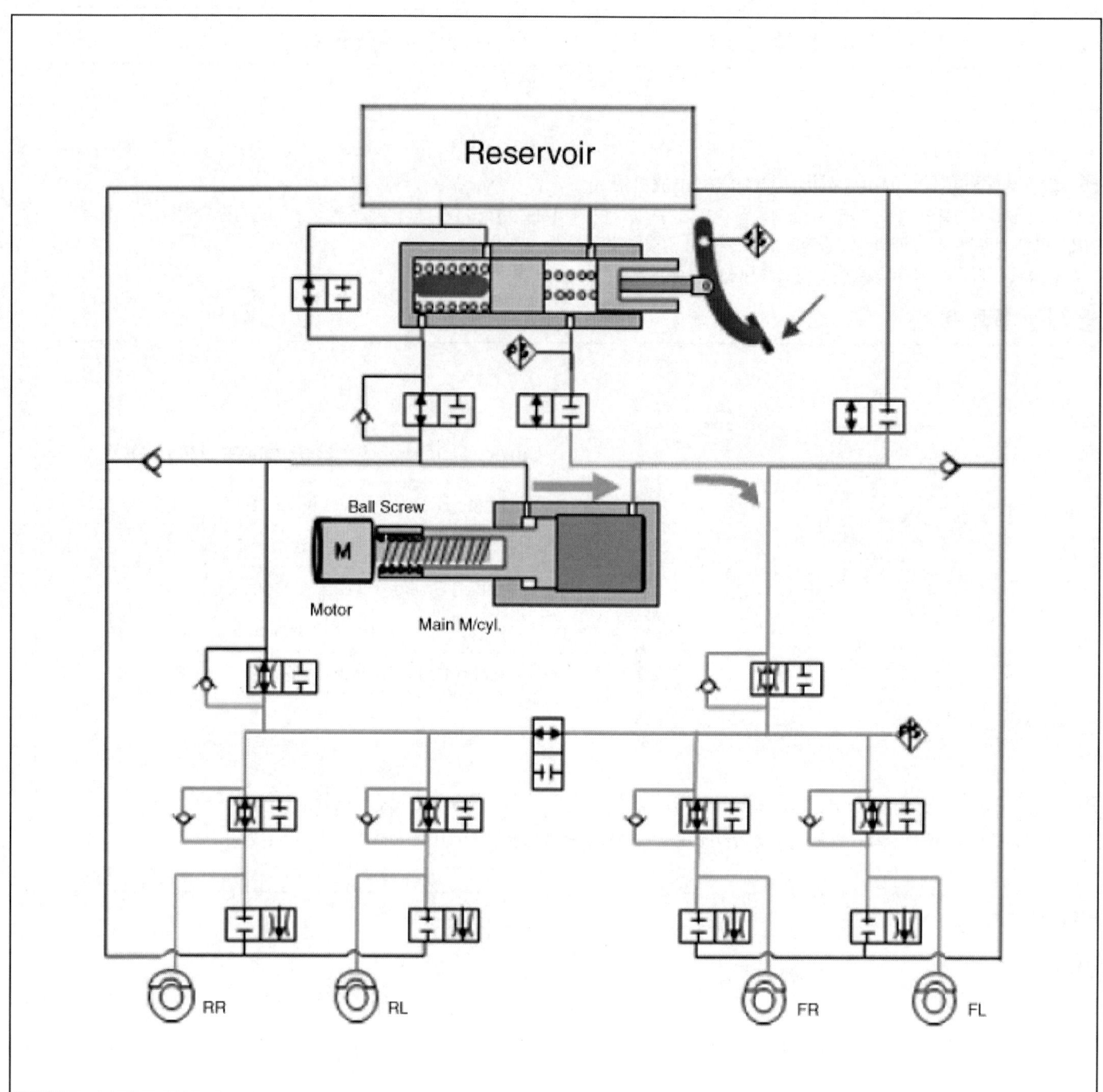

ABS

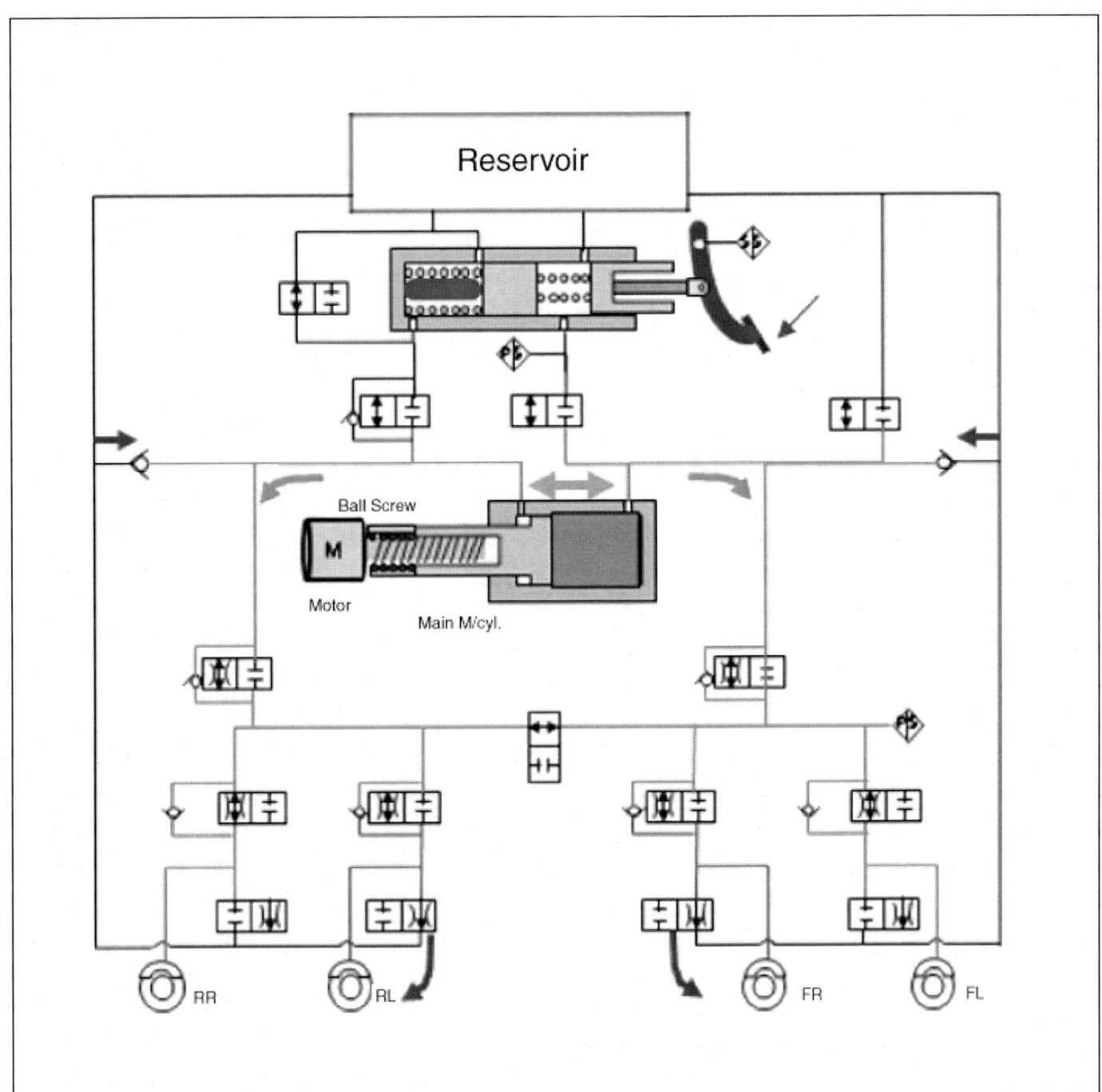

백업 작동 (ECU Fail)

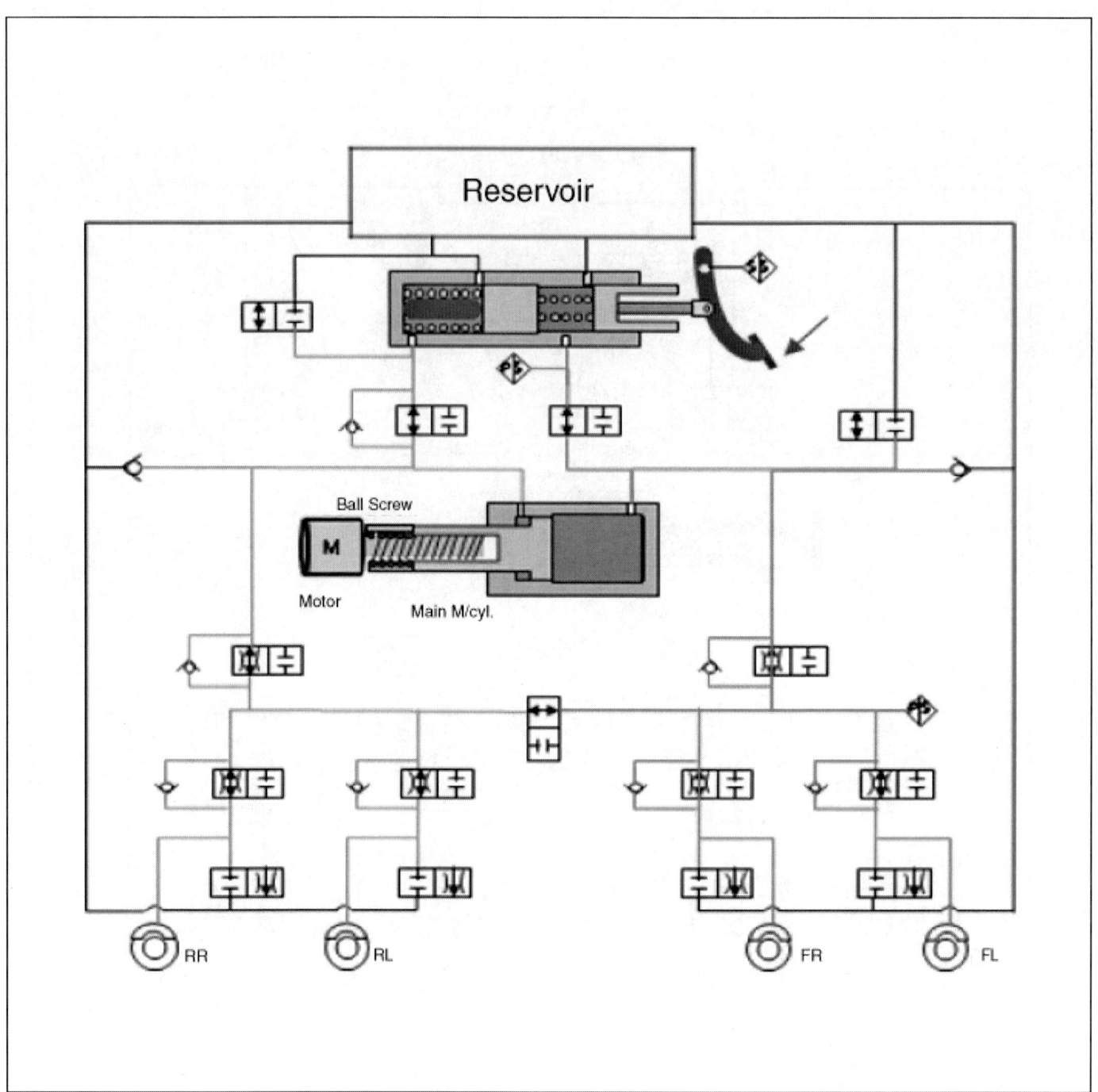

2023 > 160kW > 브레이크 시스템 > 통합형 전동 부스터 (IEB) 시스템 > 구성부품 및 부품위치

구성부품 및 부품위치

1. 통합형 전동 부스터(IEB)

2023 > 160kW > 브레이크 시스템 > 통합형 전동 부스터 (IEB) 시스템 > 통합형 전동 부스터 (IEB) > 1 Page Guide Manual

통합형 전동 부스터 (IEB) 탈장착

	작업	H/W	체결토크 (kgf.m)	SST/장비	케미컬	기타
• 탈거						
1	12V 배터리 (-) 터미널 분리 (차량 제어 시스템 - "보조 배터리 (12V)" 참조)	-	-	-	-	-
2	리모트 리저버 탱크 탈거 (통합형 전동 부스터 (IEB) 시스템 - "리모트 리저버 탱크" 참조)	-	-	-	-	-
3	리저버 호스 탈거	클램프	-	-	-	-
4	통합형 전동 부스터 메인 커넥터 분리	-	-	-	-	-
5	통합형 전동 부스터(IEB)에서 플레어 너트를 풀어 브레이크 튜브를 탈거	너트	1.3 ~ 1.7	-	-	-
6	브레이크 페달 암 장착 클레비스 핀과 분할 핀 분리	-	-	-	-	매뉴얼 참고
7	브레이크 페달 어셈블리 너트 탈거	너트	1.7 ~ 2.6	-	-	-
8	통합형 전동 부스터 탈거	-	-	-	-	매뉴얼 참고
9	리저버 탱크 탈거	볼트	0.10 ~ 0.15	-	-	-
• 장착						
탈거의 역순으로 진행						매뉴얼 참고
• 부가기능						

- 브레이크 에어 블리딩
  - 특수공구(09580-3D100), (0K585-E8100) 사용하여 에어 블리딩 실행
- 진단 기기
  - 통합형 전동 부스터 (IEB) 장착 후, 진단 기기를 사용하여 "베리언트 코딩", "종 방향 G센서 영점 설정(HAC/DBC 사양)"을 실행

2023 > 160kW > 브레이크 시스템 > 통합형 전동 부스터 (IEB) 시스템 > 통합형 전동 부스터 (IEB) > 구성부품 및 부품위치

구성부품 및 부품위치

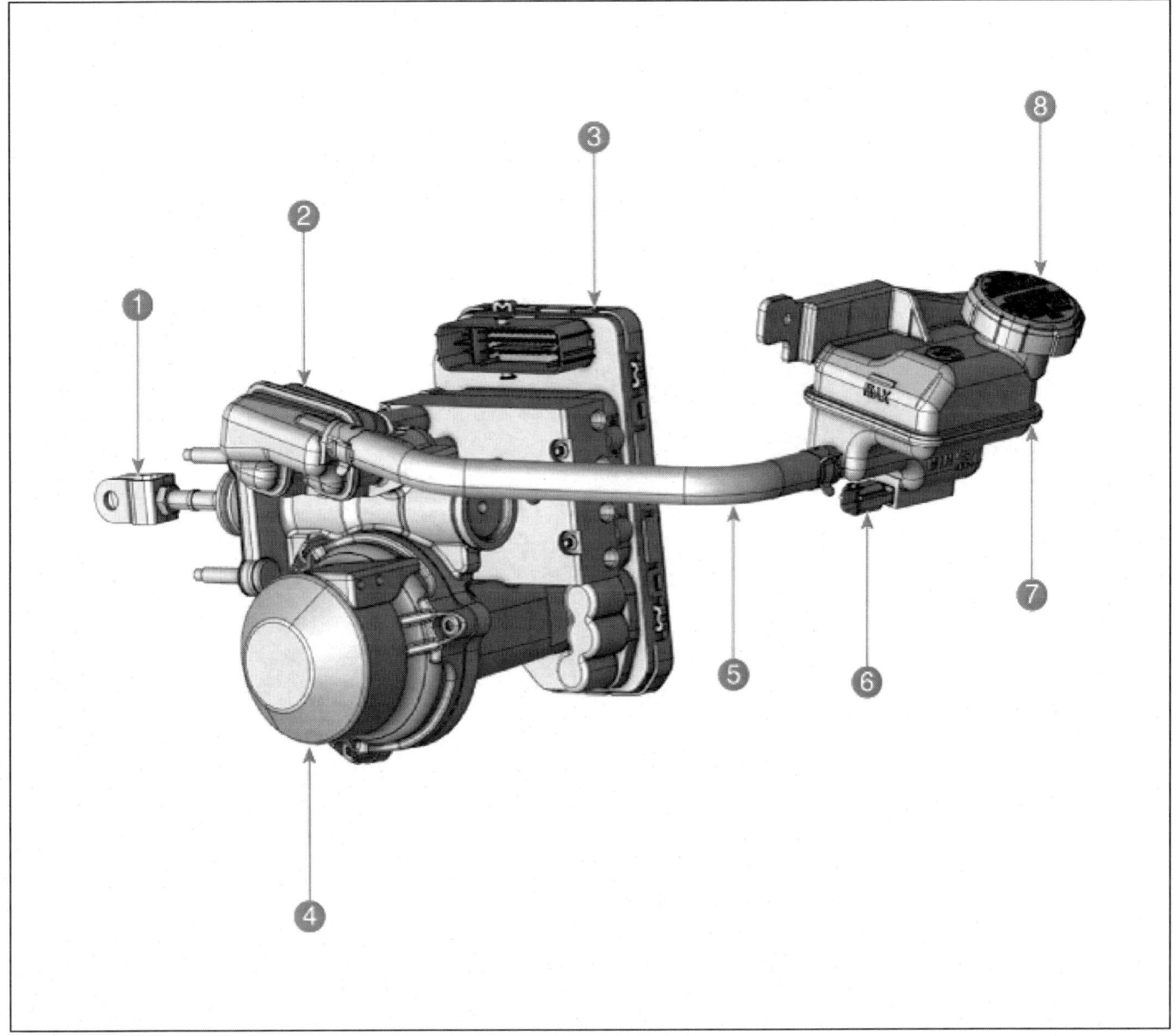

> **유 의**
>
> • 통합형 전동 부스터(IEB)는 분해하지 않는다.

1. 푸쉬 로드	5. 리저버 호스
2. 리저버 탱크	6. 브레이크 액 레벨 센서 커넥터
3. 통합형 전동 부스터(IEB) ECU	7. 리모트 리저버 탱크
4. 통합형 전동 부스터(IEB) 메인 액추에이터	8. 리모트 리저버 탱크 캡

커넥터 및 단자 정보

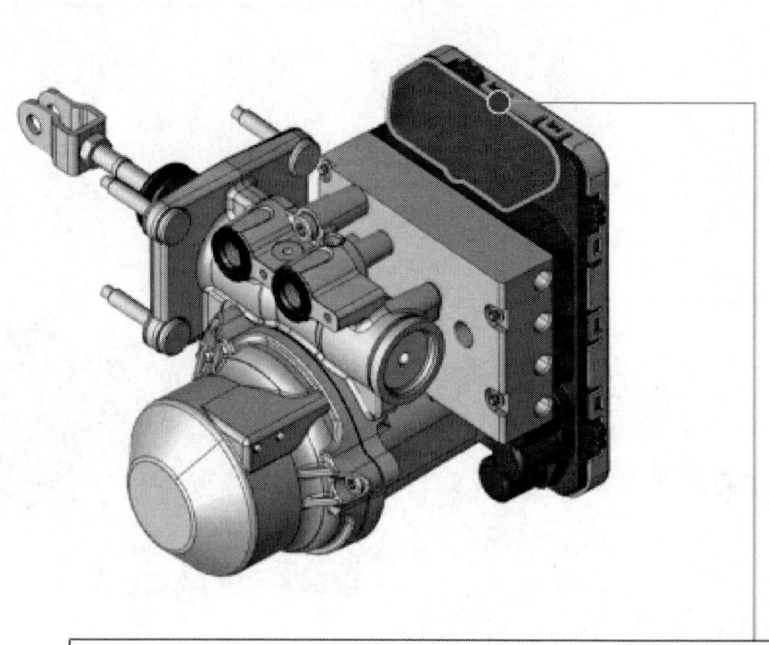

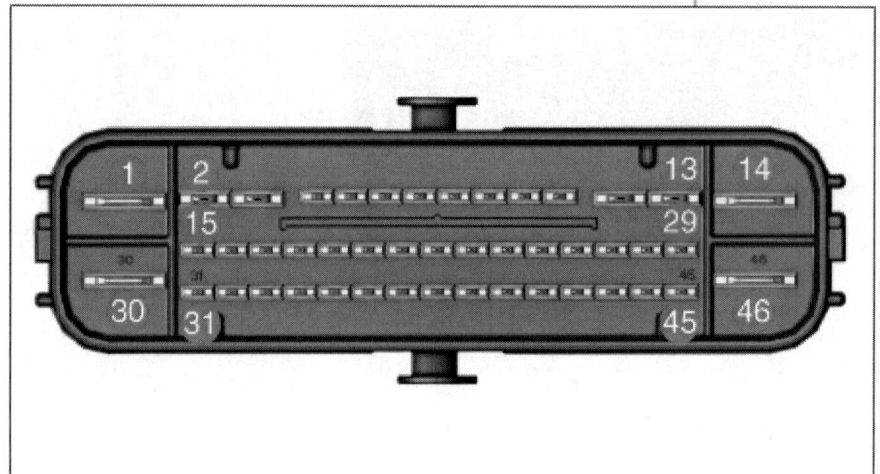

번호	설명	12V / 전류	허용 저항	비고
1	밸브A 배터리 전원	60 A	10 mΩ	
2	우측 뒤 EPB 모터 전원	30 A	10 mΩ	
3	우측 뒤 EPB 모터 접지	30 A	10 mΩ	
4	휠 속도 센서 전원 [우측 앞]	150 mA	250 mΩ	연선
5	휠 속도 센서 전원 [우측 뒤]	150 mA	250 mΩ	연선
6	EPB 스위치 신호 1 [작동]	20 mA	250 mΩ	
7	EPB 스위치 신호 2 [작동]	20 mA	250 mΩ	
8	EPB 스위치 신호 3 [해제]	20 mA	250 mΩ	
9	EPB 스위치 신호 4 [해제]	20 mA	250 mΩ	
10	휠 속도 센서 전원 [좌측 앞]	150 mA	250 mΩ	연선
11	휠 속도 센서 전원 [좌측 뒤]	150 mA	250 mΩ	연선
12	좌측 뒤 EPB 모터 접지	30 A	10 mΩ	
13	좌측 뒤 EPB 모터 전원	30 A	10 mΩ	

14	접지	60 A	10 mΩ	
15		nc		
16		nc		
17	휠 속도 센서 신호 [우측 앞]	150 mA	250 mΩ	연선
18	휠 속도 센서 신호 [우측 뒤]	150 mA	250 mΩ	연선
19		nc		
20		nc		
21	G-CAN_FD High 신호	100 mA	250 mΩ	연선
22	G-CAN_FD Low 신호	100 mA	250 mΩ	연선
23	휠 속도 출력 [우측 앞] 휠 속도 출력 [우측 뒤]	50 mA	250 mΩ	
24		nc		
25	C-CAN_FD High 신호	100 mA	250 mΩ	연선
26	C-CAN_FD Low 신호	100 mA	250 mΩ	연선
27		nc		
28	휠 속도 센서 신호 [좌측 앞]	150 mA	250 mΩ	연선
29	휠 속도 센서 신호 [좌측 뒤]	150 mA	250 mΩ	연선
30	밸브B 배터리 전원	60 A	10 mΩ	
31	페달 센서 전원 1	10 mA	250 mΩ	
32	페달 센서 신호 1	10 mA	250 mΩ	
33	페달 센서 접지 1	10 mA	250 mΩ	
34	페달 센서 접지 2	10 mA	250 mΩ	
35	페달 센서 신호 2	10 mA	250 mΩ	
36	페달 센서 전원 2	10 mA	250 mΩ	
37		nc		
38	브레이크 등 스위치 신호	1.2 mA	250 mΩ	
39	ESC ON/OFF 스위치 신호	1.2 mA	250 mΩ	
40		nc		
41	AVH ON/OFF 스위치 신호	1.2 mA	250 mΩ	
42		nc		
43		nc		
44	IGNITION	10 mA	50 mΩ	
45	도어 오픈 신호	5 mA	250 mΩ	
46	펌프 모터 접지	60 A	10 mΩ	

탈거

> **유 의**
>
> - 통합형 전동 부스터(IEB) 교환 시, 아래 중 하나의 방법을 사용하여 기존 유닛의 배리언트 코딩 값을 신품 유닛에 입력한다.
> - 진단 기기 부가기능 "배리언트 코딩 (백업 및 입력)"을 선택 후 화면의 절차에 따른다.
> - 진단 기기 부가기능 "사양정보" 에서 기존 배리언트 코딩 값을 기록하고 IEB 교환 후 "ESC 배리언트 코딩"을 선택해 기존 배리언트 코딩 값을 입력한다.

1. 12V 배터리 (-) 터미널을 분리한다.
   (차량 제어 시스템 - "보조 배터리 (12V)" 참조)
2. 리모트 리저버 탱크를 탈거한다.
   (통합형 전동 부스터 (IEB) 시스템 - "리모트 리저버 탱크" 참조)
3. 클램프를 풀어 리저버 호스(A)를 탈거한다.

4. 통합형 전동 부스터 메인 커넥터(A)를 분리한다.

5. 통합형 전동 부스터(IEB)에서 플레어 너트를 풀어 브레이크 튜브(A)를 탈거한다.

체결 토크 : 1.4 ~ 1.7 kgf.m

6. 브레이크 페달 암 장착 클레비스 핀(A)과 분할 핀(B)을 분리한다.

> **유 의**
> - 분할 핀(B)은 재사용하지 않는다.

7. 브레이크 페달 어셈블리 너트(A)를 탈거한다.

체결 토크 : 1.7 ~ 2.6 kgf.m

8. 통합형 전동 부스터(A)를 탈거한다.

> **유 의**
> - 통합형 전동 부스터(A) 탈거 및 장착 시 주변 부품 간섭에 유의한다.

9. 볼트를 풀어 리저버 탱크(A)를 탈거한다.

체결 토크 : 0.10 ~ 0.15 kgf.m

2023 > 160kW > 브레이크 시스템 > 통합형 전동 부스터 (IEB) 시스템 > 통합형 전동 부스터 (IEB) > 장착

장착

1. 장착은 탈거의 역순으로 진행한다.

   > **유의**
   >
   > - 브레이크 액 레벨 센서 커넥터 장착 시 체결 상태를 확인한다. 체결 상태가 불량할 경우 브레이크 경고등이 점등될 수 있다.
   > - 브레이크 페달 암 클레비스 핀 장착 시 그리스를 도포한다. (그리스 타입 : GREASE PDLV-1)
   > - 클레비스 핀과 분할 핀 장착 시 위치가 바뀌지 않도록 주의한다.

   > **참고**
   >
   > - 장착 시 나사산 및 브레이크 멤버 어셈블리의 손상을 최소화하기 위해 모든 너트를 가체결 한 뒤 아래와 같은 순서로 체결 토크 값으로 완체결한다.

   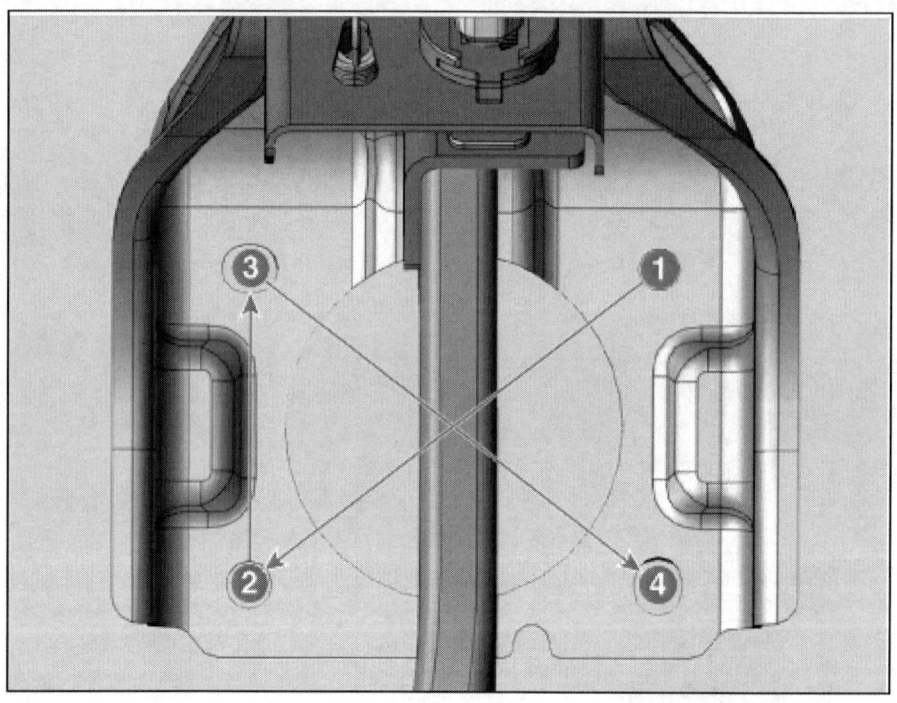

2. 브레이크 리저버에 브레이크 액을 가득 채운 후 공기 빼기 작업을 시행한다.
   (브레이크 시스템 - "브레이크 블리딩" 참조)
3. 진단 기기를 연결하고 키를 ON 상태로 설정한다.
4. 배리언트 코딩을 실행한다.
   (통합형 전동 부스터 (IEB) - "조정" 참조)
5. "종 방향 G센서 영점 설정(HAC/DBC 사양)"을 실행한다.
   (통합형 전동 부스터 (IEB) - "조정" 참조)
6. 브레이크 페달 센서 영점 설정(PTS 영점 설정)을 시행한다.
   (브레이크 페달 - "조정" 참조)

2023 > 160kW > 브레이크 시스템 > 통합형 전동 부스터 (IEB) 시스템 > 통합형 전동 부스터 (IEB) > 조정

진단 기기 부가기능

진단 기기를 이용한 진단 방법에 대한 사용 안내로써, 주요 내용은 다음과 같다.
1. 운전석측 크래쉬 패드 하부에 있는 자기 진단 커넥터(16핀)에 진단 기기를 연결하고, IG ON 후 진단 기기를 켠다.
2. 진단 기기 차종 선택 화면에서 "차종"과 "제동제어" 시스템을 선택한 후 확인을 선택한다.

[베리언트 코딩]

[종방향 G 센서 영점 설정]

[압력센서 영점 설정]

부가기능

| 시스템별 | 작업 분류별 | 모두 펼치기 |

- ■ 제동제어
  - ■ 사양정보
  - ■ HCU 공기빼기
  - ■ 옵션사양 자동 설정(VDC/ESC)
  - ■ 종방향 G센서 영점설정(HAC/DBC 사양)
  - ■ 배리언트 코딩
  - ■ 압력센서 영점설정
  - ■ PTS 영점 설정
  - ■ 브레이크 패드 교체모드
  - ■ 조립성 확인(ECU 교환)
- ■ 에어백(1차충돌)
- ■ 에어백(2차충돌)
- ■ 승객구분센서
- ■ 에어컨
- ■ 파워스티어링
- ■ 후방모니터
- ■ 전방위모니터
- ■ 원격스마트주차보조

기능 수행 중에는 다른 기능이 동작되지 않도록 주의하십시오.

리모트 리저버 탱크 탈장착

	작업	H/W	체결토크 (kgf.m)	SST/장비	케미컬	기타
• 탈거						
1	12V 배터리 (-) 터미널 분리 (차량 제어 시스템 - "보조 배터리 (12V)" 참조)	-	-	-	-	-
2	리저버 캡을 탈거하고 세척기를 사용하여 리저버 탱크에서 브레이크 액을 빼낸다	-	-	-	-	매뉴얼 참고
3	프런트 트렁크 탈거 (바디 (내장 / 외장 / 전장)- "프런트 트렁크" 참조)	-	-	-	-	-
4	브레이크 액 레벨 센서 커넥터 분리	-	-	-	-	-
5	리저버 호스 분리	클램프	-	-	-	-
6	리모트 리저버 탱크 탈거	너트	0.8 ~ 1.2	-	-	-
• 장착						
탈거의 역순으로 진행						-

구성부품 및 부품위치

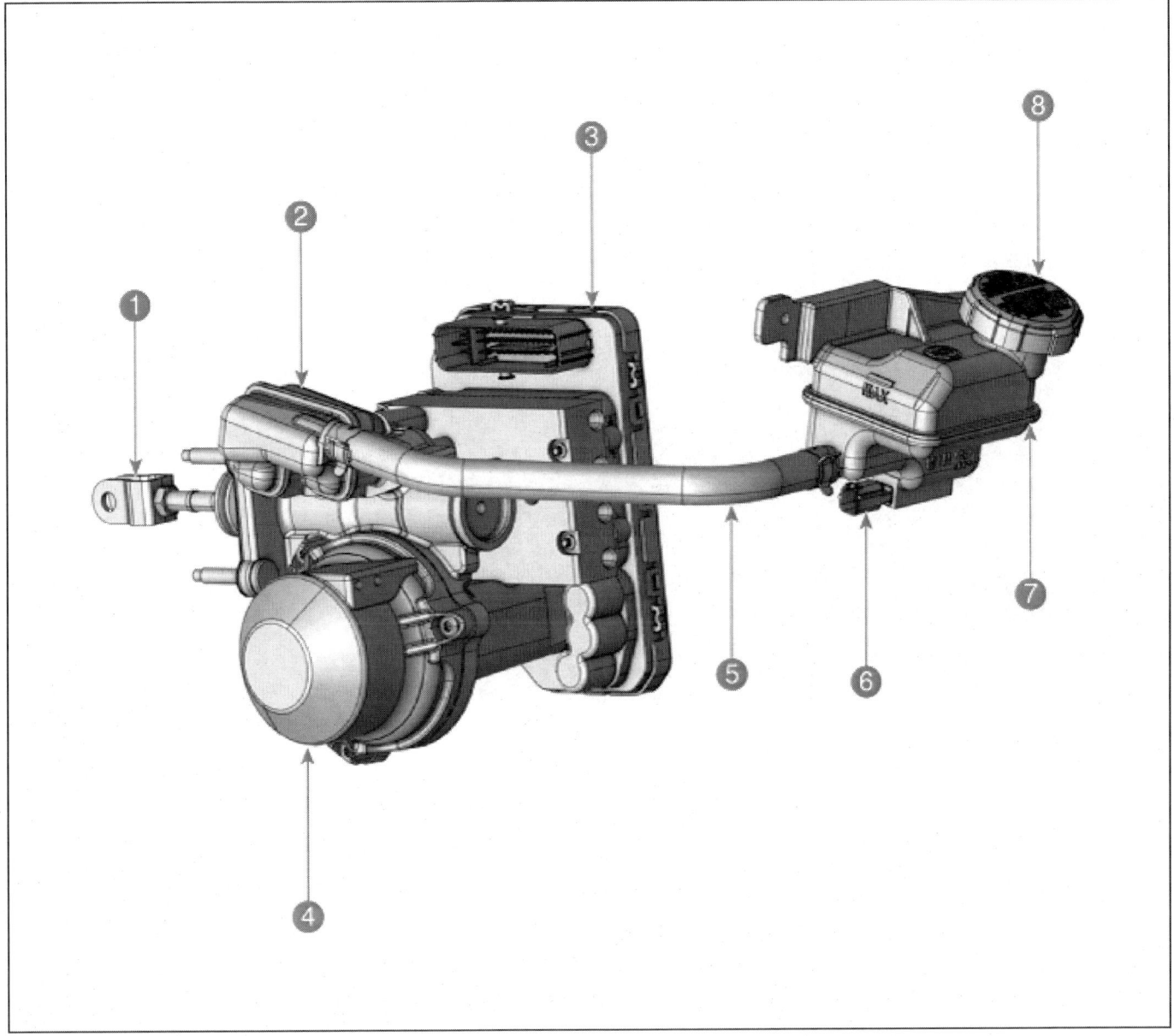

> **유 의**
> - 통합형 전동 부스터(IEB)는 분해하지 않는다.

1. 푸쉬 로드	5. 리저버 호스
2. 리저버 탱크	6. 브레이크 액 레벨 센서 커넥터
3. 통합형 전동 부스터(IEB) ECU	7. 리모트 리저버 탱크
4. 통합형 전동 부스터(IEB) 메인 액추에이터	8. 리모트 리저버 탱크 캡

탈거 및 장착

1. 12V 배터리 (-) 터미널을 분리한다.
   (차량 제어 시스템 - "보조 배터리 (12V)" 참조)
2. 리저버 캡(A)을 탈거하고 세척기를 사용하여 리저버 탱크에서 브레이크 액을 빼낸다.

> ⚠ **주 의**
>
> - 브레이크 액이 차량 또는 신체에 접촉되지 않도록 주의한다. 만약 접촉했을 경우 깨끗한 천 등을 이용해 즉시 닦아낸다.
> - 리저버 캡을 열기 전 반드시 리저버 및 리저버 캡 주위의 이물질을 제거하여 리저버 탱크 안으로 이물질이 유입되지 않도록 주의한다.

3. 프런트 트렁크를 탈거한다.
   (바디 (내장 / 외장 / 전장)- "프런트 트렁크" 참조)
4. 브레이크 액 레벨 센서 커넥터(A)를 분리한다.

5. 클램프(A)를 풀어 리저버 호스를 분리한다.

6. 너트를 풀어 리모트 리저버 탱크(A)를 탈거한다.

체결 토크 : 0.8 ~ 1.2 kgf.m

7. 장착은 탈거의 역순으로 진행한다.

2023 > 160kW > 브레이크 시스템 > 차량 자세 제어 장치(ESC) > 구성부품 및 부품위치

구성부품 및 부품위치

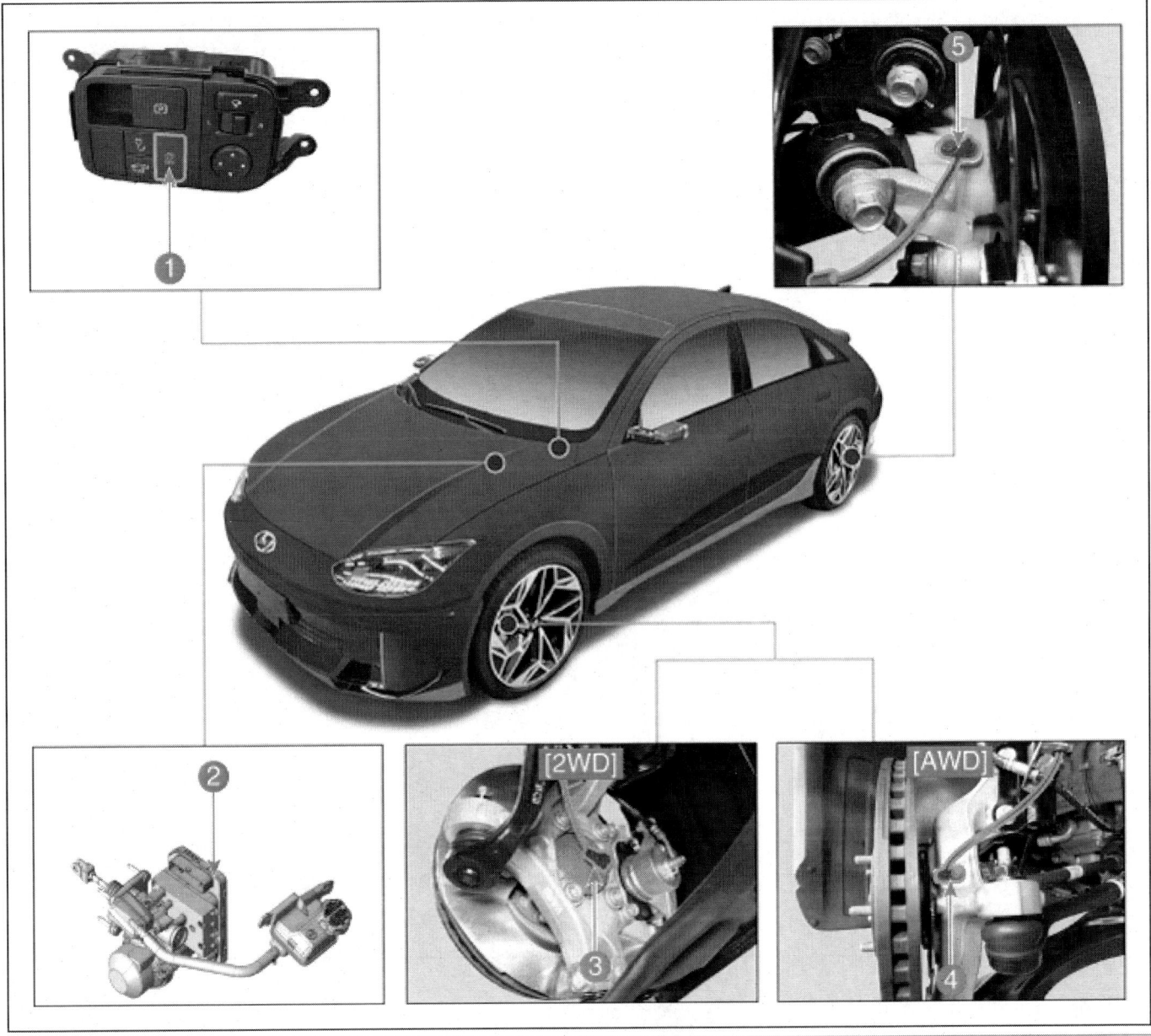

1. ESC OFF 스위치
2. 통합형 전동 부스터(IEB)
* ESC 컨트롤 유닛은 IEB와 통합.

3. 프런트 휠 속도 센서(2WD)
4. 프런트 휠 속도 센서(AWD)
5. 리어 휠 속도 센서

개요

ESC(Electronic Stability Control) 시스템은 스핀(SPIN) 또는 언더-스티어(UNDER-STEER) 등의 발생을 억제하여 이로 인한 사고를 미연에 방지할 수 있다. 이는 차량에 스핀 (SPIN) 또는 언더-스티어(UNDER-STEER) 등의 상황이 발생하면 이를 감지하여 자동으로 내측 차륜 또는 외측 차륜에 제동을 가해 차량의 자세를 제어함으로써 차량의 안정된 상태를 유지하며(ABS연계 제어), 스핀한계 직전에 자동 감속한다(TCS연계 제어). 이미 발생된 경우에는 휠별로 제동력을 제어하여 스핀이나 언더-스티어의 발생을 미연에 방지하여 안정된 운행을 도모하였다.
ESC는 요-모멘트 제어(YAW-MOMENT), 자동 감속 제어, ABS 제어, TCS 제어등에 의해 스핀방지, 오버-스티어제어, 굴곡로 주행시 요잉(YAWING)발생 방지, 가속 및 제동 시 조종 안정성 향상 등의 효과가 있다.
이 시스템은 브레이크 제어식, TCS 시스템에 요-레이트(YAW-RATE) & 횡 가속도 센서, 마스터 실린더 압력 센서, 휠 조향각 센서를 추가한 구성으로 차속, 조향각 센서, 마스터 실린더 압력 센서로부터 운전자의 조종 의도를 판단하고, 요-레이트 & 횡 가속도 센서로부터 차체의 자세를 계산하여 운전자가 별도의 제동을 하지 않아도 4륜을 개별적으로 자동 제동해서 차량의 자세를 제어하여 차량 모든 방향(앞, 뒤, 옆 방향)에 대한 안정성을 확보한다.

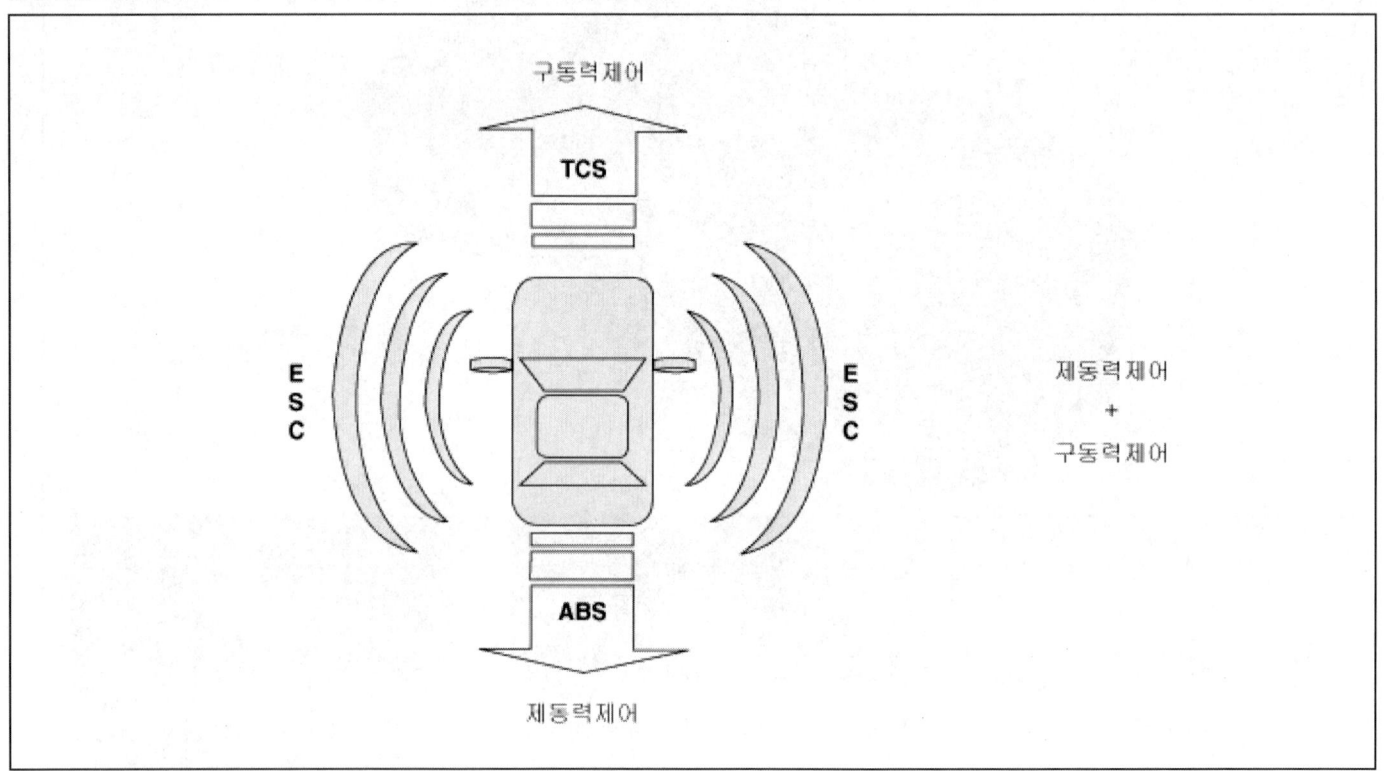

> **참 고**
> - ESC(Electronic Stability Control) : 차량 자세 제어 장치

제어의 개요

ESC 시스템은 ABS/EBD 제어, 트랙션 컨트롤(TCS), 요 컨트롤 기능을 포함한다.
컨트롤 유닛(HECU)은 4개의 휠 속도 센서에서 구형파(Square wave)로 나오는 휠 센서 신호(전류 신호)를 사용하여, 차속 및 4개 휠의 가속과 감속을 산출한 후 ABS/EBD가 작동해야 할지 아닐지를 판단한다. 트랙션 컨트롤(TCS) 기능은 브레이크 압력 제어 및 CAN 통신을 통해 엔진 토크를 저감시켜서 구동 방향의 휠 슬립을 방지한다.
요 컨트롤 기능은 요 레이트 센서, 횡 가속도 센서, 마스터 실린더 압력 센서, 조향 휠 각속도 센서, 휠 속도 센서 등의 입력 신호를 연산하여 자세 제어의 기준이 되는 요-모멘트와 자동 감속 제어의 기준이 되는 목표 감속도를 산출하여 이를 기초로 4륜 각각의 제동 압력 및 엔진의 출력을 제어함으로써 차량의 안정성을 확보한다.
만약 차량의 자세가 불안정하다면(오버 스티어, 언더 스티어), 요 컨트롤 기능은 특정 휠에 브레이크 압력을 주고, CAN 통신으로 엔진 토크 저감 신호를 보낸다. IG ON후, 컨트롤 유닛(HECU)은 지속적으로 시스템 고장을 자기 진단한다. 만약 시스템 고장이 감지되면, HECU는 ABS 및 ESC 경고등을 통해 시스템 고장을 운전자에게 알려준다.

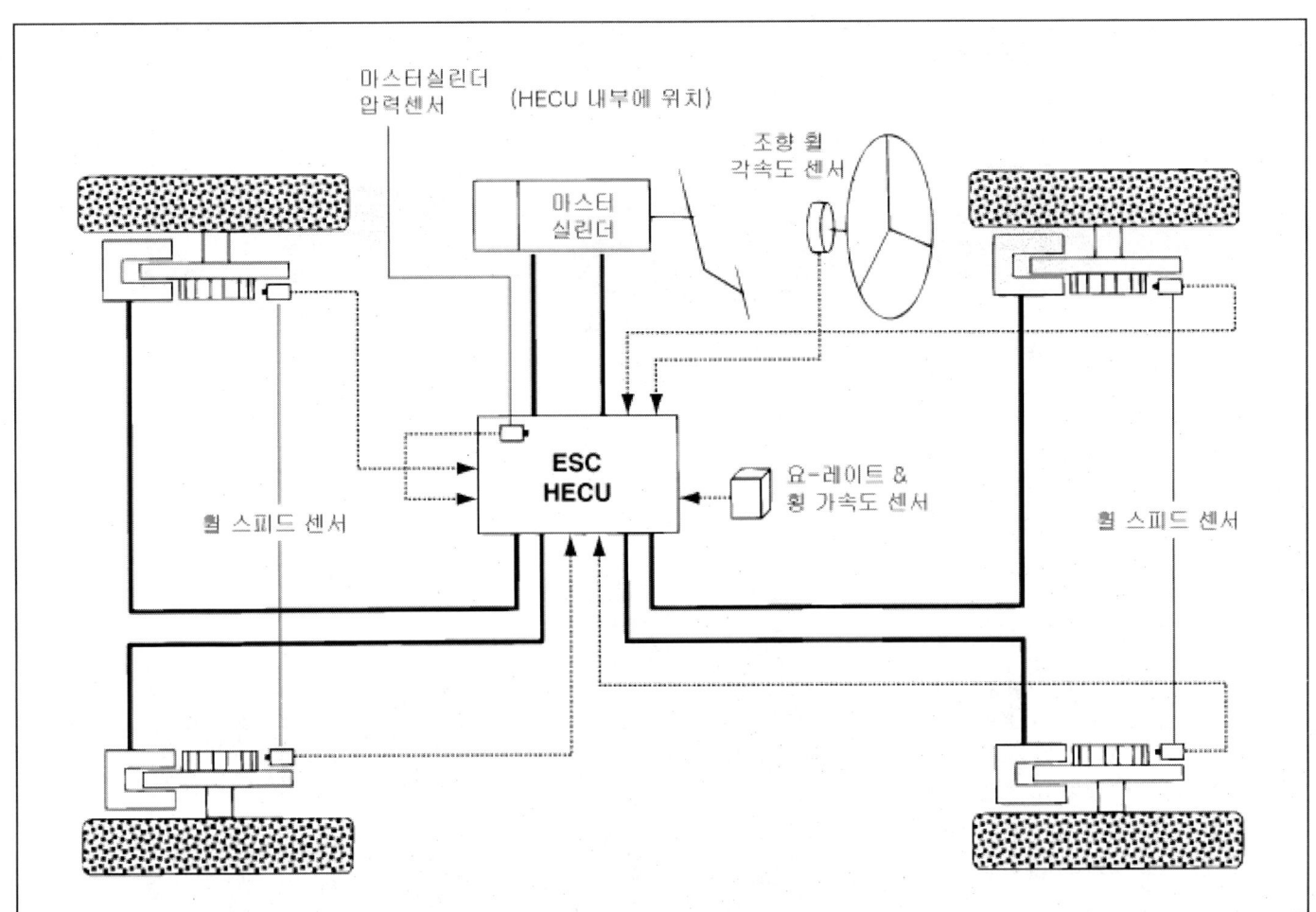

구조

입출력도

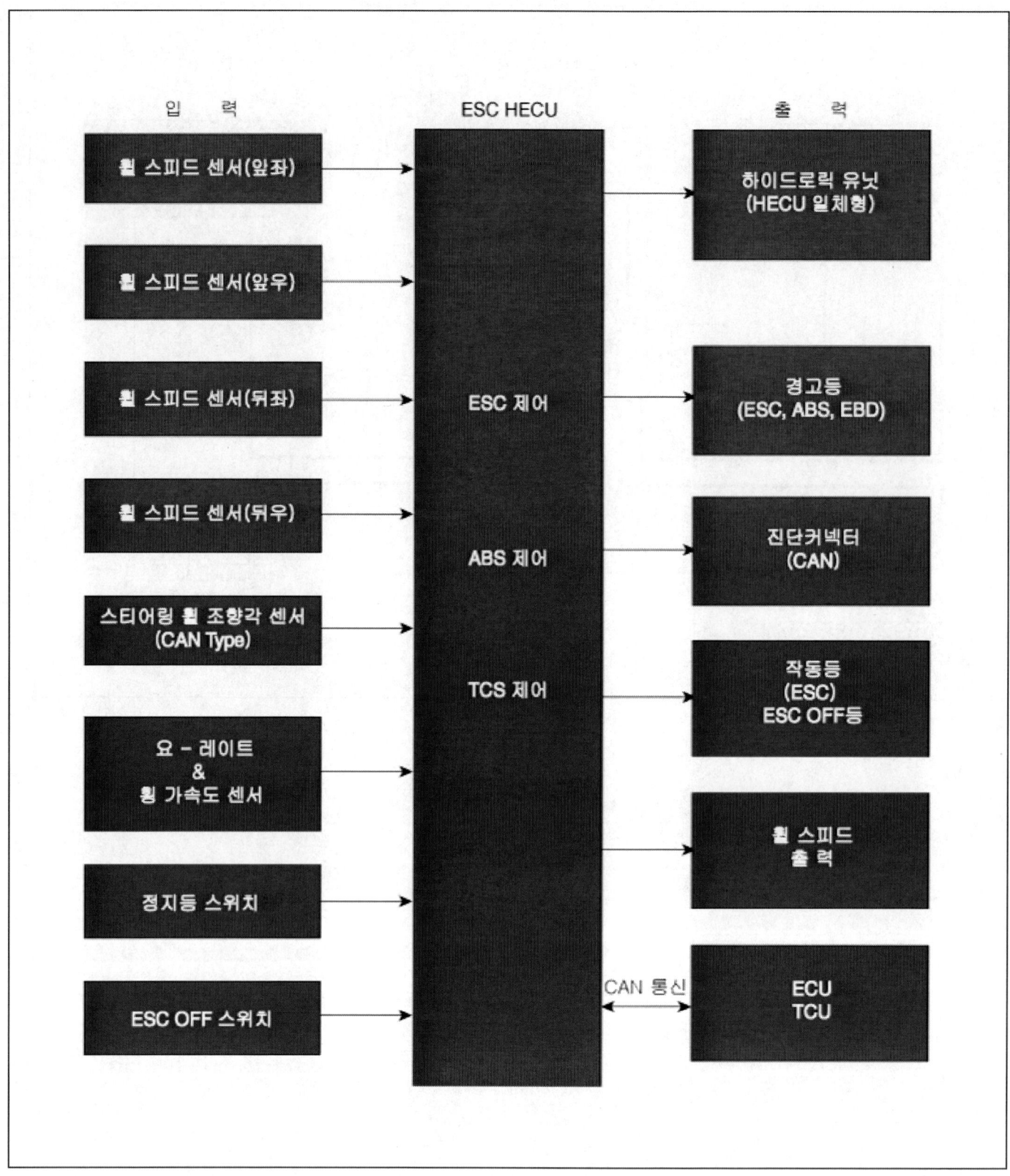

ESC 작동원리

1. 1단계
ESC는 운전자의 의도를 분석한다.

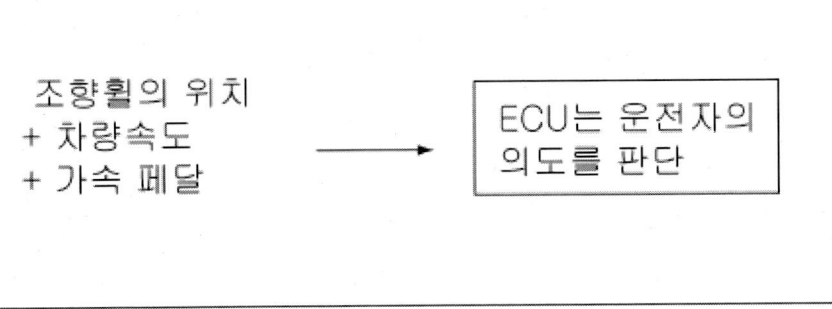

2. 2단계
   ESC 차량의 거동 상태 분석

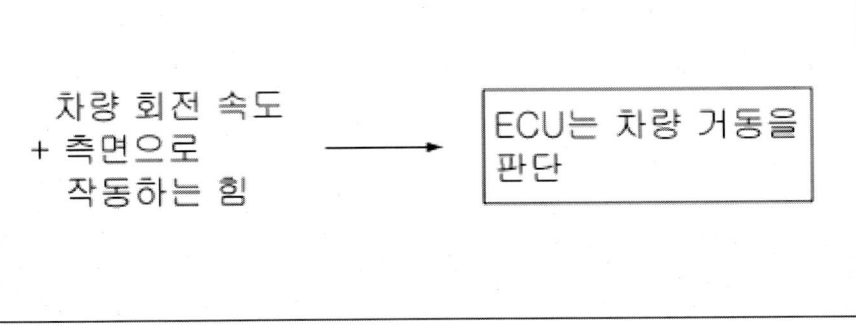

3. 3단계
   ESC 제동력을 통한 차량 자세 제어
   - HECU는 필요한 대책을 계산한다.
   - 유압 조절 장치는 신속히 각 바퀴의 제동력을 독립적으로 조절한다.
   - 엔진과 연결된 통신 라인을 통하여 엔진 출력을 조절한다.

경고등 제어

1. ABS 경고등

ABS 경고등 모듈은 ABS 기능의 자기진단 및 고장상태를 표시한다.
ABS 경고등은 다음의 경우에 점등된다.

   (1) 점화스위치 ON시 3초간 점등되며 자기진단하여 ABS 시스템에 이상 없을시 소등된다. (초기화 모드)
   (2) 시스템 이상 발생시 점등된다.
   (3) 자기진단 중 점등된다.
   (4) ECU 커넥터 탈거시 점등된다.
   (5) 점등중 ABS 제어 중지 및 ABS 비장착 차량과 동일하게 일반 브레이크만 작동된다.

2. EBD(Electronic Brake-force Distribution) 경고등/주차 브레이크 경고등

EBD 경고등 모듈은 EBD 기능의 자기진단 및 고장상태를 표시한다. 단, 주차브레이크 스위치가 ON일 경우에는 EBD 기능과는 상관없이 항상 점등된다.
EBD 경고등은 다음의 경우 점등된다.

   (1) 점화스위치 ON시 3초간 점등되면 EBD 관련 이상 없을시 소등된다. (초기화 모드)
   (2) 주차 브레이크 스위치 ON시 점등된다.
   (3) 브레이크 오일 부족시 점등된다.
   (4) 자기진단 중 점등된다.

(5) ECU 커넥터 탈거시 점등된다.

(6) EBD 제어 불능시 점등된다. (EBD 작동 안됨)
- 솔레노이드 밸브 고장시
- 휠 센서 3개이상 고장시
- ECU 고장시
- 과전압 이상시
- 밸브 릴레이 고장시

3. ESC 작동/경고등

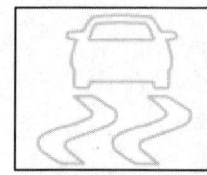

ESC 작동/경고등은 ESC 기능 작동, 자가진단 및 고장상태를 표시한다.
ESC 작동/경고등은 다음의 경우에 점등한다.

(1) 점화스위치 ON 후 초기화 모드시 3초간 점등된다.

(2) 자기진단 중 점등된다.

(3) 시스템 고장으로 인하여 ESC 기능이 금지될 때 점등된다.

(4) ESC 제어 작동 중 2Hz로 점멸된다.

4. ESC OFF등

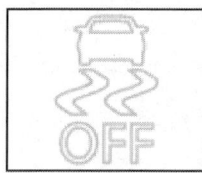

ESC OFF등은 ESC ON/OFF 스위치에 의한 ESC 기능 ON/OFF 상태를 표시한다.
ESC OFF등은 다음의 경우에 점등된다.

(1) 점화스위치 ON 후 초기화 모드시 3초간 점등된다.

(2) 운전자에 의해 ESC OFF 스위치가 입력될 때 점등된다.

5. ESC ON/OFF 스위치 (ESC 사양 적용시)
ESC ON/OFF 스위치는 운전자의 입력으로 ESC 기능을 ON/OFF 상태로 전환하는데 쓰인다.
ESC ON/OFF 스위치는 노말 오픈 순간 접점 스위치로 IGN에 접촉된다.

커넥터 및 단자 정보

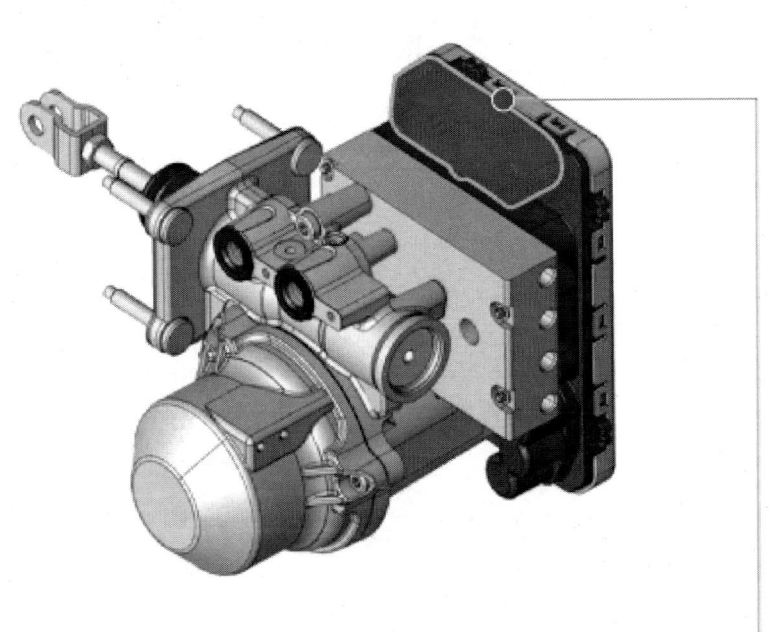

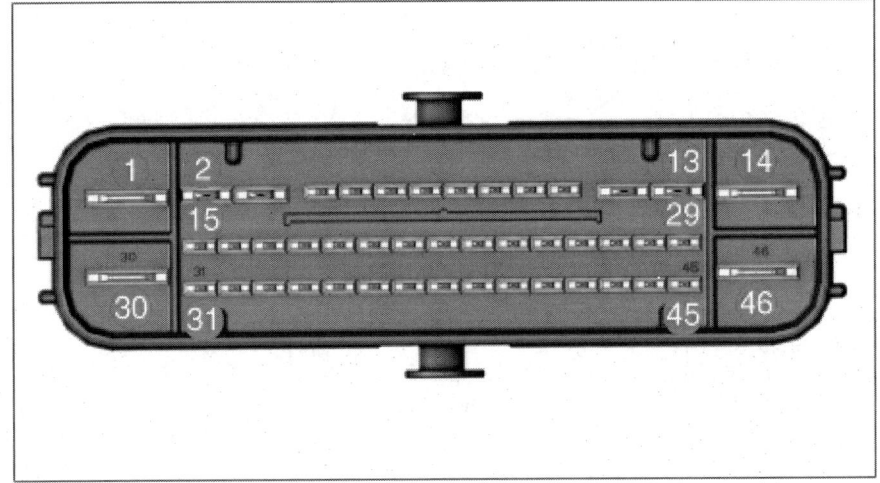

번호	설명	12V / 전류	허용 저항	비고
1	밸브A 배터리 전원	60 A	10 mΩ	
2	우측 뒤 EPB 모터 전원	30 A	10 mΩ	
3	우측 뒤 EPB 모터 접지	30 A	10 mΩ	
4	휠 속도 센서 전원 [우측 앞]	150 mA	250 mΩ	연선
5	휠 속도 센서 전원 [우측 뒤]	150 mA	250 mΩ	연선
6	EPB 스위치 신호 1 [작동]	20 mA	250 mΩ	
7	EPB 스위치 신호 2 [작동]	20 mA	250 mΩ	
8	EPB 스위치 신호 3 [해제]	20 mA	250 mΩ	
9	EPB 스위치 신호 4 [해제]	20 mA	250 mΩ	
10	휠 속도 센서 전원 [좌측 앞]	150 mA	250 mΩ	연선
11	휠 속도 센서 전원 [좌측 뒤]	150 mA	250 mΩ	연선
12	좌측 뒤 EPB 모터 접지	30 A	10 mΩ	
13	좌측 뒤 EPB 모터 전원	30 A	10 mΩ	

14	접지	60 A	10 mΩ	
15		nc		
16	nc			
17	휠 속도 센서 신호 [우측 앞]	150 mA	250 mΩ	연선
18	휠 속도 센서 신호 [우측 뒤]	150 mA	250 mΩ	연선
19	nc			
20	nc			
21	G-CAN_FD High 신호	100 mA	250 mΩ	연선
22	G-CAN_FD Low 신호	100 mA	250 mΩ	연선
23	휠 속도 출력 [우측 앞] 휠 속도 출력 [우측 뒤]	50 mA	250 mΩ	
24	nc			
25	C-CAN_FD High 신호	100 mA	250 mΩ	연선
26	C-CAN_FD Low 신호	100 mA	250 mΩ	연선
27	nc			
28	휠 속도 센서 신호 [좌측 앞]	150 mA	250 mΩ	연선
29	휠 속도 센서 신호 [좌측 뒤]	150 mA	250 mΩ	연선
30	밸브B 배터리 전원	60 A	10 mΩ	
31	페달 센서 전원 1	10 mA	250 mΩ	
32	페달 센서 신호 1	10 mA	250 mΩ	
33	페달 센서 접지 1	10 mA	250 mΩ	
34	페달 센서 접지 2	10 mA	250 mΩ	
35	페달 센서 신호 2	10 mA	250 mΩ	
36	페달 센서 전원 2	10 mA	250 mΩ	
37	nc			
38	브레이크 등 스위치 신호	1.2 mA	250 mΩ	
39	ESC ON/OFF 스위치 신호	1.2 mA	250 mΩ	
40	nc			
41	AVH ON/OFF 스위치 신호	1.2 mA	250 mΩ	
42	nc			
43	nc			
44	IGNITION	10 mA	50 mΩ	
45	도어 오픈 신호	5 mA	250 mΩ	
46	펌프 모터 접지	60 A	10 mΩ	

고장진단

1. 원칙적으로 ABS의 고장 시에는 ESC 및 TCS도 제어를 금지한다.
2. ESC 또는 TCS 고장 시에는 해당 시스템만 제어를 금지한다.
3. 다만, ESC 고장 시 솔레노이드 밸브 릴레이를 OFF 시켜야 하는 경우에는 ABS의 페일 세이프에 준한다.
4. ABS의 페일 세이프 사항은 ESC 미장착 시와 동일하다.

고장 코드의 기억

1. 백업 램프 전원이 연결되어 있는 동안은 기억을 유지한다.(O)
2. HECU 전원이 ON 기간에만 기억을 유지한다.(X)

고장 점검

1. 최초 점검은 HECU 전원이 ON된 직후 실행한다.
2. 밸브 릴레이의 점검은 IG1의 ON 직후에 실행한다.
3. IG1 전원이 ON 상태에서는 항시 실행한다.

고장 발생 시의 처리

1. 시스템을 DOWN하고 다음의 처리를 행한 후 HECU 전원 OFF까지 유지한다.
2. 밸브 릴레이는 OFF한다.
3. 제어 중에는 제어를 중단하고 정상 조건까지 모든 제어를 실행하지 않는다.

경고등 점등

1. ABS 고장 시에는 ABS 경고등을 점등한다.
2. TCS 고장 시에는 ESC(TCS) 작동등을 점등한다.
3. ESC 고장 시에는 ESC(TCS) 표시등을 점등한다.

전원 전압, 밸브 릴레이 전압 이상 시는 입출력 관계의 고장 판정을 행하지 않는다.

2023 > 160kW > 브레이크 시스템 > 차량 자세 제어 장치(ESC) > ESC OFF 스위치 > 1 Page Guide Manual

ESC OFF 스위치 탈장착

	작업	H/W	체결토크 (kgf.m)	SST/장비	케미컬	기타
• 탈거						
1	12V 배터리 (-) 터미널 분리 (차량 제어 시스템 - "보조 배터리 (12V)" 참조)	-	-	-	-	-
2	크래쉬 패드 로어 패널 탈거 (바디 (내장 / 외장 / 전장) - "크래쉬 패드 로어 패널" 참조)	-	-	-	-	-
3	ESC OFF 스위치 어셈블리 탈거	스크류	-	-	-	-
• 장착						
탈거의 역순으로 진행						매뉴얼 참고

2023 > 160kW > 브레이크 시스템 > 차량 자세 제어 장치(ESC) > ESC OFF 스위치 > 구성부품 및 부품위치

구성부품 및 부품위치

1. ESC OFF 스위치

개요

ESC OFF 스위치는 운전자가 임의로 ESC 제어를 금지할 때 작동시킨다.
ESC OFF 스위치 선택 시 ESC OFF 지시등이 계기판에 점등된다.

커넥터 및 단자 정보

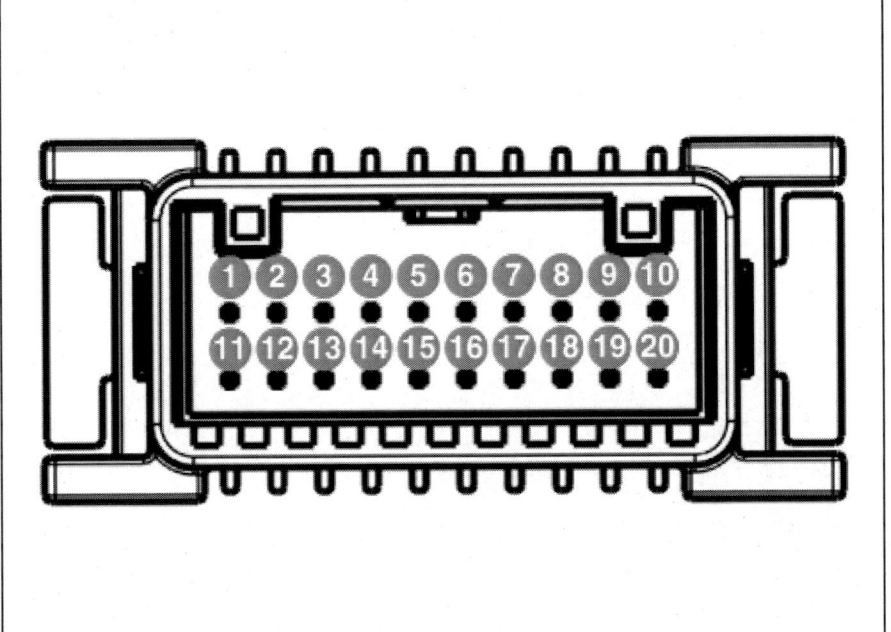

단자	기능	단자	기능
1	EPB 스위치 4	11	EPB 스위치 2
2	EPB 스위치 3	12	EPB 스위치 1
3	NC	13	조명(-)
4	레오스탯 UP	14	NC
5	레오스탯 DOWN	15	조명(+)
6	NC	16	트렁크 리드
7	헤드 램프 레벨링 디바이스 접지	17	연료 도어
8	접지	18	헤드 램프 레벨링 디바이스 신호
9	ESC OFF	19	NC
10	NC	20	IGN 1

탈거

1. 12V 배터리 (-) 터미널을 분리한다.
   (차량 제어 시스템 - "보조 배터리 (12V)" 참조)
2. 크래쉬 패드 로어 패널을 탈거한다.
   (바디 (내장 / 외장 / 전장) - "크래쉬 패드 로어 패널" 참조)
3. 스크류를 풀어 ESC OFF 스위치 어셈블리(A)를 탈거한다.

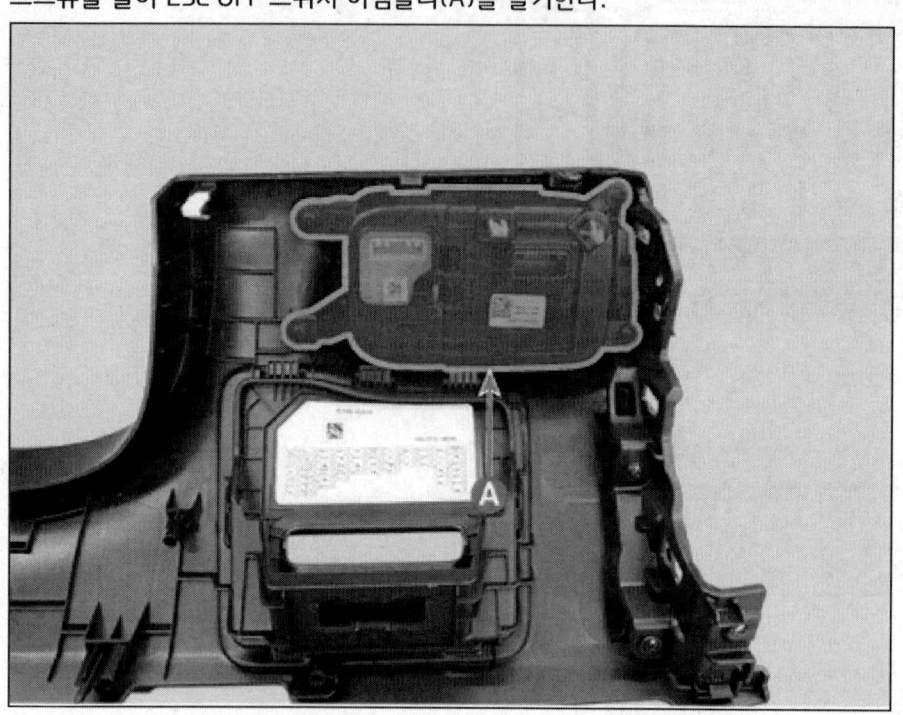

2023 > 160kW > 브레이크 시스템 > 차량 자세 제어 장치(ESC) > ESC OFF 스위치 > 장착

장착

1. 장착은 탈거의 역순으로 진행한다.

> **ℹ 참 고**
>
> - 커넥터를 확실히 조립한다.
> - 손상된 클립은 교환한다.

프런트 휠 속도 센서 탈장착

[2WD]

작업		H/W	체결토크 (kgf.m)	SST/장비	케미컬	기타
• 탈거						
1	12V 배터리 (-) 터미널 분리 (차량 제어 시스템 - "보조 배터리 (12V)" 참조)	-	-	-	-	-
2	프런트 휠 및 타이어 탈거 (서스펜션 시스템 - "휠" 참조)	-	-	-	-	-
3	프런트 휠 속도 센서 커넥터 분리	-	-	-	-	-
4	프런트 휠 속도 센서 라인 그로밋 탈거	-	-	-	-	-
5	프런트 휠 속도 센서 라인 브라켓 탈거	볼트	2.0 ~ 3.0	-	-	-
6	프런트 휠 속도 센서 라인 클립 분리	클립	-	-	-	-
7	커넥터를 분리하여 프런트 휠 속도 센서 탈거	-	-	-	-	-
• 교환						
1	프런트 허브 어셈블리 탈거 (드라이브 샤프트 및 액슬 - "프런트 허브 / 너클" 참조)	-	-	-	-	-
2	프런트 허브 어셈블리를 바이스에 고정	-	-	-	-	매뉴얼 참고
3	센서 캡의 방향을 확인	-	-	-	-	매뉴얼 참고
4	스크래퍼 또는 적절한 공구를 사용하여 센서 캡과 프런트 허브 어셈블리의 사이를 벌려 탈거	-	-	-	-	매뉴얼 참고
5	톤 휠 또는 엔코더의 변형 및 손상 여부 확인	-	-	-	-	매뉴얼 참고
6	탈거 전 확인한 센서 캡의 커넥터 방향과 동일한 방향으로 센서 캡을 가장착	-	-	-	-	매뉴얼 참고
7	특수공구(09527-AL500)에 핸들 (09231-93100)을 장착	-	-	09231-93100 09527-AL500	-	-
8	특수공구(09527-AL500, 09231-93100)를 사용하여 센서 캡을 장착	-	-	09231-93100 09527-AL500	-	매뉴얼 참고
9	프런트 허브 어셈블리를 장착 (드라이브 샤프트 및 액슬 - "프런트 허브 / 너클" 참조)	-	-	-	-	-
• 장착						
탈거의 역순으로 진행						-

[AWD]

작업		H/W	체결토크 (kgf.m)	SST/장비	케미컬	기타
• 탈거						
1	12V 배터리 (-) 터미널 분리 (차량 제어 시스템 - "보조 배터리	-	-	-	-	-

	(12V)" 참조)					
2	프런트 휠 및 타이어 탈거 (서스펜션 시스템 - "휠" 참조)	-	-	-	-	-
3	프런트 휠 속도 센서 커넥터 분리	볼트	0.9 ~ 1.4	-	-	-
4	프런트 휠 속도 센서 라인 그로밋 탈거	-	-	-	-	-
5	프런트 휠 속도 센서 라인 브라켓 탈거	볼트	2.0 ~ 3.0	-	-	-
6	프런트 휠 속도 센서 라인 클립 분리	클립	-	-	-	-
7	커넥터를 분리하여 프런트 휠 속도 센서 탈거	-	-	-	-	-

- 장착

탈거의 역순으로 진행	-

탈거 및 장착

1. 12V 배터리 (-) 터미널을 분리한다.
   (차량 제어 시스템 - "보조 배터리 (12V)" 참조)
2. 프런트 휠 및 타이어를 탈거한다.
   (서스펜션 시스템 - "휠" 참조)
3. 프런트 휠 속도 센서 커넥터를 분리한다.

   ### [2WD]
   (1) 프런트 휠 속도 센서 커넥터(A)를 분리한다.

   ### [AWD]
   (1) 볼트를 풀어 프런트 휠 속도 센서(A)를 분리한다.

   체결 토크 : 0.9 ~ 1.4 kgf.m

4. 프런트 휠 속도 센서 라인 그로밋(A)을 탈거한다.

5. 볼트를 풀어 프런트 휠 속도 센서 라인 브라켓(A)을 탈거한다.

체결 토크 : 2.0 ~ 3.0 kgf.m

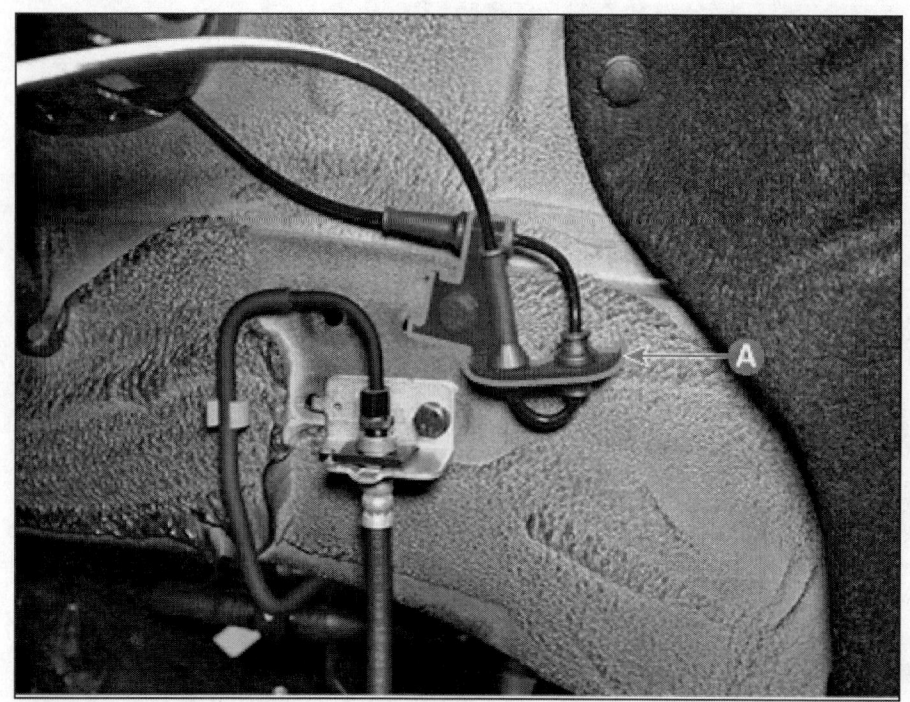

6. 프런트 휠 속도 센서 라인 클립(A)을 분리한다.

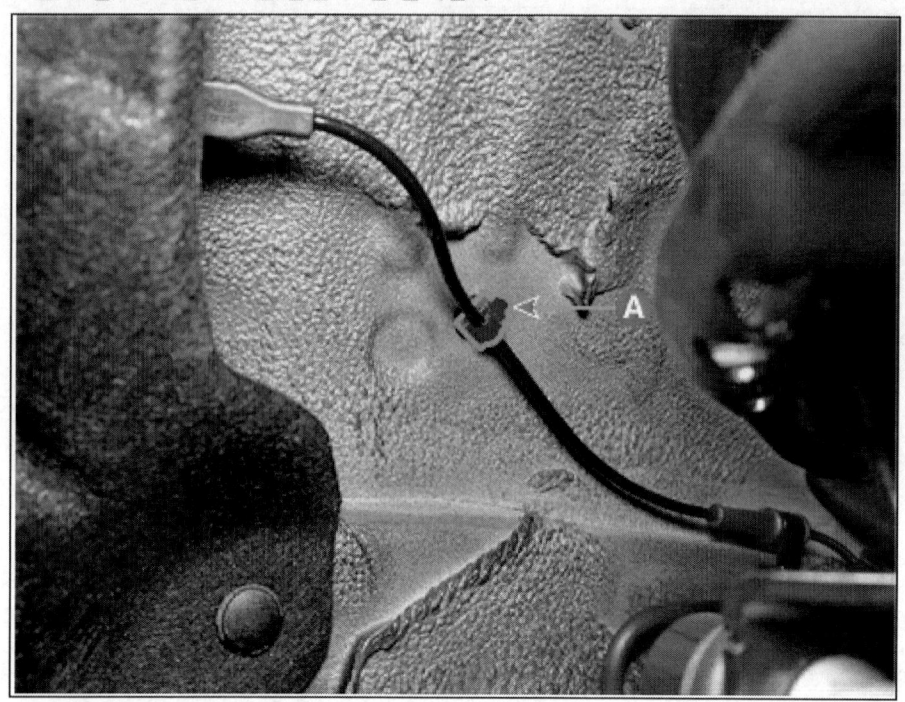

7. 커넥터(A)를 분리하여 프런트 휠 속도 센서를 탈거한다.

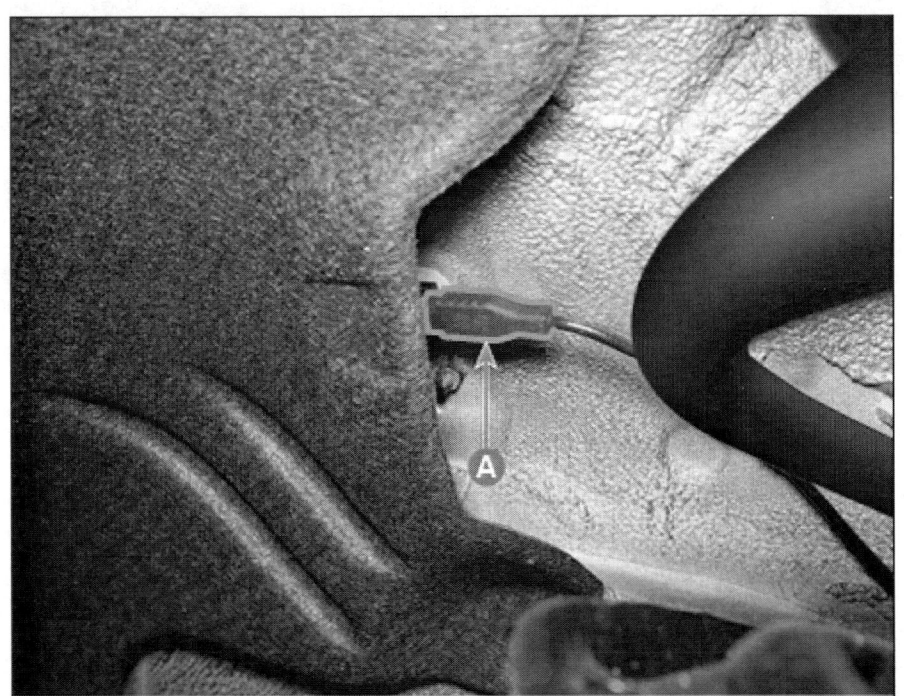

8. 장착은 탈거의 역순으로 진행한다.

교환

프런트 휠 속도 센서 캡 [2WD 사양 적용]

1. 프런트 허브 어셈블리를 탈거한다.
   (드라이브 샤프트 및 액슬 - "프런트 허브 / 너클" 참조)
2. 프런트 허브 어셈블리(A)를 바이스에 고정한다.

> **유 의**
>
> - 바이스에 고정 시 헝겊을 사용하여 허브 어셈블리가 손상되지 않도록 주의한다.
> - 바이스에 고정 시 과도한 힘을 가할 경우 허브 어셈블리가 손상될 수 있으므로 주의한다.

3. 센서 캡(A)의 방향을 확인한다.

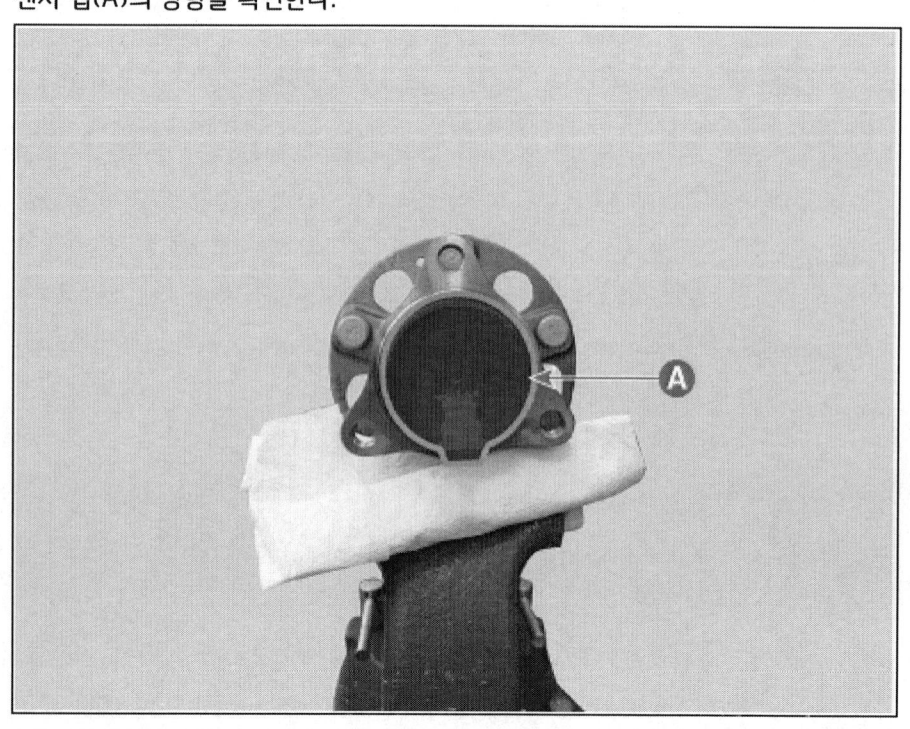

유 의

- 센서 캡 탈거 전 센서 캡의 커넥터 방향을 확인한다.

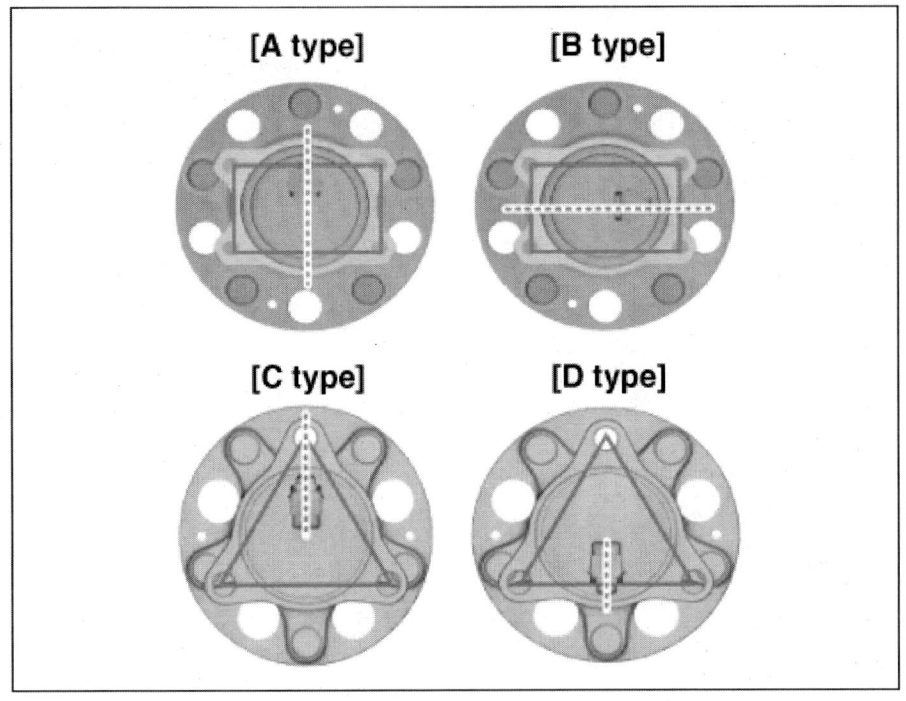

4. 스크래퍼(A) 또는 적절한 공구를 사용하여 센서 캡(B)과 프런트 허브 어셈블리의 사이를 벌려 탈거한다.

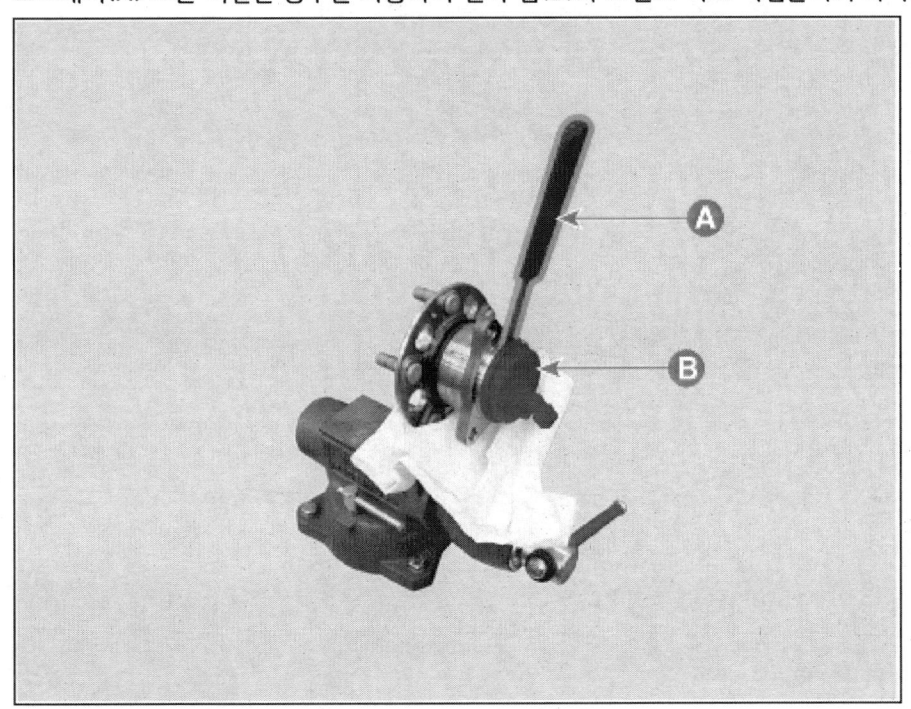

유 의

- 탈거를 위해 10 ~ 20회에 걸쳐 센서 캡 주변을 돌아가면서 사이를 벌린다.

- 센서 캡(A) 탈거 시, 톤 휠 또는 엔코더가 손상되지 않도록 수직 방향으로 탈거한다.

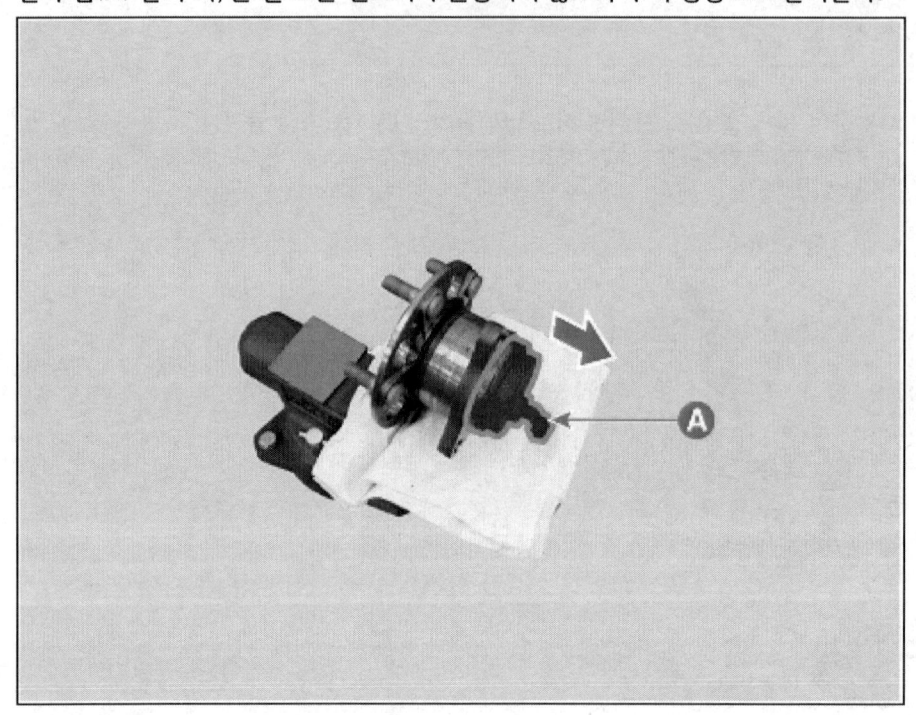

- 망치를 사용할 때 허브 어셈블리에 손상이 가지 않도록 주의한다.

5. 톤 휠 또는 엔코더(A)의 변형 및 손상 여부를 확인한다.

> **유 의**
> - 센서 캡 탈거 후 톤 휠 및 엔코더 손상 여부를 확인하고, 변형이 확인될 경우 허브 베어링을 교환한다.
> - 톤 휠이 변형된 경우 센서 에러에 의한 경고등 점등 등 문제가 발생할 수 있다.

6. 탈거 전 확인한 센서 캡의 커넥터 방향과 동일한 방향으로 센서 캡(A)을 가장착한다.

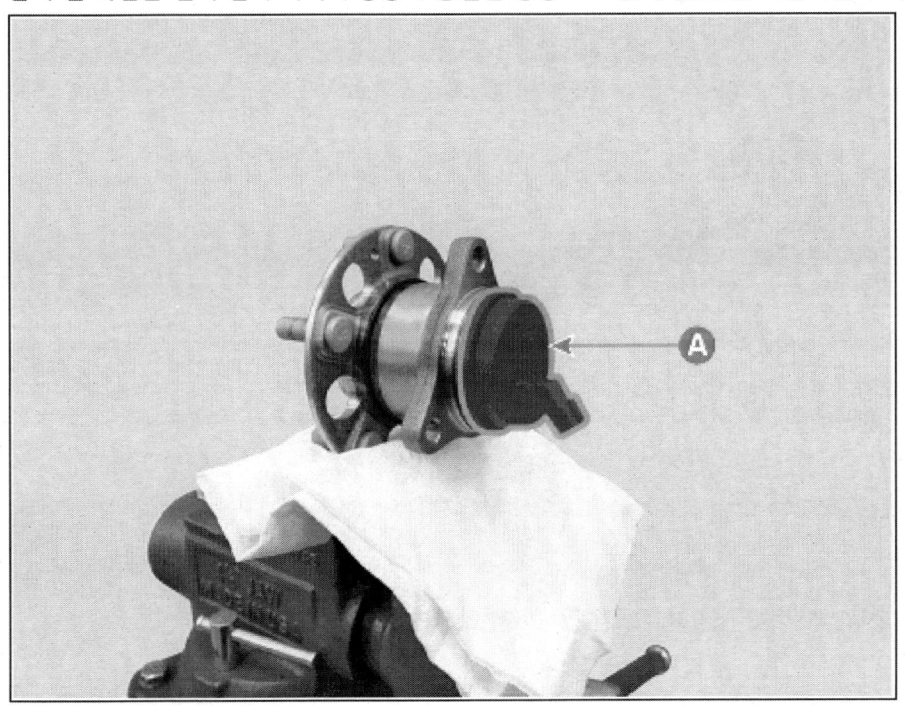

> **유 의**
> - 센서 캡 장착 전 허브 어셈블리 내부의 이물질 및 기타 오염물을 닦아낸다.

7. 특수공구(09527-AL500)에 핸들(09231-93100)을 장착한다.

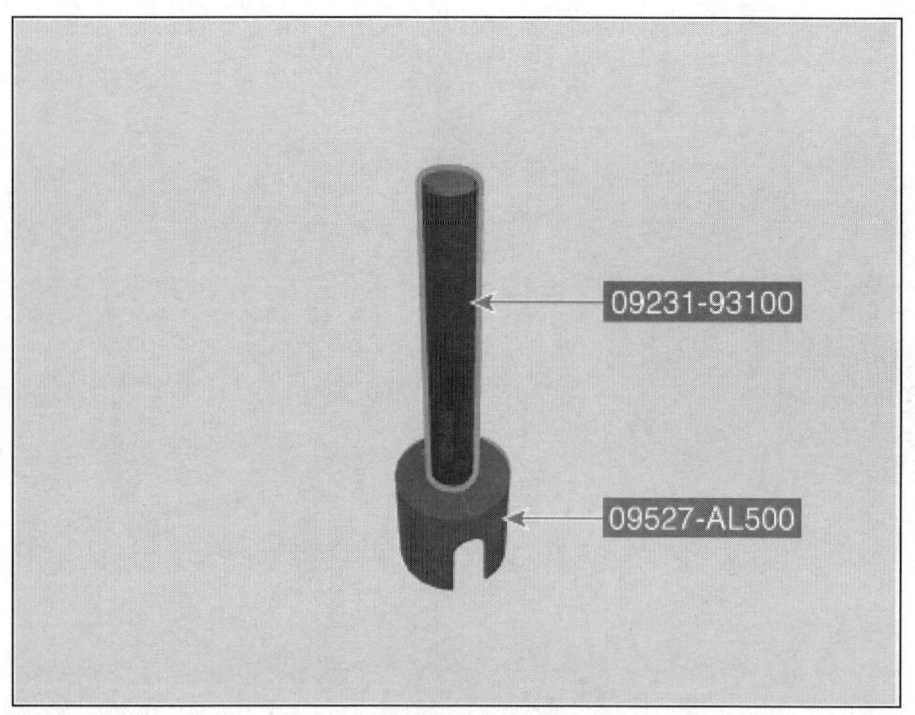

8. 특수공구(09527-AL500, 09231-93100)를 사용하여 센서 캡(A)을 장착한다.

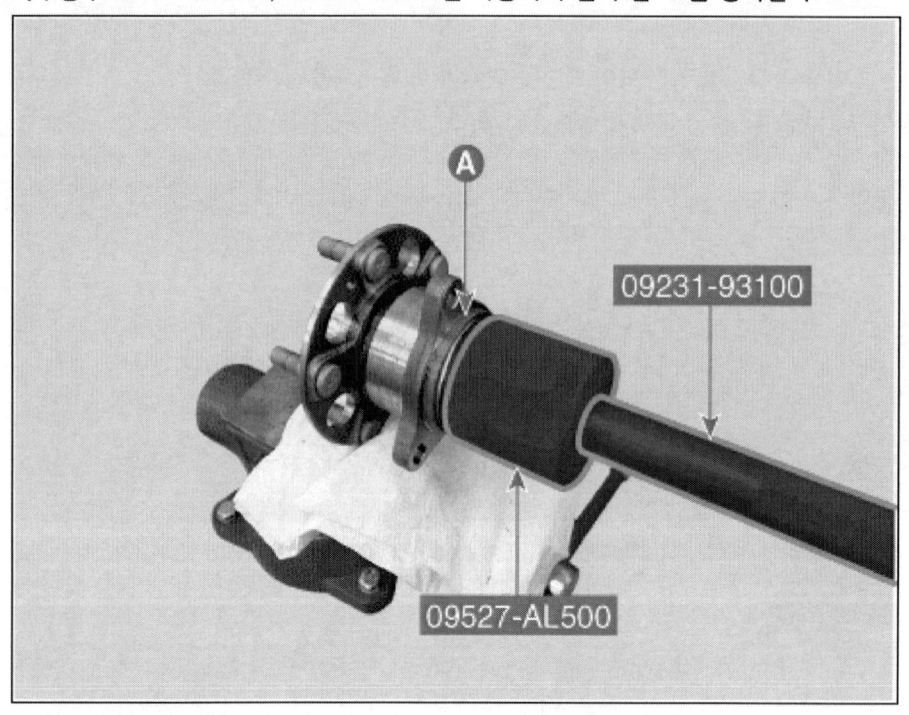

> 유 의
>
> - 특수공구(09527-AL500) 장착 시 센서 캡 커넥터 연결부(A)가 간섭되지 않도록 주의한다.

- 센서 캡이 기울인 상태로 장착할 경우 톤 휠 또는 엔코더가 손상될 수 있으므로 주의한다.

- 센서 캡과 프런트 허브 어셈블리 사이의 간격(A)이 없을 때까지 장착한다.

9. 프런트 허브 어셈블리를 장착한다.
   (드라이브 샤프트 및 액슬 - "프런트 허브 / 너클" 참조)

2023 > 160kW > 브레이크 시스템 > 차량 자세 제어 장치(ESC) > 프런트 휠 속도 센서 > 점검

점검

1. 휠을 서서히 회전시키면서 휠 속도 센서 시그널 단자와 접지 사이의 출력 전압을 오실로스코프와 같은 측정 장비로 측정한다.

> **유 의**
>
> • 출력 전압을 측정하기 전에 액티브 휠 속도 센서를 보호하기 위해 반드시 규정 저항(100Ω)을 그림과 같이 연결한다.

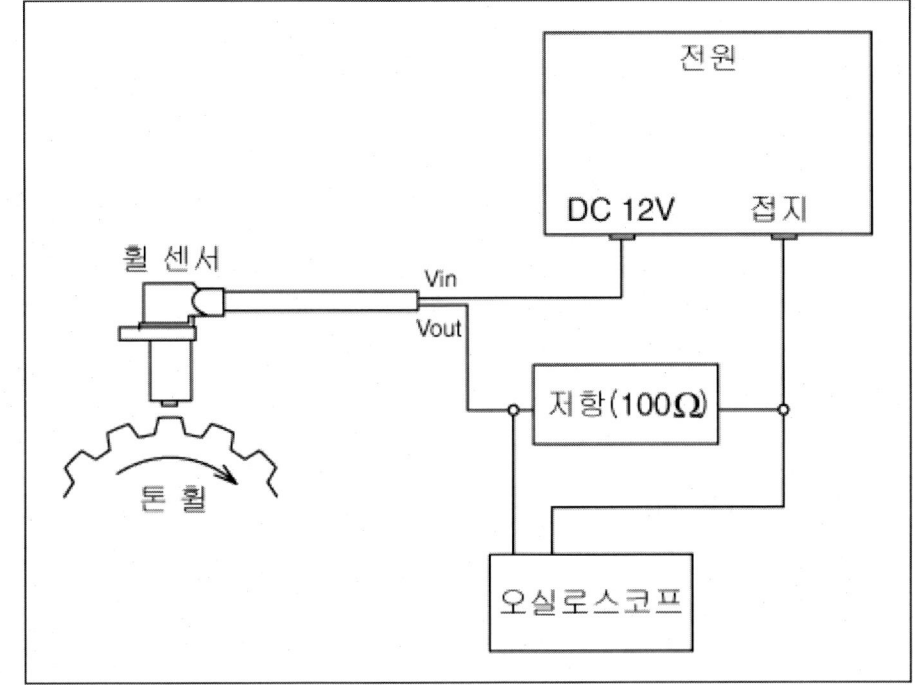

2. 휠 속도 센서 출력 파형이 아래 그림과 같이 정상적으로 출력되는지 점검한다.

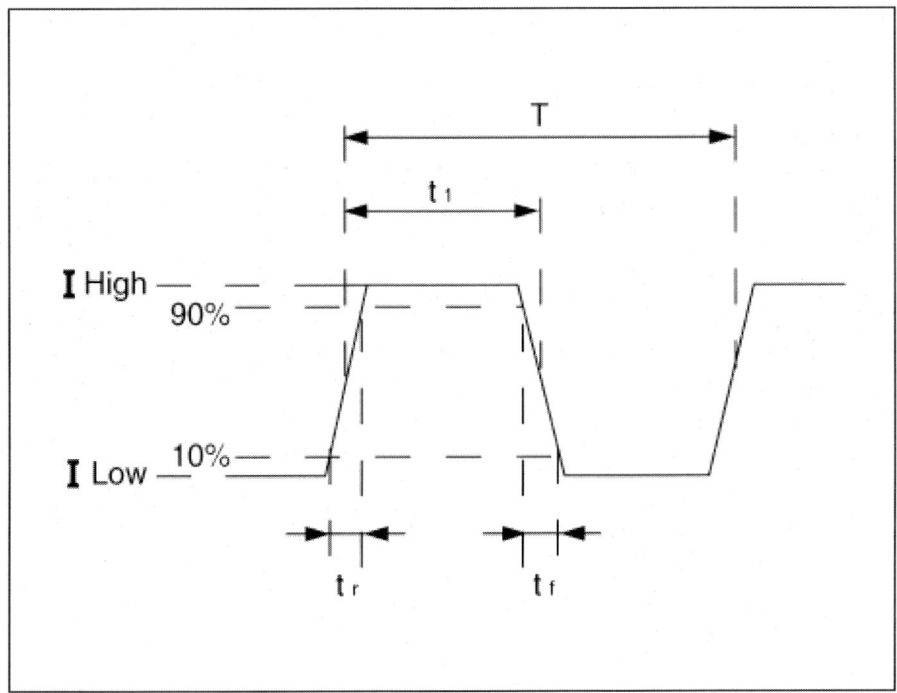

- I low : 5.95 ~ 8.05mA
- I middle : 11.9 ~ 16.1mA (RSPA)
- I high : 11.9 ~ 16.1mA (NON-RSPA), 23.8 ~ 32.2mA (RSPA)
- 작동 주파수 : 0.25 ~ 3,000 Hz (NON-RSPA), 0 ~ 3,000 Hz (RSPA)

리어 휠 속도 센서 탈장착

작업		H/W	체결토크 (kgf.m)	SST/장비	케미컬	기타
• 탈거						
1	12V 배터리 (-) 터미널 분리 (차량 제어 시스템 - "보조 배터리 (12V)" 참조)	-	-	-	-	-
2	리어 휠 및 타이어 탈거 (서스펜션 시스템 - "휠" 참조)	-	-	-	-	-
3	EPB 액추에이터 커넥터 분리	-	-	-	-	-
4	리어 휠 속도 센서 분리	볼트	0.9 ~ 1.4	-	-	-
5	리어 휠 속도 센서 라인 브라켓 탈거	볼트	2.0 ~ 3.0	-	-	-
6	커넥터를 분리하여 리어 휠 속도 센서 탈거	-	-	-	-	-
• 장착						
탈거의 역순으로 진행						-

탈거 및 장착

1. 12V 배터리 (-) 터미널을 분리한다.
   (차량 제어 시스템 - "보조 배터리 (12V)" 참조)
2. 리어 휠 및 타이어를 탈거한다.
   (서스펜션 시스템 - "휠" 참조)
3. EPB 액추에이터 커넥터(A)를 분리한다.

4. 볼트를 풀어 리어 휠 속도 센서(A)를 분리한다.

체결 토크 : 0.9 ~ 1.4 kgf.m

5. 볼트를 풀어 리어 휠 속도 센서 라인 브라켓(A), (B)을 탈거한다.

체결 토크 : 2.0 ~ 3.0 kgf.m

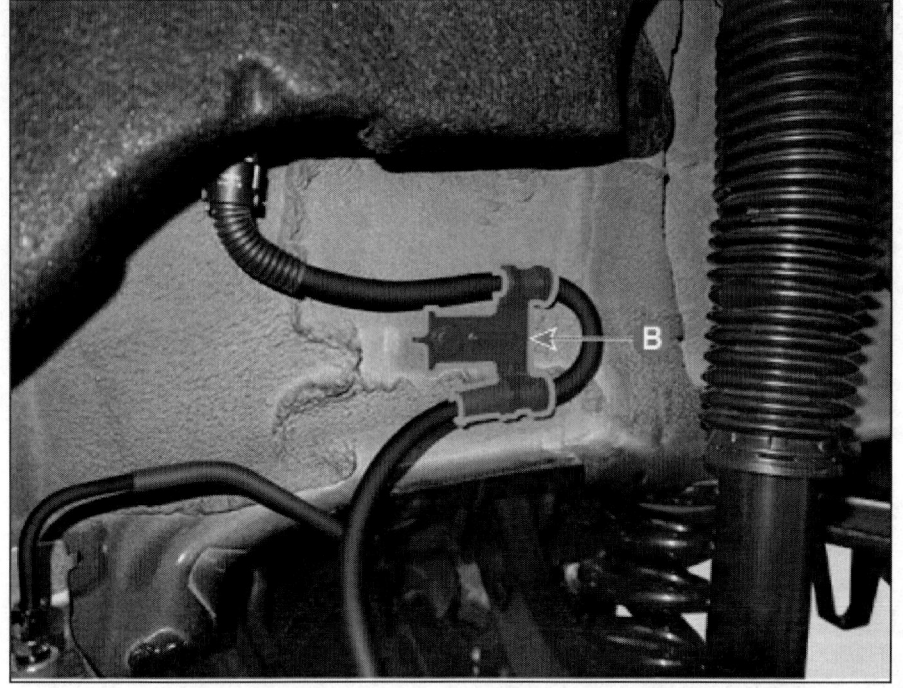

6. 커넥터(A)를 분리하여 리어 휠 속도 센서를 탈거한다.

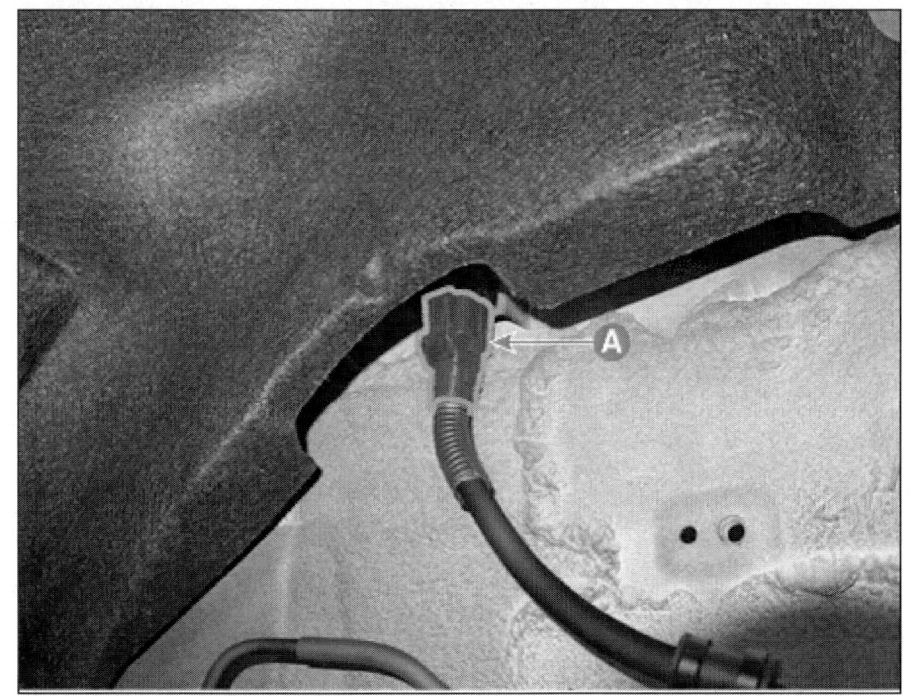

7. 장착은 탈거의 역순으로 진행한다.

점검

1. 휠을 서서히 회전시키면서 휠 속도 센서 시그널 단자와 접지 사이의 출력 전압을 오실로스코프와 같은 측정 장비로 측정한다.

> **유 의**
>
> - 출력 전압을 측정하기 전에 액티브 휠 속도 센서를 보호하기 위해 반드시 규정 저항(100Ω)을 그림과 같이 연결한다.

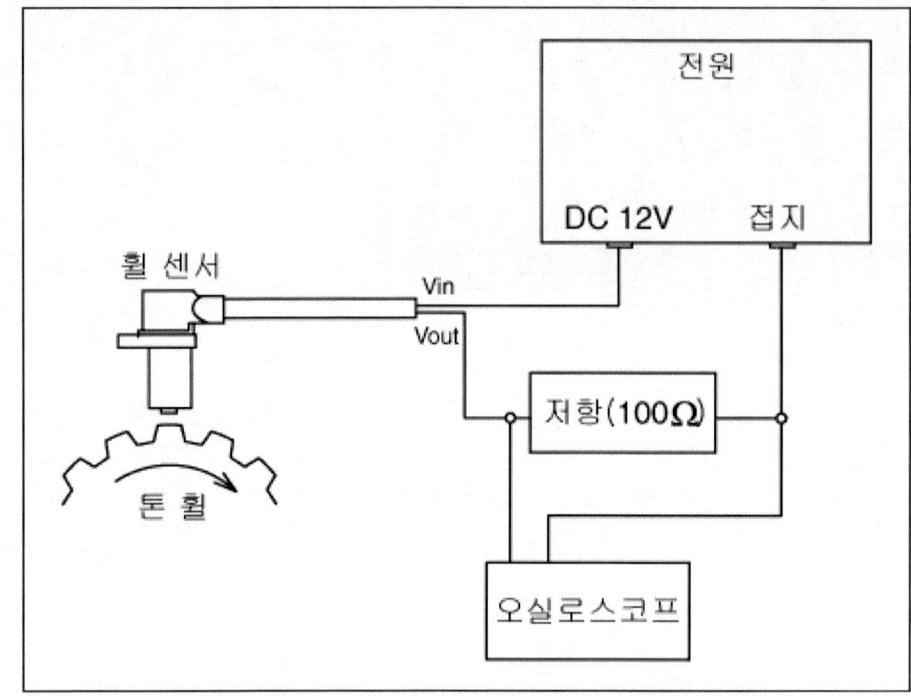

2. 휠 속도 센서 출력 파형이 아래 그림과 같이 정상적으로 출력되는지 점검한다.

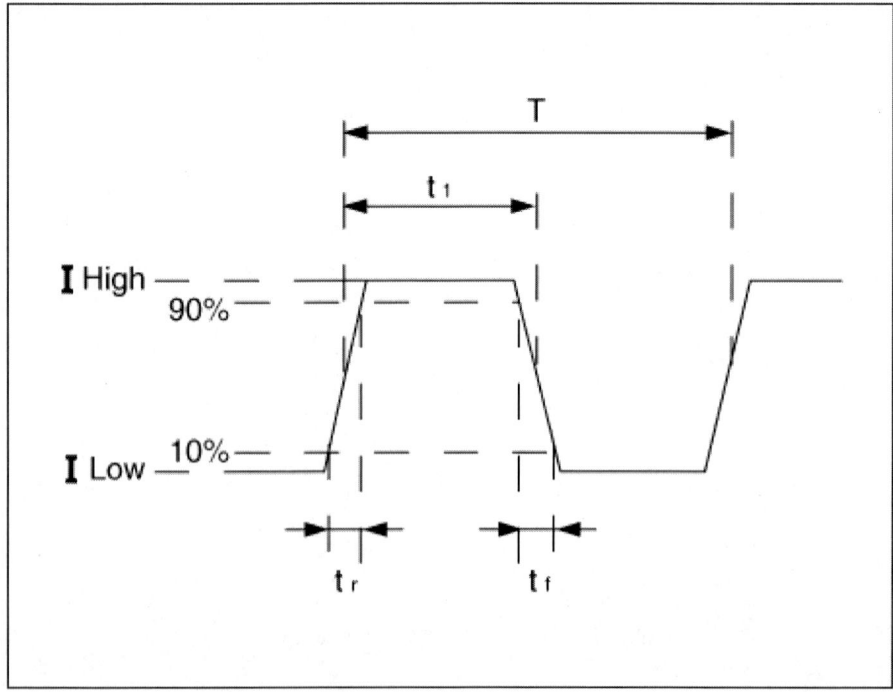

- $I\ low$: 5.95 ~ 8.05mA
- $I\ high$: 11.9 ~ 16.1mA
- 작동 주파수 : 0.25 ~ 3,000 Hz

개요

급제동 경보 시스템(ESS) 개요
- 운전자의 조작에 의한 급제동 발생 시 제동등 또는 방향 지시등을 점멸하여 후방 차량에 위험 경보한다.

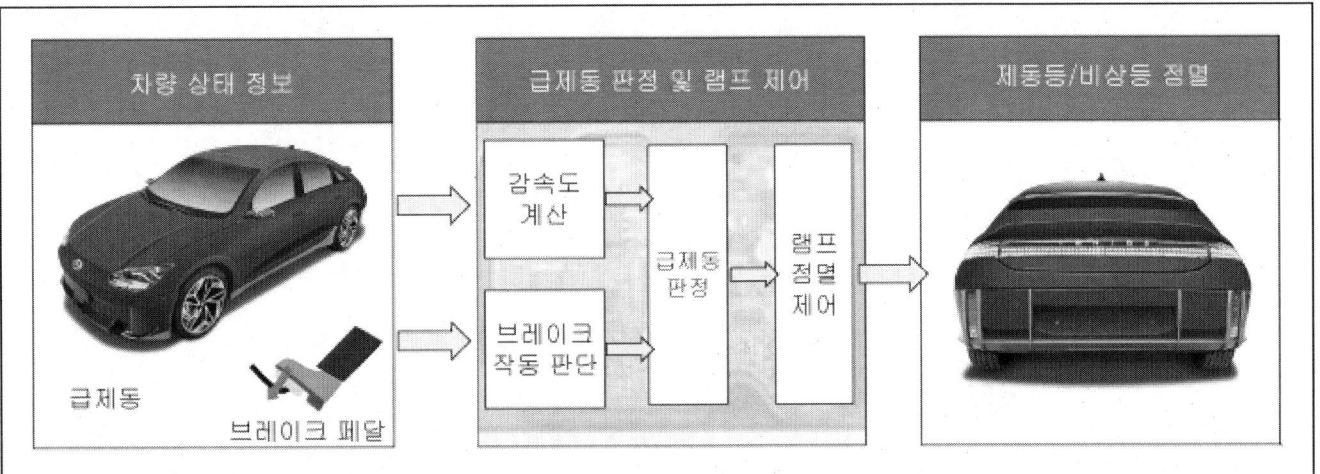

1. 기본 기능 (제동등 점멸)
   - 작동 조건 : 일정 속도 이상에서 급제동하거나 ABS가 작동될 경우
   - 해제 조건 : 급제동 종료 또는 ABS 작동 해제 시
2. 부가 기능 (비상등 점멸)
   - 작동 조건 : 기본 기능 작동 후 ESS 해제 시
   - 해제 조건 : 차량 주행 출발 시 해제

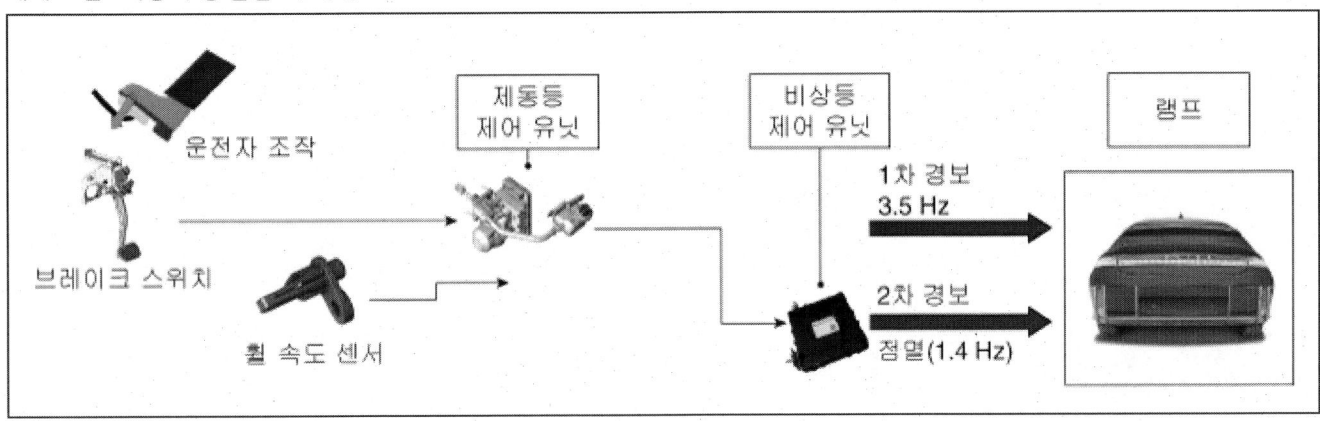

시스템 구성

제동등
(기본 기능)
방향지시등
(부가기능)
C-CAN
(차량)
IEB
차량 정보
- 브레이크 스위치
게이트웨이
(클러스터)
ABS/ESC
- 감속도 계산
- ESS 제어
B-CAN
(차량)
비상등 제어기
(IBU/ICU)
- 방향지시등 제어
휠 속도 센서
참고
※ IBU : 통합 바디 제어 유닛
ICU : 통합 중앙 컨트롤 유닛
비상등 스위치

ESS 구성 회로

BLS
B+
IGN
BS
통합 중앙 컨트롤 유닛(ICU)
램프 제어
정지등
보조 정지등 포함
*ESS 제어
비활성화
활성화
시스템 실패
"ON/OFF"
signal
ABS
ESC
게이트 웨이
비상등 스위치
: C-CAN
: B-CAN
: 배선

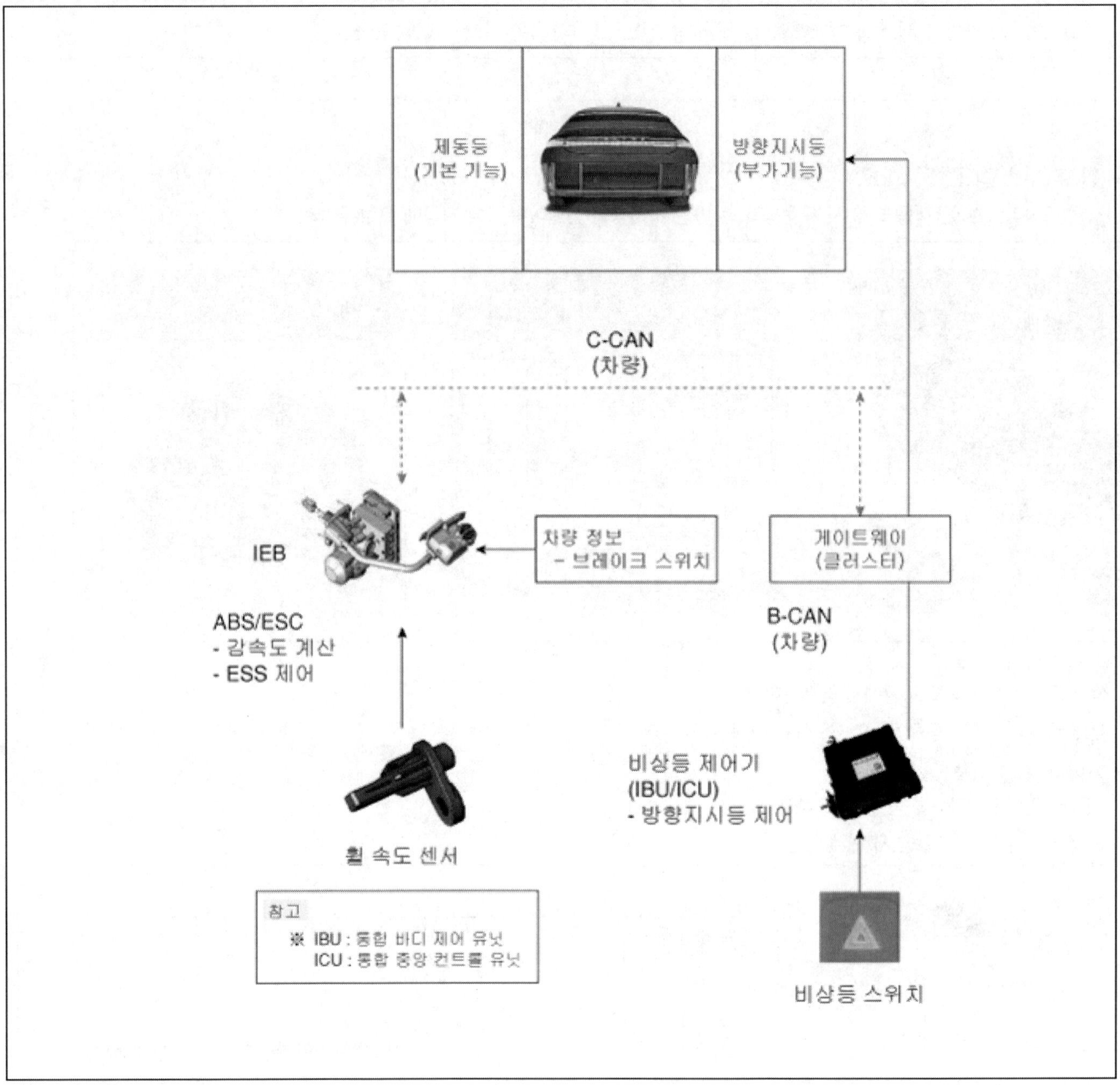

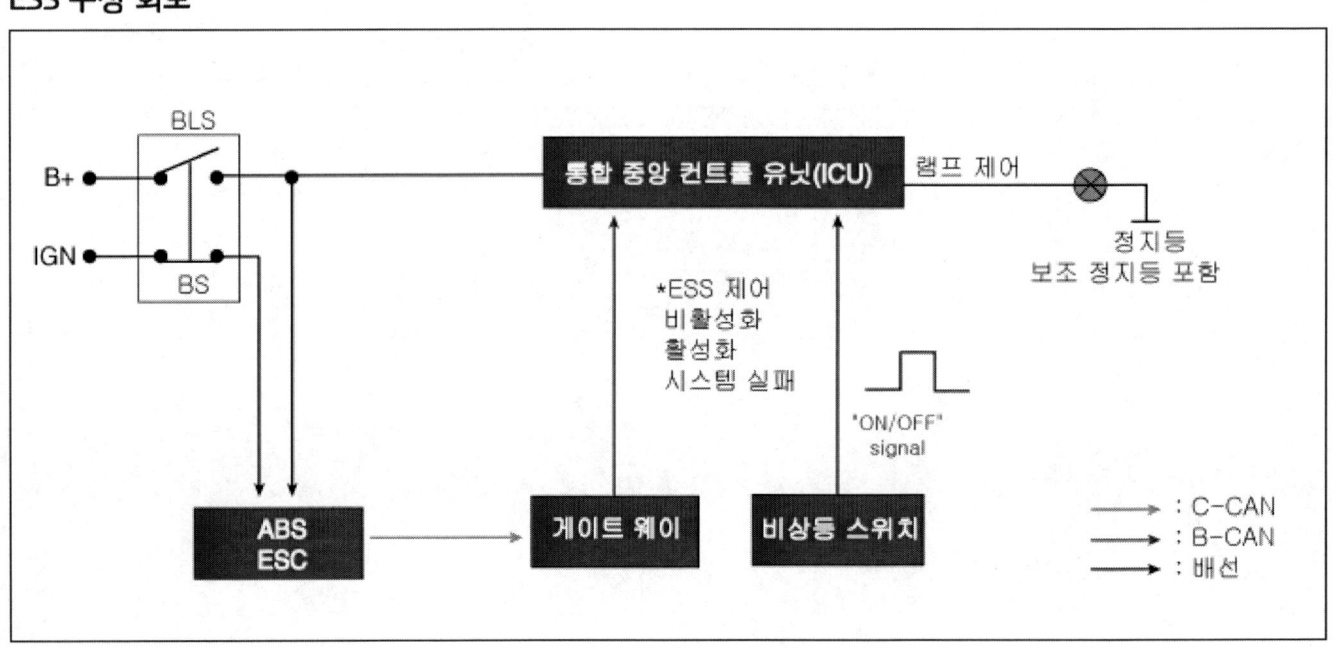

드라이브 샤프트 및 액슬

- 서비스 정보 ·· 248
- 체결토크 ·· 249
- 윤활유 ··· 250
- 특수공구 ·· 251
- 고장진단 ·· 253
- 프런트 액슬 어셈블리 ································· 254
- 프런트 드라이브 샤프트 어셈블리 ··············· 274
- 리어 드라이브 샤프트 & 액슬 어셈블리 ········ 308

서비스 정보

항 목		내측	외측
프런트 드라이브 샤프트	조인트 형식	CWTJ#24	BJ#24
	최대 허용각	26°	46.5°
리어 드라이브 샤프트	조인트 형식	HCG#25	
	최대 허용각	20°	

2023 > 160kW > 드라이브 샤프트 및 액슬 > 체결토크

체결 토크

항목		체결 토크 (kgf.m)
프런트	타이어 휠 허브 너트	11.0 ~ 13.0
	휠 스피드 센서 장착 볼트	0.9 ~ 1.4
	드라이브 샤프트 코킹 너트	30.0 ~ 32.0
	브레이크 디스크 장착 볼트	0.5 ~ 0.6
	허브 어셈블리 장착 볼트	13.0 ~ 15.0
	로어 암 볼 조인트 장착 볼트	10.0 ~ 12.0
	타이로드 엔드 볼 조인트 너트	10.0 ~ 12.0
	스트럿 어셈블리와 너클	7.5 ~ 8.5 kgf.m + 85 ~ 95°
리어	타이어 휠 허브 너트	11.0 ~ 13.0
	휠 스피드 센서 장착 볼트	0.9 ~ 1.4
	브레이크 디스크 장착 볼트	0.5 ~ 0.6
	허브 어셈블리 장착 볼트	13.0 ~ 15.0
	리어 어퍼 암 프런트와 리어 캐리어	16.0 ~ 18.0
	리어 어퍼 암 리어 와 리어 캐리어	16.0 ~ 18.0
	로어 암과 리어 캐리어	18.0 ~ 20.0
	어시스트 암과 리어 캐리어	12.0 ~ 14.0
	트레일링 암 장착 볼트	12.0 ~ 14.0

윤활유

항목		LH		RH	
		내측	외측	내측	외측
프런트 드라이브 샤프트	윤활유	CW-13TJ	RBA	CW-13TJ	RBA
	용량(g)	180 - 190	80 - 90	180 - 190	80 - 90
리어 드라이브 샤프트	윤활유	RCA		RCA	
	용량(g)	60 - 70		60 - 70	

2023 > 160kW > 드라이브 샤프트 및 액슬 > 특수공구

특수공구

공구 (품번 및 품명)	형상	용도
09568-2J100 볼 조인트 풀러		타이 로드 엔드 볼 조인트 분리
09568-4R100 로어 암 볼 조인트 리무버		로어 암 볼 조인트 분리
0K495-C5000 밴드 인스톨러		이어 타입 부트 밴드 장착
09495-39100 밴드 인스톨러		후크 타입 부트 밴드 장착
0K495-2W000 밴드 리무버, 인스톨러		후크 타입 [로우 프로파일] 부트 밴드 탈거 및 장착

| 09495-GI100
밴드 인스톨러 | 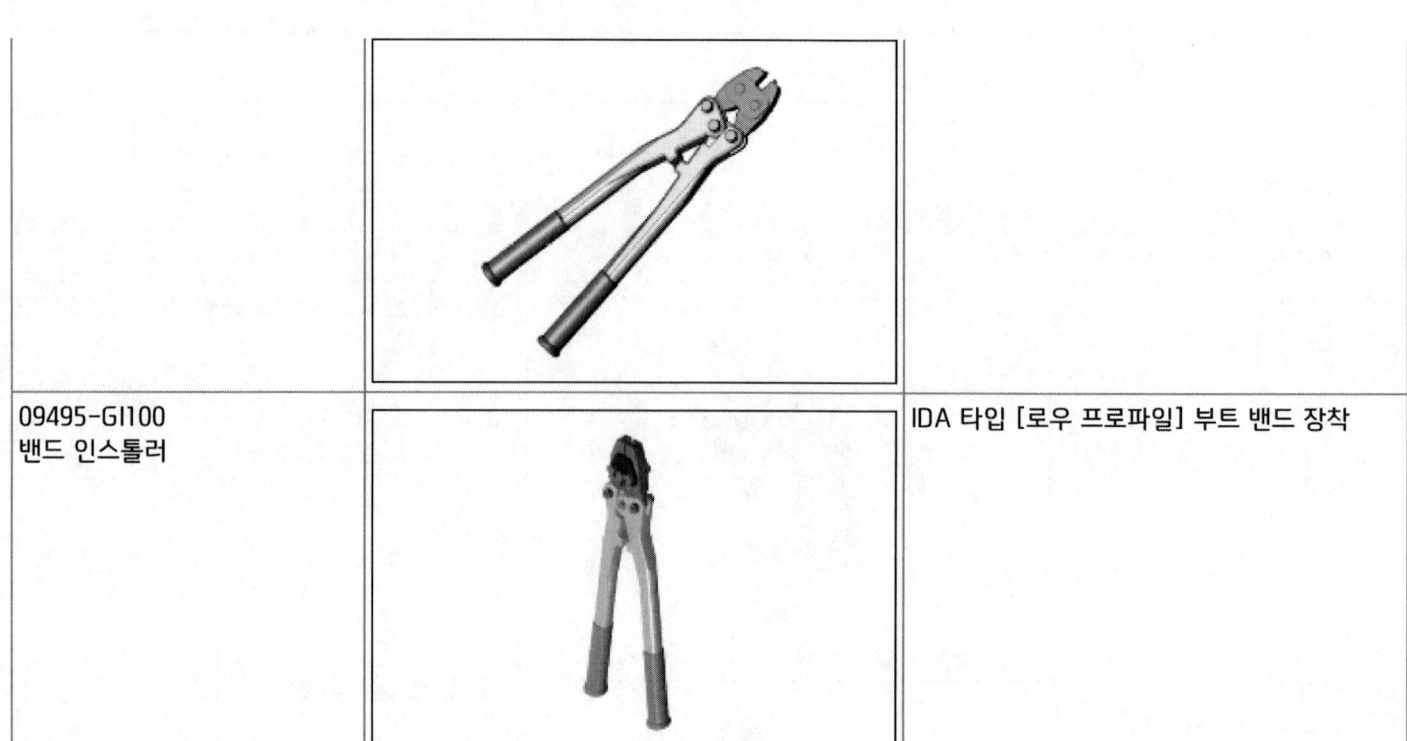 | IDA 타입 [로우 프로파일] 부트 밴드 장착 |

고장진단

현상	예상 원인	정비	차종별 해당 여부	
			2WD	4WD
차량이 한쪽으로 쏠림	프런트 서스펜션과 스티어링의 결함	조정 또는 교환	●	●
	휠 베어링 소착	교환	●	●
	타이어 편마모	휠 얼라인먼트 조정	●	●
진동	드라이브 샤프트의 과다 마모, 유격, 손상 혹은 휘어짐	교환 (A/S용 키트 사용 파셜 수리)	X	●
	휠 베어링 유격	교환	●	●
떨림	부적절한 휠 밸런스	조정 또는 교환	●	●
	프런트 서스펜션과 스티어링의 결함	조정 또는 교환	●	●
소음	드라이브 샤프트의 과다 마모, 손상 혹은 휘어짐	교환 (A/S용 키트 사용 파셜 수리)	X	●
	전 후진 혹은 선회 시 드라이브 샤프트와 허브 접촉면 소음 (뚝, 딱, 띠딕, 띡)	허브 너트 체결 조정 또는 이너 와셔 교환	X	●
	선회 시 드라이브 샤프트 내부 소음 (다라락, 딱딱 딱)	교환 (A/S용 키트 사용 파셜 수리)	X	●
	드라이브 샤프트 부트 마찰 소음 (찌지직, 찍찍)	세척 및 불소 윤활제 도포	X	●
	허브 너트의 느슨해짐	재 체결 또는 교환	X	●
	프런트 서스펜션과 스티어링의 결함	조정 또는 교환	●	●
	디스크 체결 볼트 느슨해짐	조정	●	●
	주행 중 휠 베어링 소음 (웅, 윙)	교환	●	●
	휠 베어링 유격, 플랜지면 (디스크 접촉면) 열화	교환	●	●
누유	드라이브 샤프트 부트 그리스 누유	교환 (A/S용 키트 사용 파셜 수리)	X	●
발청	비도장부 부식 (기능상 문제 없음)	정상으로 고객 설명	●	●
ABS 경고등 점등	휠 베어링 센서 및 센서 케이블 체결 헐거움	조정	●	●
	휠 베어링 센서 체결부 (커넥터) 이물	청소	●	●
	통신 오류 (진단 기기 진단 및 고장 코드 삭제)	조정	●	●
기능통합형 드라이브 액슬 (IDA) 소음/진동/누유	IDA 현상(유형별) 고장 진단 및 조치 방법 참조 (기능통합형 드라이브 액슬 (IDA) - "고장진단" 참조)	←	●	●

프런트 액슬 어셈블리 탈장착

[2WD]

	작업	H/W	체결토크 (kgf.m)	SST/장비	케미컬	기타
• 탈거						
1	12V 배터리 (-) 터미널 분리 (차량 제어 시스템 - "보조 배터리 (12V)" 참조)	-	-	-	-	-
2	프런트 휠 및 타이어 탈거 (서스펜션 시스템 - "휠" 참조)	-	-	-	-	-
3	볼트를 풀어 프런트 브레이크 캘리퍼 탈거	볼트	10.0 ~ 12.0	-	-	매뉴얼 참고
4	스크류를 풀어 프런트 브레이크 디스크 탈거	스크류	0.5 ~ 0.6	-	-	-
5	볼트를 풀어 더스트 커버 탈거	볼트	0.7 ~ 1.1	-	-	-
6	프런트 휠 속도 센서 분리	-	-	-	-	-
7	분할 핀 및 너트 탈거	너트	10.0 ~ 12.0	-	-	-
8	특수공구(09568-2J100)를 사용하여 타이 로드 엔드 볼 조인트 탈거	-	-	09568-2J100	-	매뉴얼 참고
9	분할 핀 탈거	-	-	-	-	-
10	볼트 및 너트 탈거	볼트/너트	10.0 ~ 12.0	-	-	-
11	특수공구(09568-4R100)를 사용하여 프런트 액슬에서 프런트 로어 암 탈거	-	-	09568-4R100	-	매뉴얼 참고
12	프런트 스트럿 하부 볼트 및 너트를 풀어 프런트 너클 탈거	볼트/너트	7.5 ~ 8.5 + 85 ~ 95°	-	-	-
13	볼트를 풀어 너클에서 허브 베어링 어셈블리 탈거	볼트	13.0 ~ 15.0	-	-	-
• 장착						
탈거의 역순으로 진행						-
• 부가기능						
• 휠 얼라인먼트 - 액슬 측 암류 탈거 시, 휠 얼라인먼트 조정 진행						

[AWD]

	작업	H/W	체결토크 (kgf.m)	SST/장비	케미컬	기타
• 탈거						
1	12V 배터리 (-) 터미널 분리 (차량 제어 시스템 - "보조 배터리 (12V)" 참조)	-	-	-	-	-
2	프런트 휠 및 타이어 탈거 (서스펜션 시스템 - "휠" 참조)	-	-	-	-	-
3	볼트를 풀어 프런트 브레이크 캘리퍼 탈거	볼트	10.0 ~ 12.0	-	-	매뉴얼 참고

4	스크류를 풀어 프런트 브레이크 디스크 탈거	스크류	0.5 ~ 0.6	-	-	-
6	볼트를 풀어 프런트 휠 속도 센서 탈거	볼트	0.9 ~ 1.4	-	-	-
7	치즐을 사용해 망치로 두드려 드라이브 샤프트 코킹 너트의 코킹 해제	-	-	-	-	매뉴얼 참고
8	코킹 너트를 풀어 플라스틱 망치를 사용하여 허브 어셈블리에서 드라이브 샤프트 분리	너트	30.0 ~ 32.0	-	-	매뉴얼 참고
9	볼트를 풀어 더스트 커버 탈거	볼트	0.7 ~ 1.1	-	-	-
10	분할 핀 및 너트 탈거	너트	10.0 ~ 12.0	-	-	-
11	특수공구(09568-2J100)를 사용하여 타이 로드 엔드 볼 조인트 탈거	-	-	09568-2J100	-	매뉴얼 참고
12	분할 핀 탈거	-	-	-	-	-
13	볼트 및 너트 탈거	볼트/너트	10.0 ~ 12.0	-	-	-
14	특수공구(09568-4R100)를 사용하여 프런트 액슬에서 프런트 로어 암 탈거	-	-	09568-4R100	-	매뉴얼 참고
15	프런트 스트럿 하부 볼트 및 너트를 풀어 프런트 너클 탈거	볼트/너트	7.5 ~ 8.5 + 85 ~ 95°	-	-	-
16	볼트를 풀어 너클에서 허브 베어링 어셈블리 탈거	볼트	13.0 ~ 15.0	-	-	-

- 장착

탈거의 역순으로 진행	-

- 부가기능

- 휠 얼라인먼트
  - 액슬 측 암류 탈거 시, 휠 얼라인먼트 조정 진행

구성부품

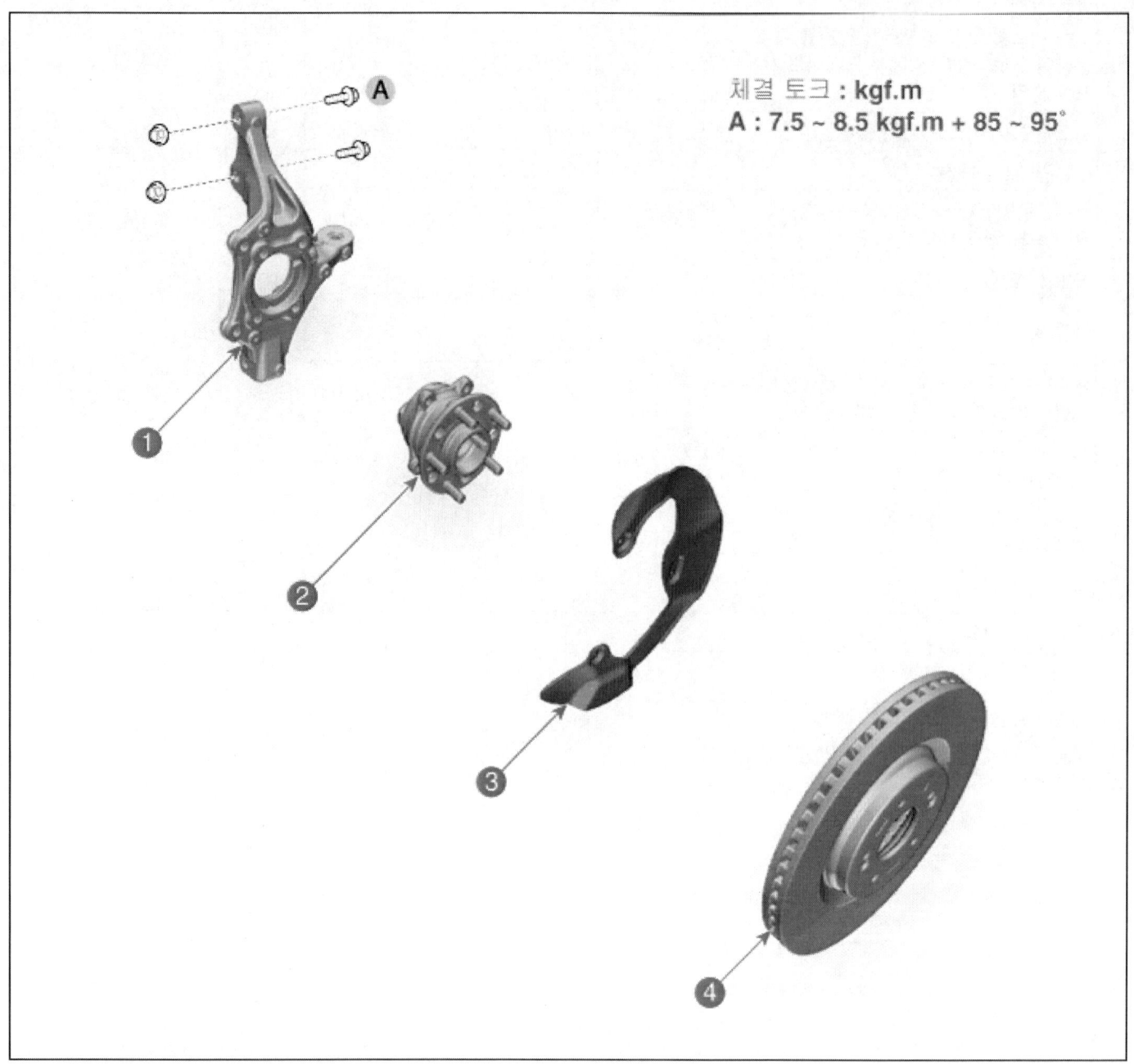

체결 토크 : kgf.m
A : 7.5 ~ 8.5 kgf.m + 85 ~ 95°

1. 프런트 너클	3. 더스트 커버
2. 프런트 허브 베어링 어셈블리	4. 브레이크 디스크

탈거

[2WD]

1. 12V 배터리 (-) 터미널을 분리한다.
   (차량 제어 시스템 - "보조 배터리 (12V)" 참조)
2. 프런트 휠 너트를 느슨하게 푼다. 차량을 리프트를 사용하여 들어 올린 후 안전을 확인한다.

> ⚠ 주 의
>
> - 리프트를 사용하여 차량을 들어 올릴 경우에는 차량의 하부 부품(플로어 언더 커버, 배터리)에 손상이 없도록 주의한다.
>   (일반 사항 - "리프트 포인트" 참조)

3. 프런트 휠 및 타이어를 탈거한다.
   (서스펜션 시스템 - "휠" 참조)
4. 볼트를 풀어 프런트 브레이크 캘리퍼(A)를 탈거한다.

체결 토크 : 10.0 ~ 12.0 kgf.m

> 유 의
>
> - 탈거한 브레이크 캘리퍼(A)는 케이블 타이 등을 이용하여 고정한다.

- 캘리퍼 장착 볼트는 재사용하지 않는다.

5. 스크류를 풀어 프런트 브레이크 디스크(A)를 탈거한다.

체결 토크 : 0.5 ~ 0.6 kgf.m

6. 볼트를 풀어 더스트 커버(A)를 탈거한다.

체결 토크 : 0.7 ~ 1.1 kgf.m

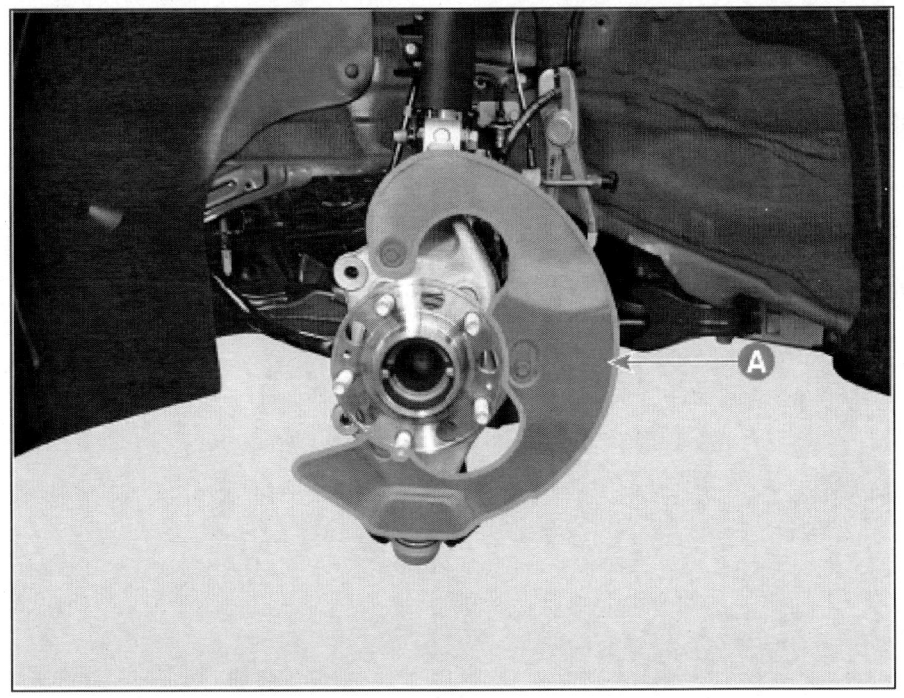

7. 프런트 휠 속도 센서(A)를 분리한다.

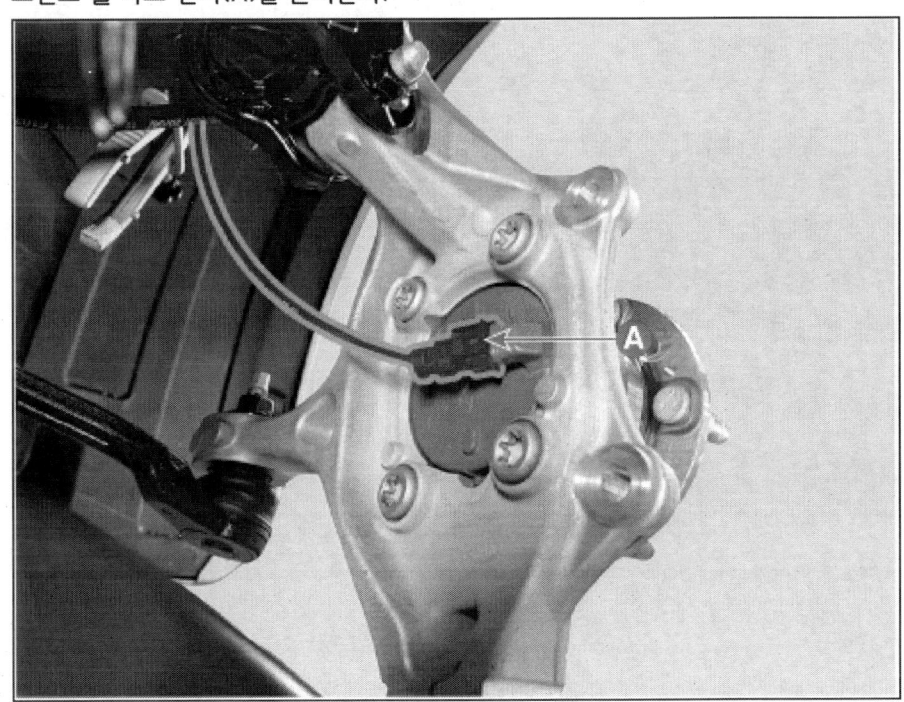

8. 분할 핀 및 너트(A)를 탈거한다.

체결 토크 : 10.0 ~ 12.0 kgf.m

9. 특수공구(09568-2J100)를 사용하여 타이 로드 엔드 볼 조인트를 탈거한다.

10. 분할 핀을 탈거한다.
11. 볼트 및 너트(A)를 탈거한다.

체결 토크 : 10.0 ~ 12.0 kgf.m

12. 특수공구(09568-4R100)를 사용하여 프런트 액슬에서 프런트 로어 암을 탈거한다.
    (1) 로어 암 체결 볼트 구멍에 서포트 볼트(A)를 장착한다.
    (2) 프런트 액슬에 서포트 바디(B)를 장착한다
    (3) 볼트(C)를 조여 프런트 액슬 사이를 이격시킨다.

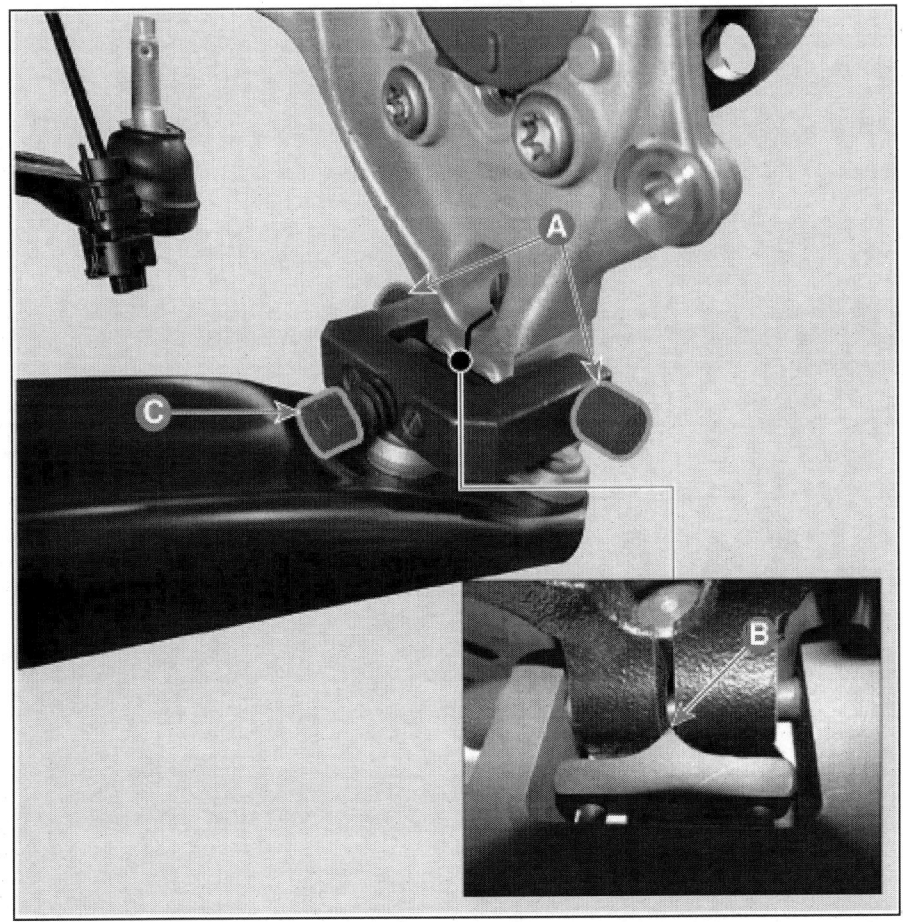

13. 프런트 스트럿 하부 볼트 및 너트를 풀어 프런트 너클(A)을 탈거한다.

체결 토크 : 7.5 ~ 8.5 kgf.m + 85 ~ 95°

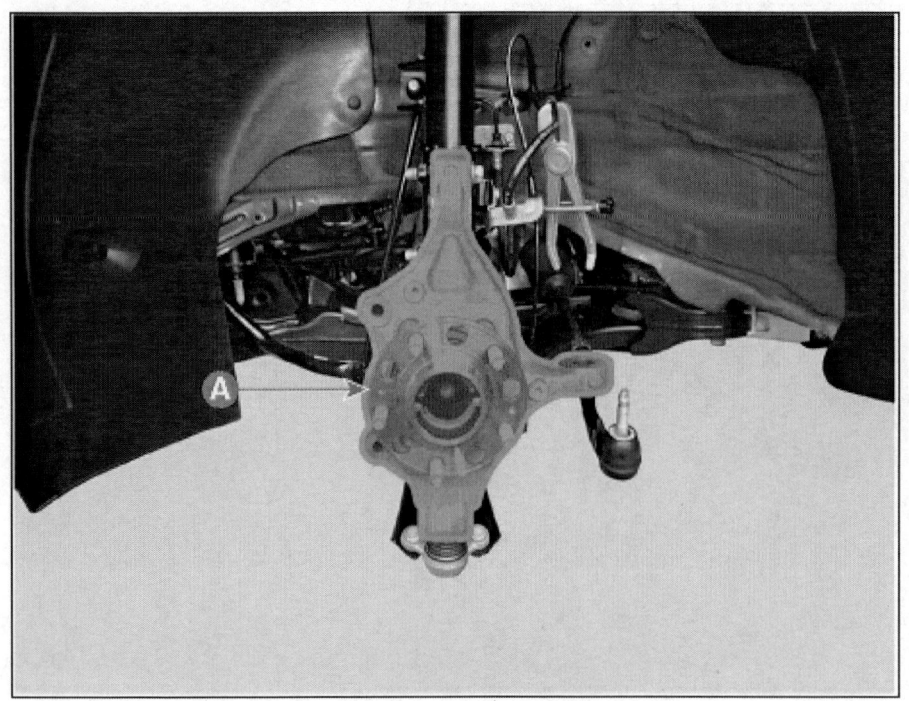

14. 볼트(A)를 풀어 너클에서 허브 베어링 어셈블리를 탈거한다.

    체결 토크 : 13.0 ~ 15.0 kgf.m

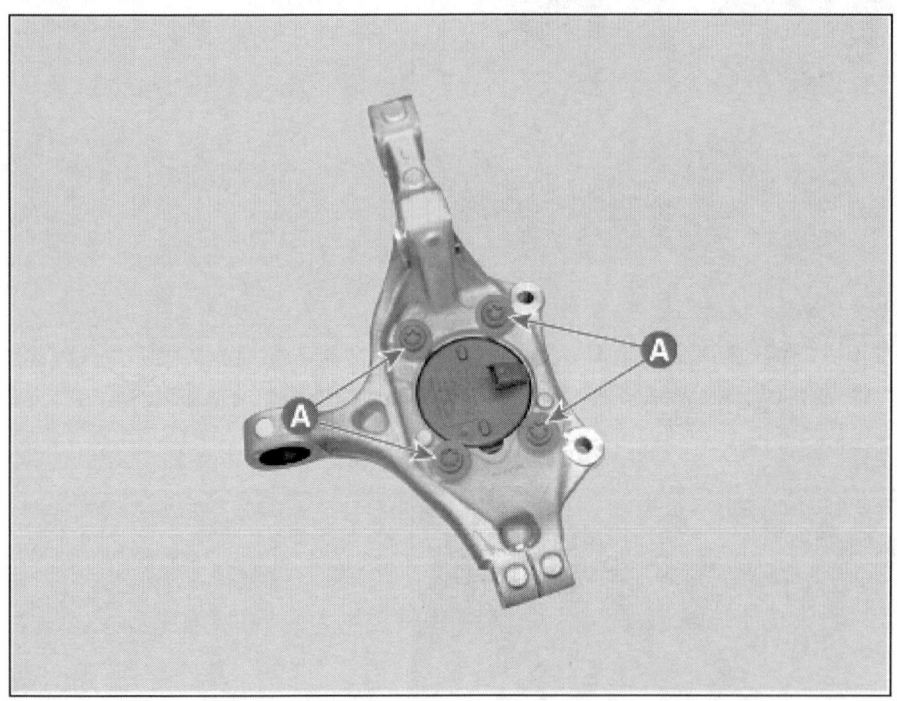

[AWD]

1. 12V 배터리 (-) 터미널을 분리한다.
   (차량 제어 시스템 - "보조 배터리 (12V)" 참조)
2. 프런트 휠 너트를 느슨하게 푼다. 차량을 리프트를 사용하여 들어 올린 후 안전을 확인한다.

   ⚠ 주 의

   - 리프트를 사용하여 차량을 들어 올릴 경우에는 차량의 하부 부품(플로어 언더 커버, 배터리)에 손상이 없도록 주의한다.
     (일반 사항 - "리프트 포인트" 참조)

3. 프런트 휠 및 타이어를 탈거한다.

(서스펜션 시스템 - "휠" 참조)

4. 볼트를 풀어 프런트 브레이크 캘리퍼(A)를 탈거한다.

   체결 토크 : 10.0 ~ 12.0 kgf.m

> **유 의**
>
> - 탈거한 브레이크 캘리퍼(A)는 케이블 타이 등을 이용하여 고정한다.
>
>
>
> - 캘리퍼 장착 볼트는 재사용하지 않는다.

5. 스크류를 풀어 프런트 브레이크 디스크(A)를 탈거한다.

   체결 토크 : 0.5 ~ 0.6 kgf.m

6. 볼트를 풀어 프런트 휠 속도 센서(A)를 탈거한다.

체결 토크 : 0.9 ~ 1.4 kgf.m

7. 치즐을 사용해 망치로 두드려 드라이브 샤프트 코킹 너트의 코킹을 해제한다.

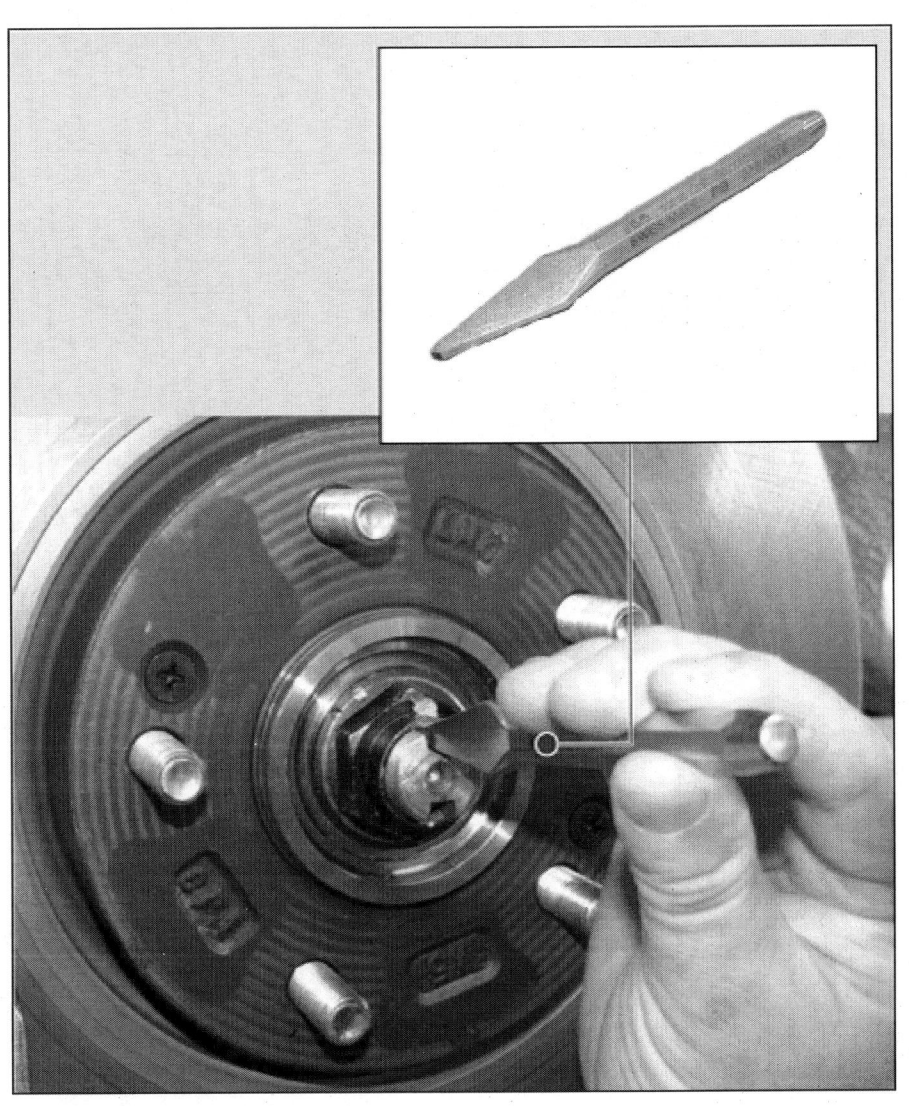

> ### 유 의
>
> - 너트 끝단부에 나사산(A)이 적용된 경우, 드라이브샤프트 나사산 손상 방지를 위해 반드시 치즐 등을 사용하여 코킹을 해제한 후 너트를 푼다.
>
>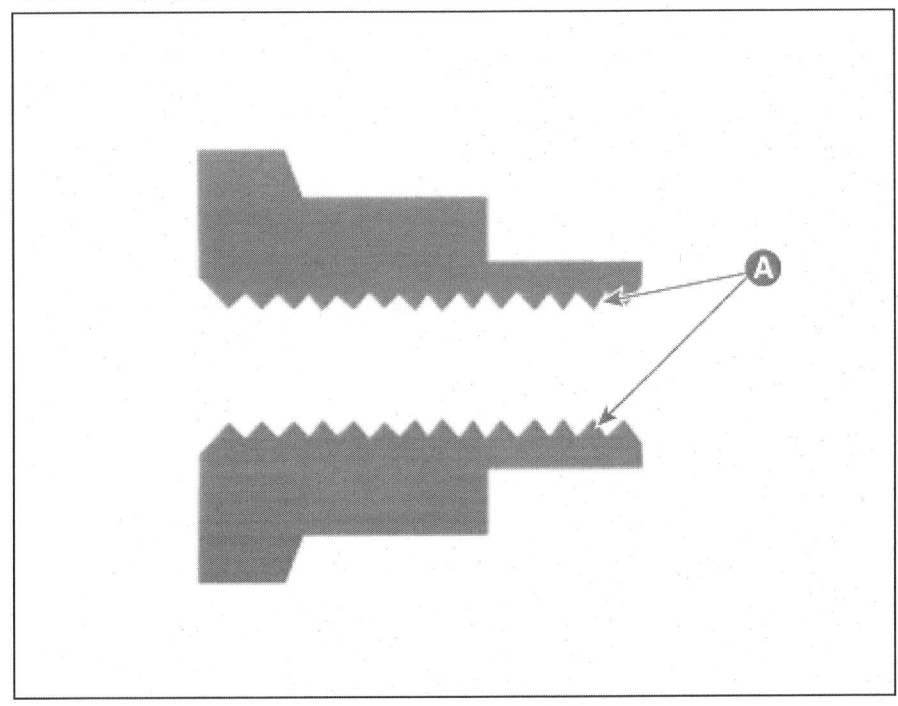

8. 코킹 너트(A)를 풀어 플라스틱 망치를 사용하여 허브 어셈블리에서 드라이브 샤프트를 분리한다.

체결 토크 : 30.0 ~ 32.0 kgf.m

> **유 의**
>
> - 드라이브 샤프트 분리시 너클에 가해지는 충격을 방지하기 위해 플라스틱 망치를 사용한다.
> - 장착 시 드라이브 코킹 너트를 반드시 신품으로 교환한다.
>
>
>
> - 드라이브 코킹 너트 교환 시, 반드시 끝단부에 나사산(A)이 적용된 너트를 사용한다.

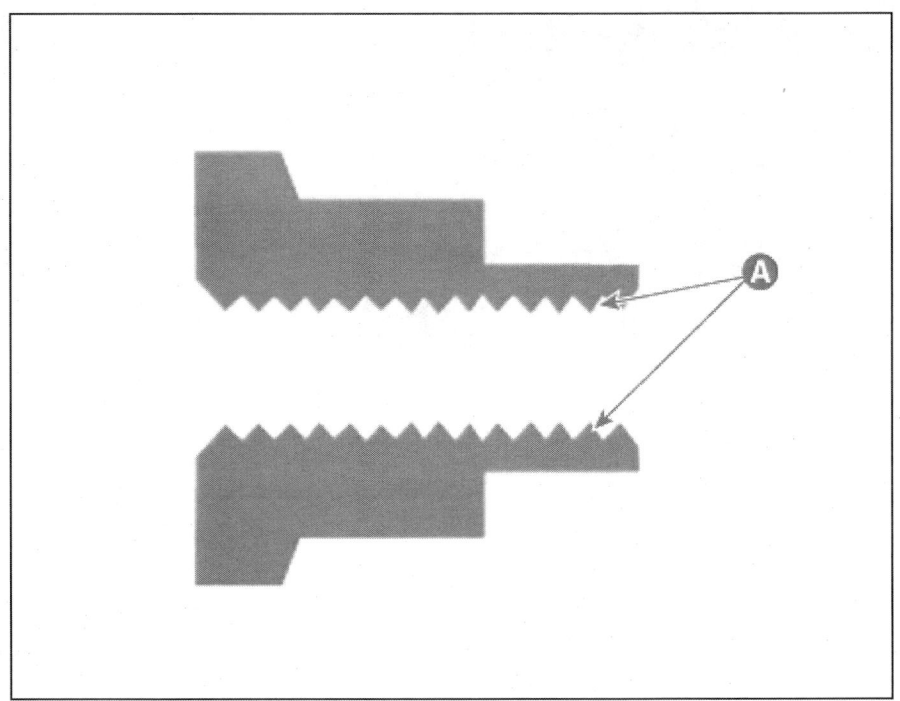

- 드라이브 샤프트 록 너트 체결 시 브레이크를 밟은 상태에서 규정 토크로 체결한다.
- 드라이브 샤프트 록 너트 체결 후 코킹 깊이(A)에 주의하며 치즐 또는 적절한 도구를 사용하여 코킹 작업을 실시한다.
[2개소]

코킹 깊이 (A) : 1.5mm

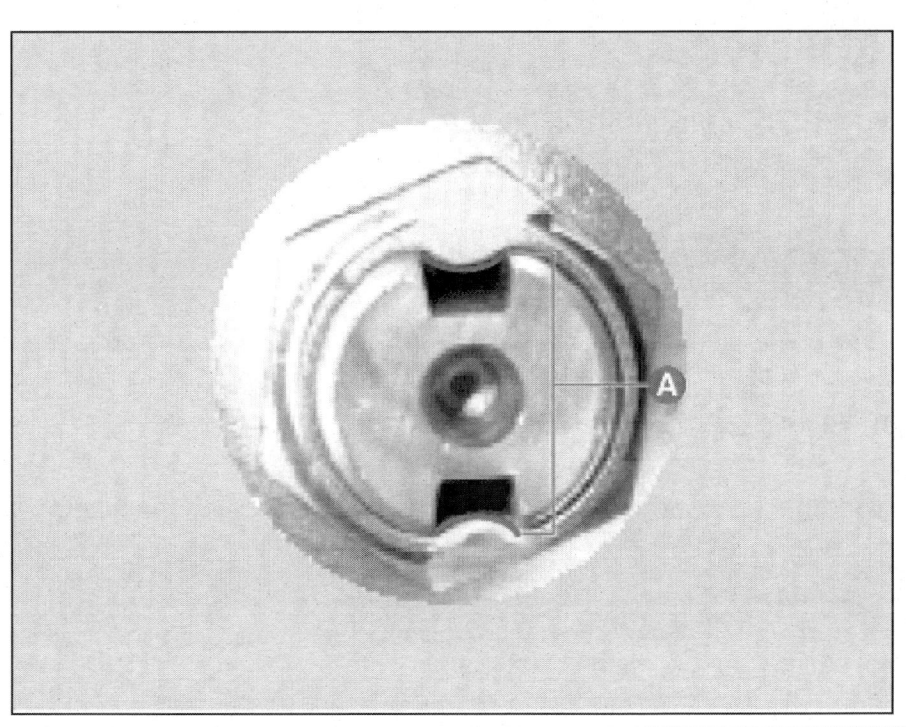

9. 볼트를 풀어 더스트 커버(A)를 탈거한다.

체결 토크 : 0.7 ~ 1.1 kgf.m

10. 분할 핀 및 너트(A)를 탈거한다.

체결 토크 : 10.0 ~ 12.0 kgf.m

11. 특수공구(09568-2J100)를 사용하여 타이 로드 엔드 볼 조인트를 탈거한다.

12. 분할 핀을 탈거한다.
13. 볼트 및 너트(A)를 탈거한다.

체결 토크 : 10.0 ~ 12.0 kgf.m

14. 특수공구(09568-4R100)를 사용하여 프런트 액슬에서 프런트 로어 암을 탈거한다.
    (1) 로어 암 체결 볼트 구멍에 서포트 볼트(A)를 장착한다.
    (2) 프런트 액슬에 서포트 바디(B)를 장착한다
    (3) 볼트(C)를 조여 프런트 액슬 사이를 이격시킨다.

15. 프런트 스트럿 하부 볼트 및 너트(A)를 풀어 프런트 너클을 탈거한다.

체결 토크 : 7.5 ~ 8.5 kgf.m + 85 ~ 95°

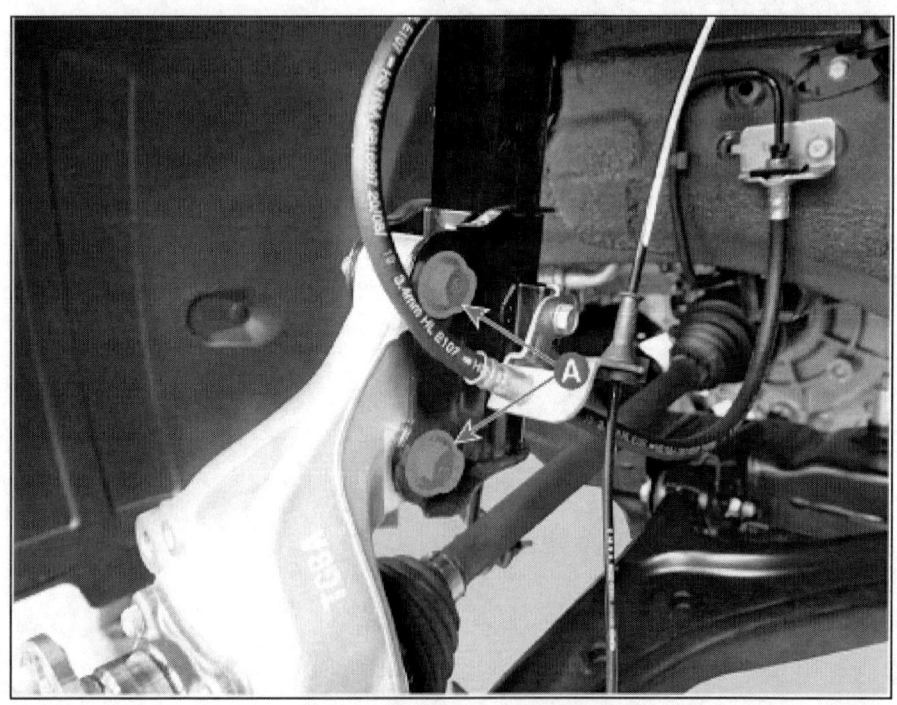

16. 볼트(A)를 풀어 너클에서 허브 베어링 어셈블리를 탈거한다.

체결 토크 : 13.0 ~ 15.0 kgf.m

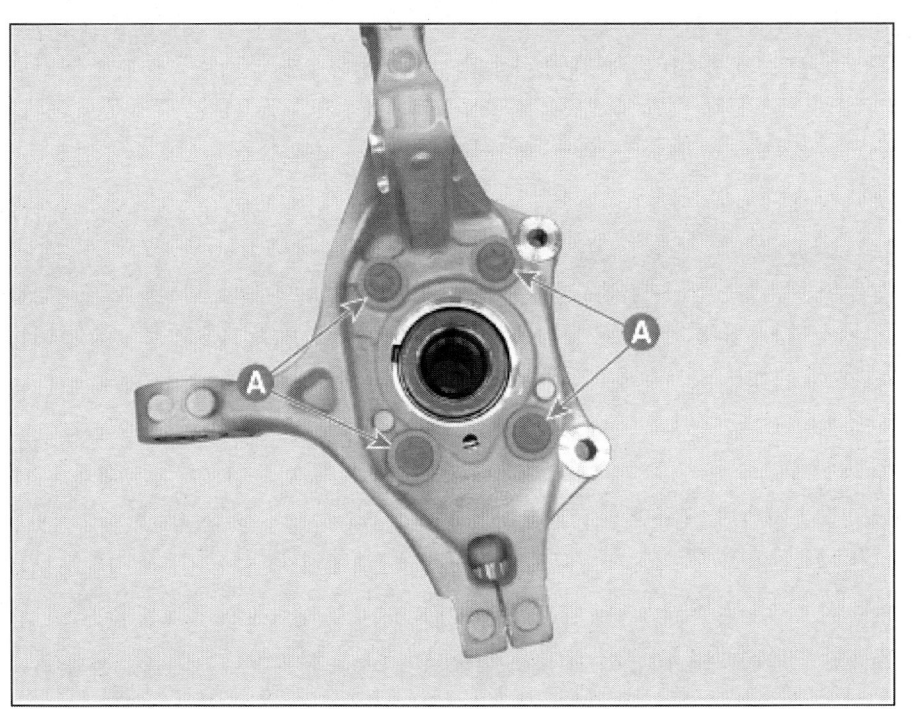

장착

1. 장착은 탈거의 역순으로 진행한다.
2. 얼라인먼트를 점검한다.
   (서스펜션 시스템 - "얼라인먼트" 참조)

점검

1. 허브의 균열, 스플라인의 마모를 점검한다.
2. 브레이크 디스크의 긁힘, 손상을 점검한다.
3. 너클의 균열을 점검한다.
4. 베어링의 결함을 점검한다.

프런트 드라이브 샤프트 탈장착

	작업	H/W	체결토크 (kgf.m)	SST/장비	케미컬	기타
• 탈거						
1	프런트 휠 및 타이어 탈거 (서스펜션 시스템 - "휠" 참조)	-	-	-	-	-
2	치즐을 사용해 망치로 두드려 드라이브 샤프트 코킹 너트의 코킹 해제	-	-	-	-	매뉴얼 참고
3	코킹 너트를 풀어 플라스틱 망치를 사용하여 허브 어셈블리에서 드라이브 샤프트 분리	너트	30.0 ~ 32.0	-	-	매뉴얼 참고
4	스크류를 풀어 프런트 브레이크 디스크 탈거	스크류	0.5 ~ 0.6	-	-	-
5	분할 핀 및 너트 탈거	너트	10.0 ~ 12.0	-	-	-
6	특수공구(09568-2J100)를 사용하여 타이 로드 엔드 볼 조인트 탈거	-	-	09568-2J100	-	매뉴얼 참고
7	분할 핀 탈거	-	-	-	-	-
8	볼트 및 너트 탈거	볼트/너트	10.0 ~ 12.0	-	-	-
9	특수공구(09568-4R100)를 사용하여 프런트 액슬에서 프런트 로어 암 탈거	-	-	09568-4R100	-	매뉴얼 참고
10	프런트 액슬 어셈블리에서 드라이브 샤프트 탈거	-	-	-	-	-
11	프라이 바를 사용하여 운전석 측 드라이브 샤프트 탈거	-	-	프라이 바	-	매뉴얼 참고
12	프라이 바를 사용하여 조수석 측 드라이브 샤프트 탈거	-	-	프라이 바	-	매뉴얼 참고
• 장착						
탈거의 역순으로 진행						-
• 부가기능						
• 휠 얼라인먼트 - 액슬 측 암류 탈거 시, 휠 얼라인먼트 조정 진행						

2023 > 160kW > 드라이브 샤프트 및 액슬 > 프런트 드라이브 샤프트 어셈블리 > 프런트 드라이브 샤프트 > 구성부품 및 부품위치

구성부품

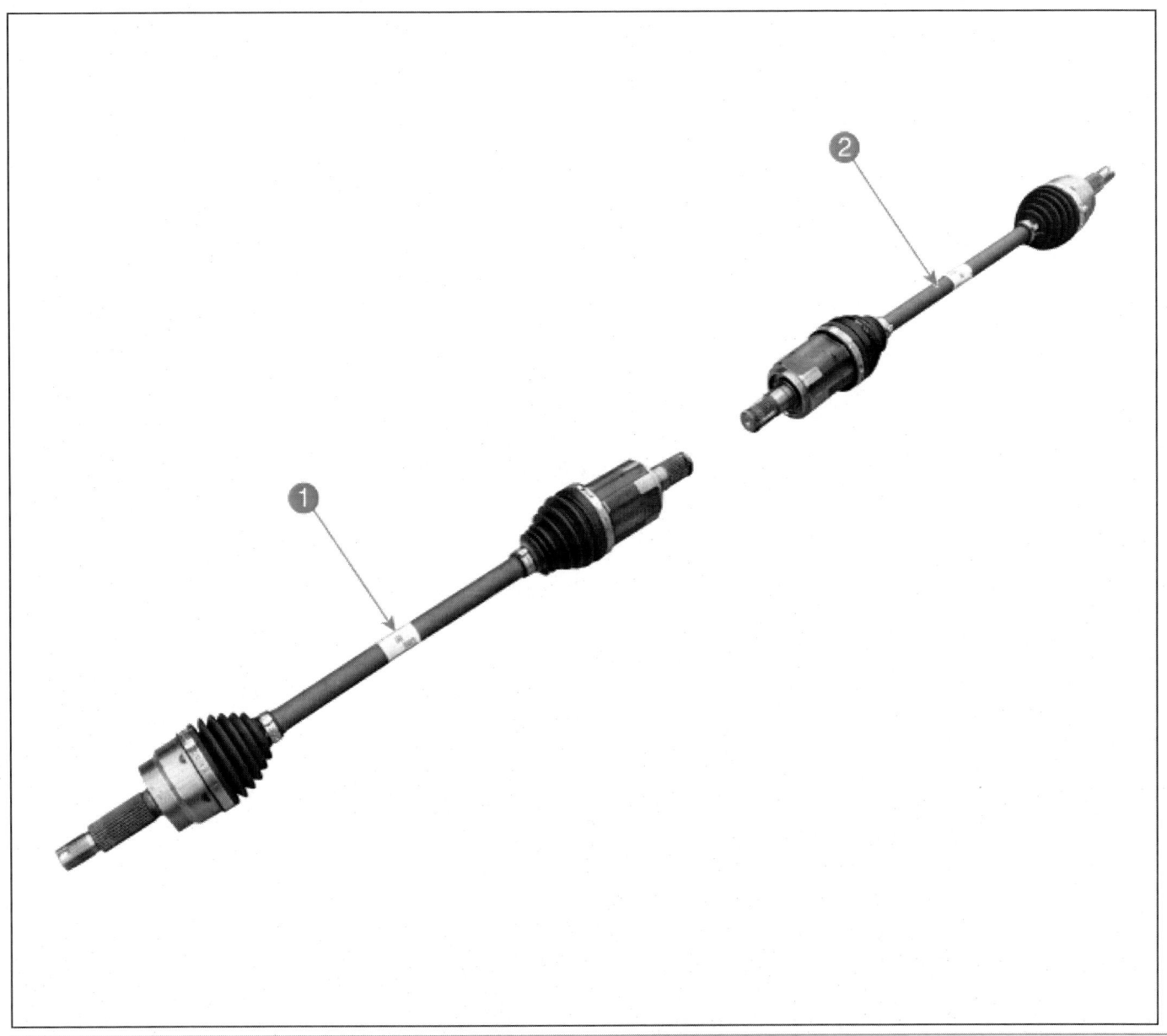

| 1. 드라이브 샤프트 (LH) | 2. 드라이브 샤프트 (RH) |

2023 > 160kW > 드라이브 샤프트 및 액슬 > 프런트 드라이브 샤프트 어셈블리 > 프런트 드라이브 샤프트 > 탈거

탈거

1. 프런트 휠 너트를 느슨하게 푼다. 차량을 리프트를 사용하여 들어 올린 후 안전을 확인한다.

   > ⚠ 주 의
   >
   > - 리프트를 사용하여 차량을 들어 올릴 경우에는 차량의 하부 부품(플로어 언더 커버, 배터리)에 손상이 없도록 주의한다.
   >   (일반 사항 - "리프트 포인트" 참조)

2. 프런트 휠 및 타이어를 탈거한다.
   (서스펜션 시스템 - "휠" 참조)

3. 치즐을 사용해 망치로 두드려 드라이브 샤프트 코킹 너트의 코킹을 해제한다.

   > 유 의
   >
   > - 너트 끝단부에 나사산(A)이 적용된 경우, 드라이브샤프트 나사산 손상 방지를 위해 반드시 치즐 등을 사용하여 코킹을 해제한 후 너트를 푼다.

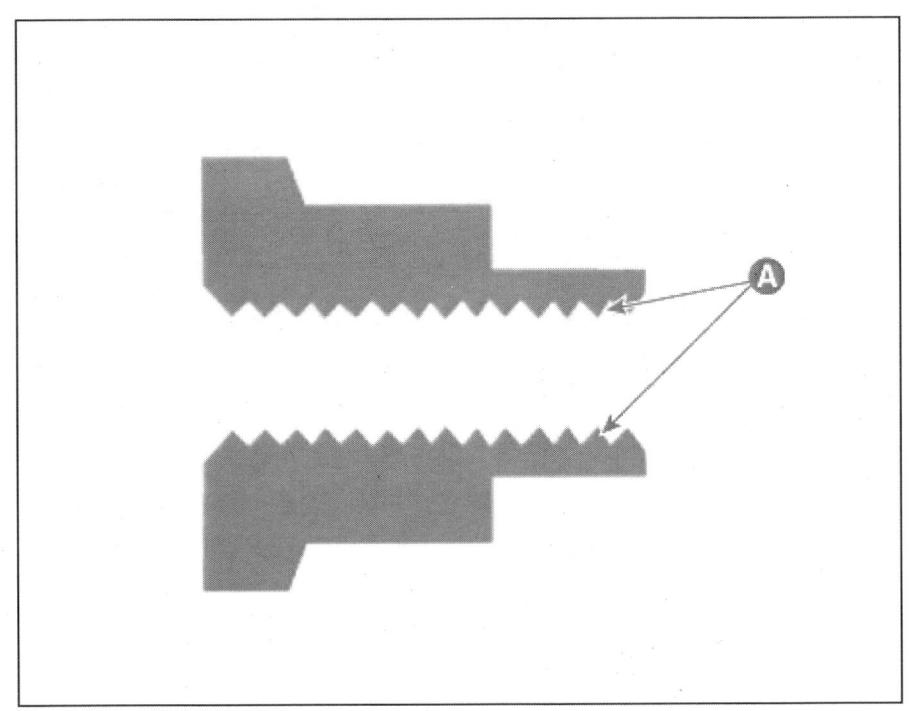

4. 코킹 너트(A)를 풀어 플라스틱 망치를 사용하여 허브 어셈블리에서 드라이브 샤프트를 분리한다.

체결 토크 : 30.0 ~ 32.0 kgf.m

> **유 의**
>
> - 드라이브 샤프트 분리시 너클에 가해지는 충격을 방지하기 위해 플라스틱 망치를 사용한다.
> - 장착 시 드라이브 코킹 너트를 반드시 신품으로 교환한다.

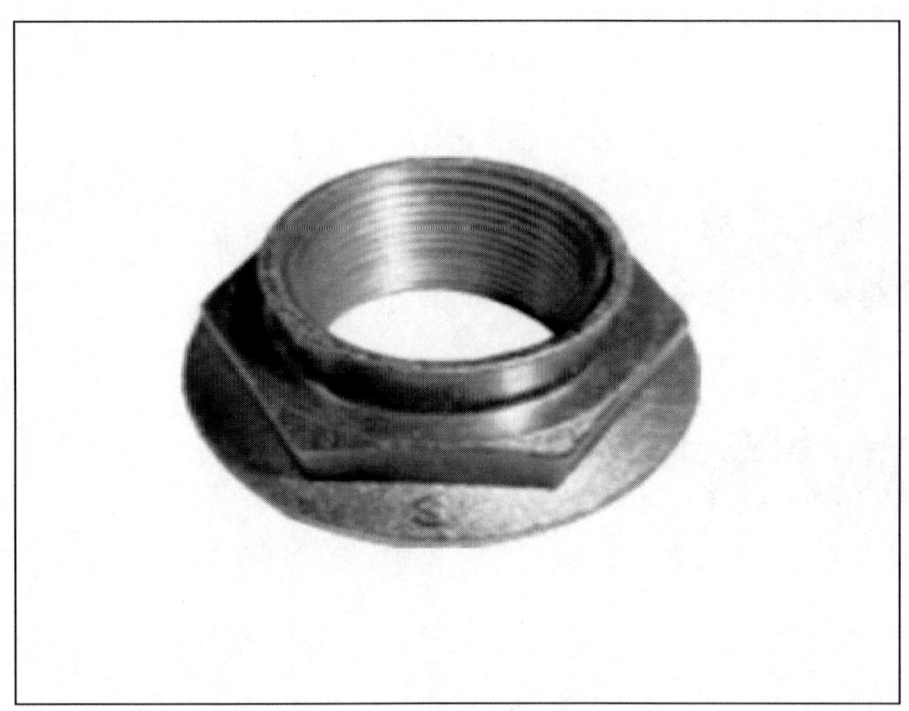

- 드라이브 코킹 너트 교환 시, 반드시 끝단부에 나사산(A)이 적용된 너트를 사용한다.

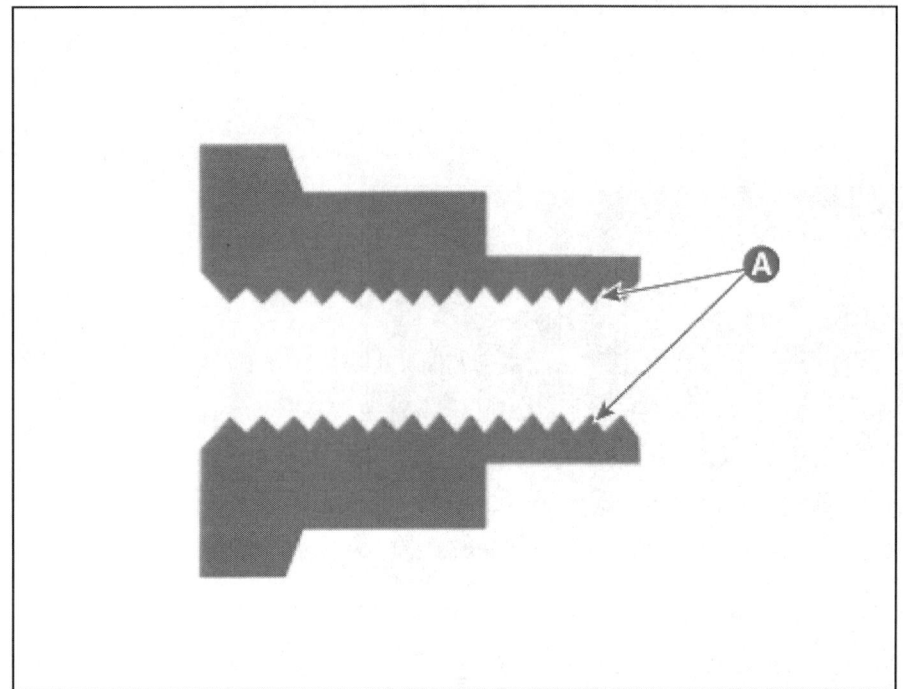

- 드라이브 샤프트 록 너트 체결 시 브레이크를 밟은 상태에서 규정 토크로 체결한다.
- 드라이브 샤프트 록 너트 체결 후 코킹 깊이(A)에 주의하며 치즐 또는 적절한 도구를 사용하여 코킹 작업을 실시한다. [2개소]

코킹 깊이 (A) : 1.5mm

5. 분할 핀 및 너트(A)를 탈거한다.

   체결 토크 : 10.0 ~ 12.0 kgf.m

6. 특수공구(09568-2J100)를 사용하여 타이 로드 엔드 볼 조인트를 탈거한다.

7. 분할 핀을 탈거한다.
8. 볼트 및 너트(A)를 탈거한다.

체결 토크 : 10.0 ~ 12.0 kgf.m

9. 특수공구(09568-4R100)를 사용하여 프런트 액슬에서 프런트 로어 암을 탈거한다.
   (1) 로어 암 체결 볼트 구멍에 서포트 볼트(A)를 장착한다.
   (2) 프런트 액슬에 서포트 바디(B)를 장착한다
   (3) 볼트(C)를 조여 프런트 액슬 사이를 이격시킨다.

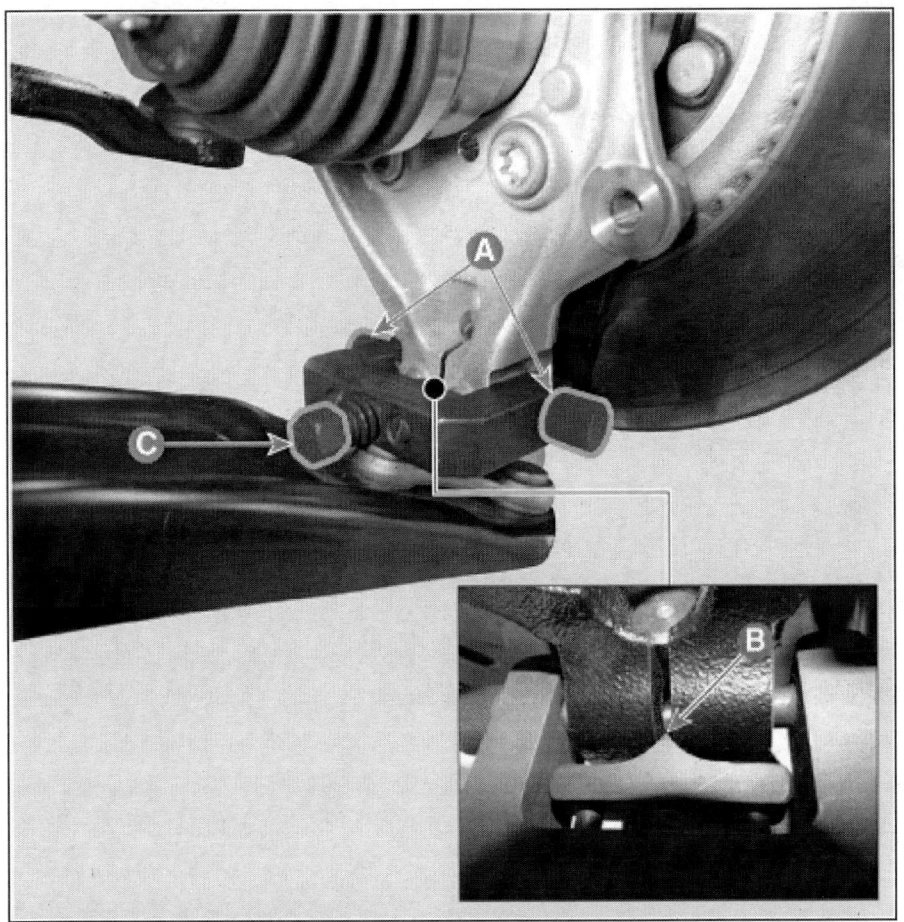

10. 프런트 액슬 어셈블리(B)에서 드라이브 샤프트(A)를 탈거한다.

11. 프라이 바(A)를 사용하여 운전석 측 드라이브 샤프트(B)를 탈거한다.

> **유 의**
>
> - 조인트와 감속기가 손상되지 않도록 하기 위해 프라이 바를 사용한다.
> - 프라이 바를 너무 깊게 끼울 경우 오일 씰에 손상 을 줄 수 있다.
> - 드라이브 샤프트를 바깥에서 무리한 힘으로 당길 경우, 조인트 키트 내부가 이탈되어 부트 찢어짐 및 베어링부의 손상을 가져올 수 있다.
> - 오염을 방지하기 위해 감속기의 구멍을 오일씰 캡으로 막는다.
> - 드라이브 샤프트를 적절하게 지지한다.
> - 감속기에서 드라이브 샤프트를 탈거 시 클립을 교환한다.

12. 프라이 바(A)를 사용하여 조수석 측 드라이브 샤프트(B)를 탈거한다.

> **유 의**
>
> - 조인트와 감속기가 손상되지 않도록 하기 위해 프라이 바를 사용한다.
> - 프라이 바를 너무 깊게 끼울 경우 오일 씰에 손상 을 줄 수 있다.

- 드라이브 샤프트를 바깥에서 무리한 힘으로 당길 경우, 조인트 키트 내부가 이탈되어 부트 찢어짐 및 베어링부의 손상을 가져올 수 있다.
- 오염을 방지하기 위해 감속기의 구멍을 오일씰 캡으로 막는다.
- 드라이브 샤프트를 적절하게 지지한다.
- 감속기에서 드라이브 샤프트를 탈거 시 클립을 교환한다.

2023 > 160kW > 드라이브 샤프트 및 액슬 > 프런트 드라이브 샤프트 어셈블리 > 프런트 드라이브 샤프트 > 장착

장착

1. 장착은 탈거의 역순으로 진행한다.
2. 얼라인먼트를 점검한다.
   (서스펜션 시스템 - "얼라인먼트" 참조)

점검

1. 허브의 균열, 스플라인의 마모를 점검한다.
2. 브레이크 디스크의 긁힘, 손상을 점검한다.
3. 너클의 균열을 점검한다.
4. 베어링의 결함을 점검한다.

감속기측 조인트 탈장착

	작업	H/W	체결토크 (kgf.m)	SST/장비	케미컬	기타
• 탈거						
1	프런트 드라이브 샤프트 탈거 (드라이브 샤프트 어셈블리 - "프런트 드라이브 샤프트" 참조)	-	-	-	-	-
2	감속기측 조인트 대경 및 소경 부트 밴드 탈거	-	-	드라이버(-) 0K495-2W000	-	매뉴얼 참고
3	감속기측 조인트 하우징 탈거	-	-	-	-	-
4	스냅링 플라이어를 사용하여 샤프트 스플라인부에서 스냅링 탈거	-	-	스냅링 플라이어	-	-
5	풀러를 사용하여 드라이브 샤프트에서 스파이더 어셈블리 탈거	-	-	풀러	-	-
6	감속기측 조인트 부트 탈거	-	-	-	-	-
7	스파이더 어셈블리와 조인트 하우징 세척	-	-	-	-	-
• 장착						
1	감속기측 부트와 부트 밴드를 드라이브 샤프트에 삽입	-	-	-	-	매뉴얼 참고
2	스파이더 어셈블리를 샤프트에 장착 후 고무 망치로 상단을 타격하여 압입	-	-	-	-	매뉴얼 참고
3	스냅링 플라이어를 사용하여 샤프트 스플라인부에 스냅링 장착	-	-	스냅링 플라이어	-	매뉴얼 참고
4	규정된 그리스를 조인트 하우징과 부트 내부에 도포	-	-	-	-	매뉴얼 참고
5	감속기측 조인트 하우징 장착	-	-	-	-	매뉴얼 참고
6	부트내의 공기를 정상으로 조절	-	-	-	-	매뉴얼 참고
7	감속기측 조인트 대경 및 소경 부트 밴드 장착	-	-	0K495-C5000 09495-39100 0K495-2W000	-	매뉴얼 참고
8	프런트 드라이브 샤프트 장착 (드라이브 샤프트 어셈블리 - "프런트 드라이브 샤프트" 참조)	-	-	-	-	-

탈거

> **유 의**
> - 드라이브 샤프트 조인트는 특수 그리스를 사용해야 하므로 다른 종류의 그리스를 첨가하지 않는다.
> - 부트 밴드 탈거 시, 부트 밴드는 반드시 신품을 사용한다.

1. 프런트 드라이브 샤프트를 탈거한다.
   (드라이브 샤프트 어셈블리 - "프런트 드라이브 샤프트" 참조)
2. 감속기측 조인트 대경(A) 및 소경(B) 부트 밴드를 탈거한다.

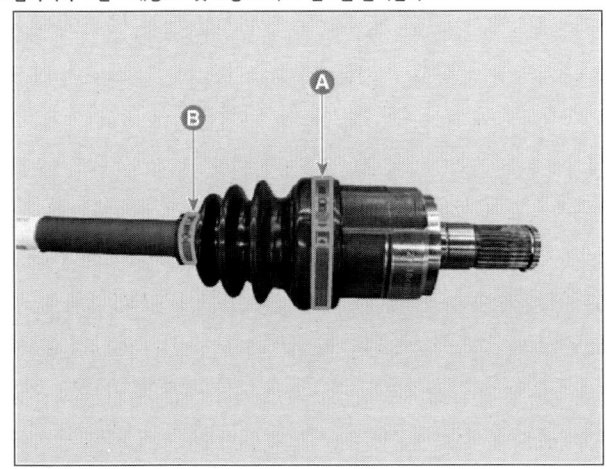

> **참 고**
> - 아래와 같이 부트 밴드 타입별 사용 분해 공구를 참고하여 사용한다.

이어 타입	후크 타입
드라이버(-)	드라이버(-)

> **유 의**
> - 로우 프로파일 후크 타입 부트 밴드를 사용할 경우 아래 그림과 같이 부트밴드 체결부 구멍(A)에 특수공구 돌출부(B)를 맞추어 사용한다.

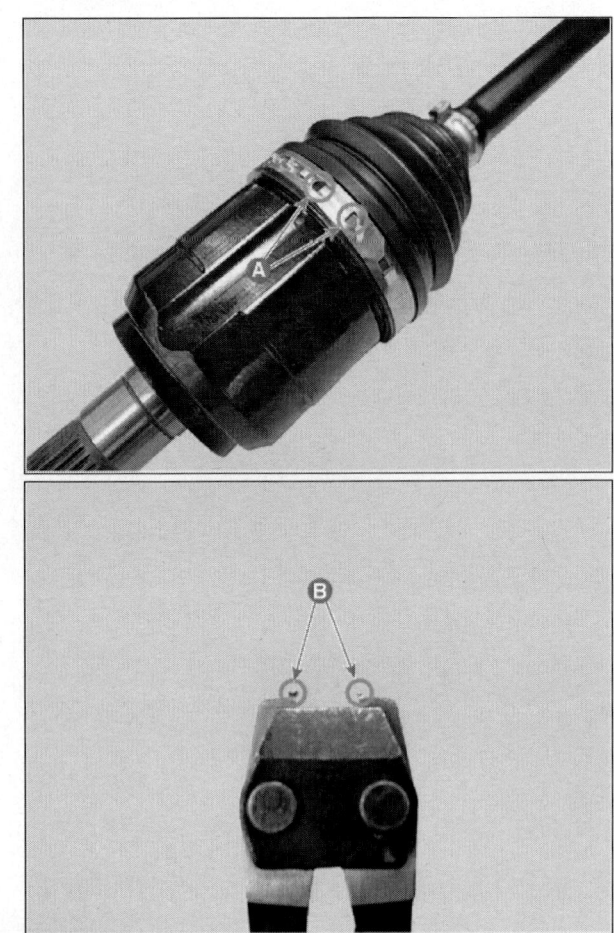

3. 감속기측 조인트 하우징(A)을 탈거한다.

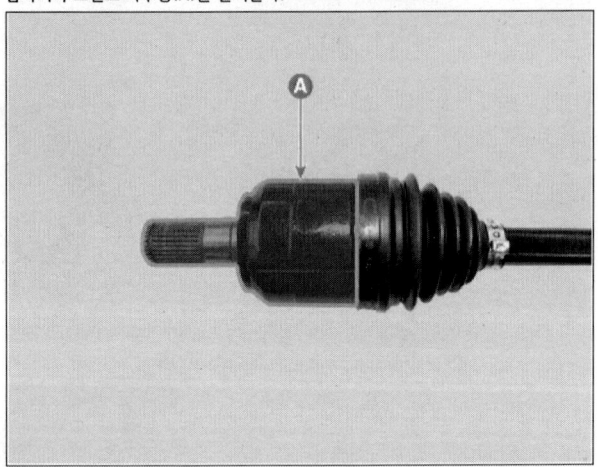

4. 스냅링 플라이어를 사용하여 샤프트 스플라인부에서 스냅링(A)을 탈거한다.

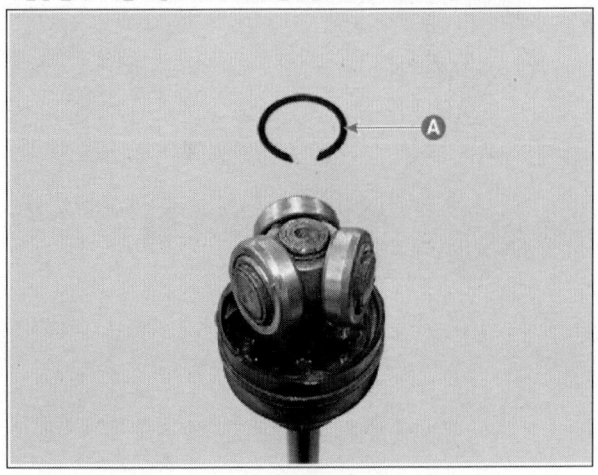

5. 풀러를 사용하여 드라이브 샤프트에서 스파이더 어셈블리(A)를 탈거한다.

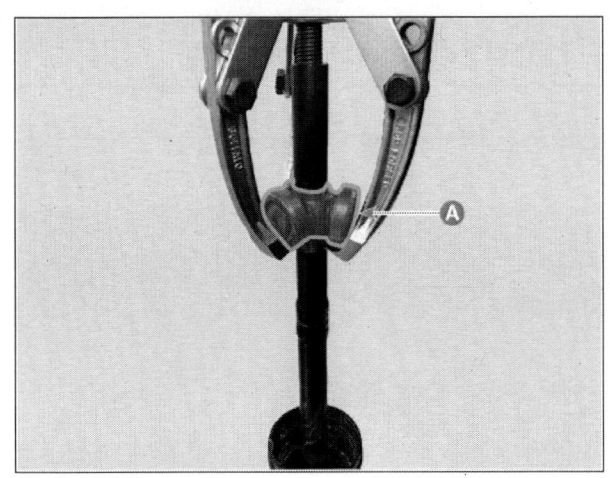

6. 감속기측 조인트 부트(A)를 탈거한다.

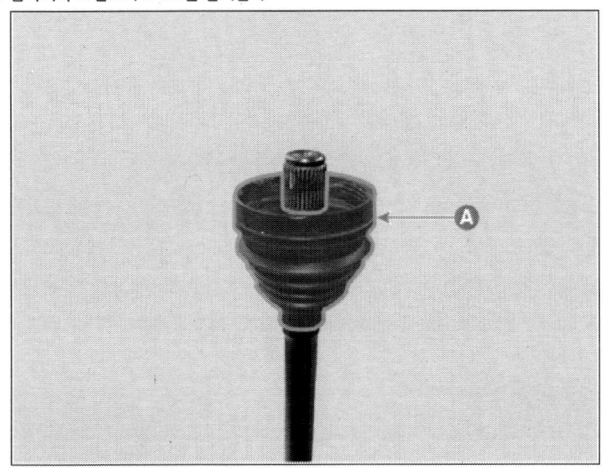

7. 스파이더 어셈블리와 조인트 하우징을 세척한다.

> **유 의**
> - 하우징 내부 그리스는 최대한 제거한다.

점검

1. 스플라인(A)의 손상/마모/균열을 점검한다.

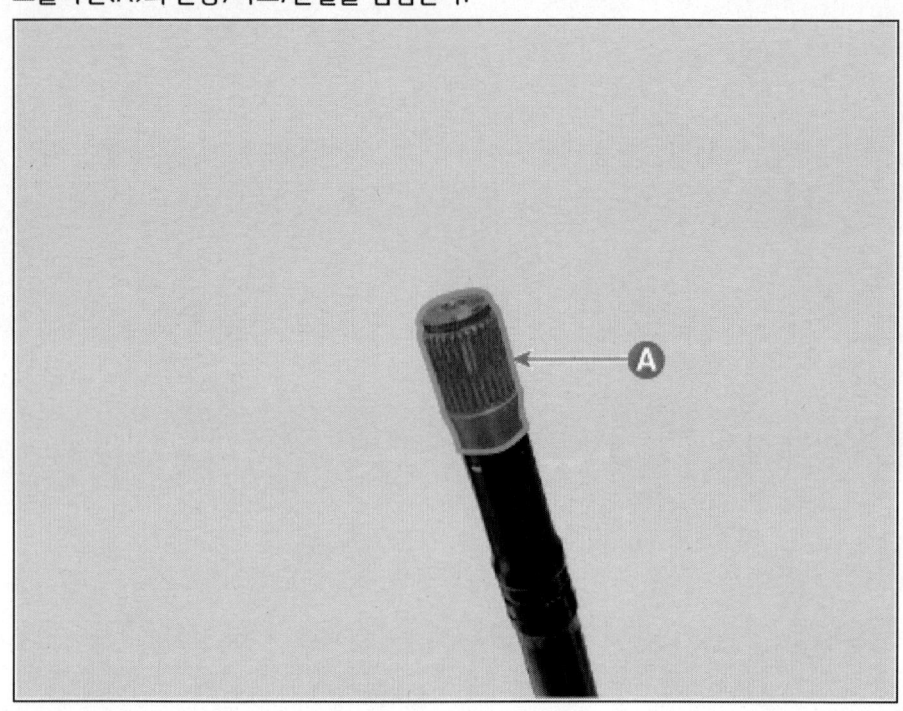

2. 부트에 물이나 이물질의 유입 여부를 확인한다.
3. 조인트 어셈블리의 손상/마모/균열을 점검한다.
4. 이상이 있는 부품은 교환한다.

장착

> **유의**
> - 조립 시, 먼지 및 이물질이 유입되지 않도록 주의한다.
> - 드라이브 샤프트 조인트는 특수 그리스를 사용해야 하므로 다른 종류의 그리스를 첨가하지 않는다.
> - 부트 밴드 탈거 시, 부트 밴드는 반드시 신품을 사용한다.

1. 감속기측 부트(A)와 부트 밴드(B)를 드라이브 샤프트에 끼운다.

> **유의**
> - 감속기측 부트(A)를 장착하기 전 부트 밴드(B)를 먼저 끼운다.

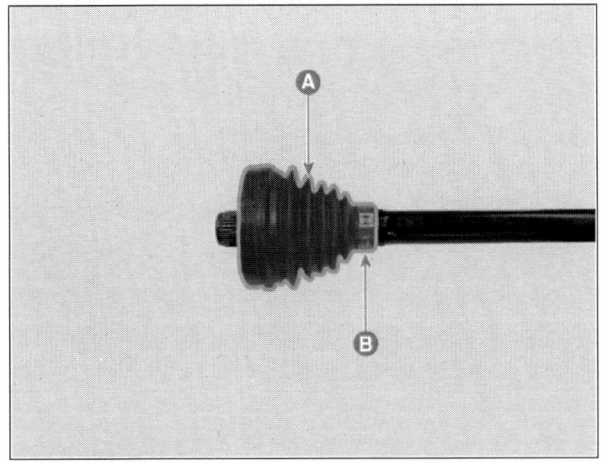

> **유의**
> - 부트 장착 시 샤프트의 장착 홈(A) 부분에 안착시킨다.

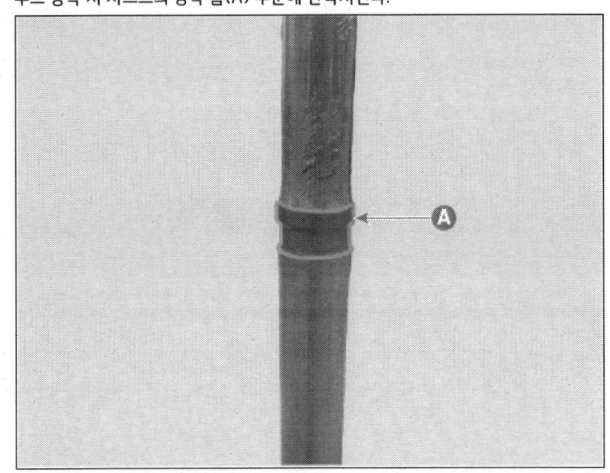

2. 스파이더 어셈블리(A)를 샤프트에 장착 후 고무 망치로 상단을 타격하여 압입한다.

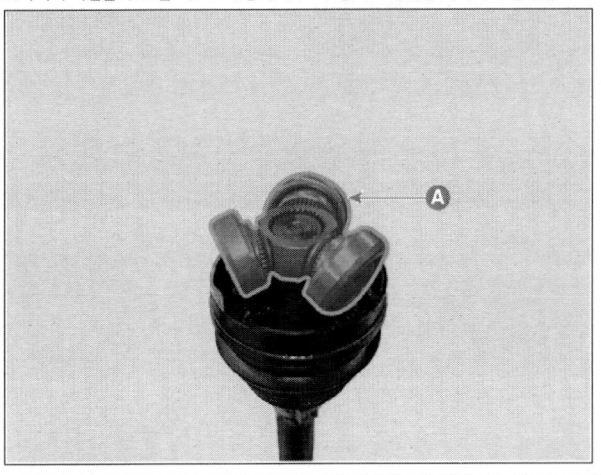

> **유의**
> - 스파이더 어셈블리의 방향성에 주의하여 조립한다.

- 스파이더 어셈블리의 방향이 맞지 않으면, 2차 품질 문제가 발생할 수 있다.

- 스파이더 어셈블리 장착 시 부트 형상에 맞추어 장착한다.

3. 스냅링 플라이어를 사용하여 샤프트 스플라인부에 스냅링(A)을 장착한다.

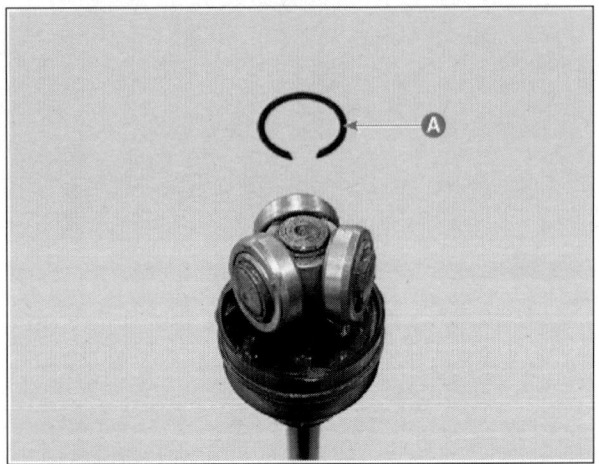

유 의

- 조인트 어셈블리 교환 시, 조인트 키트에 포함된 신품을 사용하여 조립한다.
- 스냅링은 반드시 신품을 사용한다.
- 스냅링 장착 후 (A) 위치에 2~3개의 스플라인만 확인되는지 점검한다.

4. 규정된 그리스를 조인트 하우징(A)과 부트(B) 내부에 도포한다.

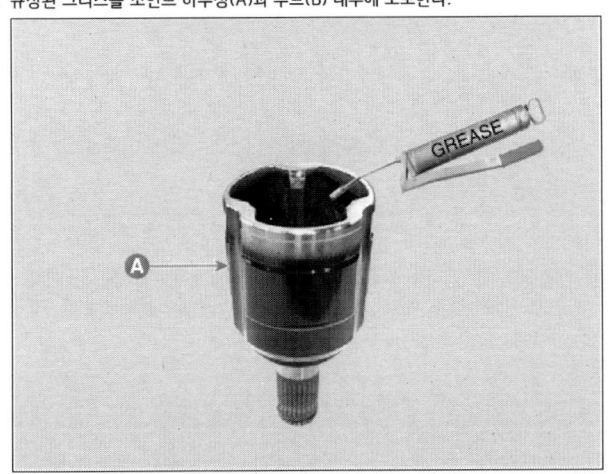

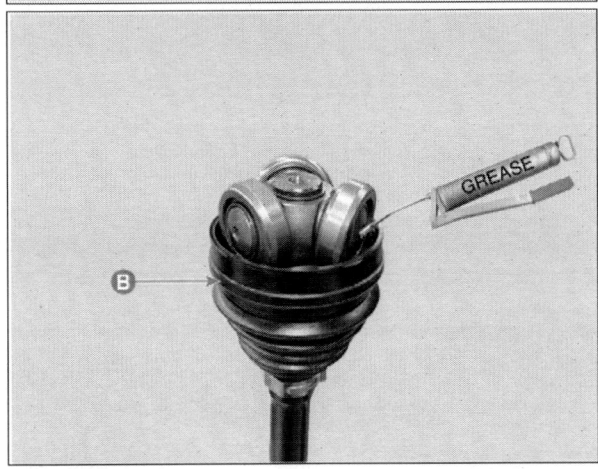

> **유 의**
>
> - 그리스는 조인트 키트/부트 키트에 포함된 그리스를 사용한다.
> - 그리스는 하우징(A)에 약 70%, 부트(B)에 약 30% 도포한다.
> - 드라이브 샤프트 조인트는 특수 그리스를 사용해야 하므로 다른 종류의 그리스를 첨가하지 않는다.

5. 감속기측 조인트 하우징(A)을 장착한다.

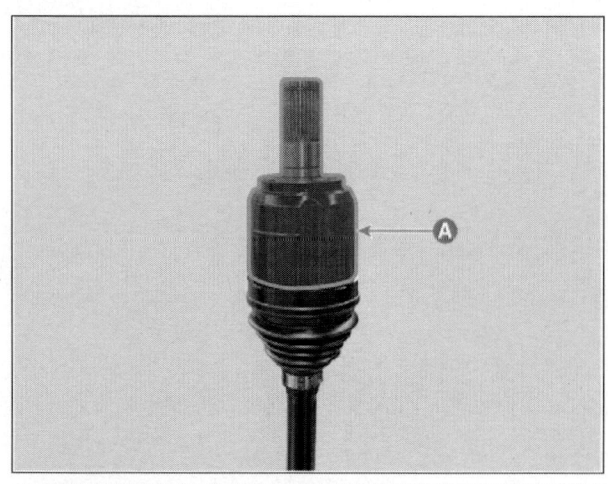

> **유 의**
> - 감속기측 조인트 하우징(A) 장착 시 형상에 맞추어 장착한다.
> - 하우징과 부트의 모양이 맞지 않으면 틈새 발생으로 인한 누유 발생 가능성이 있으므로 각별한 주의가 필요하다.
>
>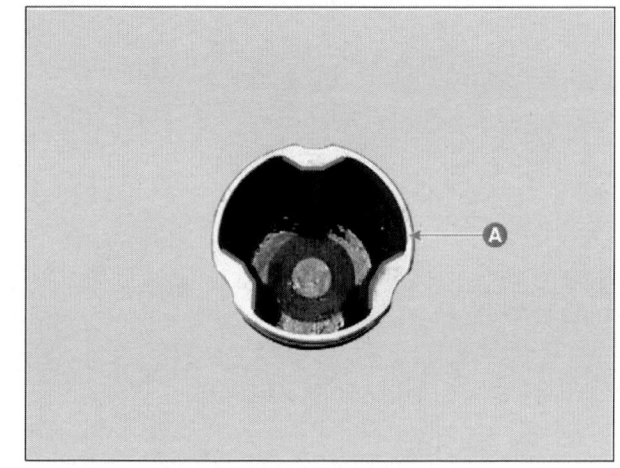

6. 아래의 그림을 참고하여 부트내의 공기를 정상으로 조절한다.

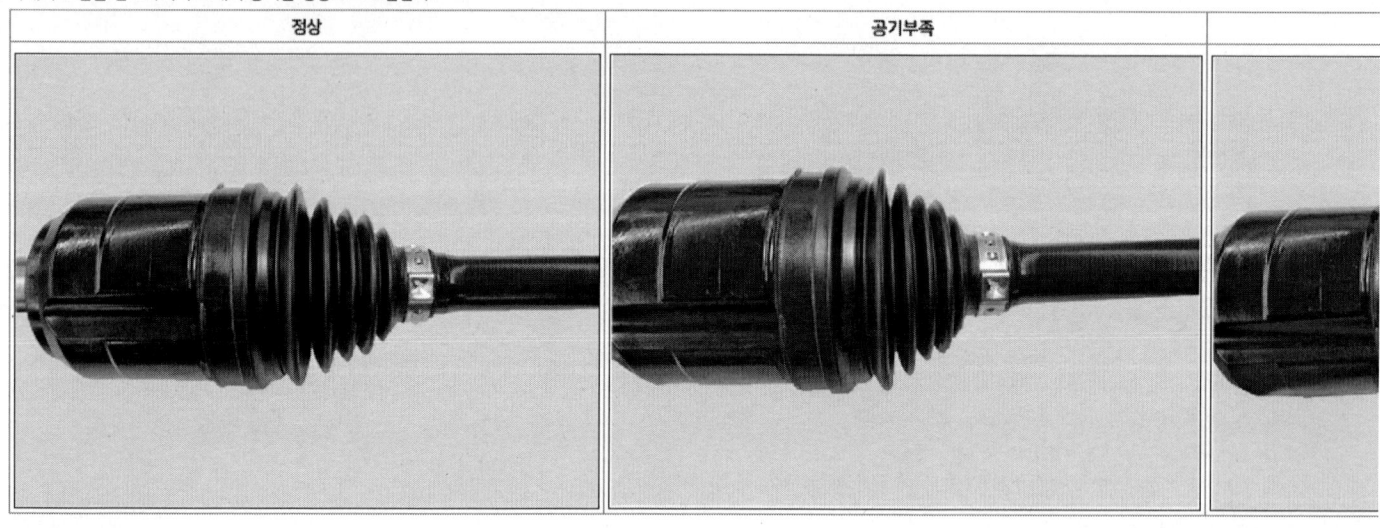

| 정상 | 공기부족 |

> **유 의**
> - 조인트 하우징을 장착한 후 공기 소리가 나지 않을 때까지 여러 차례 눌러 공기빼기를 실시한다.

7. 감속기측 조인트 대경(A) 및 소경(B) 부트 밴드를 장착한다.

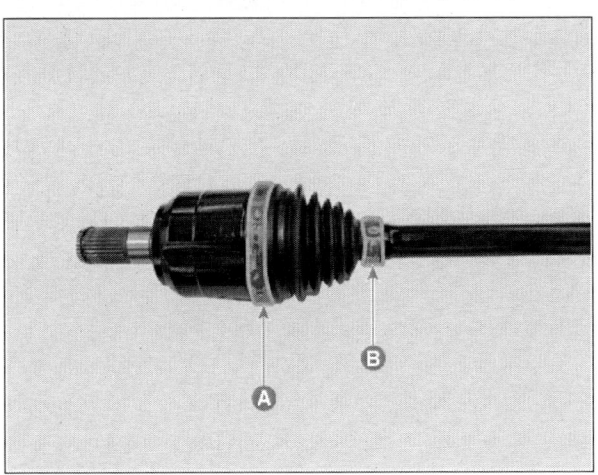

참고

- 아래와 같이 부트 밴드 타입별 사용 분해 공구를 참고하여 사용한다.

이어 타입	후크 타입	
특수공구(OK495-C5000)	특수공구(09495-39100)	
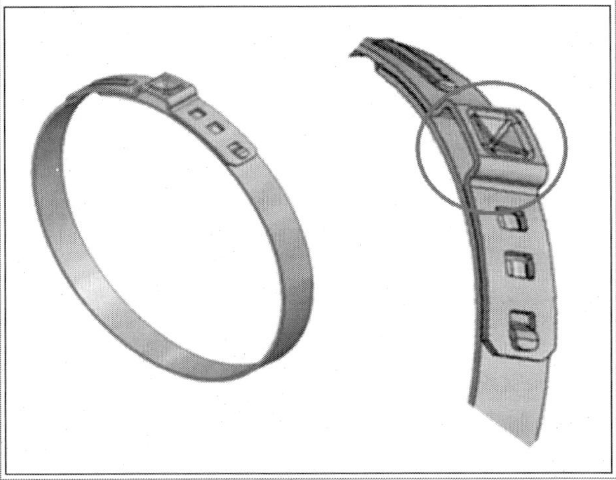	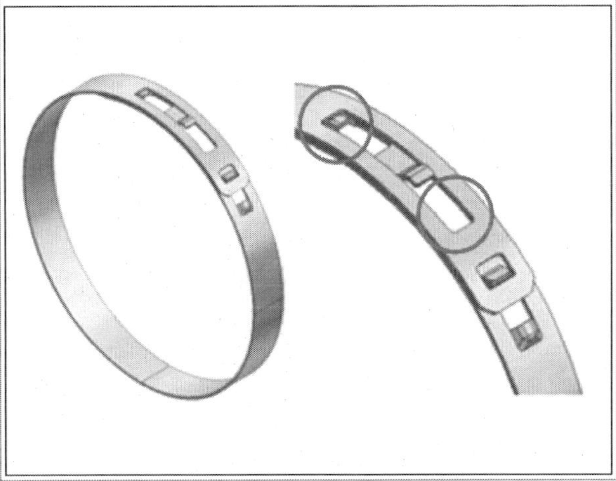	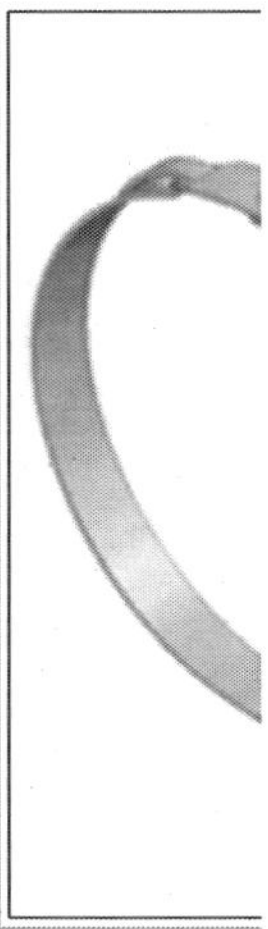
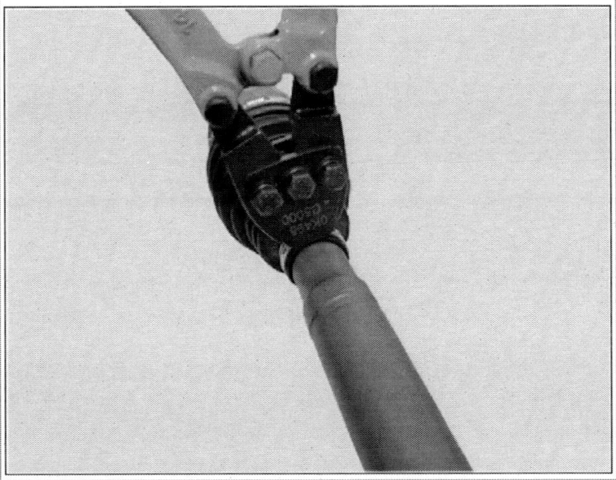	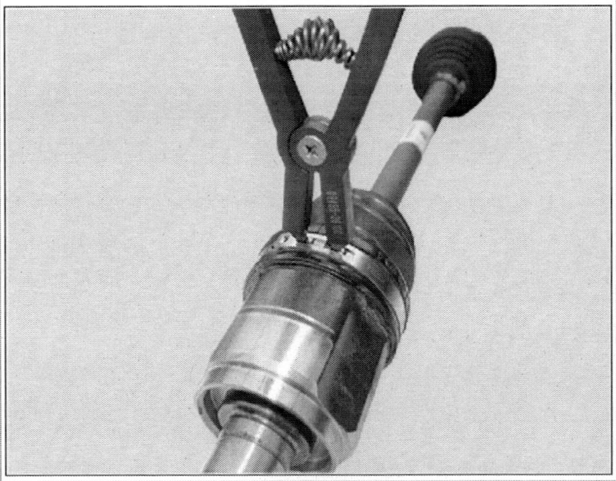	

유의

- 밴드 장착은 대경 밴드 → 소경 밴드 순으로 체결한다
- 밴드 체결 순서가 맞지 않으면 누유 발생 가능성이 있으므로 각별한 주의가 필요하다.
- 이어 타입 부트 밴드를 사용할 경우 체결 후 아래 그림과 같이 간격(A)을 확인한다.

이어 타입 간격(A) : 2.0mm 이하

- 로우 프로파일 후크 타입 부트 밴드를 사용할 경우 아래 그림과 같이 부트밴드 체결부 구멍(A)에 특수공구 돌출부(B)를 맞추어 사용한다.

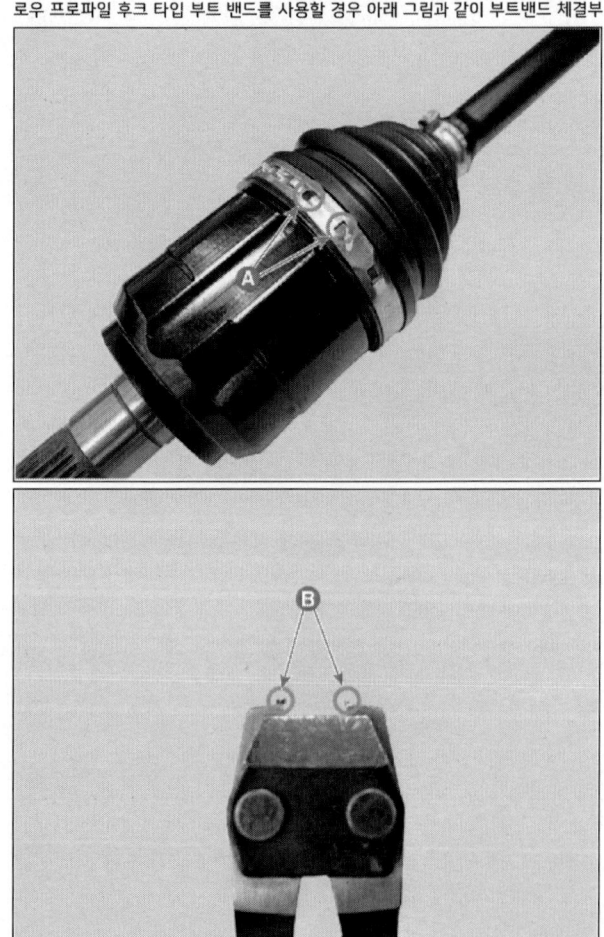

8. 프런트 드라이브 샤프트를 장착한다.
   (드라이브 샤프트 어셈블리 - "프런트 드라이브 샤프트" 참조)

휠측 조인트 탈장착

휠측 조인트 부트 교환 가능 타입

	작업	H/W	체결토크 (kgf.m)	SST/장비	케미컬	기타
• 탈거						
1	프런트 드라이브 샤프트 탈거 (드라이브 샤프트 어셈블리 - "프런트 드라이브 샤프트" 참조)	-	-	-	-	-
2	감속기측 조인트 탈거 (드라이브 샤프트 어셈블리 - "감속기측 조인트" 참조)	-	-	-	-	-
3	드라이버(-)를 사용하여 휠측 조인트 부트 소경 밴드와 대경 밴드 탈거	-	-	드라이버(-)	-	-
4	휠측 조인트 부트를 화살표 방향으로 탈거	-	-	-	-	매뉴얼 참고
• 장착						
1	새 제품의 부트 장착	-	-	-	-	-
2	규정된 그리스를 부트 내부에 도포	-	-	-	-	매뉴얼 참고
3	휠측 부트를 하우징에 장착	-	-	-	-	-
4	특수공구(0K495-C5000)을 사용하여 대경 부트 밴드 체결	-	-	0K495-C5000	-	매뉴얼 참고
5	특수공구(0K495-C5000)을 사용하여 소경 부트 밴드 체결	-	-	0K495-C5000	-	매뉴얼 참고
6	감속기측 조인트 장착 (드라이브 샤프트 어셈블리 - "감속기측 조인트" 참조)	-	-	-	-	-
7	프런트 드라이브 샤프트 장착 (드라이브 샤프트 어셈블리 - "프런트 드라이브 샤프트" 참조)	-	-	-	-	-

휠측 조인트 부트 교환 불가능 타입

	작업	H/W	체결토크 (kgf.m)	SST/장비	케미컬	기타
• 탈거						
1	프런트 드라이브 샤프트 탈거 (드라이브 샤프트 어셈블리 - "프런트 드라이브 샤프트" 참조)	-	-	-	-	-
2	감속기측 조인트 탈거 (드라이브 샤프트 어셈블리 - "감속기측 조인트" 참조)	-	-	-	-	-
3	휠측 조인트 어셈블리와 샤프트 교환	-	-	-	-	매뉴얼 참고
• 장착						
1	휠측 조인트 어셈블리와 샤프트 교환	-	-	-	-	매뉴얼 참고
2	감속기측 조인트 장착 (드라이브 샤프트 어셈블리 - "감속기					

	측 조인트" 참조)					
3	프런트 드라이브 샤프트 장착 (드라이브 샤프트 어셈블리 – "프런트 드라이브 샤프트" 참조)	-	-	-	-	-

탈거

휠측 조인트 부트 교환 가능 타입

1. 프런트 드라이브 샤프트를 탈거한다.
   (드라이브 샤프트 어셈블리 - "프런트 드라이브 샤프트" 참조)

2. 감속기측 조인트를 탈거한다.
   (드라이브 샤프트 어셈블리 - "감속기측 조인트" 참조)

3. 드라이버(-)를 사용하여 휠측 조인트 부트 소경 밴드(A)와 대경 밴드(B)를 탈거한다.

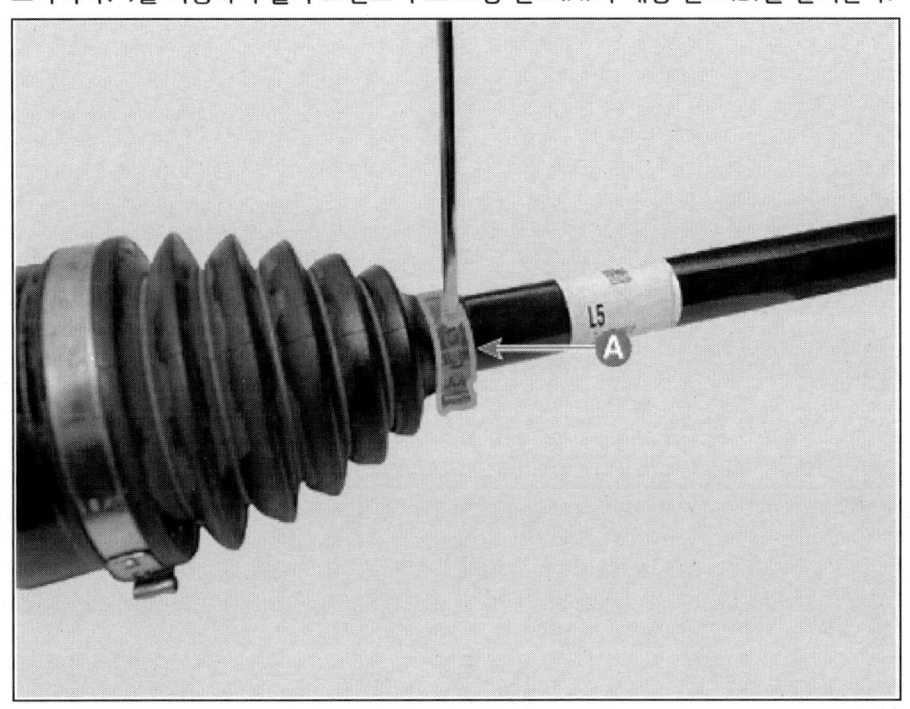

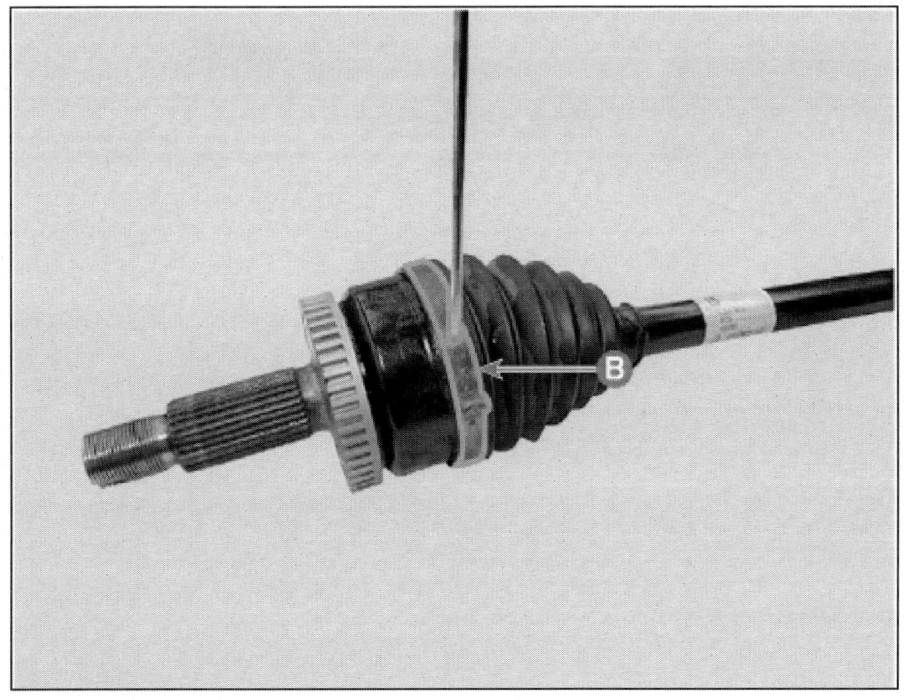

4. 휠측 조인트 부트(A)를 화살표 방향으로 탈거한다.

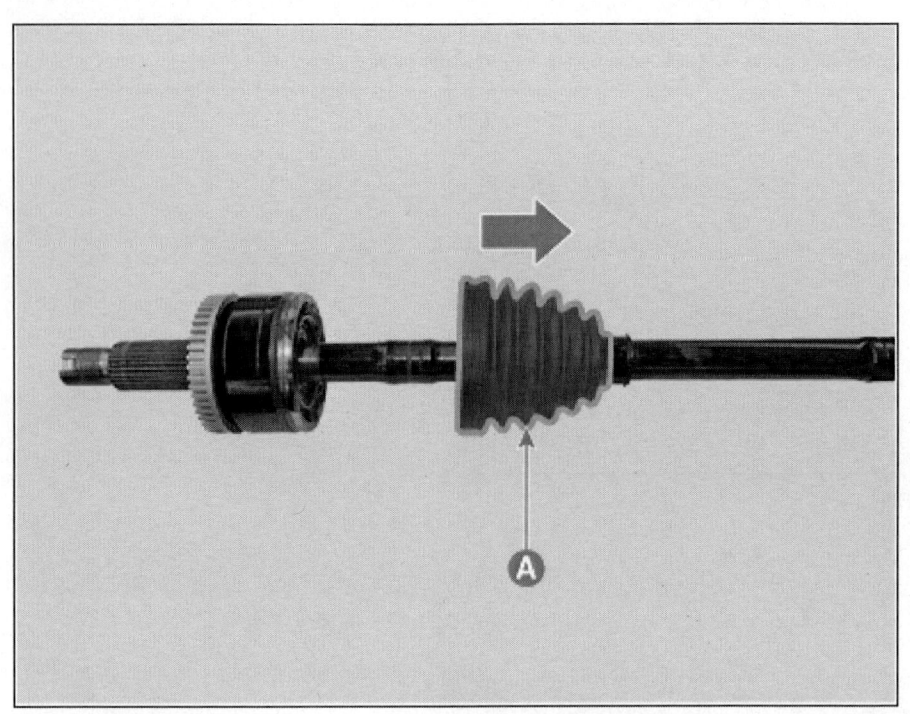

> **유 의**
>
> - 휠측 조인트 하우징(A)은 탈거하지 않는다.
> - 휠측 조인트 하우징(A)은 탈거 후 장착 시 누유가 발생할 수 있으므로 탈거하지 않고 교환 필요 시 샤프트(B)와 함께 어셈블리로 교환한다.

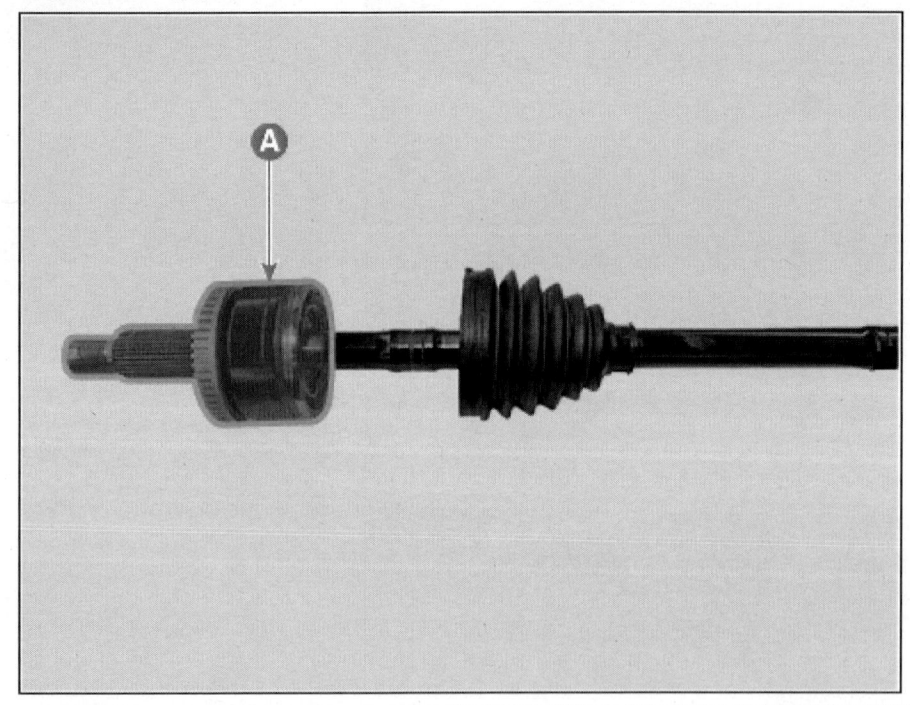

휠측 조인트 부트 교환 불가능 타입

1. 프런트 드라이브 샤프트를 탈거한다.
    (드라이브 샤프트 어셈블리 - "프런트 드라이브 샤프트" 참조)
2. 감속기측 조인트를 탈거한다.
    (드라이브 샤프트 어셈블리 - "감속기측 조인트" 참조)
3. 휠측 조인트 어셈블리(A)와 샤프트를 교환한다.

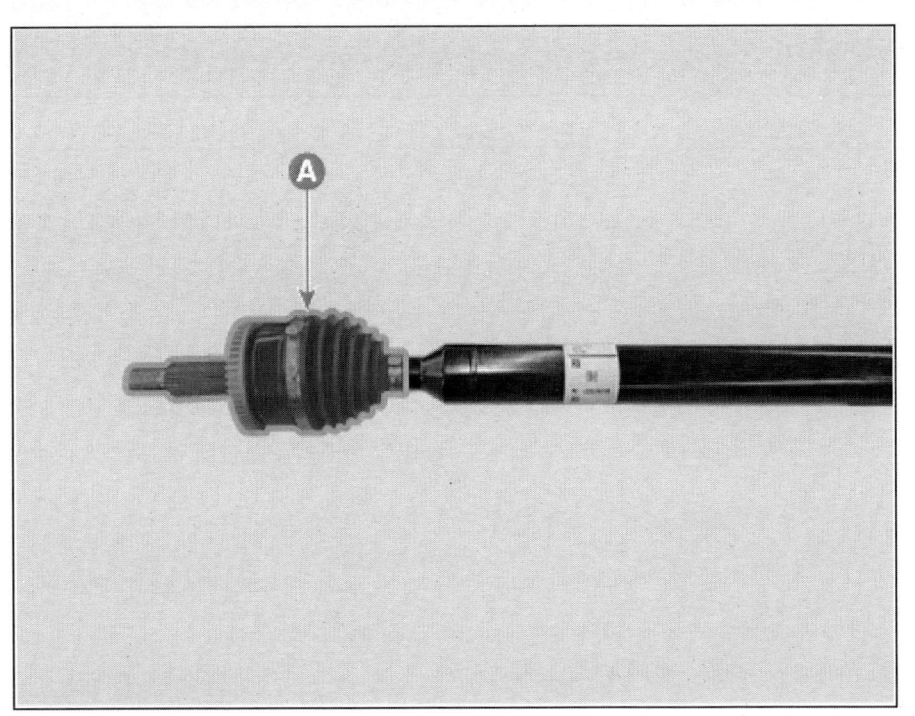

> **유 의**
> - 휠측 조인트 부트는 교환할 수 없으므로 휠측 조인트 어셈블리(A)와 샤프트(B)를 어셈블리로 교환한다.

점검

1. 부트에 물이나 이물질의 유입 여부를 확인한다.
2. 이상이 있는 부품은 교환한다.

장착

휠측 조인트 부트 교환 가능 타입

> **유 의**
> - 조립 시, 먼지 및 이물질이 유입되지 않도록 주의한다.
> - 드라이브 샤프트 조인트는 특수 그리스를 사용해야 하므로 다른 종류의 그리스를 첨가하지 않는다.
> - 부트 밴드 탈거 시, 부트 밴드는 반드시 신품을 사용한다.

1. 새 제품의 부트(A)를 화살표 방향으로 장착한다.

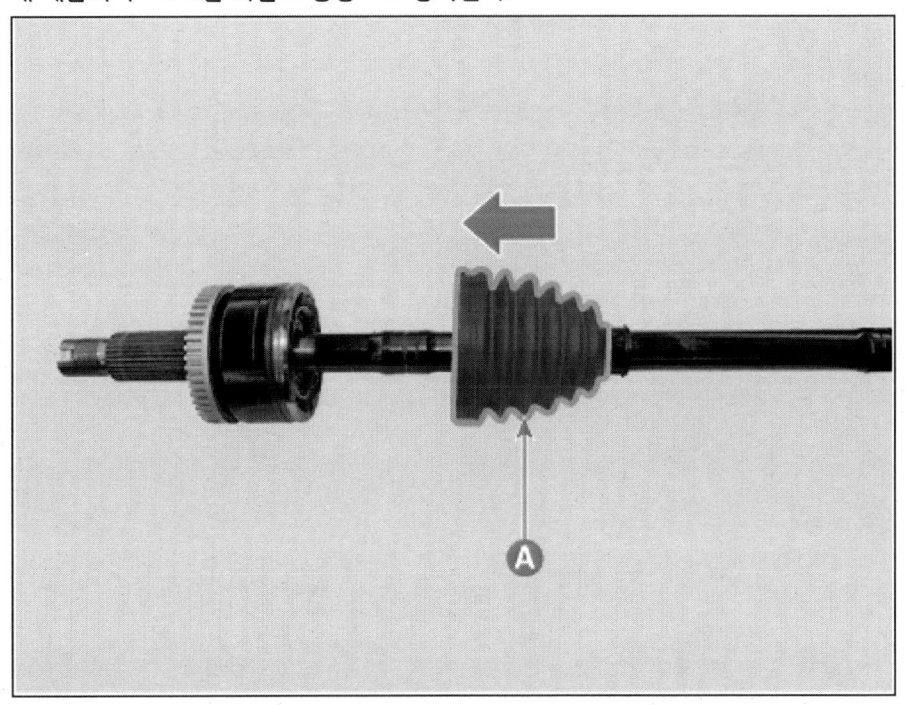

2. 규정된 그리스를 부트 내부에 도포한다.

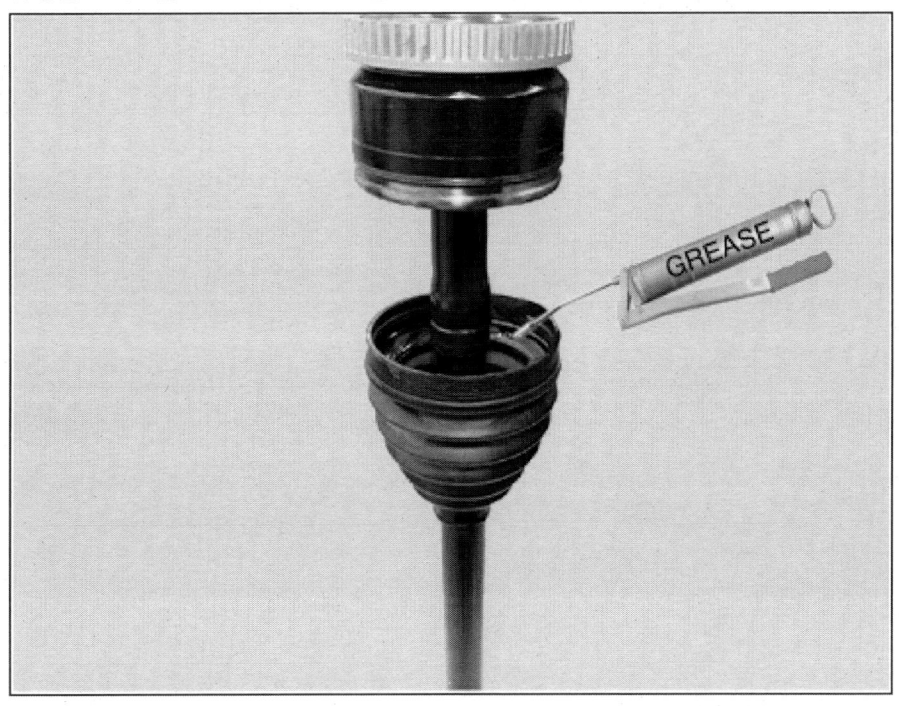

> **유 의**

- 그리스는 조인트 키트/부트 키트에 포함된 그리스를 사용한다.
- 그리스의 일정량(약 50~60%)을 부트 내에 도포한다.
- 드라이브 샤프트 조인트는 특수 그리스를 사용해야 하므로 다른 종류의 그리스를 첨가하지 않는다.

3. 휠측 부트(A)를 하우징(B)에 장착한다.

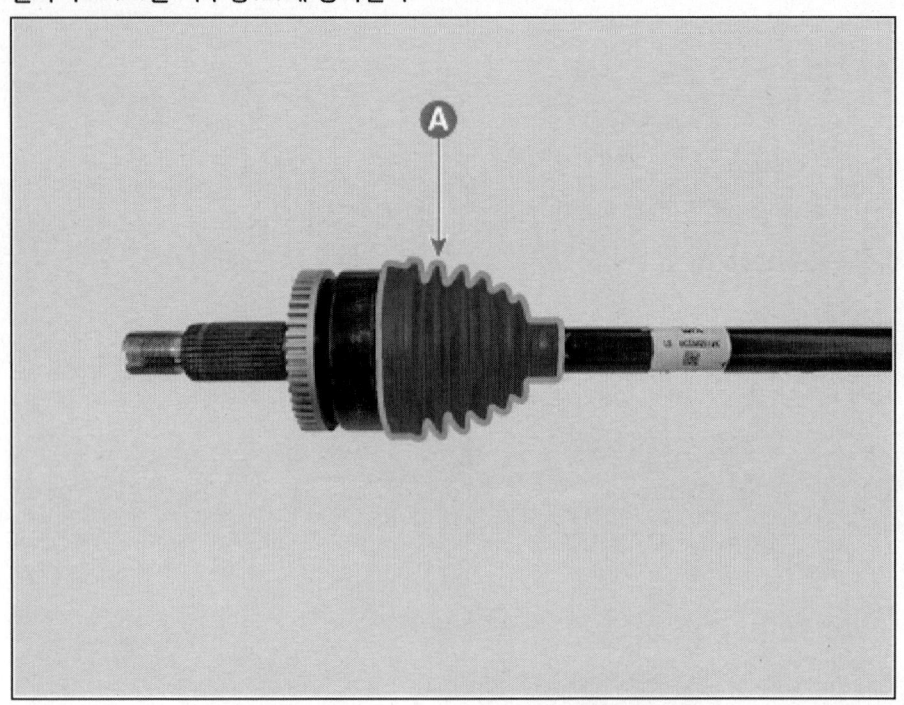

4. 특수공구(0K495-C5000)을 사용하여 대경 부트 밴드(B)를 체결한다.

이어타입 간격(A) : 2.0mm 이하

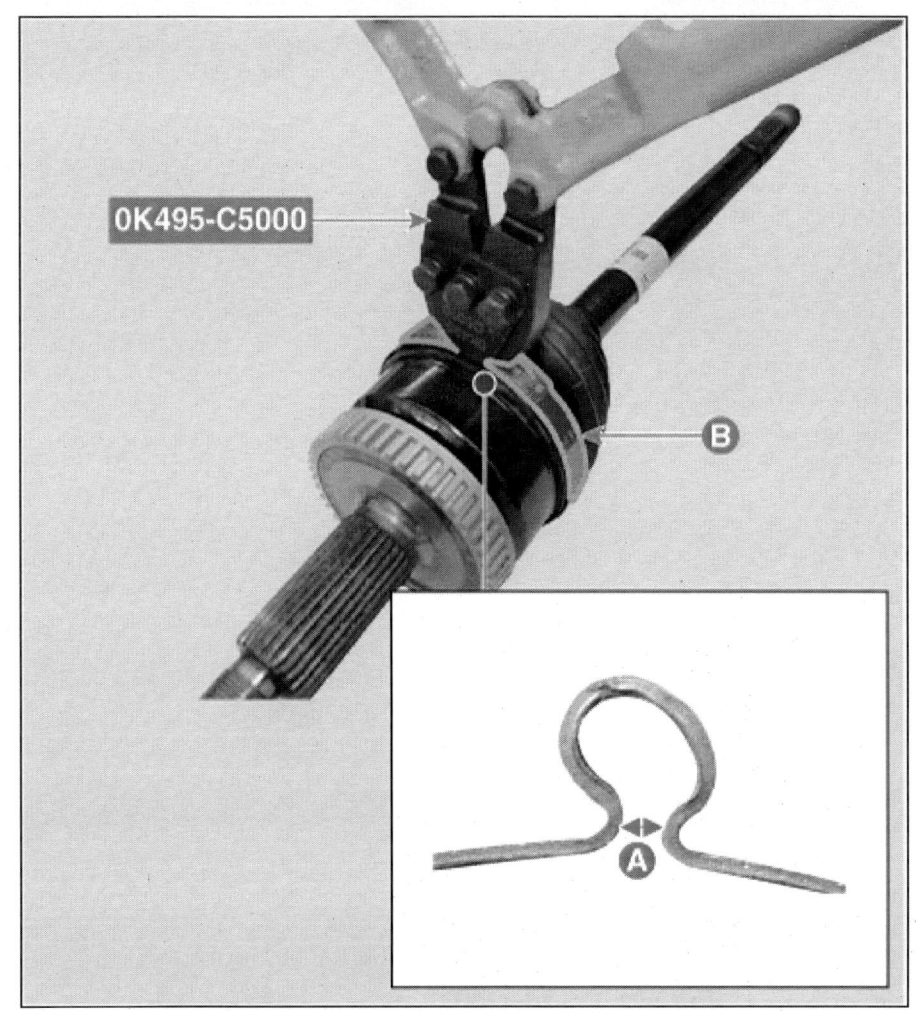

5. 특수공구(0K495-C5000)을 사용하여 소경 부트 밴드(B)를 체결한다.

이어타입 간격(A) : 2.0mm 이하

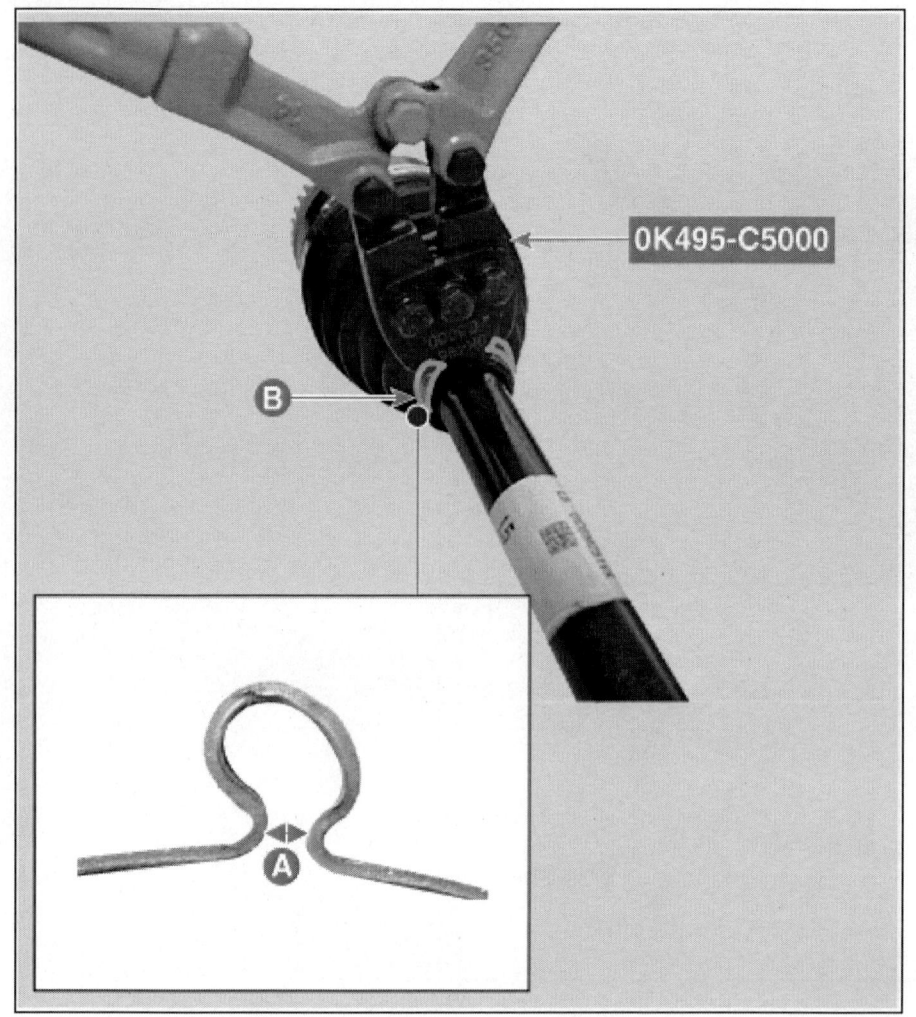

6. 감속기측 조인트를 장착한다.
   (드라이브 샤프트 어셈블리 - "감속기측 조인트" 참조)
7. 프런트 드라이브 샤프트를 장착한다.
   (드라이브 샤프트 어셈블리 - "프런트 드라이브 샤프트" 참조)

휠측 조인트 부트 교환 불가능 타입

> **유 의**
>
> - 조립 시, 먼지 및 이물질이 유입되지 않도록 주의한다.
> - 드라이브 샤프트 조인트는 특수 그리스를 사용해야 하므로 다른 종류의 그리스를 첨가하지 않는다.
> - 부트 밴드 탈거 시, 부트 밴드는 반드시 신품을 사용한다.

1. 휠측 어셈블리(A)와 샤프트를 교환한다.

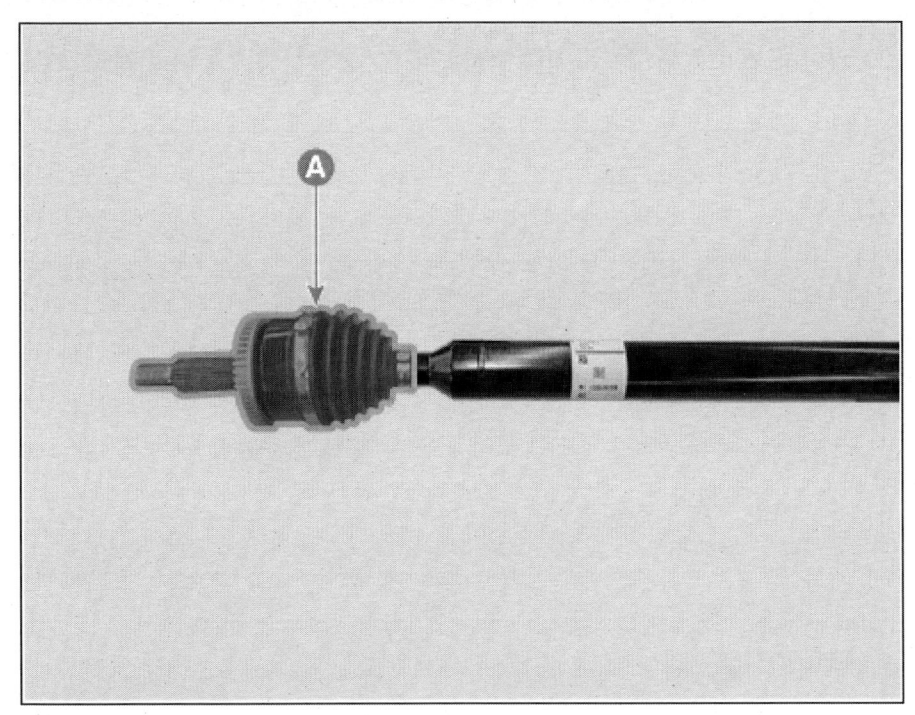

> **유 의**
> - 휠측 조인트 부트는 교환할 수 없으므로 휠측 조인트 어셈블리(A)와 샤프트(B)를 어셈블리로 교환한다.

2. 감속기측 조인트를 장착한다.
   (드라이브 샤프트 어셈블리 - "감속기측 조인트" 참조)
3. 프런트 드라이브 샤프트를 장착한다.
   (드라이브 샤프트 어셈블리 - "프런트 드라이브 샤프트" 참조)

2023 > 160kW > 드라이브 샤프트 및 액슬 > 리어 드라이브 샤프트 & 액슬 어셈블리 > 기능통합형 드라이브 액슬 (IDA) > 1 Page Guide Manual

기능통합형 드라이브 액슬 (IDA) 탈장착

	작업	H/W	체결토크 (kgf.m)	SST/장비	케미컬	기타
• 탈거						
1	12V 배터리 (-) 터미널 분리 (차량 제어 시스템 - "보조 배터리 (12V)" 참조)	-	-	-	-	-
2	리어 휠 및 타이어 탈거 (서스펜션 시스템 - "휠" 참조)	-	-	-	-	-
3	EPB 액추에이터 커넥터 분리	-	-	-	-	-
4	볼트를 풀어 리어 브레이크 캘리퍼 바디를 위로 젖힘	볼트	2.2 ~ 3.2	-	-	-
5	브레이크 패드 탈거	-	-	-	-	-
6	볼트를 풀어 리어 브레이크 캘리퍼 탈거	볼트	10.0 ~ 12.0	-	-	매뉴얼 참고
7	스크류를 풀어 리어 브레이크 디스크 탈거	스크류	0.5 ~ 0.6	-	-	-
8	볼트 및 너트를 풀어 리어 캐리어에서 리어 어퍼 암 프런트 탈거	볼트/너트	16.0 ~ 18.0	-	-	-
9	기능통합형 드라이브 액슬 (IDA) 볼트 탈거	볼트	9.0 ~ 11.0	-	-	-
10	볼트를 풀어 운전석 측 기능통합형 드라이브 액슬 (IDA)탈거	볼트	6.5 ~ 7.2	-	-	매뉴얼 참고
11	프라이 바를 사용하여 조수석 측 기능통합형 드라이브 액슬 (IDA)탈거	-	-	프라이 바	-	매뉴얼 참고
• 장착						
탈거의 역순으로 진행						
• 부가기능						
• 휠 얼라인먼트 - 액슬 측 암류 탈거 시, 휠 얼라인먼트 조정 진행						

고장진단

> **유 의**
>
> 브레이크 및 테일 게이트 소음 차량을 IDA 불량으로 오진단 하지 않도록 유의한다.

현상		예상 원인	정비
제동 시 소음	제동 시 '뚝', '득' 소음 전 후진 제동 시 '턱' 소음 변속 (D↔R)후 제동 시 '딱', '텅' 소음 정차 후 출발 시 '뚝' 소음	브레이크 캘리퍼 유격 불량 (타격음) 브레이크 디스크 및 패드 부식, 긁힘, 손상 브레이크 크립그론(Creep Groan) 소음	조정 또는 교환
주행 시 차량 후방 측 소음	주행 시 (요철로) '딱딱', '틱틱' 소음 주행 중 가감속 시 '따닥' 소음	테일 게이트 고정 불량	조정 또는 교환
IDA 소음 및 진동	주행 시 '웅', '윔' 소음 및 진동 가속 시 / 발진 시 떨림 (진동) 주행 시 (직진/ 선회) 주기적 '다라락, 딱딱딱' 소음	1. 디스크 체결 볼트 느슨해짐	재체결
		2. 휠 베어링과 너클/캐리어 체결 볼트 느슨해짐 모터/감속기와 조인트 조립부 서클립 체결 불량	재체결
		3. 모터/감속기와 조인트 조립부 서클립 체결 불량 조인트 내부 샤프트와 내륜 조립부 서클립/스냅링 체결 불량	재체결
		4. 조인트의 과다 마모, 유격, 손상	교환 (A/S용 키트 사용 파셜 수리)
		5. 샤프트의 손상 혹은 휘어짐	
		6. 휠 베어링의 과다 마모, 유격, 손상 또는 플랜지면 열화	
누유	부트 그리스 누출/비산	부트 및 부트 밴드의 체결 불량 또는 손상	

2023 > 160kW > 드라이브 샤프트 및 액슬 > 리어 드라이브 샤프트 & 액슬 어셈블리 > 기능통합형 드라이브 액슬 (IDA) > 구성부품 및 부품위치

구성부품

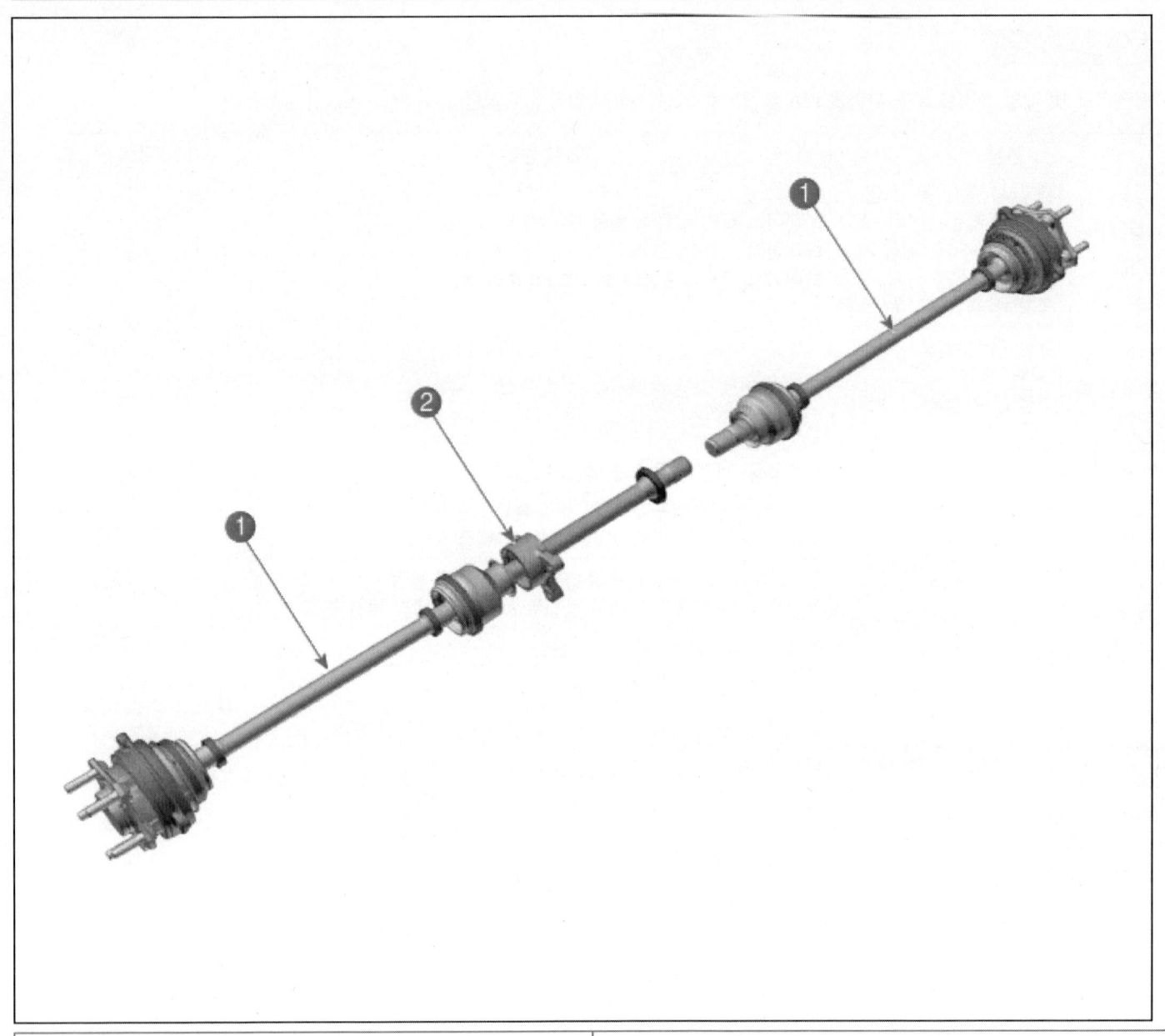

1. 기능통합형 드라이브 액슬 (IDA)	2. 인너 샤프트 베어링 브라켓

2023 > 160kW > 드라이브 샤프트 및 액슬 > 리어 드라이브 샤프트 & 액슬 어셈블리 > 기능통합형 드라이브 액슬 (IDA) > 탈거

탈거

1. 12V 배터리 (-) 터미널을 분리한다.
   (차량 제어 시스템 - "보조 배터리 (12V)" 참조)
2. 리어 휠 너트를 느슨하게 푼다. 차량을 리프트를 사용하여 들어 올린 후 안전을 확인한다.

   > ⚠ 주 의
   >
   > - 리프트를 사용하여 차량을 들어 올릴 경우에는 차량의 하부 부품(플로어 언더 커버, 배터리)에 손상이 없도록 주의한다.
   >   (일반 사항 - "리프트 포인트" 참조)

3. 리어 휠 및 타이어를 탈거한다.
   (서스펜션 시스템 - "휠" 참조)
4. EPB 액추에이터 커넥터(A)를 분리한다.

5. 볼트를 풀어 리어 브레이크 캘리퍼 바디(A)를 위로 젖힌다.

   체결 토크 : 2.2 ~ 3.2 kgf.m

6. 브레이크 패드(A)를 탈거한다.

7. 볼트를 풀어 리어 브레이크 캘리퍼(A)를 탈거한다.

체결 토크 : 10.0 ~ 12.0 kgf.m

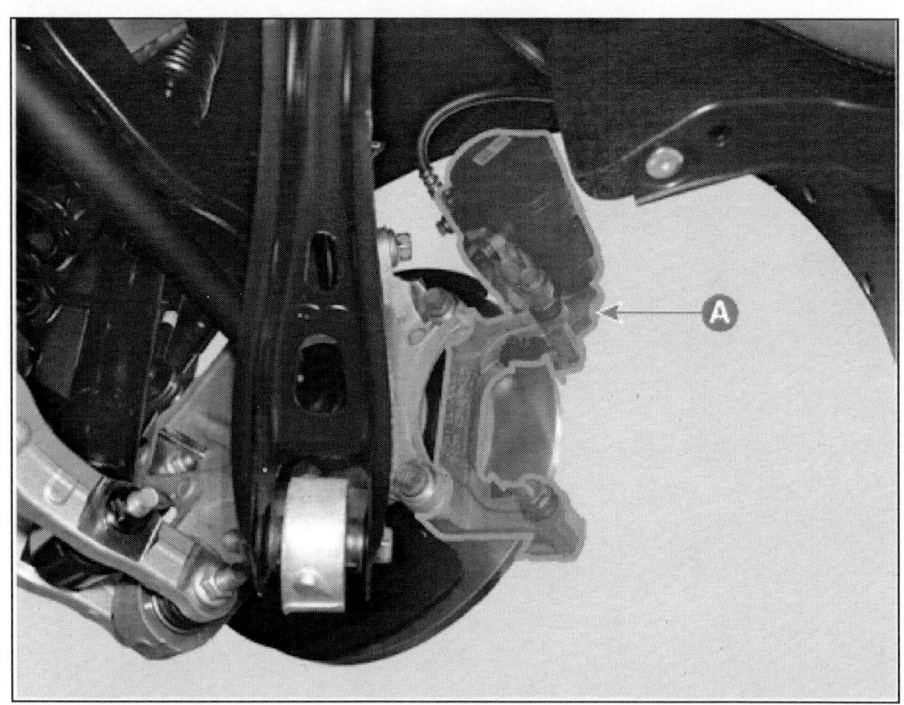

> **유 의**
>
> - 탈거한 리어 브레이크 캘리퍼(A)는 케이블 타이 등을 이용하여 고정한다.
>
>
>
> - 캘리퍼 장착 볼트는 재사용하지 않는다.

8. 스크류를 풀어 리어 브레이크 디스크(A)를 탈거한다.

체결 토크 : 0.5 ~ 0.6 kgf.m

9. 볼트 및 너트(A)를 풀어 리어 캐리어에서 리어 어퍼 암 프런트를 탈거한다.

체결 토크 : 16.0 ~ 18.0 kgf.m

> **유 의**
>
> • 탈거 시 잭을 리어 로어 암 하단에 설치하여 무부하 상태로 만들어 탈거한다.

10. 기능통합형 드라이브 액슬 (IDA) 볼트(A)를 탈거한다.

체결 토크 : 9.0 ~ 11.0 kgf.m

11. 볼트(A)를 풀어 운전석 측 기능통합형 드라이브 액슬 (IDA)을 탈거한다.

체결 토크 : 6.5 ~ 7.2 kgf.m

12. 프라이 바(A)를 사용하여 조수석 측 기능통합형 드라이브 액슬 (IDA)(B)을 탈거한다.

> **유 의**
>
> - 휠 측 액슬을 잡고 당길경우, 변속기 측 내부 부품이 손상되므로 조인트 컵(A)을 잡고 탈거한다.
>
>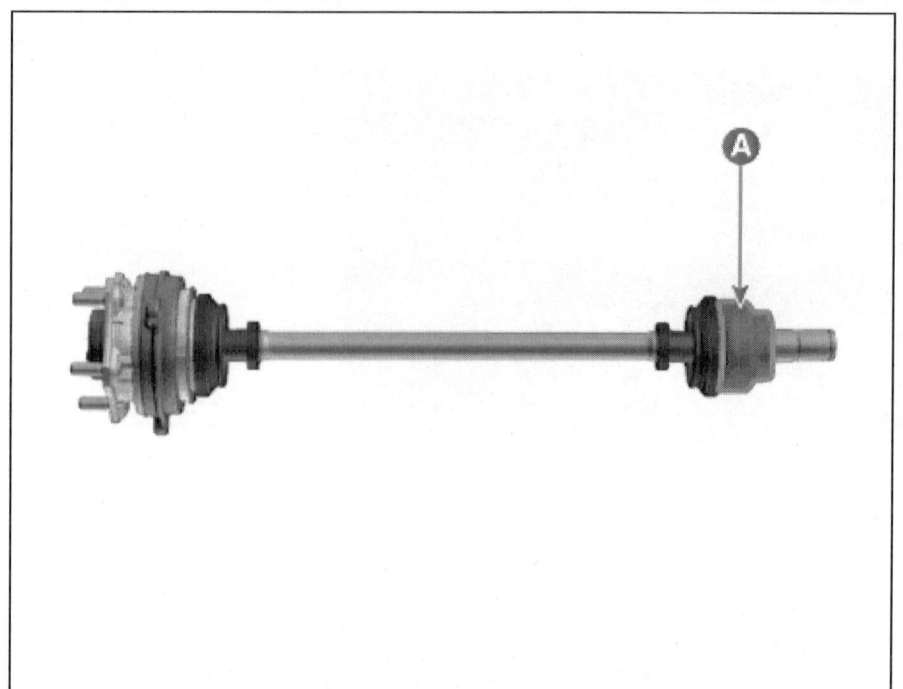
>
> - IDA 단품 이송할 시 가급적 양쪽 조인트를 받치거나, 샤프트를 잡고 이송한다.
> - 조인트와 감속기가 손상되지 않도록 하기 위해 프라이 바를 사용한다.
> - 프라이 바를 너무 깊게 끼울 경우 오일 씰에 손상을 줄 수 있다.
> - 드라이브 샤프트를 바깥에서 무리한 힘으로 당길경우, 조인트 키트 내부가 이탈되어 부트 찢어짐 및 베어링부의 손상을 가져올 수 있다.
> - 오염을 방지하기 위해 감속기의 구멍을 오일씰 캡으로 막는다.
> - 드라이브 샤프트를 적절하게 진행한다.
> - 감속기에서 드라이브 샤프트를 탈거할 때 마다 리테이너 링을 교환한다.

2023 > 160kW > 드라이브 샤프트 및 액슬 > 리어 드라이브 샤프트 & 액슬 어셈블리 > 기능통합형 드라이브 액슬 (IDA) > 장착

장착

1. 장착은 탈거의 역순으로 진행한다.
2. 얼라인먼트를 점검한다.
   (서스펜션 시스템 - "얼라인먼트" 참조)

2023 > 160kW > 드라이브 샤프트 및 액슬 > 리어 드라이브 샤프트 & 액슬 어셈블리 > 기능통합형 드라이브 액슬 (IDA) > 점검

점검

주행 시 테일 게이트(트렁크) 소음 점검

1. 테일 게이트(트렁크) 고정 불량에 의한 유동으로 충격성 소음 발생 여부를 확인한다.

제동 시 브레이크 소음 점검

1. 브레이크 디스크 및 패드의 이상(녹, 이상 마모, 이물질 오염 등) 여부를 확인한다.
2. 브레이크 캘리퍼 소음 여부를 확인한다.
3. 크립 그론(Creep Groan) 소음 여부를 확인한다.
   - 예비 주행을 통한 열간 상태 또는 브레이크 디스크 및 패드가 마른 상태에서 재현 평가를 실시한다.

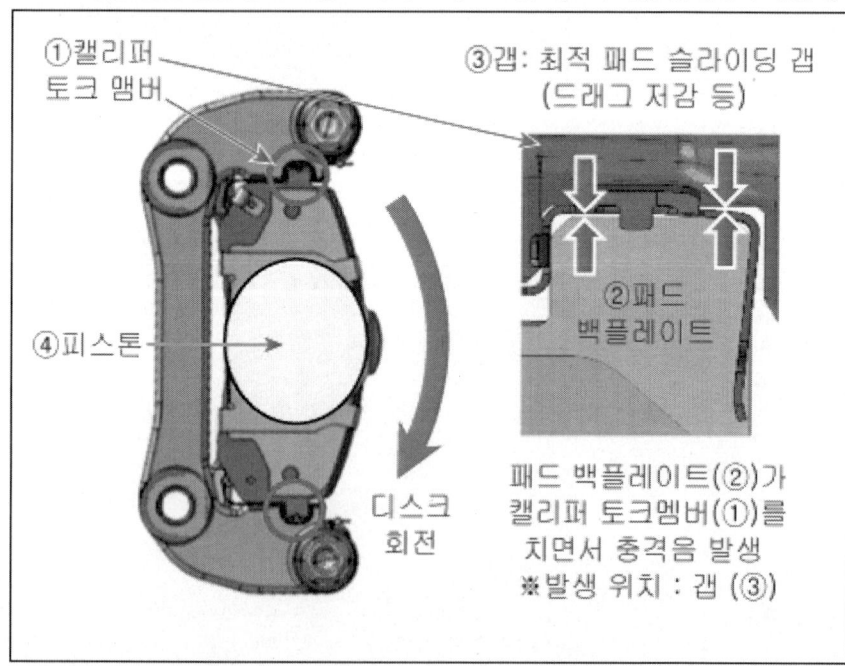

선회 시 너클 소음(IDA 전륜 적용 시)

1. 차량을 리프트에 올려 좌우 풀턴 상태에서 주변 부품의 간섭 여부를 확인 및 조치한다.
2. 차량을 리프트에 올려 시동 On 구동(가감속/정속) 상태에서 좌우 풀턴 또는 좌우 반전해 가며 이음 발생 여부를 확인 및 조치한다.
   - 이음 미발생 시 조인트 문제가 아니며, 이음 발생 시 휠 측 조인트를 교환한다.
3. IDA와 너클을 조립하는 볼트를 재조임 후 재현 평가를 실시한다.

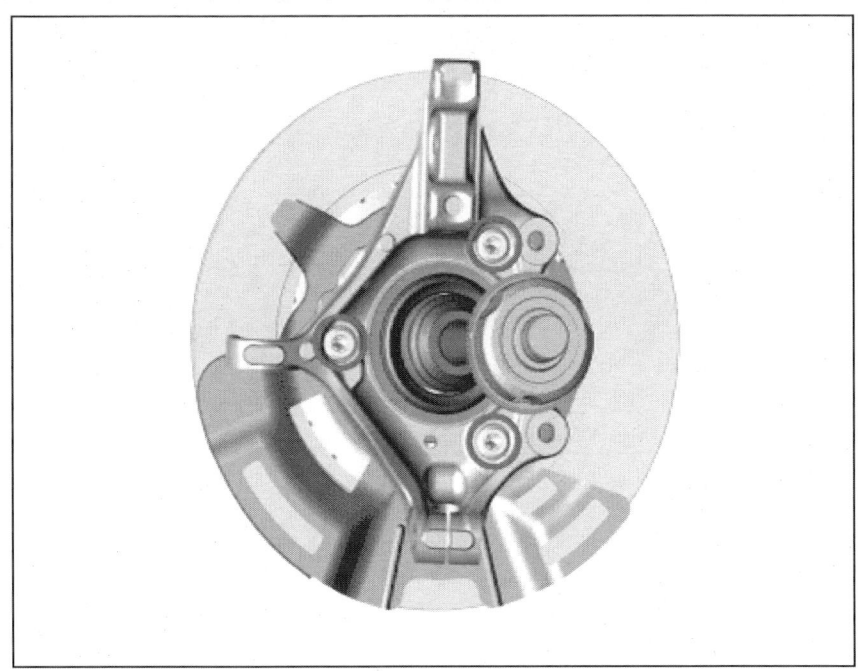

> **유 의**
> - 샤프트를 잡고 흔들 시 확인되는 어느 정도의 유격(흔들림)은 정상 범위로, 문제품이 아니니 IDA를 교환하지 않는다.

4. IDA 탈거 후 IDA 휠 베어링과 더스트 커버 및 너클 조립(접촉) 면에 상대 변위(유동흔) 발생 여부를 확인한다.
   - 상대 변위 발생 확인 시 접촉면을 깨끗이 닦고 그리스를 얇게 도포 재조립 후 재평가를 실시한다.

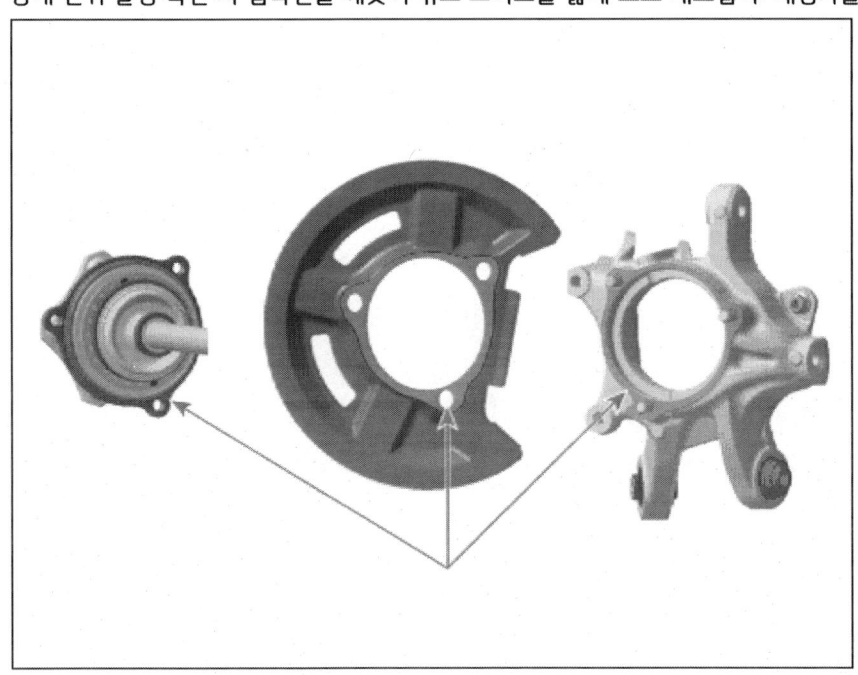

IDA 소음 및 진동 점검

1. 차량을 리프트에 올린 상태
   (1) 인보드 조인트와 디프 측(또는 이너 샤프트 측) 정체결 여부를 확인한다.
       빠짐이 있으면 서클립이 확실히 체결 되도록 조치한다.

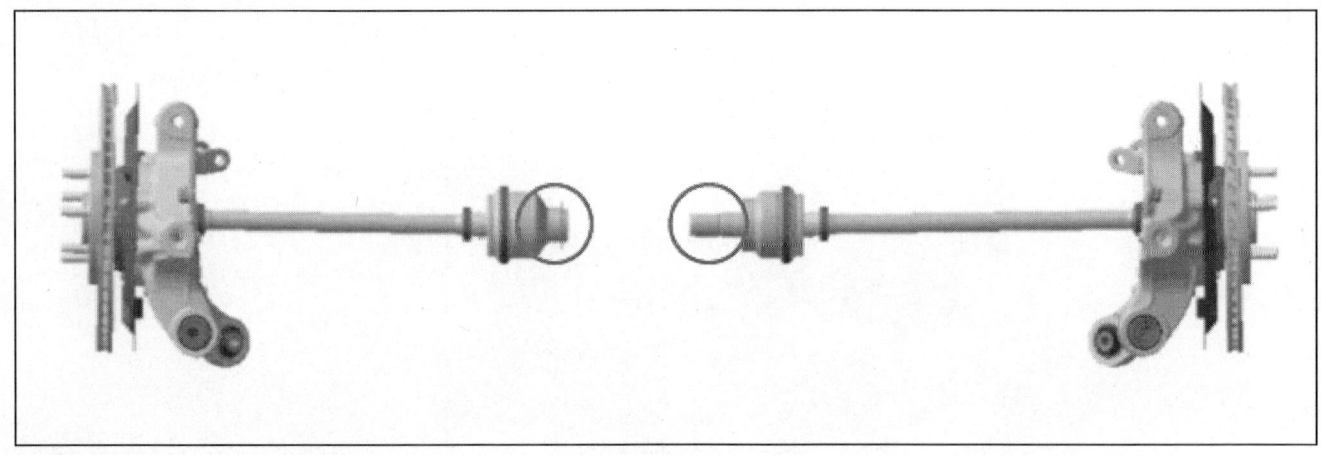

(2) 조인트 부트 및 밴드 손상에 의한 그리스 누유, 샤프트 휨 등을 확인한다.
누유 확인 시 조인트 손상 진행 여부 판단하여 필요시 교환 조치한다.

(3) IDA와 너클/캐리어를 조립하는 볼트를 재조임 후 재현 평가한다.

> **유 의**
>
> - 샤프트를 잡고 흔들 시 확인되는 어느 정도의 유격(흔들림)은 정상 범위로, 문제품이 아니니 IDA를 교환하지 않는다.

2. 챠량을 리프트에 올린 후 바퀴를 띄운 상태
   (1) 시동 On 상태에서 변속단 조작과 함께 가감속/정속 시(전륜은 좌우 턴 조건 포함) 문제 현상 재현 여부를 확인한다.

> **유 의**
>
> - 후륜에 적용된 조인트는 구조 및 특성상 실제 주행조건이 아닌 휠 과다 처짐 조건(조인트 고절각) 리프트 상태에서 구동 시(회전 시) 어느 정도 걸림감이나 주기적 소음이 발생할 수 있으니, 고장 여부가 확실하지 않을 때는 IDA를 교환하지 않는다.

(2) 휠을 잡고 차량 내/외측 방향으로 흔들어 휠 베어링 유격(흔들림)을 여부 확인한다.

> **유 의**
>
> - 휠을 잡고 전진/후진 방향으로 회전 시 어느 정도의 유격(백래시)은 정상 범위로, 문제품이 아니니 IDA를 교환하지 않는다.

(3) 휠 베어링과 너클/캐리어 체결 볼트의 느슨해짐(풀림/변형)을 확인한다.
(4) 휠을 제거하여 디스크 체결 볼트가 느슨해 지거나, 휠 베어링 측 플랜지의 디스크 접촉면에 열화가 있는지 점검한다.

> **ⓘ 참 고**
>
> - 반드시 상기 순서에 따라 점검 및 조치 후에도 재현 발생 시에 한해 IDA를 신품으로 교환한다.

감속기측 조인트 탈장착

	작업	H/W	체결토크 (kgf.m)	SST/장비	케미컬	기타
•	탈거					
1	기능통합형 드라이브 액슬 (IDA) 탈거 (리어 드라이브 샤프트 & 액슬 어셈블리 - "기능통합형 드라이브 액슬 (IDA)" 참조)	-	-	-	-	-
2	인너 샤프트 베어링 브라켓 탈거	-	-	-	-	-
3	드라이버(-)를 사용하여 감속기 측 조인트 부트 소경 밴드와 대경 밴드 탈거	-	-	드라이버(-)	-	매뉴얼 참고
4	인보드 서브 아세이에서 부트 분리	-	-	-	-	-
5	인보드 서브 아세이 탈거	-	-	스냅링 플라이어	-	매뉴얼 참고
6	부트 탈거	-	-	-	-	-
•	장착					
1	부트를 장착하기 전에 드라이브 샤프트에 소경 밴드와 대경 밴드 삽입	-	-	-	-	-
2	부트 장착	-	-	-	-	매뉴얼 참고
3	규정된 그리스를 부트와 인보드 서브 아세이 내부에 도포	-	-	-	-	매뉴얼 참고
4	인보드 서브 아세이를 밀어서 장착	-	-	-	-	매뉴얼 참고
5	인보드 서브 아세이에 부트 장착	-	-	-	-	-
6	특수공구(0K495-C5000, 09495-GI100)를 사용하여 감속기 측 조인트 소경 밴드와 대경 밴드 장착	-	-	0K495-C5000 09495-GI100	-	매뉴얼 참고
7	기능통합형 드라이브 액슬 (IDA) 장착 (리어 드라이브 샤프트 & 액슬 어셈블리 - "기능통합형 드라이브 액슬 (IDA)" 참조)	-	-	-	-	-

탈거

> **유 의**
> - 기능통합형 드라이브 액슬 (IDA)은 특수 그리스를 사용해야 하므로 다른 종류의 그리스를 첨가하지 않는다.
> - 부트 밴드 탈거 시, 부트 밴드는 반드시 신품을 사용한다.

1. 기능통합형 드라이브 액슬 (IDA)을 탈거한다.
   (리어 드라이브 샤프트 & 액슬 어셈블리 - "기능통합형 드라이브 액슬 (IDA)" 참조)
2. 이너 샤프트 베어링 브라켓(A)을 탈거한다.

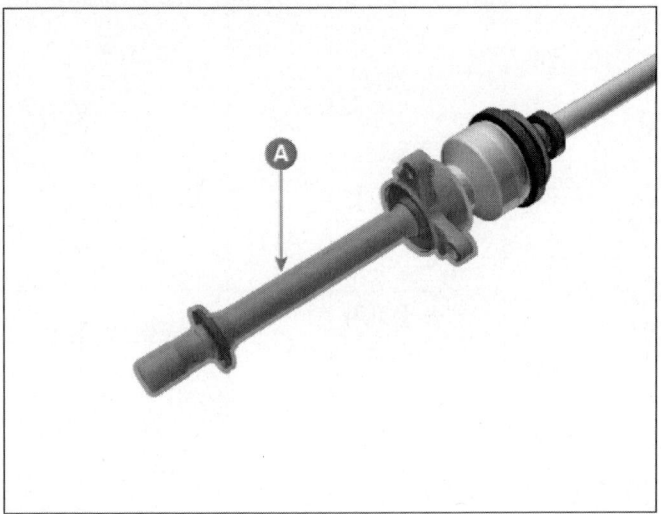

3. 드라이버(-)를 사용하여 감속기 측 조인트 부트 소경 밴드(A)와 대경 밴드(B)를 탈거한다.

> **유 의**
> - 망치로 드라이버를 타격하여 밴드를 탈거한다.

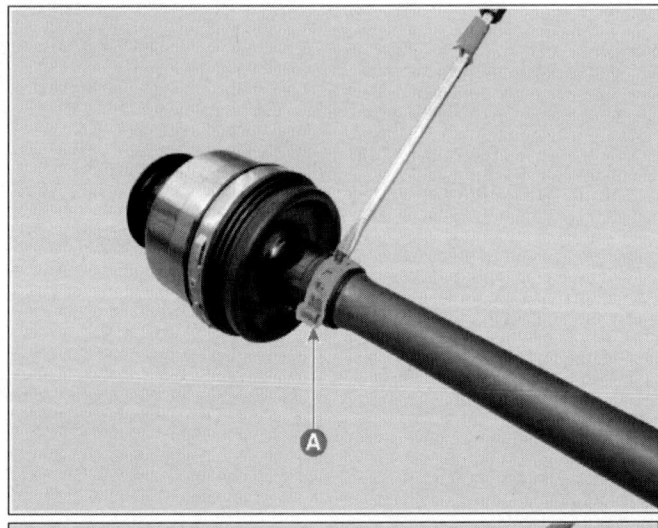

> 📌 참 고
> - 아래와 같이 부트 밴드 타입별 사용 분해 공구를 참고하여 사용한다.

이어 타입	IDA 타입 [로우 프로파일]
드라이버(-)	드라이버(-)

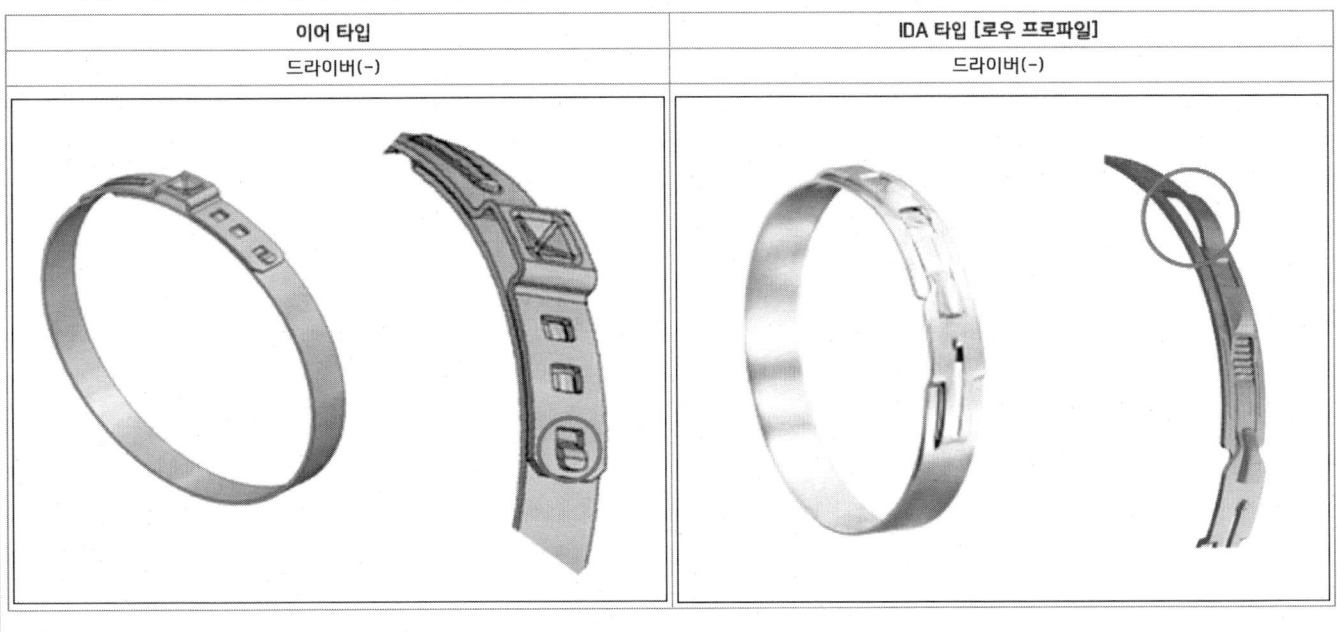

4. 인보드 서브 아세이에서 부트(A)를 분리한다.

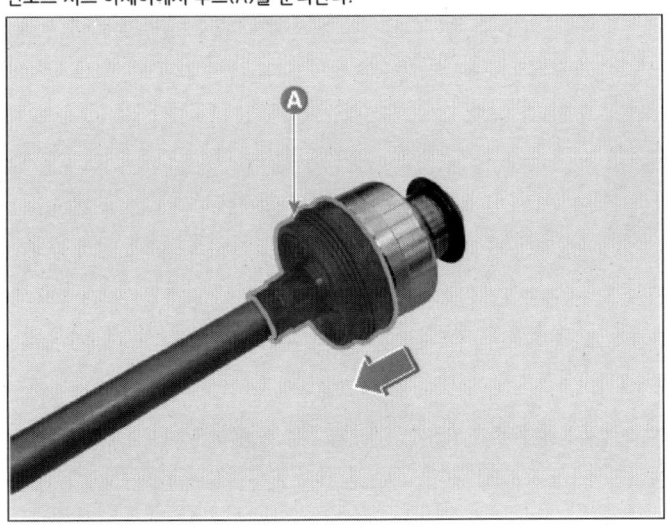

> ⚠️ 유 의
> - 허브 베어링 내의 스냅링 위치 확인을 위해 깨끗한 헝겊으로 그리스를 최대한 제거한다.

5. 인보드 서브 아세이를 탈거한다.
   (1) 스냅링 플라이어를 이용하여 스냅링(A)을 확장시킨다.

   (2) 스냅링을 확장시킨 상태에서 잡아당겨 인보드 서브 아세이(A)를 탈거한다.

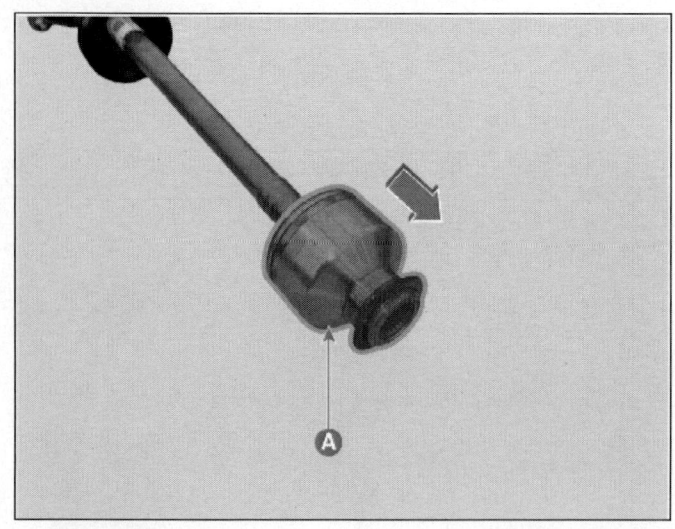

> **유 의**
> - 스냅링은 재사용 하지 않는다.

6. 부트(A)를 탈거한다.

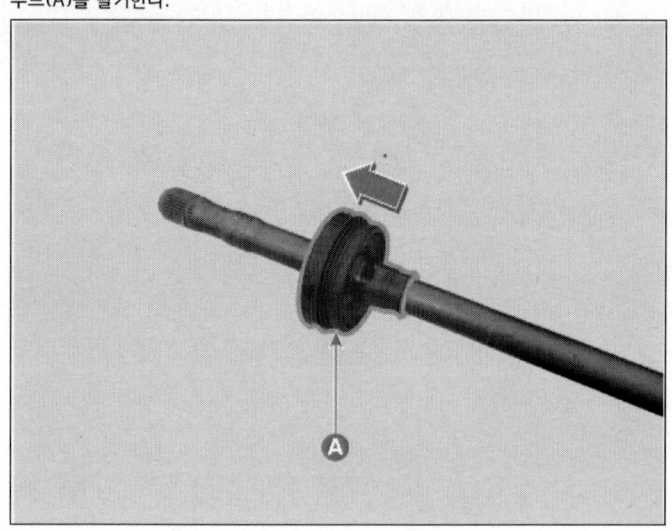

점검

1. 스플라인(A)의 손상/마모/균열을 점검한다.

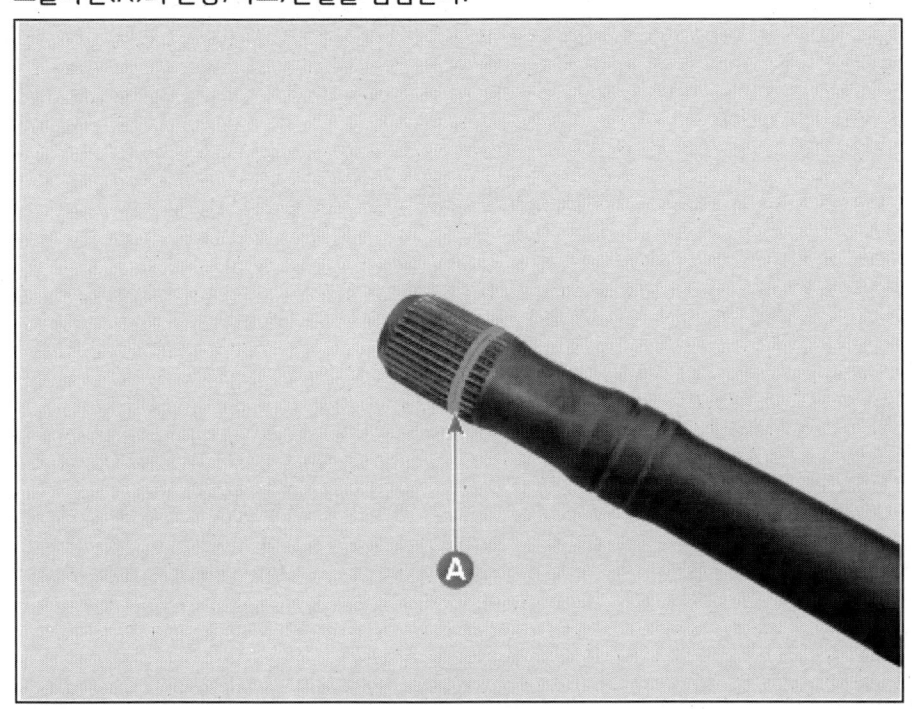

2. 부트에 물이나 이물질의 유입 여부를 확인한다.
3. 조인트 어셈블리의 손상/마모/균열을 점검한다.
4. 이상이 있는 부품은 교환한다.

장착

> **유의**
> - 조립 시, 먼지 및 이물질이 유입되지 않도록 주의한다.
> - 기능통합형 드라이브 액슬 (IDA)은 특수 그리스를 사용해야 하므로 다른 종류의 그리스를 첨가하지 않는다.
> - 부트 밴드 탈거 시, 부트 밴드는 반드시 신품을 사용한다.

1. 부트를 장착하기 전에 드라이브 샤프트에 소경 밴드와 대경 밴드(A)를 삽입한다.

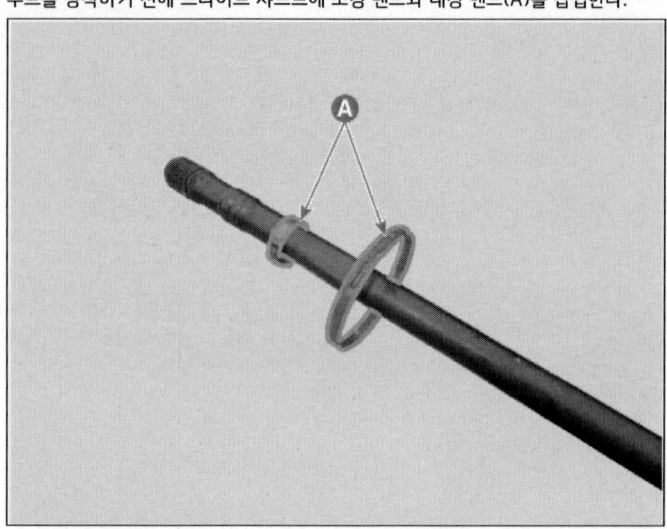

2. 부트(A)를 장착한다.

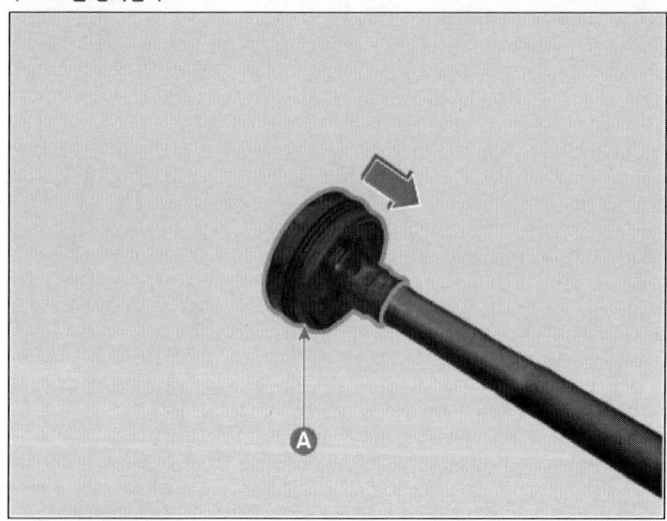

> **유의**
> - 부트 장착 시 샤프트의 장착 홈(A) 부분에 안착시킨다.

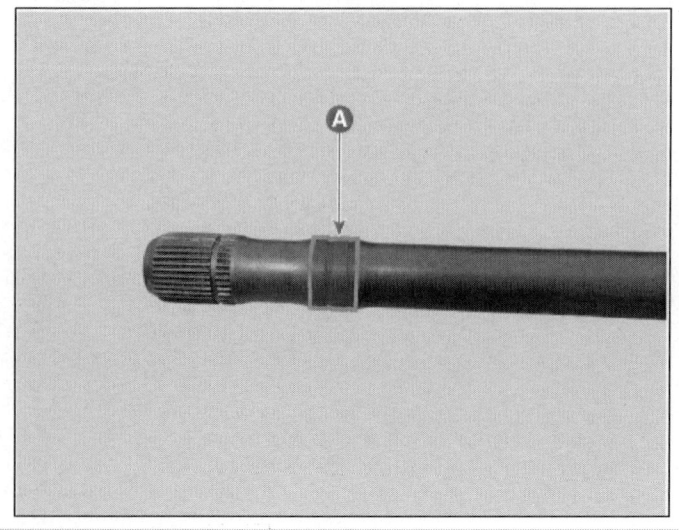

3. 규정된 그리스를 부트(A)와 인보드 서브 아세이(B) 내부에 도포한다.

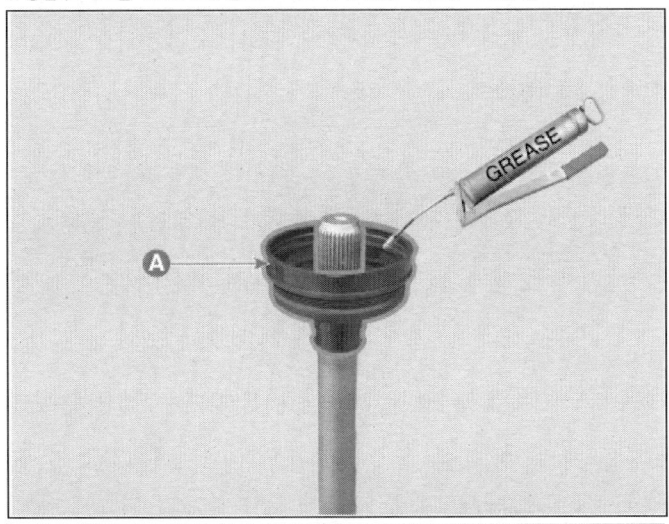

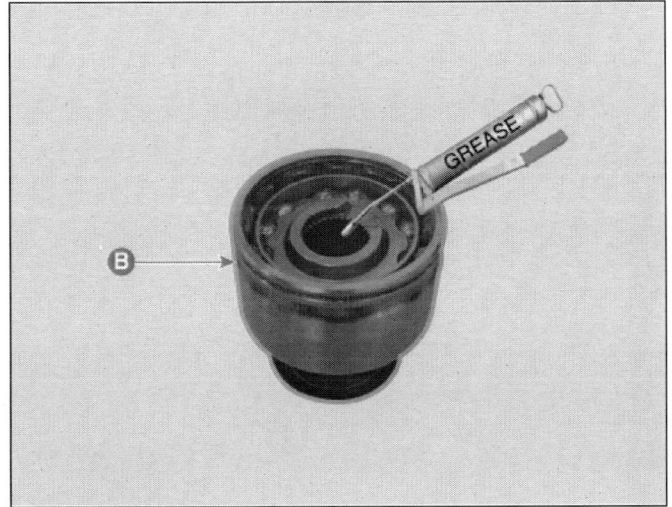

> **유 의**
> - 그리스는 조인트 키트/부트 키트에 포함된 그리스를 사용한다.
> - 제공된 그리스는 150g 제품이므로 절반만 사용한다.
>
>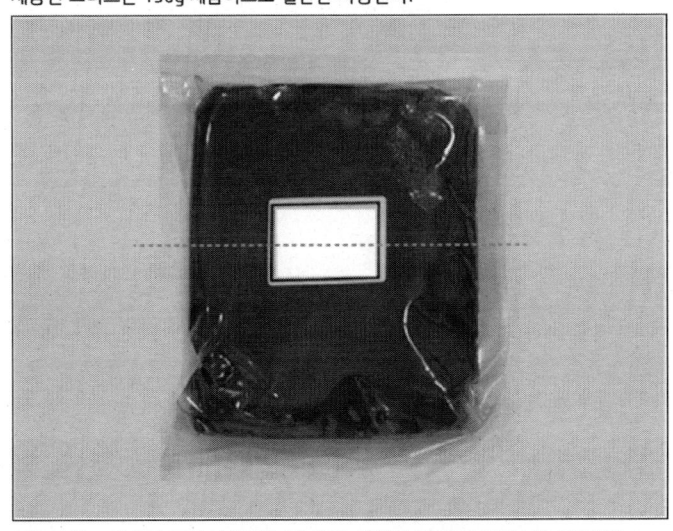
>
> - 신품의 허브 베어링 교환 시 컵 내부에 80%, 부트에 약 20% 그리스를 도포한다.
> - 부트 교환 시 부트에만 약 20% 그리스를 도포한다.
> - 컵 내부의 그리스가 부족하다면 컵 내부에 제공된 그리스의 30%, 부트에는 20% 도포한다.
> - 기능통합형 드라이브 액슬 (IDA)은 특수 그리스를 사용해야 하므로 다른 종류의 그리스를 첨가하지 않는다.

4. 인보드 서브 아세이(A)를 밀어서 장착한다.

> **유 의**
> - 샤프트 삽입 시 스플라인(A)에 유의하며 손으로 밀어서 장착한다.
> - 스냅링이 장착 홈(B)에 안착되었는지 확인한다.
> - 압입이 완료되면, 손으로 밀고 당겨서 스냅링이 제대로 장착되었는지 확인한다.

5. 인보드 서브 아세이에 부트(A)를 장착한다.

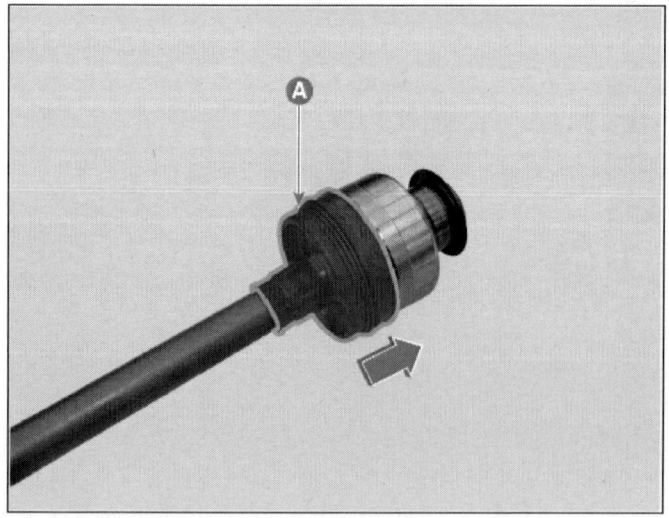

6. 특수공구(0K495-C5000, 09495-G1100)를 사용하여 감속기 측 조인트 소경 밴드(A)와 대경 밴드(B)를 장착한다.

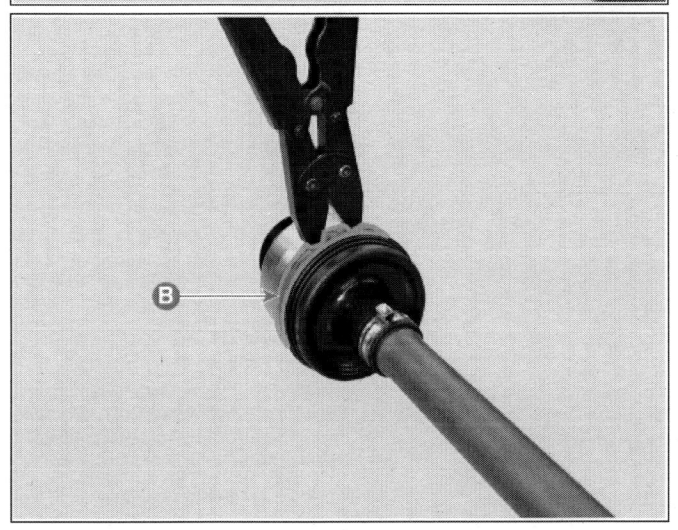

🛈 참 고

- 아래와 같이 부트 밴드 타입별 사용 조립 공구를 참고하여 사용한다.

이어 타입	IDA 타입 [로우 프로파일]
특수공구(0K495-C5000)	특수공구(09495-G1100)

유 의

- 밴드 장착은 대경 밴드 → 소경 밴드 순으로 체결한다.
- 밴드 체결 순서가 맞지 않으면 누유 발생 가능성이 있으므로 각별한 주의가 필요하다.
- 이어 타입 부트 밴드를 사용할 경우 체결 후 아래 그림과 같이 간격(A)을 확인한다.

이어 타입 간격(A) : 2.0mm 이하

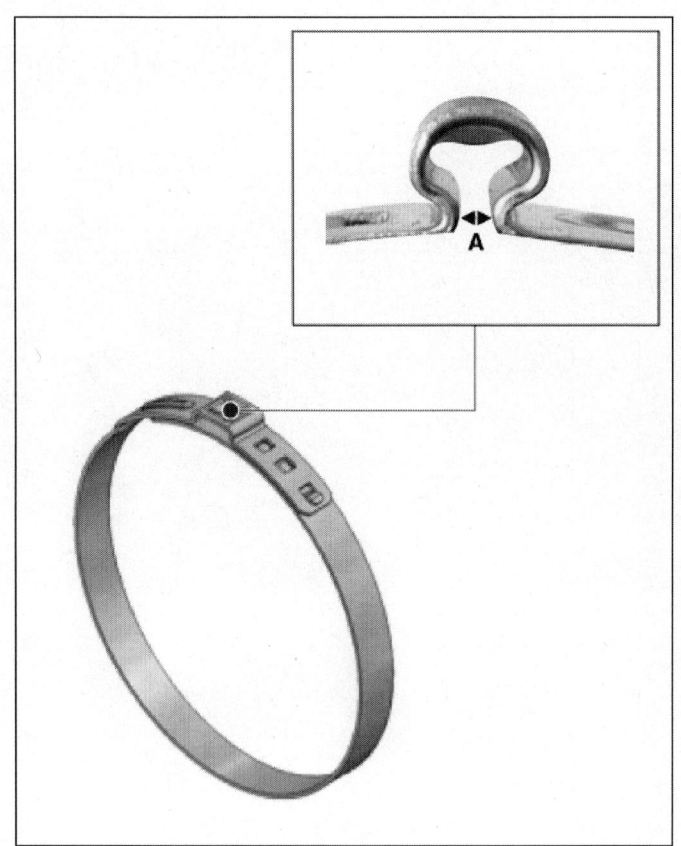

- 대경 밴드 체결 시, 특수공구(09495-GI100)를 사용하여 체결 후 아래 그림과 같이 확인한다.
  - 톱니가 보이지 않아야 한다.
  - 리테이너 컵이 보여야 한다.

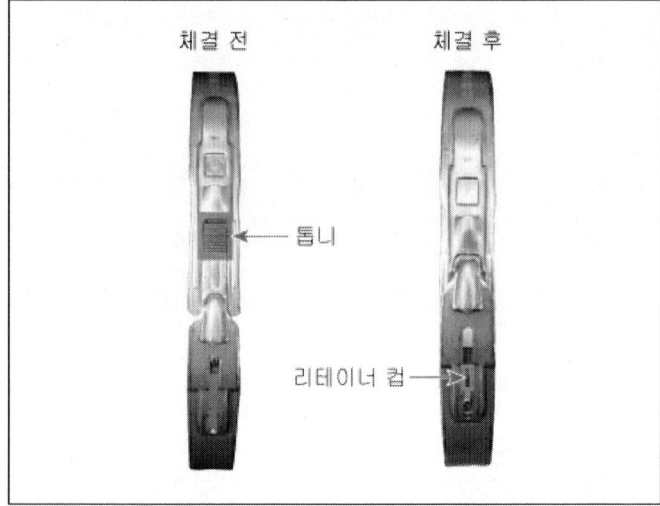

7. 기능통합형 드라이브 액슬 (IDA)을 장착한다.
   (리어 드라이브 샤프트 & 액슬 어셈블리 - "기능통합형 드라이브 액슬 (IDA)" 참조)

휠측 조인트 탈장착

	작업	H/W	체결토크 (kgf.m)	SST/장비	케미컬	기타
•	탈거					
1	기능통합형 드라이브 액슬 (IDA) 탈거 (리어 드라이브 샤프트 & 액슬 어셈블리 - "기능통합형 드라이브 액슬 (IDA)" 참조)	-	-	-	-	-
2	드라이버(-)를 사용하여 휠 측 조인트 부트 소경 밴드와 대경 밴드 탈거	-	-	드라이버(-)	-	매뉴얼 참고
3	허브 베어링에서 부트 분리	-	-	-	-	-
4	허브 베어링 탈거	-	-	-	-	매뉴얼 참고
5	부트 탈거	-	-	-	-	-
•	장착					
1	부트를 장착하기 전에 드라이브 샤프트에 소경 밴드와 대경 밴드 삽입	-	-	-	-	-
2	부트 장착	-	-	-	-	매뉴얼 참고
3	규정된 그리스를 부트와 허브 베어링 내부에 도포	-	-	-	-	매뉴얼 참고
4	허브 베어링을 밀어서 장착	-	-	-	-	매뉴얼 참고
5	허브 베어링에 부트 장착	-	-	-	-	-
6	특수공구(0K495-C5000, 09495-GI100)를 사용하여 휠 측 조인트 소경 밴드와 대경 밴드 장착	-	-	0K495-C5000 09495-GI100	-	매뉴얼 참고
7	기능통합형 드라이브 액슬 (IDA) 장착 (리어 드라이브 샤프트 & 액슬 어셈블리 - "기능통합형 드라이브 액슬 (IDA)" 참조)	-	-	-	-	-

탈거

> **유의**
> - 기능통힙형 드라이브 액슬 (IDA)은 특수 그리스를 사용해야 하므로 다른 종류의 그리스를 첨가하지 않는다.
> - 부트 밴드 탈거 시, 부트 밴드는 반드시 신품을 사용한다.

1. 기능통합형 드라이브 액슬 (IDA)을 탈거한다.
   (리어 드라이브 샤프트 & 액슬 어셈블리 - "기능통합형 드라이브 액슬 (IDA)" 참조)
2. 드라이버(-)를 사용하여 휠 측 조인트 부트 소경 밴드(A)와 대경 밴드(B)를 탈거한다.

> **유의**
> - 망치로 드라이버를 타격하여 밴드를 탈거한다.

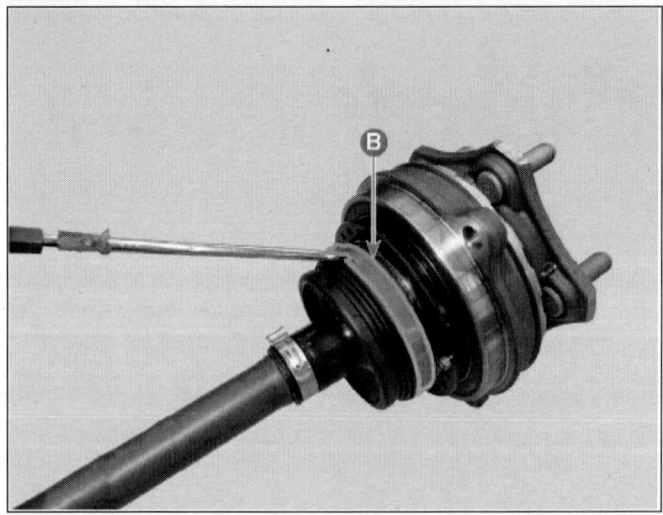

> **참고**
> - 아래와 같이 부트 밴드 타입별 사용 분해 공구를 참고하여 사용한다.

이어 타입	IDA 타입 [로우 프로파일]
드라이버(-)	드라이버(-)

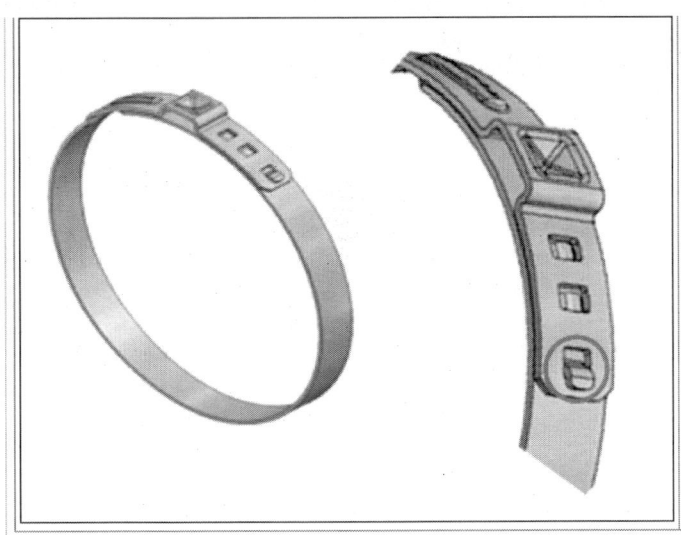
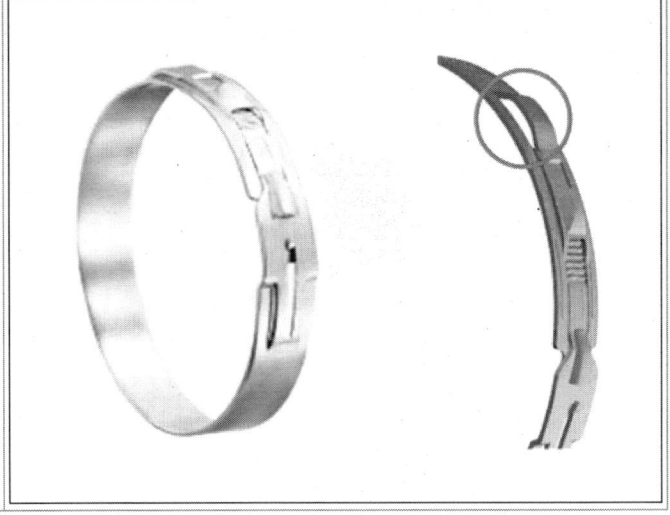

3. 허브 베어링에서 부트(A)를 분리한다.

유 의

- 허브 베어링 내의 스냅링 위치 확인을 위해 깨끗한 헝겊으로 그리스를 최대한 제거한다.

4. 허브 베어링을 탈거한다.
   (1) 스냅링 플라이어를 이용하여 스냅링(A)을 확장시킨다.

   (2) 스냅링을 확장시킨 상태에서 잡아당겨 허브 베어링(A)을 탈거한다.

> **유 의**
>
> - 스냅링은 재사용 하지 않는다.

5. 부트(A)를 탈거한다.

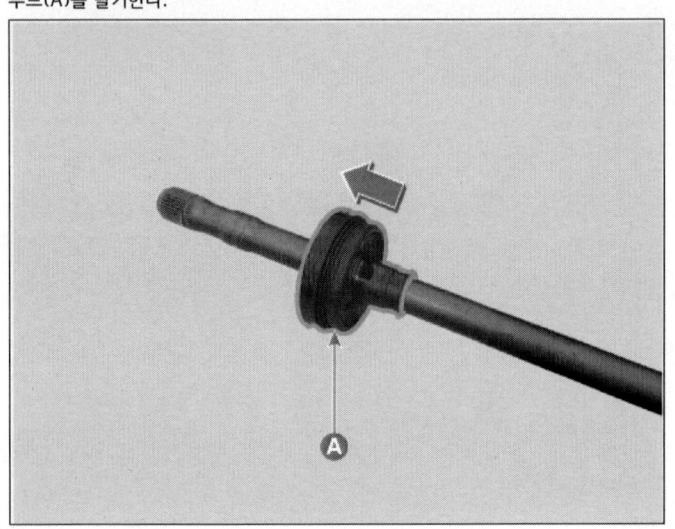

점검

1. 스플라인(A)의 손상/마모/균열을 점검한다.

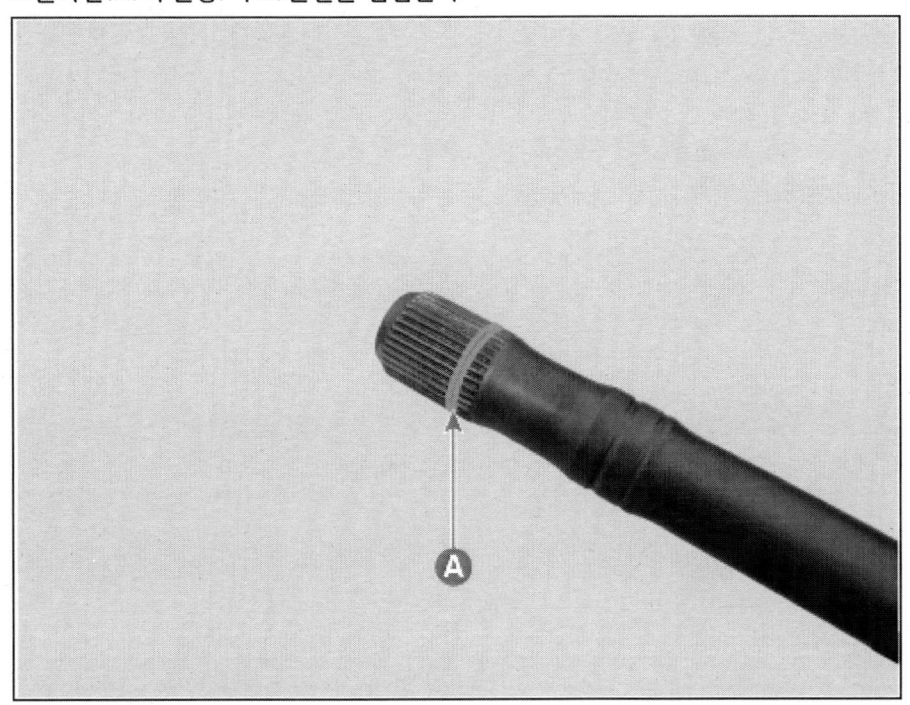

2. 부트에 물이나 이물질의 유입 여부를 확인한다.
3. 조인트 어셈블리의 손상/마모/균열을 점검한다.
4. 이상이 있는 부품은 교환한다.

장착

> **유 의**
> - 조립 시, 먼지 및 이물질이 유입되지 않도록 주의한다.
> - 기능통합형 드라이브 액슬 (IDA)은 특수 그리스를 사용해야 하므로 다른 종류의 그리스를 첨가하지 않는다.
> - 부트 밴드 탈거 시, 부트 밴드는 반드시 신품을 사용한다.

1. 부트를 장착하기 전에 드라이브 샤프트에 소경 밴드와 대경 밴드(A)를 삽입한다.

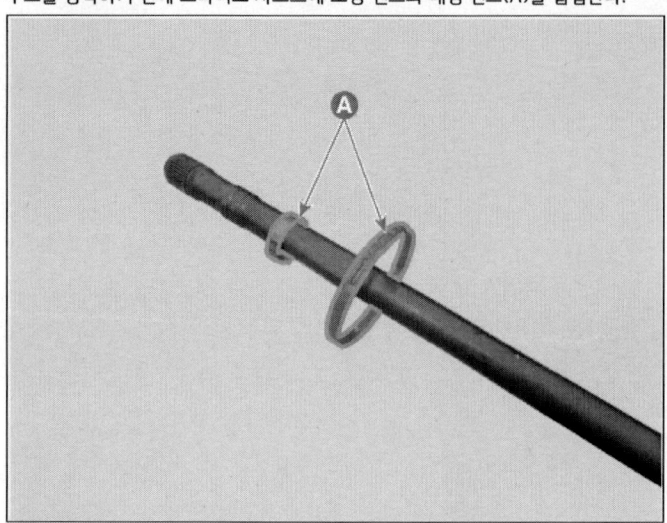

2. 부트(A)를 장착한다.

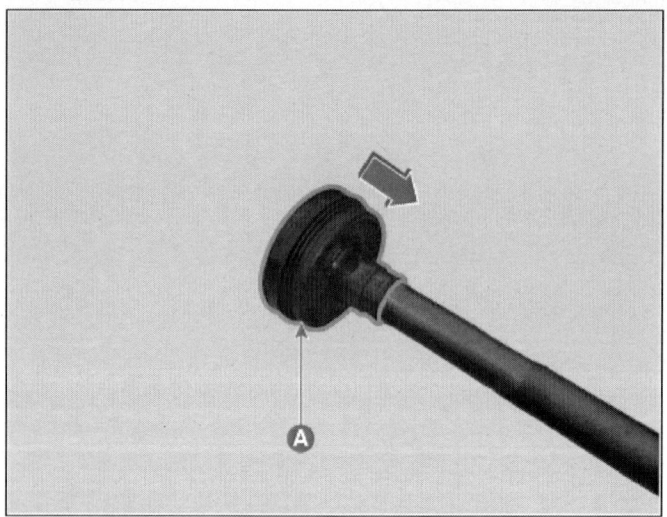

> **유 의**
> - 부트 장착 시 샤프트의 장착 홈(A) 부분에 안착시킨다.

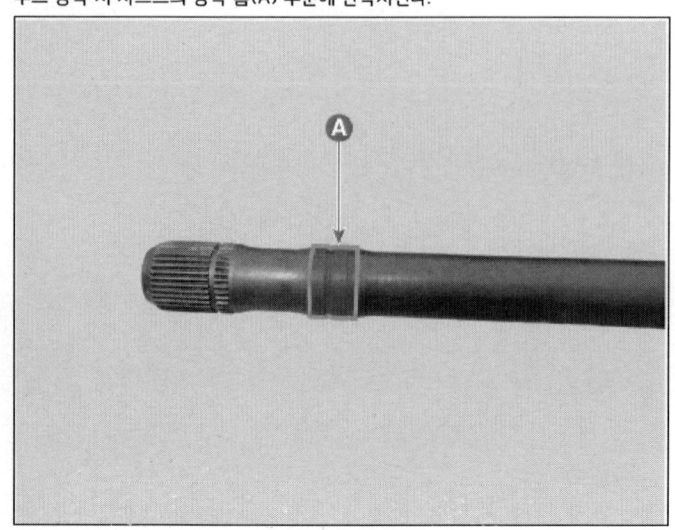

3. 규정된 그리스를 부트(A)와 허브 베어링(B) 내부에 도포한다.

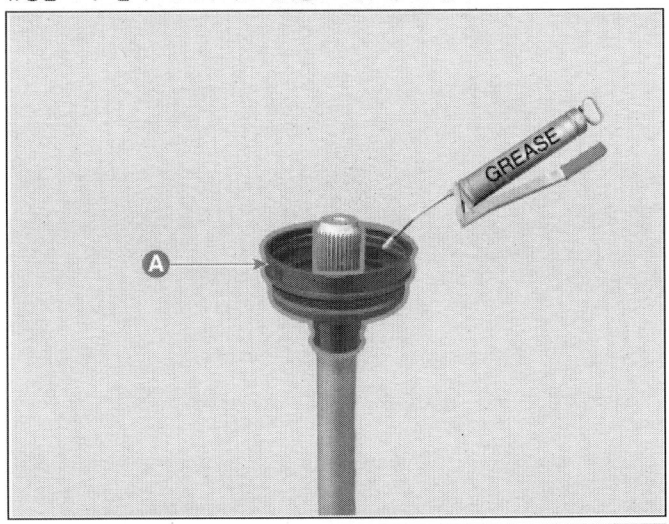

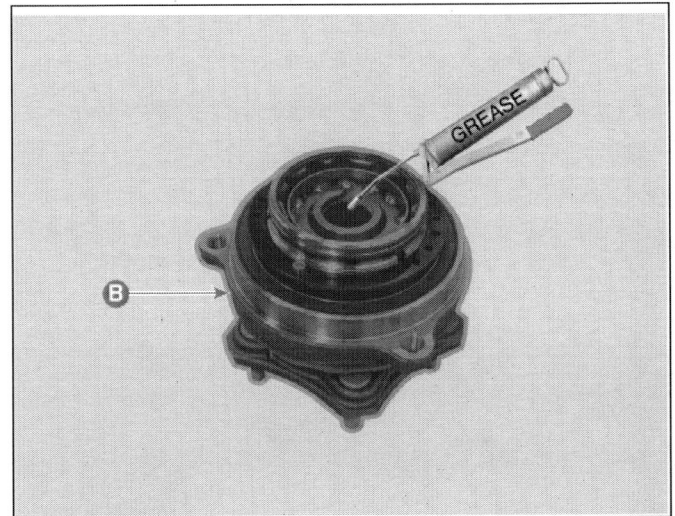

> **유 의**
> - 그리스는 조인트 키트/부트 키트에 포함된 그리스를 사용한다.
> - 제공된 그리스는 150g 제품이므로 절반만 사용한다.

- 신품의 허브 베어링 교환 시 컵 내부에 80%, 부트에 약 20% 그리스를 도포한다.
- 부트 교환 시 부트에만 약 20% 그리스를 도포한다.
- 컵 내부의 그리스가 부족하다면 컵 내부에 제공된 그리스의 30%, 부트에는 20% 도포한다.
- 기능통합형 드라이브 액슬 (IDA)은 특수 그리스를 사용해야 하므로 다른 종류의 그리스를 첨가하지 않는다.

4. 허브 베어링(A)을 밀어서 장착한다.

> **유 의**
> - 샤프트 삽입 시 스플라인(A)에 유의하며 손으로 밀어서 장착한다.
> - 스냅링이 장착 홈(B)에 안착되었는지 확인한다.
> - 압입이 완료되면, 손으로 밀고 당겨서 스냅링이 제대로 장착되었는지 확인한다.

5. 허브 베어링에 부트(A)를 장착한다.

6. 특수공구(0K495-C5000, 09495-G1100)를 사용하여 휠 측 조인트 소경 밴드(A)와 대경 밴드(B)를 장착한다.

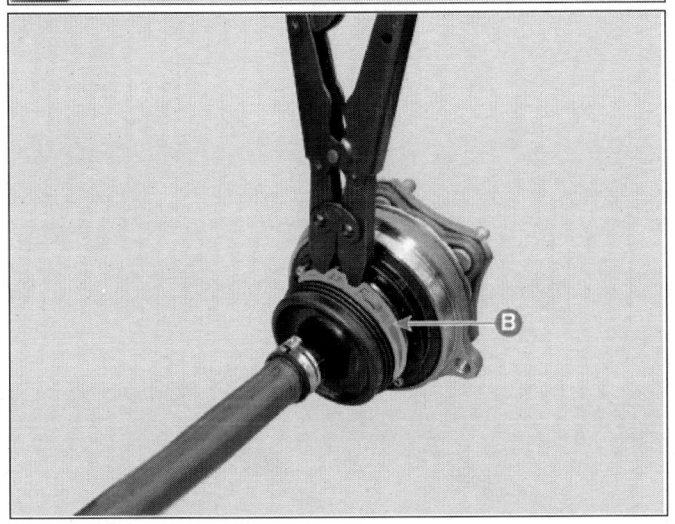

🛈 참 고

- 아래와 같이 부트 밴드 타입별 사용 조립 공구를 참고하여 사용한다.

이어 타입	IDA 타입 [로우 프로파일]
특수공구(OK495-C5000)	특수공구(09495-GI100)

유 의

- 밴드 장착은 대경 밴드 → 소경 밴드 순으로 체결한다.
- 밴드 체결 순서가 맞지 않으면 누유 발생 가능성이 있으므로 각별한 주의가 필요하다.
- 이어 타입 부트 밴드를 사용할 경우 체결 후 아래 그림과 같이 간격(A)을 확인한다.

이어 타입 간격(A) : 2.0mm 이하

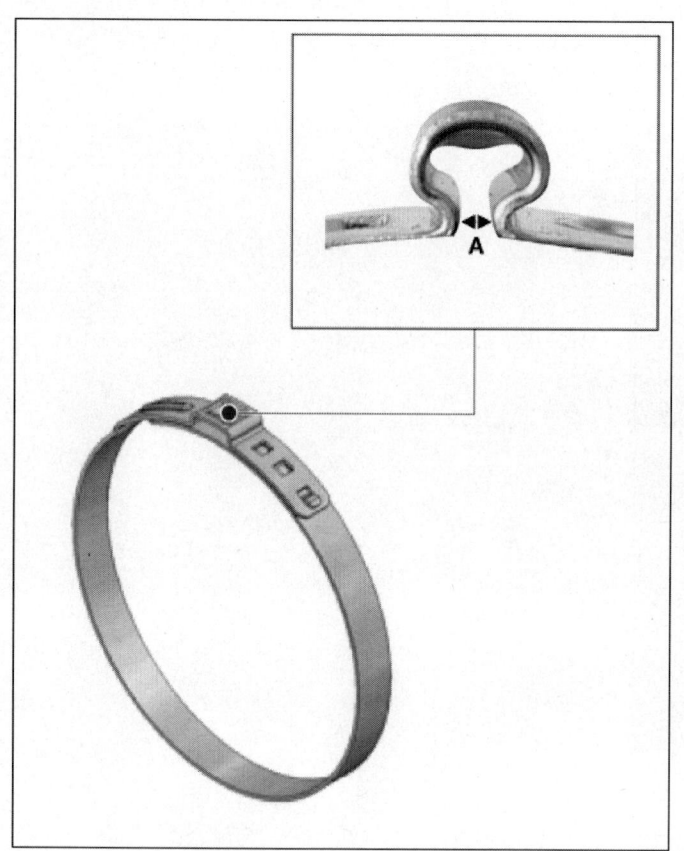

- 대경 밴드 체결 시, 특수공구(09495-GI100)를 사용하여 체결 후 아래 그림과 같이 확인한다.
  - 톱니가 보이지 않아야 한다.
  - 리테이너 컵이 보여야 한다.

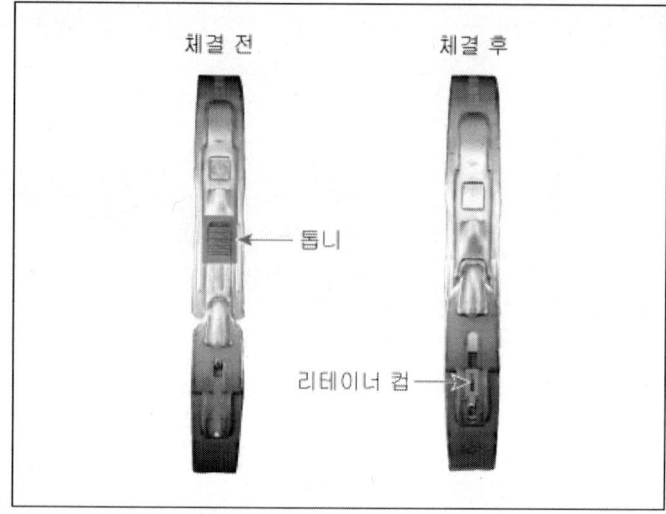

7. 기능통합형 드라이브 액슬 (IDA)을 장착한다.
   (리어 드라이브 샤프트 & 액슬 어셈블리 - "기능통합형 드라이브 액슬 (IDA)" 참조)

리어 액슬 - 캐리어 탈장착

	작업	H/W	체결토크 (kgf.m)	SST/장비	케미컬	기타
• 탈거						
1	12V 배터리 (-) 터미널 분리 (차량 제어 시스템 - "보조 배터리 (12V)" 참조)	-	-	-	-	-
2	리어 휠 및 타이어 탈거 (서스펜션 시스템 - "휠" 참조)	-	-	-	-	-
3	EPB 액추에이터 커넥터 분리	-	-	-	-	-
4	볼트를 풀어 리어 브레이크 캘리퍼 바디를 위로 젖힘	볼트	2.2 ~ 3.2	-	-	-
5	브레이크 패드 탈거	-	-	-	-	-
6	볼트를 풀어 리어 브레이크 캘리퍼 탈거	볼트	10.0 ~ 12.0	-	-	매뉴얼 참고
7	스크류를 풀어 리어 브레이크 디스크 탈거	스크류	0.5 ~ 0.6	-	-	-
8	볼트를 풀어 리어 휠 속도 센서 탈거	볼트	0.9 ~ 1.4	-	-	-
9	볼트 및 너트를 풀어 리어 캐리어에서 리어 어퍼 암 프런트 탈거	볼트/너트	16.0 ~ 18.0	-	-	-
10	볼트 및 너트를 풀어 리어 캐리어에서 리어 어퍼 암 리어 탈거	볼트/너트	16.0 ~ 18.0	-	-	-
11	너트를 풀어 스태빌라이저 바에서 스태빌라이저 링크 분리	너트	10.0 ~ 12.0	-	-	-
12	볼트 및 너트를 풀어 리어 캐리어에서 리어 어시스트 암 탈거	볼트/너트	12.0 ~ 14.0	-	-	-
13	볼트 및 너트를 풀어 리어 캐리어에서 트레일링 암 탈거	볼트/너트	12.0 ~ 14.0	-	-	-
14	볼트 및 너트를 풀어 리어 캐리어에서 리어 로어 암 탈거	볼트/너트	18.0 ~ 20.0	-	-	-
15	볼트를 풀어 운전석 측 기능통합형 드라이브 액슬 (IDA)탈거	볼트	6.5 ~ 7.2	-	-	매뉴얼 참고
16	프라이 바를 사용하여 조수석 측 기능통합형 드라이브 액슬 (IDA)탈거	-	-	프라이 바	-	매뉴얼 참고
17	볼트를 풀어 리어 캐리어 탈거	볼트	13.0 ~ 15.0	-	-	-
18	더스트 커버 탈거	-	-	-	-	-
19	너트를 풀어 스태빌라이저 링크 탈거	너트	10.0 ~ 12.0	-	-	-
• 장착						
탈거의 역순으로 진행						-
• 부가기능						
• 휠 얼라인먼트 - 액슬 측 암류 탈거 시, 휠 얼라인먼트 조정 진행						

2023 > 160kW > 드라이브 샤프트 및 액슬 > 리어 드라이브 샤프트 & 액슬 어셈블리 > 리어 액슬 - 캐리어 > 구성부품 및 부품위치

구성부품

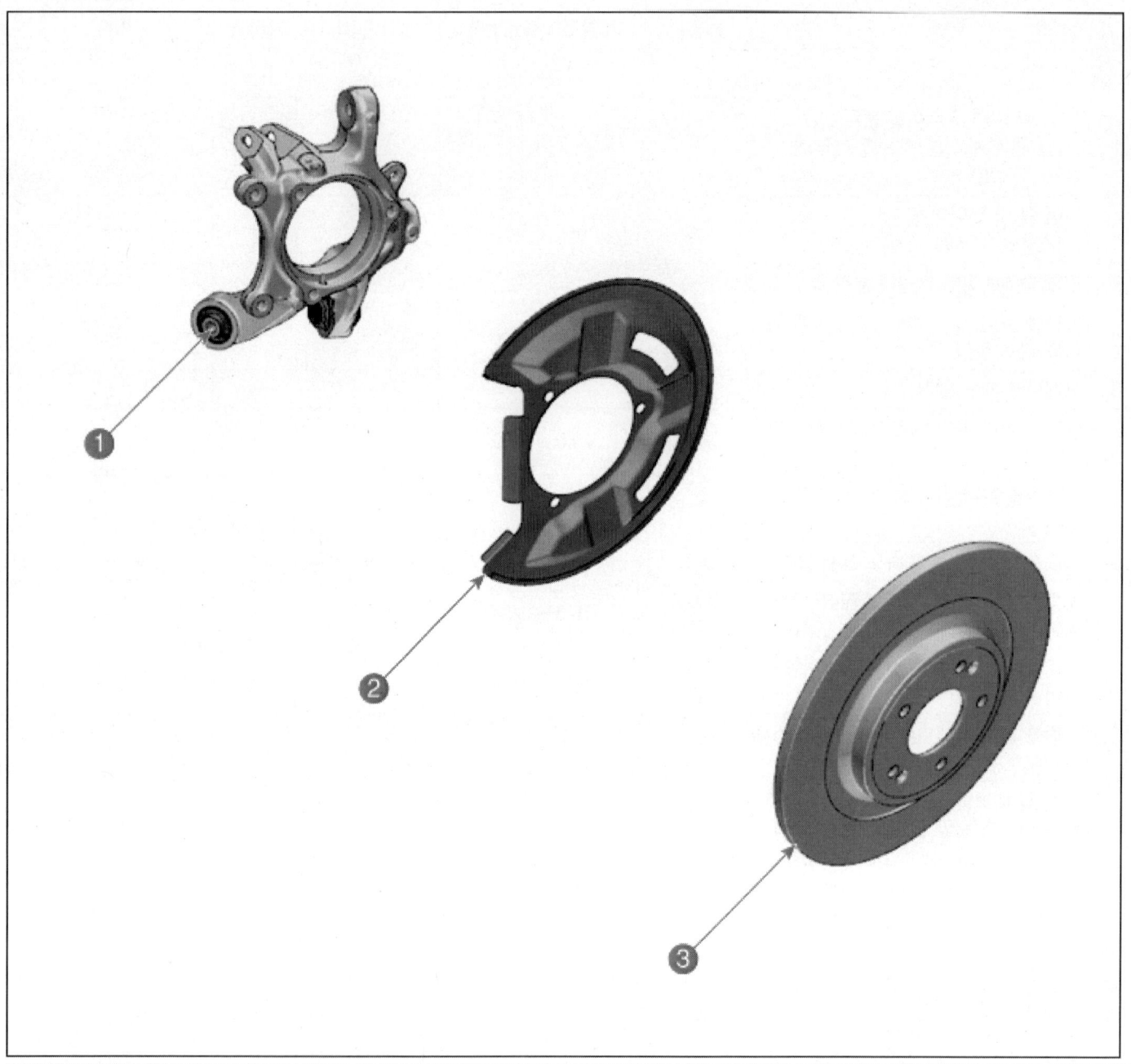

1. 리어 캐리어
2. 더스트 커버
3. 리어 브레이크 디스크

탈거

1. 12V 배터리 (-) 터미널을 분리한다.
   (차량 제어 시스템 - "보조 배터리 (12V)" 참조)
2. 리어 휠 너트를 느슨하게 푼다. 차량을 리프트를 사용하여 들어 올린 후 안전을 확인한다.

   > ⚠ 주 의
   >
   > - 리프트를 사용하여 차량을 들어 올릴 경우에는 차량의 하부 부품(플로어 언더 커버, 배터리)에 손상이 없도록 주의한다.
   >   (일반 사항 - "리프트 포인트" 참조)

3. 리어 휠 및 타이어를 탈거한다.
   (서스펜션 시스템 - "휠" 참조)
4. EPB 액추에이터 커넥터(A)를 분리한다.

5. 볼트를 풀어 리어 브레이크 캘리퍼 바디(A)를 위로 젖힌다.

   체결 토크 : 2.2 ~ 3.2 kgf.m

6. 브레이크 패드(A)를 탈거한다.

7. 볼트를 풀어 리어 브레이크 캘리퍼(A)를 탈거한다.

체결 토크 : 10.0 ~ 12.0 kgf.m

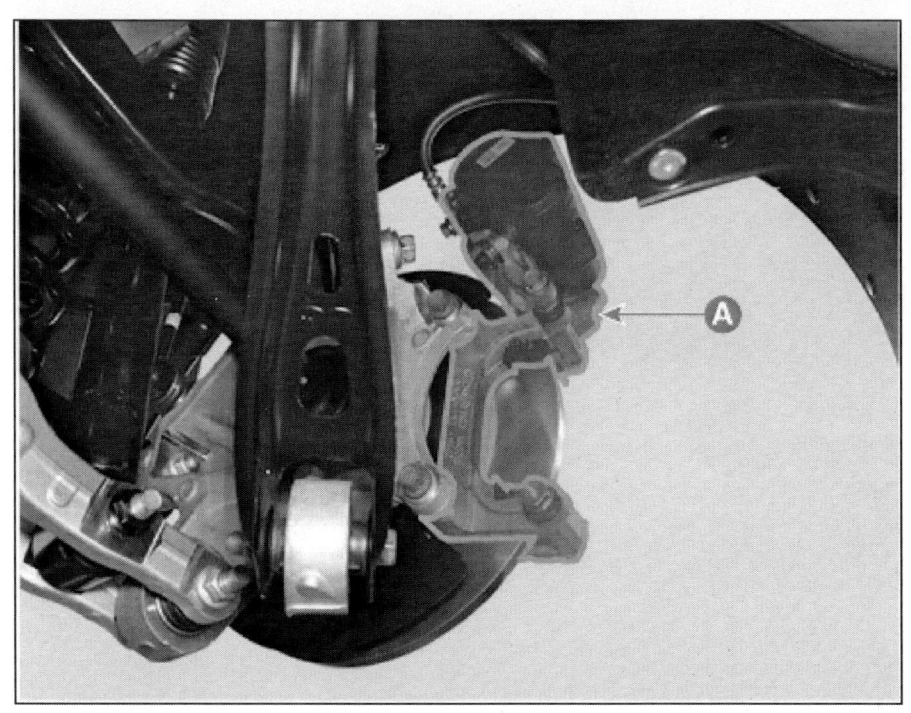

> **유 의**
>
> - 탈거한 리어 브레이크 캘리퍼(A)는 케이블 타이 등을 이용하여 고정한다.
>
>
>
> - 캘리퍼 장착 볼트는 재사용하지 않는다.

8. 스크류를 풀어 리어 브레이크 디스크(A)를 탈거한다.

체결 토크 : 0.5 ~ 0.6 kgf.m

9. 볼트를 풀어 리어 휠 속도 센서(A)를 탈거한다.

   체결 토크 : 0.9 ~ 1.4 kgf.m

10. 볼트 및 너트(A)를 풀어 리어 캐리어에서 리어 어퍼 암 프런트를 탈거한다.

    체결 토크 : 16.0 ~ 18.0 kgf.m

> **유 의**
> - 탈거 시 잭을 리어 로어 암 하단에 설치하여 무부하 상태로 만들어 탈거한다.

11. 볼트 및 너트(A)를 풀어 리어 캐리어에서 리어 어퍼 암 리어를 탈거한다.

    체결 토크 : 16.0 ~ 18.0 kgf.m

> **유 의**
> - 탈거 시 잭을 리어 로어 암 하단에 설치하여 무부하 상태로 만들어 탈거한다.

12. 너트(A)를 풀어 스태빌라이저 바에서 스태빌라이저 링크를 분리한다.

    체결 토크 : 10.0 ~ 12.0 kgf.m

13. 볼트 및 너트(A)를 풀어 리어 캐리어에서 리어 어시스트 암을 탈거한다.

    체결 토크 : 12.0 ~ 14.0 kgf.m

> **유 의**
>
> • 탈거 시 잭을 리어 로어 암 하단에 설치하여 무부하 상태로 만들어 탈거한다.

14. 볼트 및 너트(A)를 풀어 리어 캐리어에서 트레일링 암을 탈거한다.

    체결 토크 : 12.0 ~ 14.0 kgf.m

> **유 의**
> - 탈거 시 잭을 리어 로어 암 하단에 설치하여 무부하 상태로 만들어 탈거한다.

15. 볼트 및 너트(A)를 풀어 리어 캐리어에서 리어 로어 암을 탈거한다.

체결 토크 : 18.0 ~ 20.0 kgf.m

> **유 의**
> - 탈거 시 잭을 리어 로어 암 하단에 설치하여 무부하 상태로 만들어 탈거한다.

16. 볼트(A)를 풀어 운전석 측 기능통합형 드라이브 액슬 (IDA)을 탈거한다.

체결 토크 : 6.5 ~ 7.2 kgf.m

17. 프라이 바(A)를 사용하여 조수석 측 기능통합형 드라이브 액슬 (IDA)(B)을 탈거한다.

유 의

- 휠 측 액슬을 잡고 당길경우, 변속기 측 내부 부품이 손상되므로 조인트 컵(A)을 잡고 탈거한다.

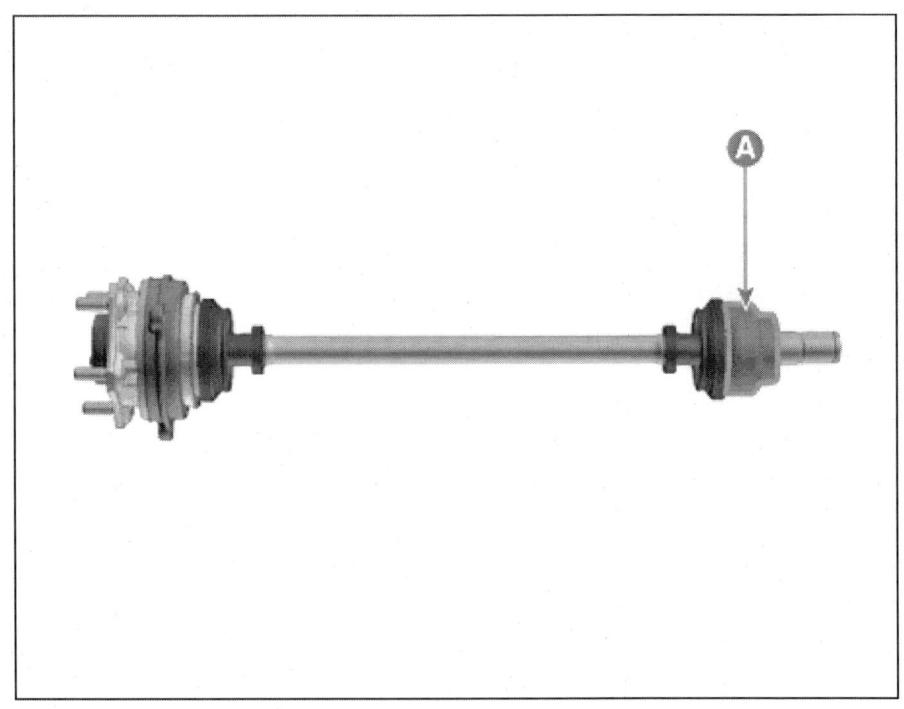

- IDA 단품 이송할 시 가급적 양쪽 조인트를 받치거나, 샤프트를 잡고 이송한다.
- 조인트와 감속기가 손상되지 않도록 하기 위해 프라이 바를 사용한다.
- 프라이 바를 너무 깊게 끼울 경우 오일 씰에 손상을 줄 수 있다.
- 드라이브 샤프트를 바깥에서 무리한 힘으로 당길경우, 조인트 키트 내부가 이탈되어 부트 찢어짐 및 베어링부의 손상을 가져올 수 있다.
- 오염을 방지하기 위해 감속기의 구멍을 오일씰 캡으로 막는다.
- 드라이브 샤프트를 적절하게 진행한다.
- 감속기에서 드라이브 샤프트를 탈거할 때 마다 리테이너 링을 교환한다.

18. 볼트(A)를 풀어 리어 캐리어를 탈거한다.

체결 토크 : 9.0 ~ 11.0 kgf.m

19. 더스트 커버(A)를 탈거한다.

20. 너트를 풀어 스태빌라이저 링크(A)를 탈거한다.

체결 토크 : 10.0 ~ 12.0 kgf.m

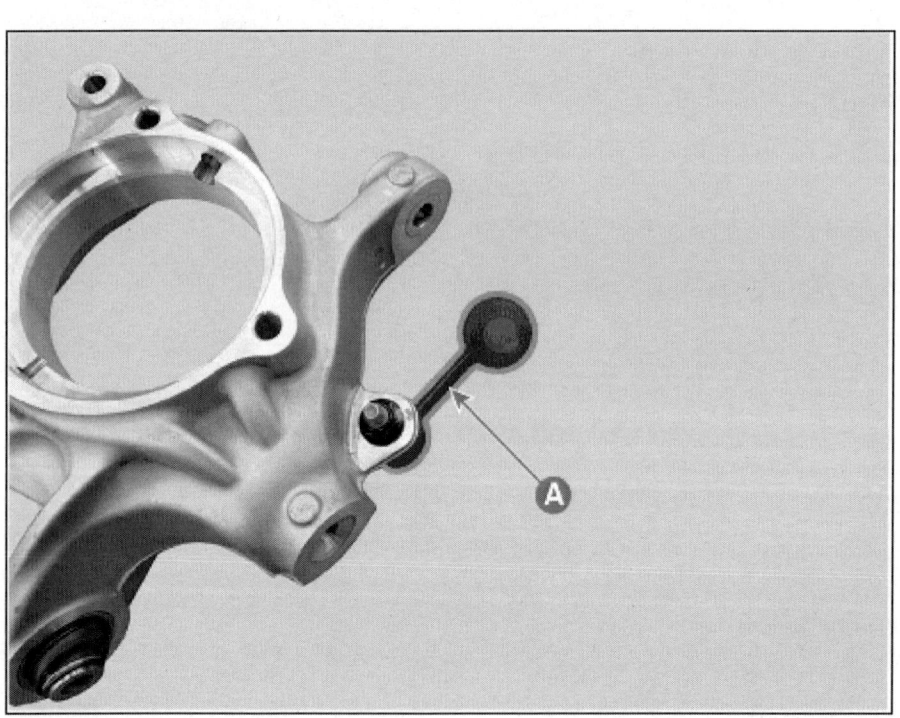

장착

1. 장착은 탈거의 역순으로 진행한다.
2. 얼라인먼트를 점검한다.
   (서스펜션 시스템 - "얼라인먼트" 참조)

점검

1. 브레이크 디스크의 긁힘, 손상을 점검한다.
2. 리어 캐리어의 균열을 점검한다.
3. 기능통합형 드라이브 액슬 (IDA)의 결함을 점검한다.

서스펜션 시스템

- 서비스 정보 ·············· 356
- 체결토크 ·············· 357
- 특수공구 ·············· 359
- 고장진단 ·············· 362
- 프런트 서스펜션 시스템 ·············· 364
- 리어 서스펜션 시스템 ·············· 414
- 휠 및 타이어 ·············· 472
- 타이어 공기압 경보 장치(TPMS) ········ 493

서비스 정보

프런트 서스펜션

항목		제 원
서스펜션 형식		맥퍼슨
속 업소버	형식	HPD(High Performance Damper)

리어 서스펜션

항목		제 원
서스펜션 형식		멀티링크
속 업소버	형식	HPD(High Performance Damper)

휠 및 타이어

항목		제 원	
		프런트	리어
알루미늄 휠	18인치	7.5J x 18	
	20인치	8.5J x 20	
타이어	18인치	225/55 R18	
	20인치	245/40 R20	
	스페어 타이어	TMK (Tire Mobility Kit)	
타이어 공기압 kPa (psi)	225/55 R18	250 (36)	
	245/40 R20	250 (36)	

휠 얼라인먼트

항목		제 원	
		프런트	리어
토우	토탈	0.1° ± 0.2°	0.2° ± 0.2°
	개별	0.05° ± 0.1°	0.1° ± 0.1°
캠버		-0.5° ± 0.5°	-1.0° ± 0.5°
캐스터		5.29° ± 0.5°	-
킹핀		14.16° ± 0.5°	-
차고높이		403 ± 10mm	403 ± 10mm

체결 토크

프런트 서스펜션

항목	체결 토크 (kgf.m)
타이어 휠 허브 너트	11.0 ~ 13.0
스태빌라이저 링크와 프런트 스트럿	10.0 ~ 12.0
스태빌라이저 바와 스태빌라이저 링크	10.0 ~ 12.0
스태빌라이저 바와 서브 프레임	4.5 ~ 5.5
로어 암과 너클	10.0 ~ 12.0
로어 암과 A점(전방)과 서브 프레임	12.0 ~ 14.0
로어 암과 G점(후방)과 서브 프레임	16.0 ~ 18.0
롤 로드 브라켓 볼트	11.0 ~ 13.0
스트럿 어셈블리와 너클	7.5 ~ 8.5 kgf.m + 85 ~ 95°
스트럿 어셈블리 락 너트	11.0 ~ 12.0
스트럿 어셈블리와 차체	5.5 ~ 7.5
타이 로드 엔드 장착 너트	10.0 ~ 12.0
스티어링 기어 박스와 서브 프레임	11.0 ~ 13.0
서브 프레임 장착 볼트 및 너트	11.5 ~ 12.5 kgf.m + 85 ~ 95°
서브 프레임 전방 레일	17.0 ~ 19.0
모터 및 감속기 마운팅 브라켓	11.0 ~ 13.0
유니버설 조인트 체결 볼트	5.0 ~ 6.0

리어 서스펜션

항목	체결 토크 (kgf.m)
타이어 휠 허브 너트	11.0 ~ 13.0
리어 쇽 업소버와 차체	5.0 ~ 6.5
리어 쇽 업소버와 리어 로어 암	16.0 ~ 18.0
리어 쇽 업소버 락 너트	2.0 ~ 2.5
리어 어퍼 암 프런트와 리어 크로스 멤버	16.0 ~ 18.0
리어 어퍼 암 프런트와 리어 캐리어	16.0 ~ 18.0
리어 어퍼 암 리어 와 리어 크로스 멤버	16.0 ~ 18.0
리어 어퍼 암 리어 와 리어 캐리어	16.0 ~ 18.0
리어 로어 암과 리어 캐리어	18.0 ~ 20.0
리어 로어 암과 리어 크로스 멤버	11.0 ~ 12.0
리어 어시스트 암과 리어 캐리어	12.0 ~ 14.0
리어 어시스트 암과 리어 크로스 멤버	11.0 ~ 12.0
트레일링 암 장착 볼트	12.0 ~ 14.0
리어 스태빌라이저 바와 리어 크로스 멤버	5.0 ~ 6.5
리어 스태빌라이저 링크와 리어 캐리어	10.0 ~ 12.0
리어 스태빌라이저 바와 스태빌라이저 링크	10.0 ~ 12.0
리어 크로스 멤버 장착 볼트 및 너트	18.0 ~ 20.0

| 후방 스테이와 차체 | 4.5 ~ 6.0 |

특수공구

공구 (품번 및 품명)	형상	용도
0K546-F6100 스트럿 너트 장착,탈거 공구		스트럿 록 너트 탈거 및 장착
09546-3X100 쇽 업 소버 록 너트 리무버		쇽 업소버 록 너트 탈거 및 장착
09568-2J100 볼 조인트 풀러		타이 로드 엔드 볼 조인트 분리
09568-4R100 로어 암 볼 조인트 리무버		로어 암 볼 조인트 분리
09200-3N000 엔진 서포트 지지대 (빔)		프런트 서브 프레임 탈거와 장착 빔(09200-3N000), 서포터(09200-C3610)를 조립하여 사용한다.

	전체 부품	사용 부품	
09200-GI000 엔진 서포트 지지대 (서포터)	전체 부품	사용 부품	프런트 서브 프레임 탈거와 장착 빔 (09200-3Π000)을 조립하여 사용한다.
0K200-R0100 엔진 서포트 지지대 (빔)			프런트 서브 프레임 탈거와 장착 서포터(09200-2W000, 09200-2S200)를 조립하여 사용한다.
09200-2W000 어댑터			프런트 서브 프레임 탈거와 장착 빔 (0K200-R0100)을 조립하여 사용한다.
09200-C3610 엔진 서포트 지지대 (서포터)			프런트 서브 프레임 탈거와 장착 빔 (09200-3Π000)을 조립하여 사용한다.
09200-4X000 엔진 서포트 지지대 (어댑터)			프런트 서브 프레임 탈거와 장착 빔 (09200-3Π000)을 조립하여 사용한다.

	전체 부품	사용 부품
09200-2S200 엔진 서포트 지지대 (서포터)	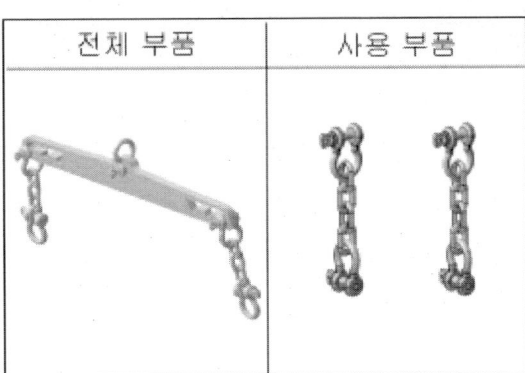	프런트 서브 프레임 탈거와 장착 빔 (0K200-R0100)을 조립하여 사용한다.
	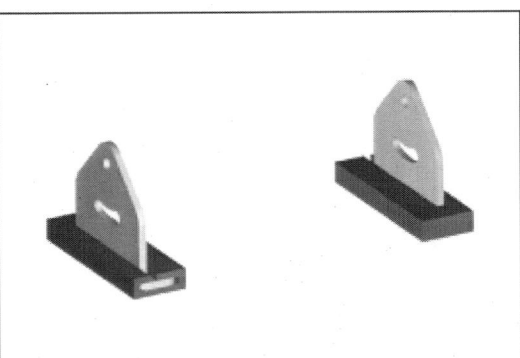	

PE 모듈 지지대 조립 절차

고장진단

현 상	예상 원인	조 치
스티어링 휠 작동 무거움	프런트 휠 얼라인먼트 불량	조정 혹은 수리
	로어 암 볼 조인트 회전 저항 과다	교환
	스트럿 베어링 회전 저항 과다	교환
	타이어 공기압 과소	조정
스티어링 휠 복원 불량	프런트 휠 얼라인먼트 불량	조정 또는 수리
소음 또는 승차감 불량	휠 얼라인먼트 불량	조정 또는 수리
	부적절한 타이어 공기압	조정
	쇽업쇼버 작동 불량	교환
	코일 스프링 손상	교환
	스태빌라이저 손상	교환
	로어암 부싱 손상	교환
	스태빌라이저 링크 고정 너트 체결 풀림	재조임
	스태빌라이저 링크 손상 (더스트 커버 찢어짐, 링 이탈)	교환
비정상적인 타이어 마모	휠 얼라인먼트 불량	조정 혹은 수리
	부적절한 타이어 공기압	조정
스티어링 휠 불안정	프런트 휠 얼라인먼트 불량	조정 혹은 수리
	로어 암 볼 조인트 회전 저항 과소	교환
	로어 암 부싱 손상	교환
차량 쏠림	휠 얼라인먼트 불량	조정 혹은 수리
	좌우 타이어 불균형	조정 혹은 교환
	로어 암 손상 혹은 변형	교환
	코일 스프링 손상	교환
스티어링 휠 떨림	프런트 휠 얼라인먼트 불량	조정 혹은 수리
	휠 밸런스 불량	조정 혹은 수리
	로어 암 볼 조인트 회전 저항 과다 또는 과소	교환
	스태빌라이저 손상	교환
	로어 암 부싱 손상	교환
	쇽 업소버 작동 불량	교환
	코일 스프링 불량	교환

휠 및 타이어 고장 진단 및 예상 원인		
트레드 중심부 마모	숄더부 양쪽 측면 마모	숄더부 한쪽 측면 마모

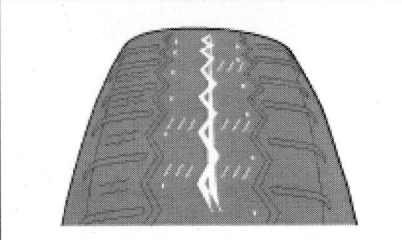	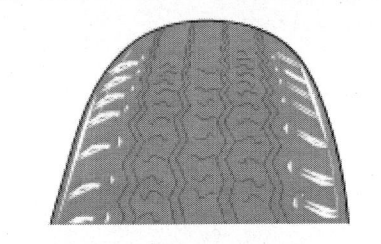	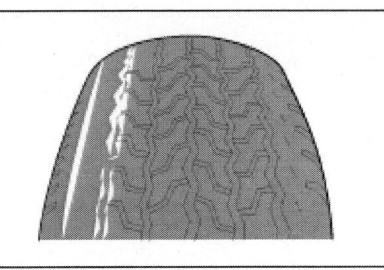
• 부적절한 타이어 휠 조립 • 타이어 공기압 과다 • 토우 조정 불량 • 과도한 급 가속 주행	• 부적절한 타이어 휠 조립 • 타이어 공기압 과소 • 서스펜션 구성부품 손상 • 과도한 속도로 선회 주행	• 타이어 공기압 과소 • 토우 조정 불량 • 캠버 각 불량 • 서스펜션 구성부품 손상
부분 마모	깃털 마모	대각선 마모
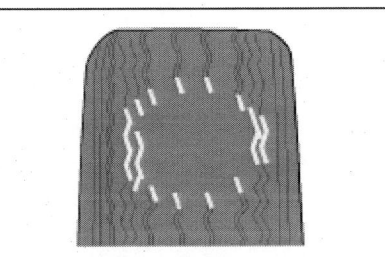	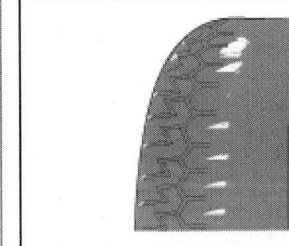	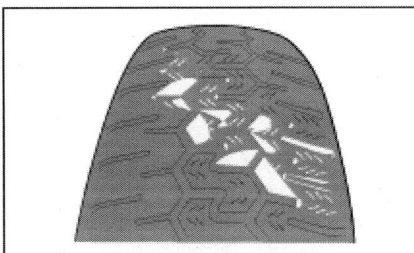
• 브레이크 디스크 불량 • 과도한 급 제동 • 서스펜션 구성부품 손상 • 타이어 공기압 과소	• 토우 조정 불량 • 타이 로드 손상 • 너클 손상	• 토우 조정 불량 • 서스펜션 구성부품 손상

구성부품

[2WD]

1. 프런트 서브 프레임
2. 스티어링 기어박스
3. 프런트 스태빌라이저 바
4. 프런트 로어 암
5. 프런트 너클 어셈블리
6. 프런트 스트럿 어셈블리

[4WD]

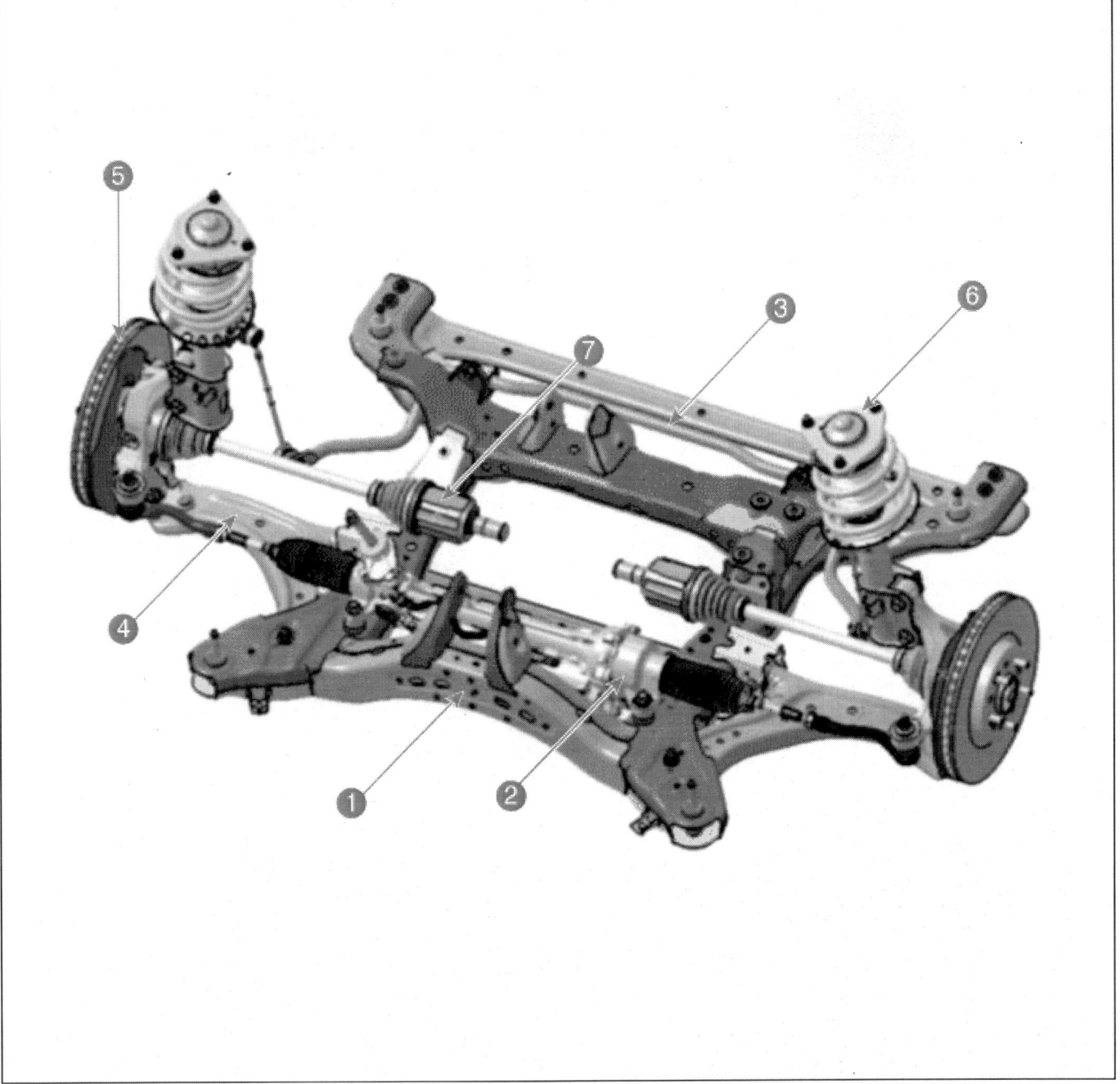

1. 프런트 서브 프레임
2. 스티어링 기어박스
3. 프런트 스태빌라이저 바
4. 프런트 로어 암
5. 프런트 너클 어셈블리
6. 프런트 스트럿 어셈블리
7. 프런트 드라이브 샤프트

프런트 스트럿 어셈블리 탈장착

작업		H/W	체결토크 (kgf.m)	SST/장비	케미컬	기타
• 탈거						
1	프런트 휠 및 타이어 탈거 (휠 및 타이어 - "휠" 참조)	-	-	-	-	-
2	너트를 풀어 프런트 스트럿 어셈블리에서 스태빌라이저 링크 분리	너트	10.0 ~ 12.0	-	-	매뉴얼 참고
3	볼트를 풀어 프런트 스트럿에서 브레이크 호스 브라켓 탈거	볼트	1.3 ~ 1.7	-	-	-
4	프런트 스트럿 상부 장착 너트 탈거	너트	5.5 ~ 7.5	-	-	-
5	볼트 및 너트를 풀어 프런트 액슬에서 프런트 스트럿 어셈블리 탈거	볼트/너트	7.5 ~ 8.5 + 85 ~ 95°	-	-	-
• 분해						
1	인슐레이터 캡 탈거	-	-	-	-	-
2	스프링 압축기를 사용하여 스프링 압축	-	-	-	-	-
3	특수공구(0K546-F6100)를 사용하여 록 너트 탈거	너트	11.0 ~ 12.0	0K546-F6100	-	매뉴얼 참고
4	스트럿에서 인슐레이터, 스프링 시트, 코일 스프링 및 더스트 커버 등 탈거	-	-	-	-	-
• 조립						
분해의 역순으로 진행						-
• 장착						
탈거의 역순으로 진행						-
• 부가기능						
• 휠 얼라인먼트 - 액슬 측 암류 탈거 시, 휠 얼라인먼트 조정 진행						

2023 > 160kW > 서스펜션 시스템 > 프런트 서스펜션 시스템 > 프런트 스트럿 어셈블리 > 구성부품 및 부품위치

구성부품

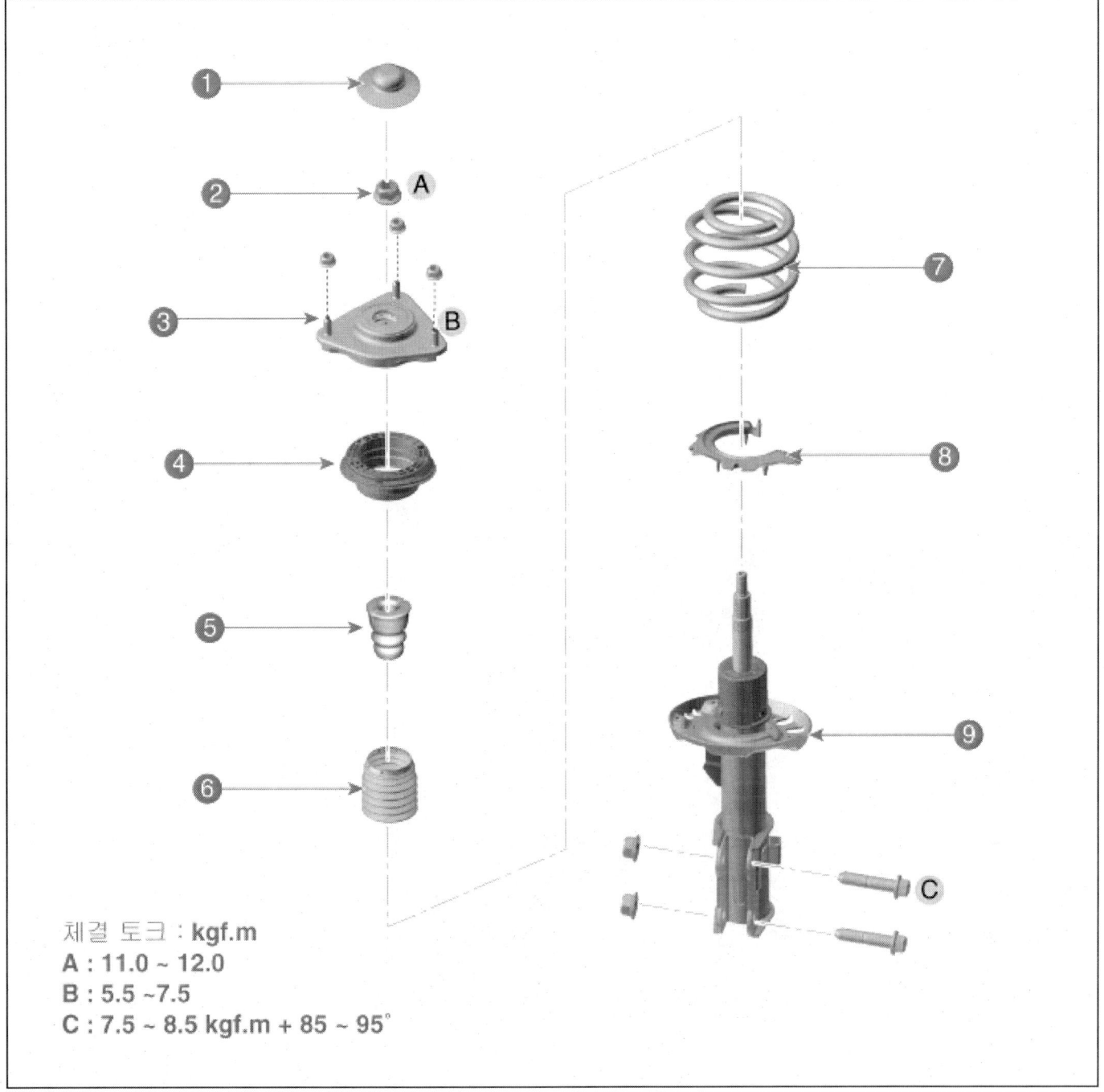

체결 토크 : kgf.m
A : 11.0 ~ 12.0
B : 5.5 ~ 7.5
C : 7.5 ~ 8.5 kgf.m + 85 ~ 95°

1. 인슐레이터 캡
2. 락 너트
3. 인슐레이터 어셈블리
4. 스트럿 베어링
5. 범퍼 스토퍼

6. 더스트 커버
7. 코일 스프링
8. 스프링 로어 패드
9. 스트럿 어셈블리

탈거

1. 프런트 휠 너트를 느슨하게 푼다. 차량을 리프트를 이용하여 들어 올린 후 안전을 확인한다.

   > **참 고**
   > - 리프트를 사용하여 차량을 들어 올릴 경우에는 차량의 하부 부품(플로어 언더 커버, 배터리)에 손상이 없도록 주의한다.
   > (일반 사항 - "리프트 포인트" 참조)

2. 프런트 휠 및 타이어를 탈거한다.
   (휠 및 타이어 - "휠" 참조)

3. 너트(A)를 풀어 프런트 스트럿 어셈블리에서 스태빌라이저 링크를 분리한다.

   체결 토크 : 10.0 ~ 12.0 kgf.m

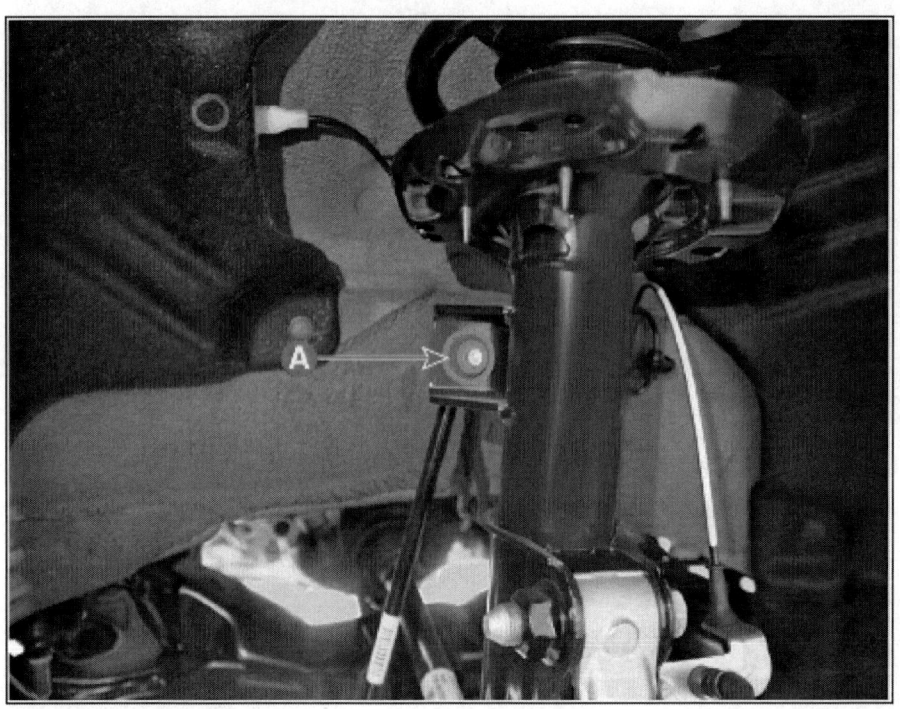

   > **유 의**
   > - 스태빌라이저 바 링크를 탈거할때 링크의 아웃터 헥사를 고정하고 너트를 탈거 한다.
   > - 링크의 고무 부츠가 손상되지 않도록 주의한다.

4. 볼트(A)를 풀어 프런트 스트럿에서 브레이크 호스 브라켓을 탈거한다.

   체결 토크 : 1.3 ~ 1.7 kgf.m

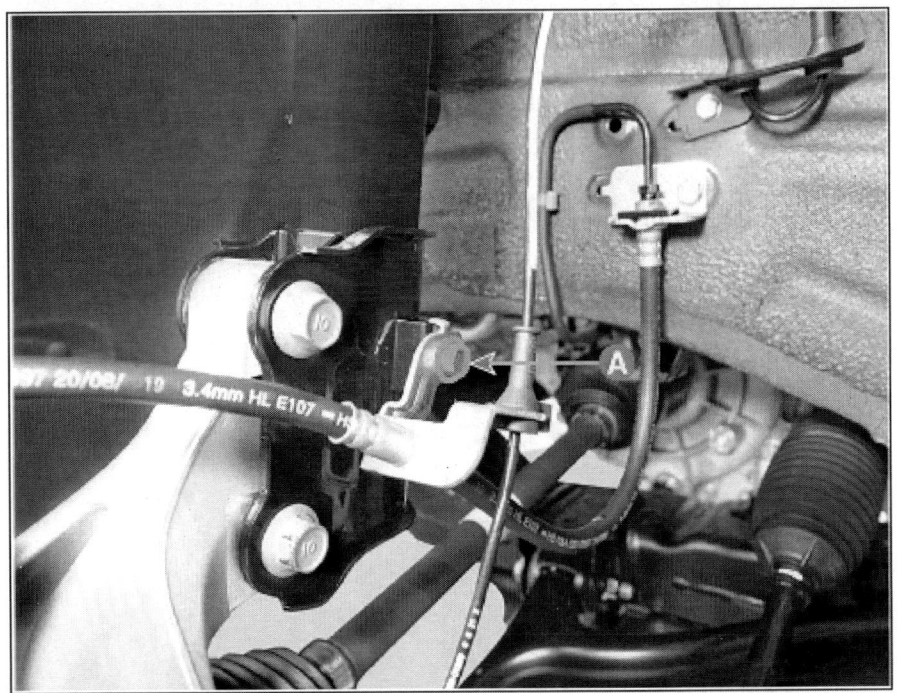

5. 프런트 스트럿 상부 너트(A)를 탈거한다.

체결 토크 : 5.5 ~ 7.5 kgf.m

6. 볼트 및 너트(A)를 풀어 프런트 액슬에서 프런트 스트럿 어셈블리를 탈거한다.

체결 토크 : 7.5 ~ 8.5 kgf.m + 85 ~ 95°

장착

1. 장착은 탈거의 역순으로 진행한다.
2. 얼라인먼트를 점검한다.
   (휠 및 타이어 - "얼라인먼트" 참조)

분해 및 조립

> **참고**
>
> - 코일 스프링 압축시 코일 스프링 도장 손상으로 인하여 부식문제가 발생할 수 있으므로 주의한다. 이러한 도장손상을 방지하기 위해 폐 호스류 등을 덧 대여 압축한다. (아래 사진 참조)

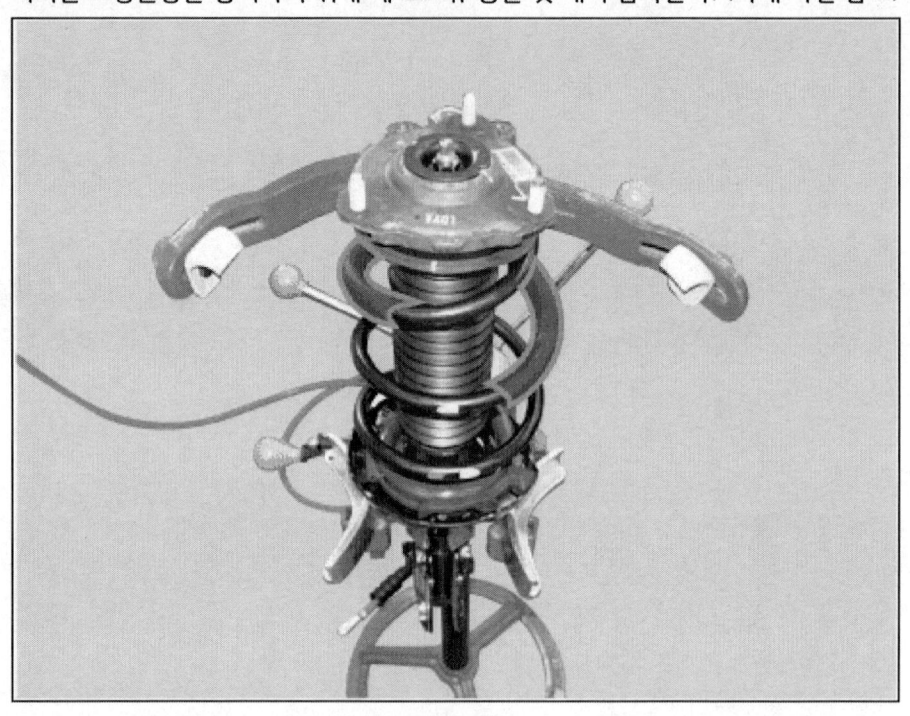

1. 인슐레이터 캡(A)을 탈거한다.

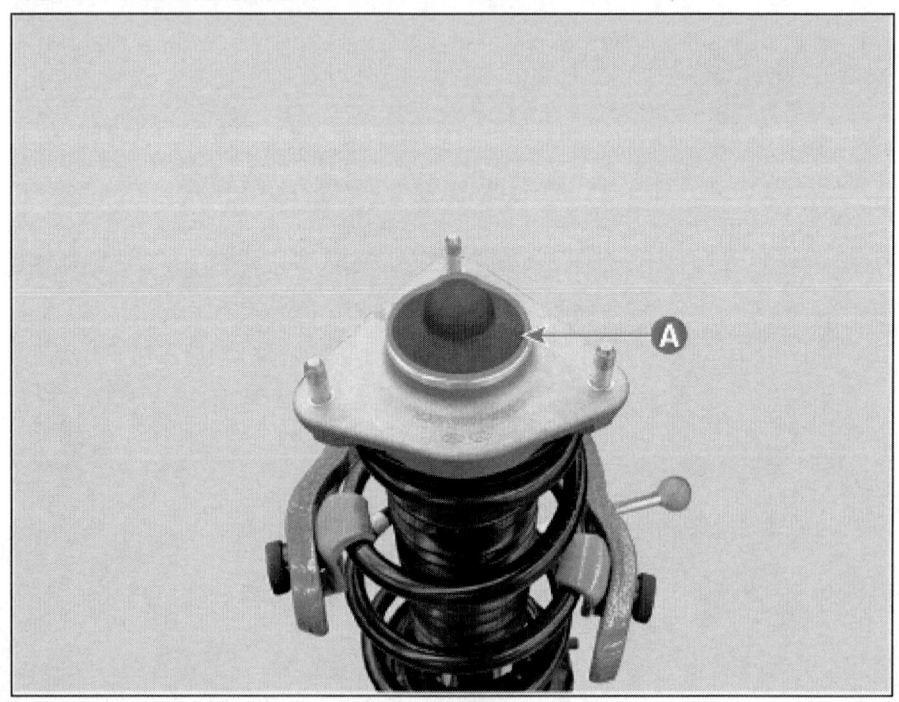

2. 스프링 압축기를 사용하여 스프링(A)을 압축한다.

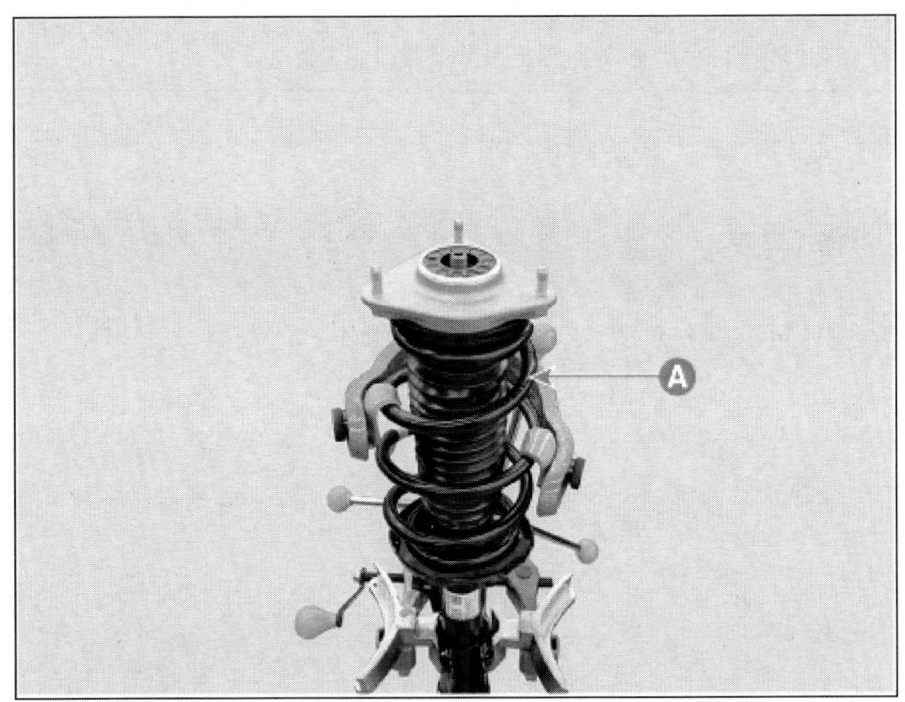

3. 특수공구(0K546-F6100)를 사용하여 록 너트를 탈거한다.

체결 토크 : 11.0 ~ 12.0 kgf.m

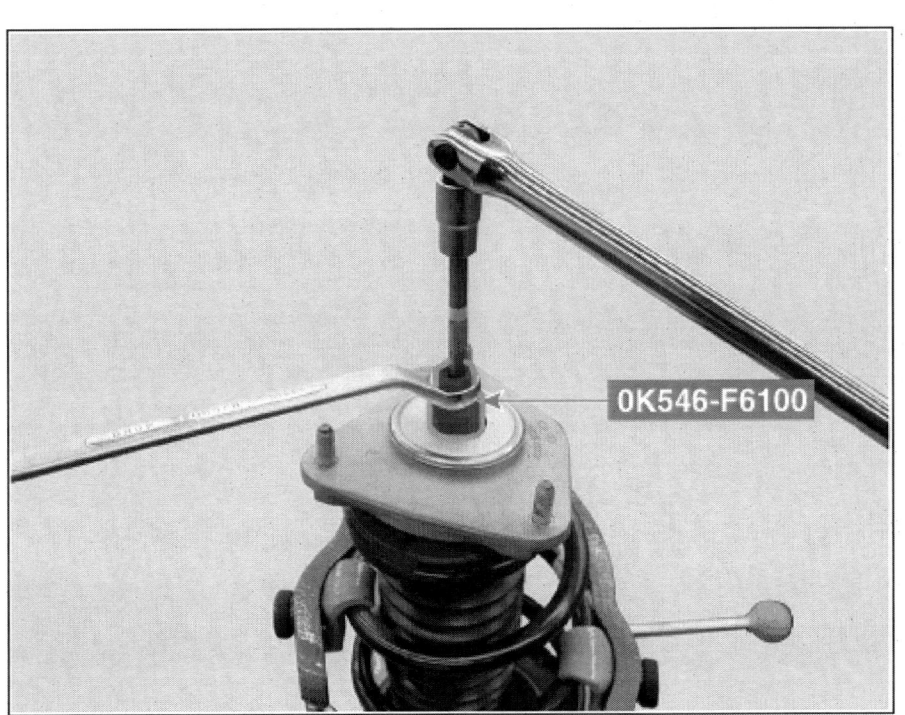

4. 스트럿에서 인슐레이터, 스프링 시트, 코일 스프링 및 더스트 커버 등을 탈거한다.
5. 조립은 분해의 역순으로 진행한다.

점검

1. 스트럿 인슐레이터 베어링의 마모 및 손상 여부를 점검한다.
2. 고무 부품의 손상 및 변형여부를 점검한다.
3. 스트럿 로드의 압축과 인장을 반복하면서 작동간에 비정상적인 저항이나 소음이 없는지 점검한다.

프런트 로어 암 탈장착

	작업	H/W	체결토크 (kgf.m)	SST/장비	케미컬	기타
• 탈거						
1	프런트 휠 및 타이어 탈거 (휠 및 타이어 - "휠" 참조)	-	-	-	-	-
2	분할 핀 탈거	-	-	-	-	-
3	장착 볼트 및 너트 탈거	볼트/ 너트	10.0 ~ 12.0	-	-	-
4	특수공구(09568-4R100)를 사용하여 프런트 액슬에서 프런트 로어 암 탈거	-	-	09568-4R100	-	매뉴얼 참고
5	볼트 및 너트를 풀어 서브 프레임에서 프런트 로어 암 탈거	볼트/ 너트	A점(전방) : 12.0 ~ 14.0 G점(후방) : 16.0 ~ 18.0	-	-	-
• 교환						
1	프런트 휠 및 타이어 탈거 (휠 및 타이어 - "휠" 참조)	-	-	-	-	-
2	분할 핀 탈거	-	-	-	-	-
3	볼트 및 너트 탈거	볼트/ 너트	10.0 ~ 12.0	-	-	-
4	특수공구(09568-4R100)를 사용하여 프런트 액슬에서 프런트 로어 암 탈거	-	-	09568-4R100	-	매뉴얼 참고
5	너트를 풀어 볼 조인트 어셈블리 탈거	너트	10.0 ~ 12.0	-	-	-
• 장착						
탈거의 역순으로 진행						-
• 부가기능						
• 휠 얼라인먼트 - 액슬 측 암류 탈거 시, 휠 얼라인먼트 조정 진행						

탈거

1. 프런트 휠 너트를 느슨하게 푼다. 차량을 리프트를 사용하여 들어 올린 후 안전을 확인한다.

   > ⚠️ 주 의
   >
   > - 리프트를 사용하여 차량을 들어 올릴 경우에는 차량의 하부 부품(플로어 언더 커버, 배터리)에 손상이 없도록 주의한다.
   >   (일반 사항 - "리프트 포인트" 참조)

2. 프런트 휠 및 타이어를 탈거한다.
   (휠 및 타이어 - "휠" 참조)
3. 분할 핀을 탈거한다.
4. 볼트 및 너트(A)를 탈거한다.

   체결 토크 : 10.0 ~ 12.0 kgf.m

5. 특수공구(09568-4R100)를 사용하여 프런트 액슬에서 프런트 로어 암을 탈거한다.
   (1) 로어 암 체결 볼트 구멍에 서포트 볼트(A)를 장착한다.
   (2) 프런트 액슬에 서포트 바디(B)를 장착한다
   (3) 볼트(C)를 조여 프런트 액슬 사이를 이격시킨다.

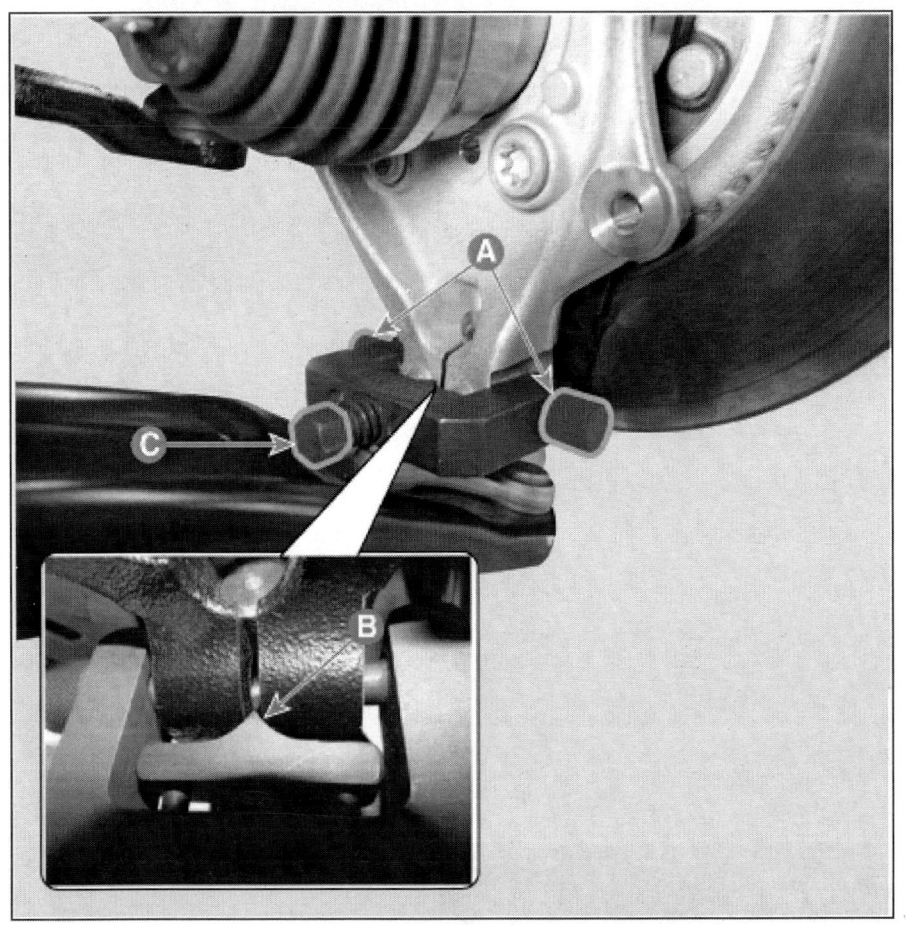

6. 볼트 및 너트를 풀어 서브 프레임에서 프런트 로어 암(A)을 탈거한다.

체결 토크
A점(전방) : 12.0 ~ 14.0 kgf.m
G점(후방) : 16.0 ~ 18.0 kgf.m

교환

1. 프런트 휠 너트를 느슨하게 푼다. 차량을 리프트를 이용하여 들어 올린 후 안전을 확인한다.

   > ⚠ 주 의
   >
   > - 리프트를 사용하여 차량을 들어 올릴 경우에는 차량의 하부 부품(플로어 언더 커버, 배터리)에 손상이 없도록 주의한다.
   >   (일반 사항 - "리프트 포인트" 참조)

2. 프런트 휠 및 타이어를 탈거한다.
   (휠 및 타이어 - "휠" 참조)
3. 분할 핀을 탈거한다.
4. 볼트 및 너트(A)를 탈거한다.

   체결 토크 : 10.0 ~ 12.0 kgf.m

5. 특수공구(09568-4R100)를 사용하여 프런트 액슬에서 프런트 로어 암을 탈거한다.
   (1) 로어 암 체결 볼트 구멍에 서포트 볼트(A)를 설치한다.
   (2) 프런트 액슬에 서포트 바디(B)를 설치한다.
   (3) 볼트(C)를 조여 프런트 액슬 사이를 넓힌다.

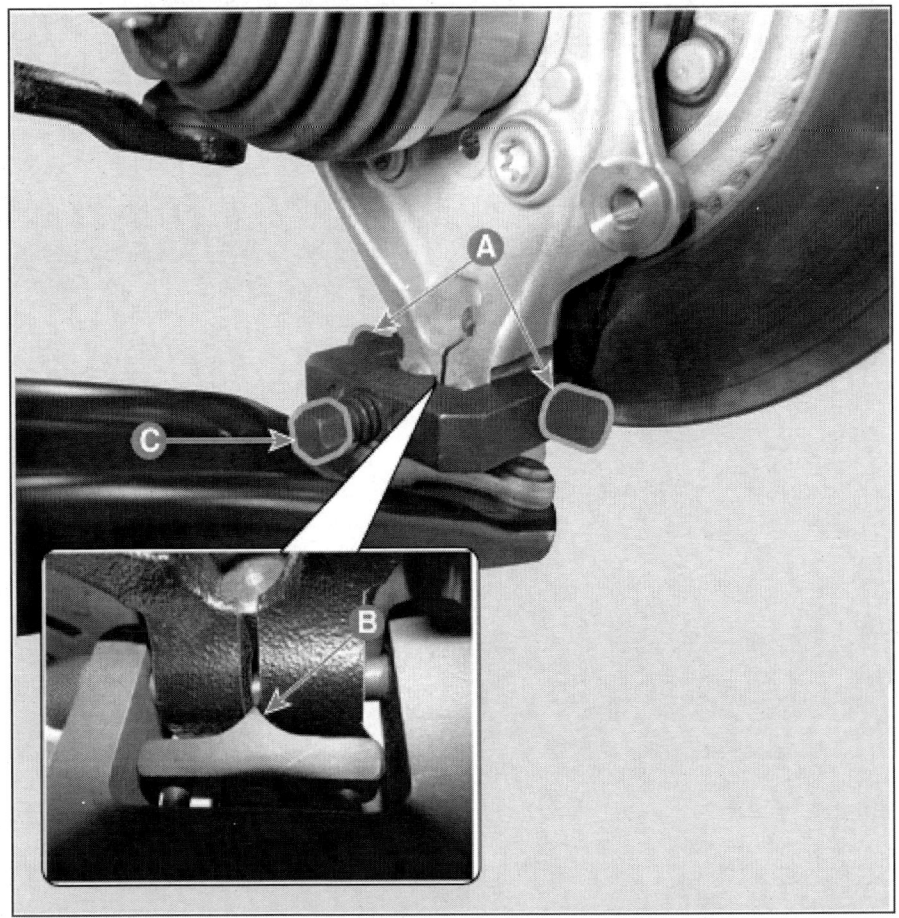

6. 너트(A)를 풀어 볼 조인트 어셈블리를 탈거한다.

체결 토크 : 10.0 ~ 12.0 kgf.m

장착

1. 장착은 탈거의 역순으로 진행한다.
2. 얼라인먼트를 점검한다.
   (휠 및 타이어 - "얼라인먼트" 참조)

점검

1. 부싱의 마모 또는 노화여부를 점검한다.
2. 로어 암의 휨 또는 손상 여부를 점검한다.
3. 볼 조인트 더스트 커버의 균열 여부를 점검한다.
4. 모든 볼트를 점검한다.

2023 > 160kW > 서스펜션 시스템 > 프런트 서스펜션 시스템 > 프런트 스태빌라이저 바 > 1 Page Guide Manual

프런트 스태빌라이저 바 탈장착

	작업	H/W	체결토크 (kgf.m)	SST/장비	케미컬	기타
• 탈거						
1	프런트 휠 및 타이어 탈거 (휠 및 타이어 - "휠" 참조)	-	-	-	-	-
2	프런트 언더 커버 탈거 (모터 및 감속기 시스템 - "프런트 언더 커버" 참조)	-	-	-	-	-
3	너트를 풀어 프런트 스트럿 어셈블리에서 스태빌라이저 링크 분리	너트	10.0 ~ 12.0	-	-	매뉴얼 참고
4	볼트를 풀어 프런트 스태빌라이저 바 탈거	볼트	4.5 ~ 5.5	-	-	-
• 장착						
탈거의 역순으로 진행						-
• 부가기능						
• 휠 얼라인먼트 - 액슬 측 암류 탈거 시, 휠 얼라인먼트 조정 진행						

2023 > 160kW > 서스펜션 시스템 > 프런트 서스펜션 시스템 > 프런트 스태빌라이저 바 > 탈거

탈거

1. 프런트 휠 너트를 느슨하게 푼다. 차량을 리프트를 이용하여 들어 올린 후 안전을 확인한다.

   > ⚠️ **주 의**
   >
   > - 리프트를 사용하여 차량을 들어 올릴 경우에는 차량의 하부 부품(플로어 언더 커버, 배터리)에 손상이 없도록 주의한다.
   >   (일반 사항 - "리프트 포인트" 참조)

2. 프런트 휠 및 타이어를 탈거한다.
   (휠 및 타이어 - "휠" 참조)
3. 프런트 언더 커버를 탈거한다.
   (모터 및 감속기 시스템 - "프런트 언더 커버" 참조)
4. 너트(A)를 풀어 프런트 스트럿 어셈블리에서 스태빌라이저 링크를 분리한다.

   체결 토크 : 10.0 ~ 12.0 kgf.m

   > **유 의**
   >
   > - 스태빌라이저 바 링크를 탈거할때 링크의 아웃터 헥사를 고정하고 너트를 탈거 한다.
   > - 링크의 고무 부츠가 손상되지 않도록 주의한다.

5. 볼트(A)를 풀어 프런트 스태빌라이저 바를 탈거한다.

   체결 토크 : 4.5 ~ 5.5 kgf.m

[LH]

[RH]

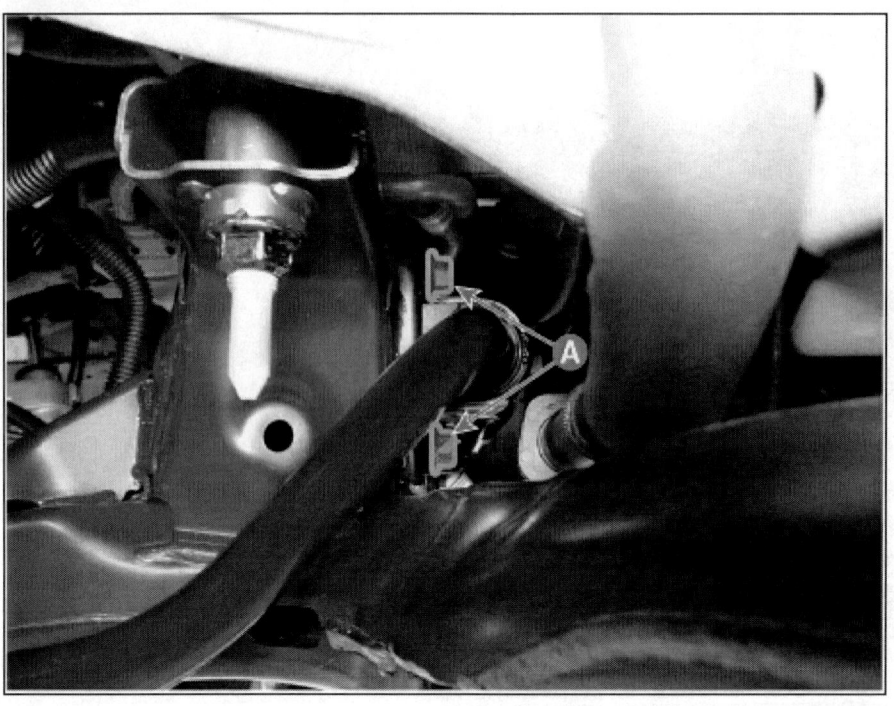

장착

1. 장착은 탈거의 역순으로 진행한다.
2. 얼라인먼트를 점검한다.
   (휠 및 타이어 - "얼라인먼트" 참조)

2023 > 160kW > 서스펜션 시스템 > 프런트 서스펜션 시스템 > 프런트 스태빌라이저 바 > 점검

점검

1. 스태빌라이저 바 부싱의 손상 유무를 점검한다.
2. 스태빌라이저 링크 볼 조인의 손상 유무를 점검한다.

2023 > 160kW > 서스펜션 시스템 > 프런트 서스펜션 시스템 > 프런트 서브 프레임 > 1 Page Guide Manual

프런트 서브 프레임 탈장착

[2WD]

	작업	H/W	체결토크 (kgf.m)	SST/장비	케미컬	기타
• 탈거						
1	12V 배터리 (-) 터미널 분리 (차량 제어 시스템 - "보조 배터리 (12V)" 참조)	-	-	-	-	-
2	프런트 휠 및 타이어 탈거 (휠 및 타이어 - "휠" 참조)	-	-	-	-	-
3	프런트 트렁크 탈거 (바디 (내장 / 외장 / 전장) - "프런트 트렁크" 참조)	-	-	-	-	-
4	볼트를 풀어 유니버설 조인트를 스티어링 컬럼 및 샤프트에서 분리	볼트	5.0 ~ 6.0	-	-	매뉴얼 참고
5	전동식 에어컨 컴프레서 볼트 탈거	볼트	2.0 ~ 2.4	-	-	-
6	케이블 타이를 사용하여 전동식 에어컨 컴프레서 차체에 고정	-	-	-	-	매뉴얼 참고
7	너트를 풀어 프런트 스트럿 어셈블리에서 스태빌라이저 링크 분리	너트	10.0 ~ 12.0	-	-	매뉴얼 참고
8	분할 핀 및 너트 탈거	너트	10.0 ~ 12.0	-	-	-
9	특수공구(09568-2J100)를 사용하여 타이 로드 엔드 볼 조인트 탈거	-	-	09568-2J100	-	매뉴얼 참고
10	분할 핀 탈거	-	-	-	-	-
11	볼트 및 너트 탈거	볼트/너트	10.0 ~ 12.0	-	-	-
12	특수공구(09568-4R100)를 사용하여 프런트 액슬에서 프런트 로어 암 탈거	-	-	09568-4R100	-	매뉴얼 참고
13	프런트 언더 커버 탈거 (모터 및 감속기 시스템 - "프런트 언더 커버" 참조)	-	-	-	-	-
14	3 웨이 밸브 브라켓 볼트 탈거	볼트	0.7 ~ 1.1	-	-	-
15	전자식 워터 펌프 (EWP) 브라켓 볼트 및 너트 탈거	볼트/너트	0.7 ~ 1.1	-	-	-
16	냉각수 호스 브라켓 볼트 탈거	볼트	0.7 ~ 1.1	-	-	-
17	PTC 히터 펌프 접지 볼트 탈거	볼트	0.7 ~ 1.1	-	-	-
18	PTC 히터 펌프 브라켓 볼트 탈거	볼트	0.7 ~ 1.1	-	-	-
19	R-MDPS 메인 커넥터 분리	-	-	-	-	-
20	프런트 서브 프레임에 장착된 모든 클립 탈거	-	-	-	-	-
21	프런트 서브 프레임에 테이블 리프트 설치	-	-	테이블 리프트	-	-
22	볼트 및 너트를 풀어 프런트 서브 프레임 탈거	볼트/너트	11.5 ~ 12.5 + 85 ~ 95°	-	-	-
• 분해						

	작업	H/W	체결토크 (kgf.m)	SST/장비	케미컬	기타
1	프런트 서브 프레임 탈거 (프런트 서스펜션 시스템 - "프런트 서브 프레임" 참조)	-	-	-	-	-
2	볼트를 풀어 스티어링 기어 박스 탈거	볼트	11.0 ~ 13.0	-	-	-
3	볼트를 풀어 스태빌라이저 바 탈거	볼트	4.5 ~ 5.5	-	-	-
4	볼트 및 너트를 풀어 프런트 로어 암 탈거	볼트/너트	A점(전방) : 12.0 ~ 14.0 G점(후방) : 16.0 ~ 18.0	-	-	-
5	볼트를 풀어 레일 탈거	볼트	17.0 ~ 19.0	-	-	-

- 조립

분해의 역순으로 진행	-

- 장착

탈거의 역순으로 진행	-

- 부가기능

- 휠 얼라인먼트
  - 액슬 측 암류 탈거 시, 휠 얼라인먼트 조정 진행

[AWD]

	작업	H/W	체결토크 (kgf.m)	SST/장비	케미컬	기타
• 탈거						
1	12V 배터리 (-) 터미널 분리 (차량 제어 시스템 - "보조 배터리 (12V)" 참조)	-	-	-	-	-
2	프런트 휠 및 타이어 탈거 (휠 및 타이어 - "휠" 참조)	-	-	-	-	-
3	프런트 트렁크 탈거 (바디 (내장 / 외장 / 전장) - "프런트 트렁크" 참조)	-	-	-	-	-
4	볼트를 풀어 유니버설 조인트를 스티어링 컬럼 및 샤프트에서 분리	볼트	5.0 ~ 6.0	-	-	매뉴얼 참고
5	카울 탑 커버 탈거 (바디 (내장 / 외장 / 전장) - "카울 탑 커버 어셈블리" 참조)	-	-	-	-	-
6	특수공구(빔 SST No. : 09200-3П000, 0K200-R0100), (어댑터 SST No. : 09200-2W000, 09200-4X000), (서포터 SST No.: 09200-2S200, 09200-C3610, 09200-GI000)를 사용하여 PE 모듈 지지대 조립	-	-	09200-3П000 09200-GI000 0K200-R0100 09200-2W000 09200-C3610 09200-4X000 09200-2S200	-	매뉴얼 참고
7	조립된 특수공구 지지대를 사용하여 PE 모듈 어셈블리를 안전하게 지지	-	-	-	-	-
8	너트를 풀어 프런트 스트럿 어셈블리에서 스태빌라이저 링크 분리	너트	10.0 ~ 12.0	-	-	매뉴얼 참고
9	분할 핀 및 너트 탈거	너트	10.0 ~ 12.0	-	-	-
10	특수공구(09568-2J100)를 사용하여 타이 로드 엔드 볼 조인트 탈거	-	-	09568-2J100	-	매뉴얼 참고

11	분할 핀 탈거	-	-	-	-	-
12	볼트 및 너트 탈거	볼트/너트	10.0 ~ 12.0	-	-	-
13	특수공구(09568-4R100)를 사용하여 프런트 액슬에서 프런트 로어 암 탈거	-	-	09568-4R100	-	매뉴얼 참고
14	프런트 언더 커버 탈거 (모터 및 감속기 시스템 - "프런트 언더 커버" 참조)	-	-	-	-	-
15	접지 볼트 탈거	볼트	0.7 ~ 1.1	-	-	-
16	R-MDPS 메인 커넥터 분리	-	-	-	-	-
17	프런트 서브 프레임에 장착된 모든 클립 탈거	-	-	-	-	-
18	모터 및 감속기 마운팅 브라켓 볼트 및 너트 탈거	볼트/너트	11.0 ~ 13.0	-	-	-
19	프런트 서브 프레임에 테이블 리프트 설치	-	-	테이블 리프트	-	-
20	볼트 및 너트를 풀어 프런트 서브 프레임 탈거	볼트/너트	11.5 ~ 12.5 + 85 ~ 95°	-	-	-

- 분해

1	프런트 서브 프레임 탈거 (프런트 서스펜션 시스템 - "프런트 서브 프레임" 참조)	-	-	-	-	-
2	볼트를 풀어 스태빌라이저 바 탈거	볼트	4.5 ~ 5.5	-	-	-
3	볼트를 풀어 PE 모듈 마운팅 브라켓 탈거	볼트	6.5 ~ 8.5	-	-	-
4	볼트를 풀어 스티어링 기어 박스 탈거	볼트	11.0 ~ 13.0	-	-	-
5	볼트 및 너트를 풀어 프런트 로어 암 탈거	볼트/너트	A점(전방) : 12.0 ~ 14.0 G점(후방) : 16.0 ~ 18.0	-	-	-
6	볼트를 풀어 레일 탈거	볼트	17.0 ~ 19.0	-	-	-

- 조립

분해의 역순으로 진행	-

- 장착

탈거의 역순으로 진행	-

- 부가기능

- 휠 얼라인먼트
  - 액슬 측 암류 탈거 시, 휠 얼라인먼트 조정 진행

2023 > 160kW > 서스펜션 시스템 > 프런트 서스펜션 시스템 > 프런트 서브 프레임 > 탈거

탈거

[2WD]

1. 12V 배터리 (-) 터미널을 분리한다.
   (차량 제어 시스템 - "보조 배터리 (12V)" 참조)
2. 프런트 휠 너트를 느슨하게 푼다. 차량을 리프트를 사용하여 들어 올린 후 안전을 확인한다.

   > ⚠ 주 의
   >
   > - 리프트를 사용하여 차량을 들어 올릴 경우에는 차량의 하부 부품(플로어 언더 커버, 배터리)에 손상이 없도록 주의한다.
   >   (일반 사항 - "리프트 포인트" 참조)

3. 프런트 휠 및 타이어를 탈거한다.
   (휠 및 타이어 - "휠" 참조)
4. 프런트 트렁크를 탈거한다.
   (바디 (내장 / 외장 / 전장) - "프런트 트렁크" 참조)
5. 볼트(A)를 풀어 유니버설 조인트를 스티어링 컬럼 및 샤프트에서 분리한다.

   체결 토크 : 5.0 ~ 6.0 kgf.m

   > 유 의
   >
   > - 스티어링 휠을 유동하지 않게 고정한다.
   > - 스티어링 휠 유동 시 클락 스프링 내부 케이블이 손상될 수 있으므로 중립을 유지한다.
   > - 장착 시 유니버설 조인트를 스티어링 컬럼 샤프트에 확실히 삽입하여 체결한다.
   > - 유니버설 조인트 체결 볼트는 재사용 하지 않는다.

6. 전동식 에어컨 컴프레서 볼트(A)를 탈거한다.

체결 토크 : 2.0 ~ 2.4 kgf.m

7. 케이블 타이를 사용하여 전동식 에어컨 컴프레서(A)를 차체에 고정한다.

8. 너트(A)를 풀어 프런트 스트럿 어셈블리에서 스태빌라이저 링크를 분리한다.

체결 토크 : 10.0 ~ 12.0 kgf.m

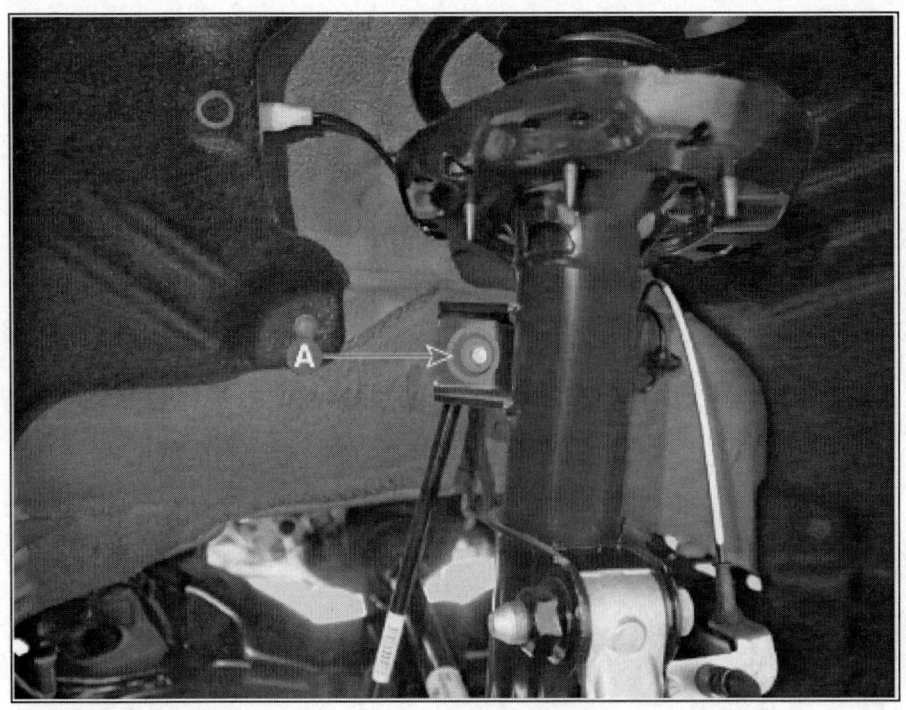

> **유 의**
> - 스태빌라이저 바 링크를 탈거할때 링크의 아웃터 헥사를 고정하고 너트를 탈거 한다.
> - 링크의 고무 부츠가 손상되지 않도록 주의한다.

9. 분할 핀 및 너트(A)를 탈거한다.

체결 토크 : 10.0 ~ 12.0 kgf.m

10. 특수공구(09568-2J100)를 사용하여 타이 로드 엔드 볼 조인트를 탈거한다.

11. 분할 핀을 탈거한다.
12. 볼트 및 너트(A)를 탈거한다.

체결 토크 : 10.0 ~ 12.0 kgf.m

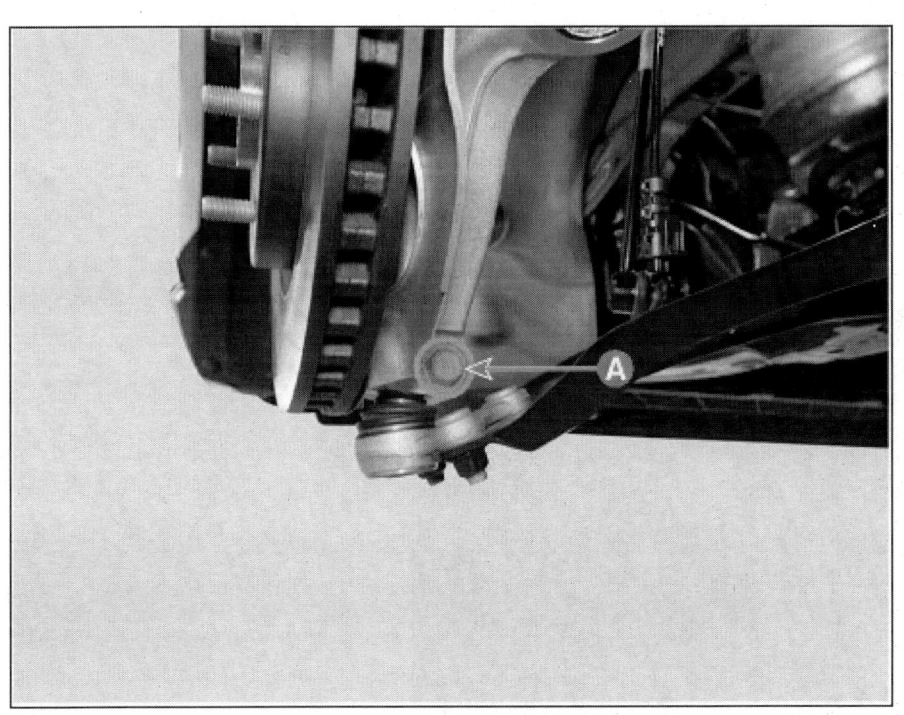

13. 특수공구(09568-4R100)를 사용하여 프런트 액슬에서 프런트 로어 암을 탈거한다.
    (1) 로어 암 체결 볼트 구멍에 서포트 볼트(A)를 장착한다.
    (2) 프런트 액슬에 서포트 바디(B)를 장착한다
    (3) 볼트(C)를 조여 프런트 액슬 사이를 이격시킨다.

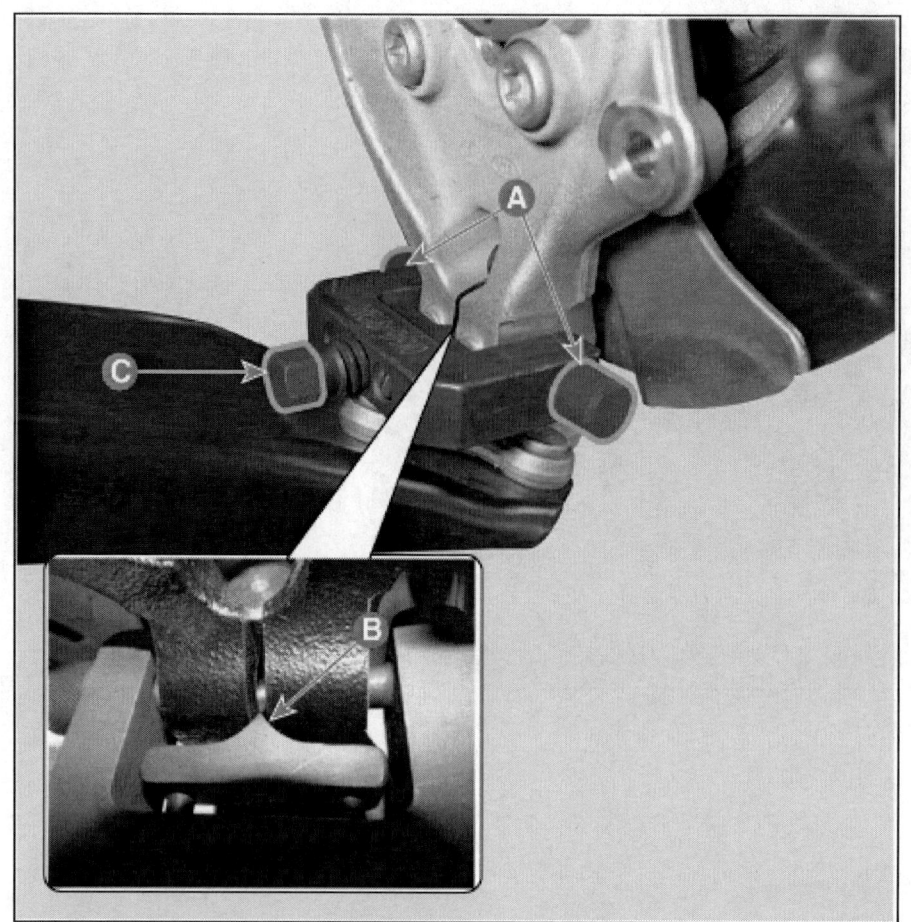

14. 프런트 언더 커버를 탈거한다.
    (모터 및 감속기 시스템 - "프런트 언더 커버" 참조)
15. 3 웨이 밸브 브라켓 볼트(A)를 탈거한다.

체결 토크 : 0.7 ~ 1.1 kgf.m

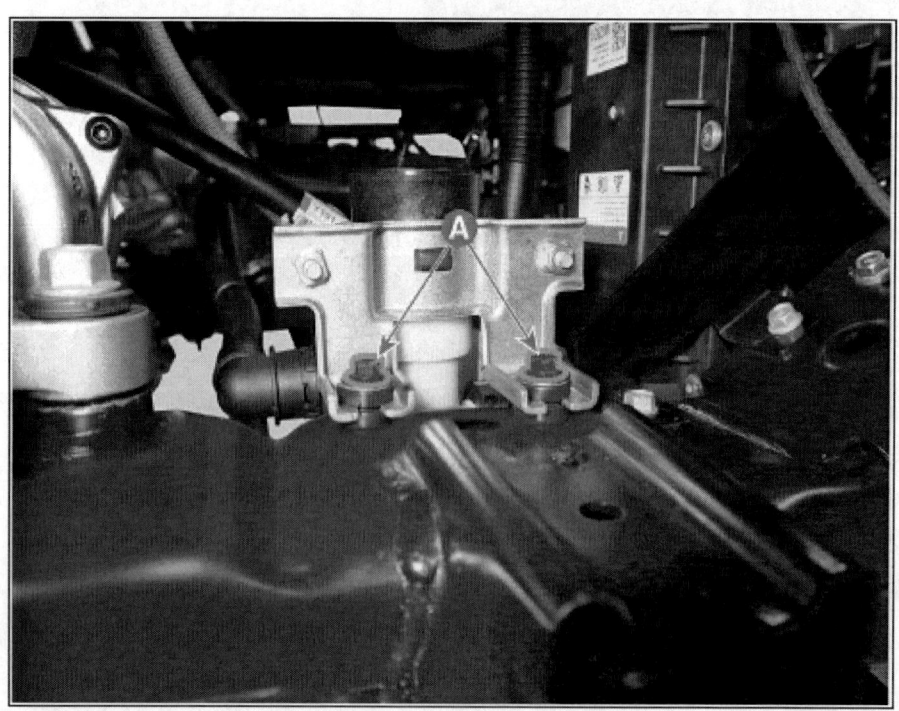

16. 전자식 워터 펌프 (EWP) 브라켓 볼트 및 너트(A)를 탈거한다.

체결 토크 : 0.7 ~ 1.1 kgf.m

17. 냉각수 호스 브라켓 볼트(A)를 탈거한다.

체결 토크 : 0.7 ~ 1.1 kgf.m

18. PTC 히터 펌프 접지 볼트(A)를 탈거한다.

체결 토크 : 0.7 ~ 1.1 kgf.m

19. PTC 히터 펌프 브라켓 볼트(A)를 탈거한다.

체결 토크 : 0.7 ~ 1.1 kgf.m

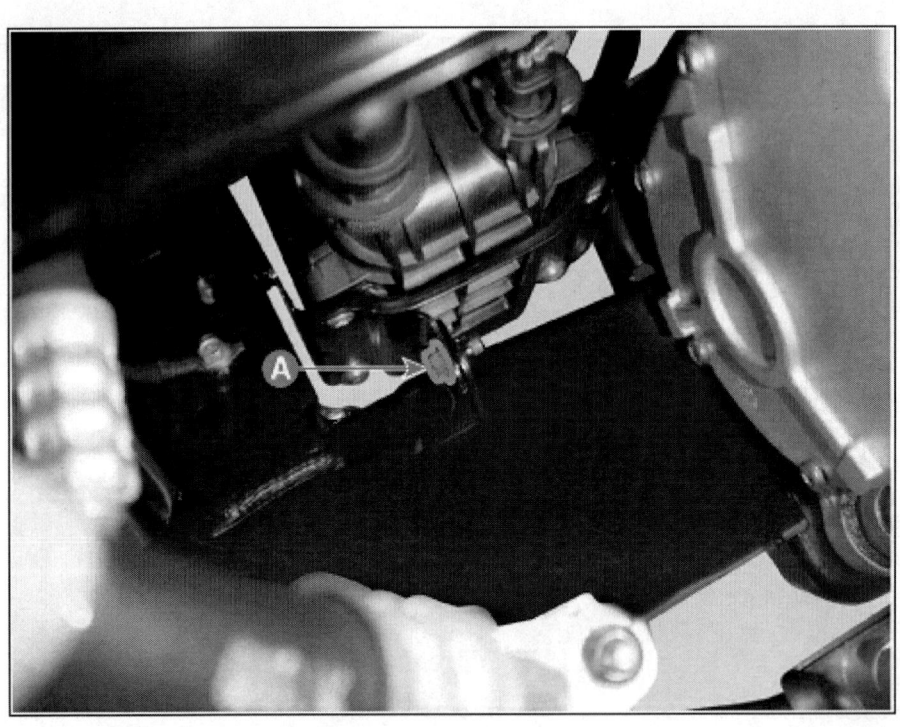

20. R-MDPS 메인 커넥터(A)를 분리한다.

21. 프런트 서브 프레임에 장착된 모든 클립을 탈거한다.
22. 프런트 서브 프레임에 테이블 리프트를 설치하여 안전하게 작업한다.

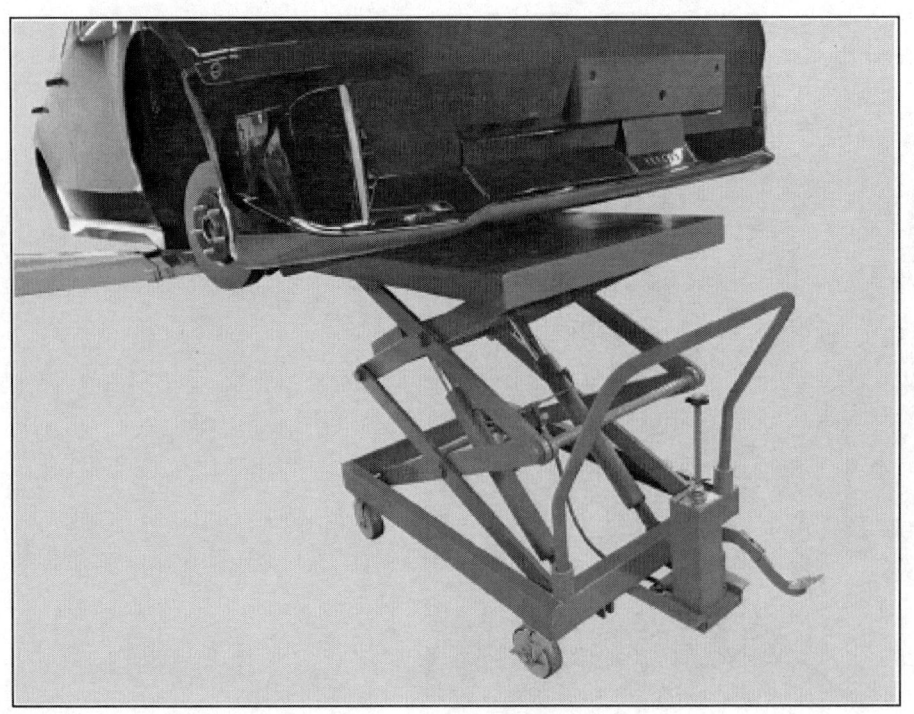

23. 볼트 및 너트(A, B, C)를 풀어 프런트 서브 프레임을 탈거한다.

체결 토크 : 11.5 ~ 12.5 kgf.m + 85 ~ 95°

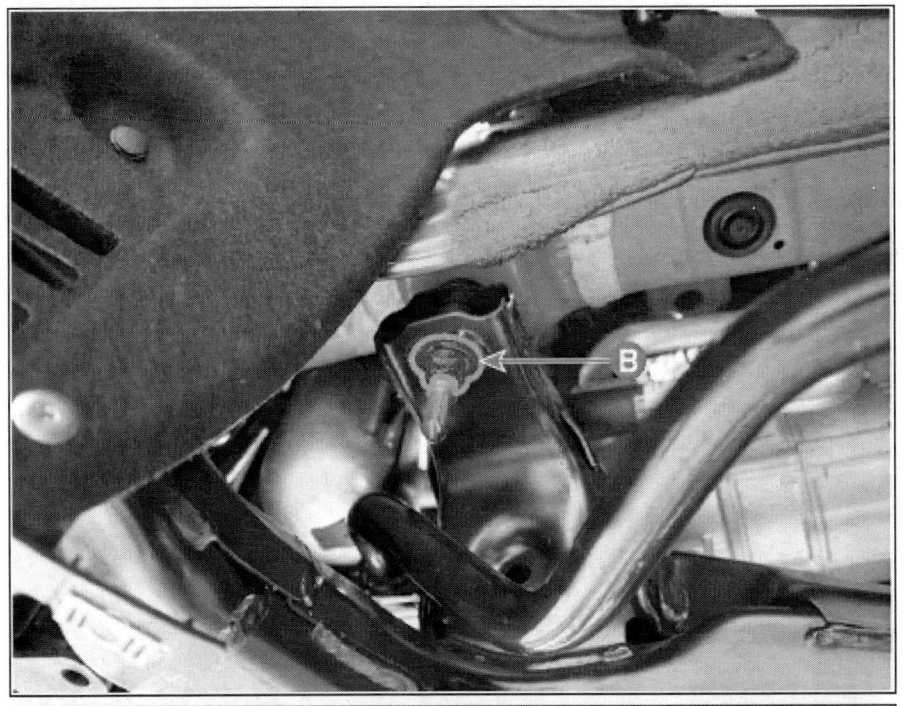

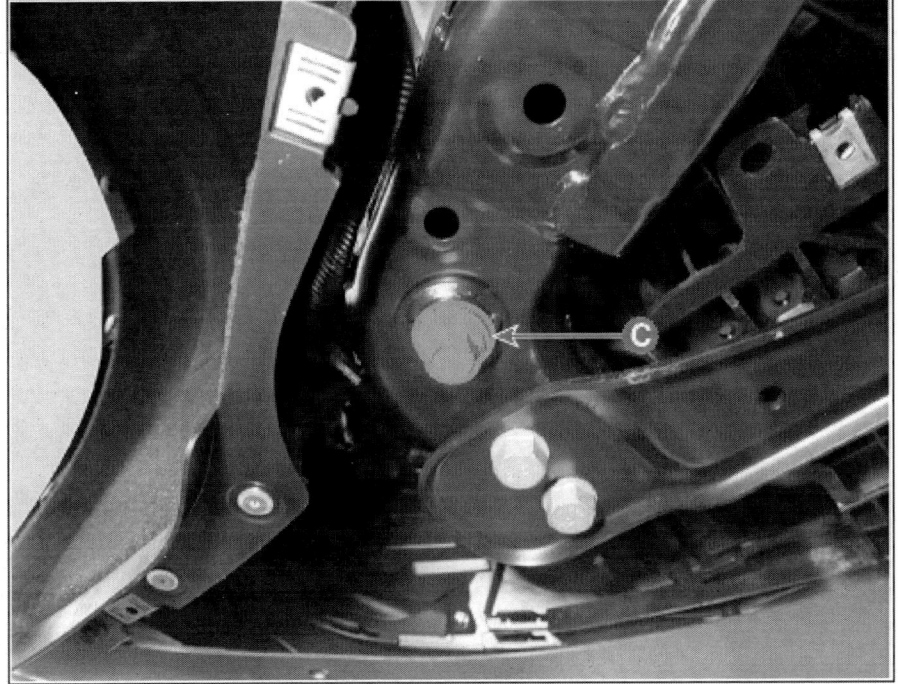

[AWD]

1. 12V 배터리 (-) 터미널을 분리한다.
   (차량 제어 시스템 - "보조 배터리 (12V)" 참조)
2. 프런트 휠 너트를 느슨하게 푼다. 차량을 리프트를 사용하여 들어 올린 후 안전을 확인한다.

   > ⚠ 주 의
   >
   > - 리프트를 사용하여 차량을 들어 올릴 경우에는 차량의 하부 부품(플로어 언더 커버, 배터리)에 손상이 없도록 주의한다.
   >   (일반 사항 - "리프트 포인트" 참조)

3. 프런트 휠 및 타이어를 탈거한다.
   (휠 및 타이어 - "휠" 참조)
4. 프런트 트렁크를 탈거한다.
   (바디 (내장 / 외장 / 전장) - "프런트 트렁크" 참조)
5. 볼트(A)를 풀어 유니버설 조인트를 스티어링 컬럼 및 샤프트에서 분리한다.

체결 토크 : 5.0 ~ 6.0 kgf.m

> **유 의**
>
> - 스티어링 휠을 유동하지 않게 고정한다.
> - 스티어링 휠 유동 시 클락 스프링 내부 케이블이 손상될 수 있으므로 중립을 유지한다.
> - 장착 시 유니버셜 조인트를 스티어링 컬럼 샤프트에 확실히 삽입하여 체결한다.
> - 유니버셜 조인트 체결 볼트는 재사용 하지 않는다.

6. 카울 탑 커버를 탈거한다.
    (바디 (내장 / 외장 / 전장) - "카울 탑 커버 어셈블리" 참조)

7. 특수공구(빔 : 09200-3∏000, 0K200-R0100), (어댑터 : 09200-2W000, 09200-4X000), (서포터 : 09200-2S200, 09200-C3610, 09200-GI000)를 사용하여 PE 모듈 지지대를 조립한다.
    (서스펜션 시스템 - "특수공구" 참조)

8. 조립된 특수공구 지지대(A)를 사용하여 PE 모듈 어셈블리를 안전하게 지지한다.

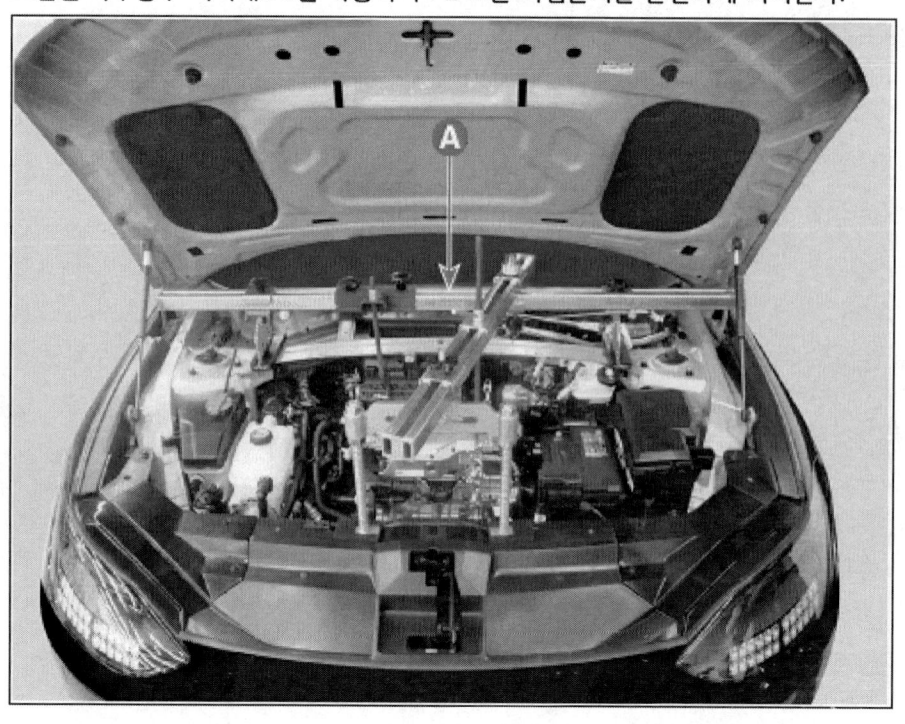

9. 너트(A)를 풀어 프런트 스트럿 어셈블리에서 스태빌라이저 링크를 분리한다.

    체결 토크 : 10.0 ~ 12.0 kgf.m

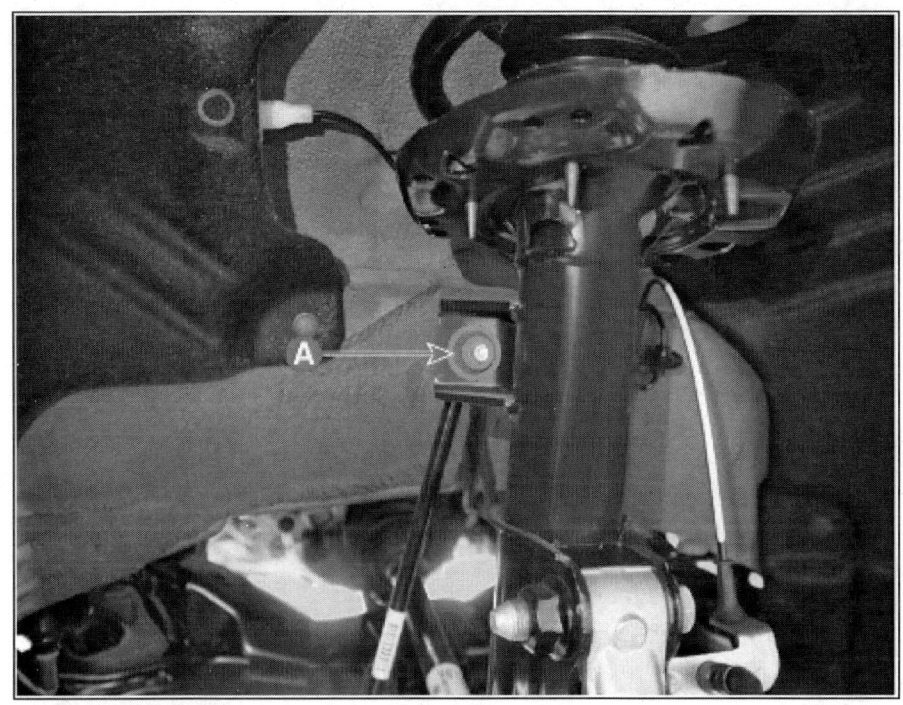

    유 의

    - 스태빌라이저 바 링크를 탈거할때 링크의 아웃터 헥사를 고정하고 너트를 탈거 한다.
    - 링크의 고무 부츠가 손상되지 않도록 주의한다.

10. 분할 핀 및 너트(A)를 탈거한다.

    체결 토크 : 10.0 ~ 12.0 kgf.m

11. 특수공구(09568-2J100)를 사용하여 타이 로드 엔드 볼 조인트를 탈거한다.

12. 분할 핀을 탈거한다.
13. 볼트 및 너트(A)를 탈거한다.

체결 토크 : 10.0 ~ 12.0 kgf.m

14. 특수공구(09568-4R100)를 사용하여 프런트 액슬에서 프런트 로어 암을 탈거한다.
    (1) 로어 암 체결 볼트 구멍에 서포트 볼트(A)를 장착한다.
    (2) 프런트 액슬에 서포트 바디(B)를 장착한다
    (3) 볼트(C)를 조여 프런트 액슬 사이를 이격시킨다.

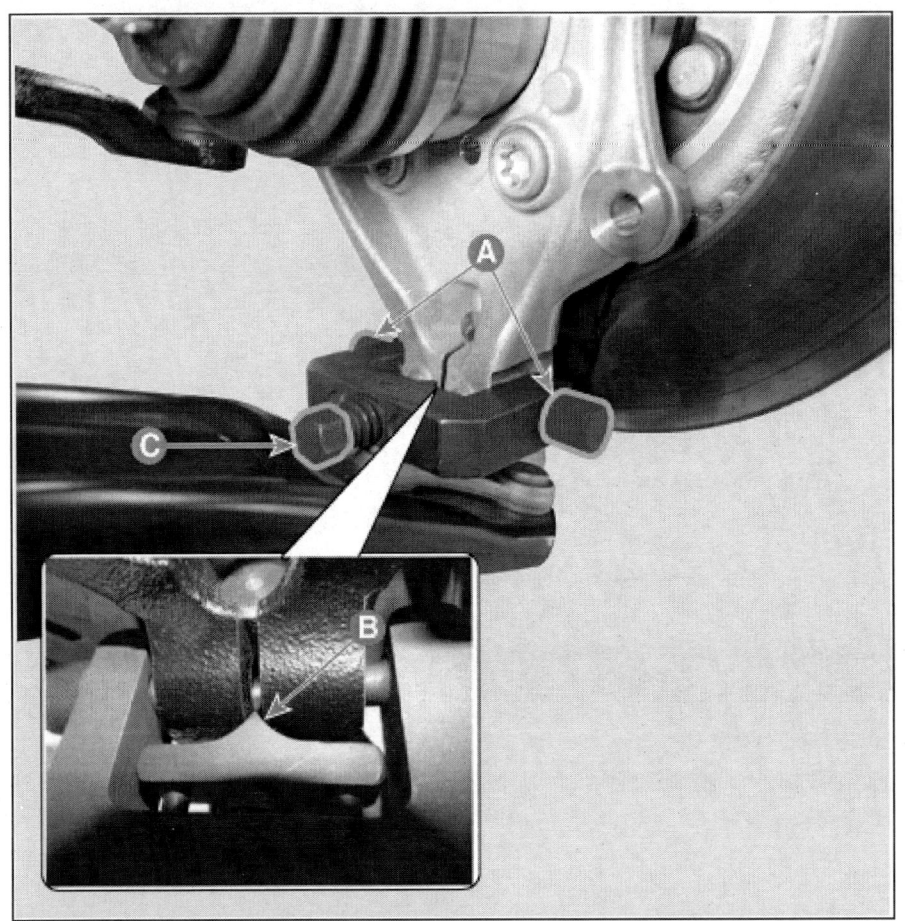

15. 프런트 언더 커버를 탈거한다.
    (모터 및 감속기 시스템 - "프런트 언더 커버" 참조)
16. 접지 볼트(A)를 탈거한다.

    체결 토크 : 0.7 ~ 1.1 kgf.m

17. R-MDPS 메인 커넥터(A)를 분리한다.

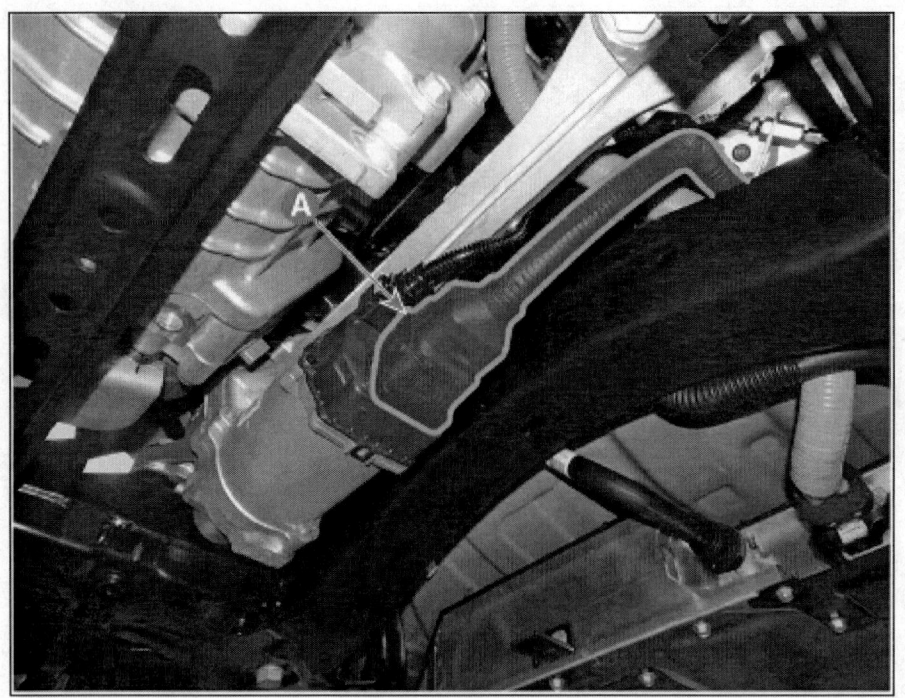

18. 프런트 서브 프레임에 장착된 모든 클립을 탈거한다.
19. 모터 및 감속기 마운팅 브라켓 볼트 및 너트(A, B, C)를 탈거한다.

체결 토크 : 11.0 ~ 13.0 kgf.m

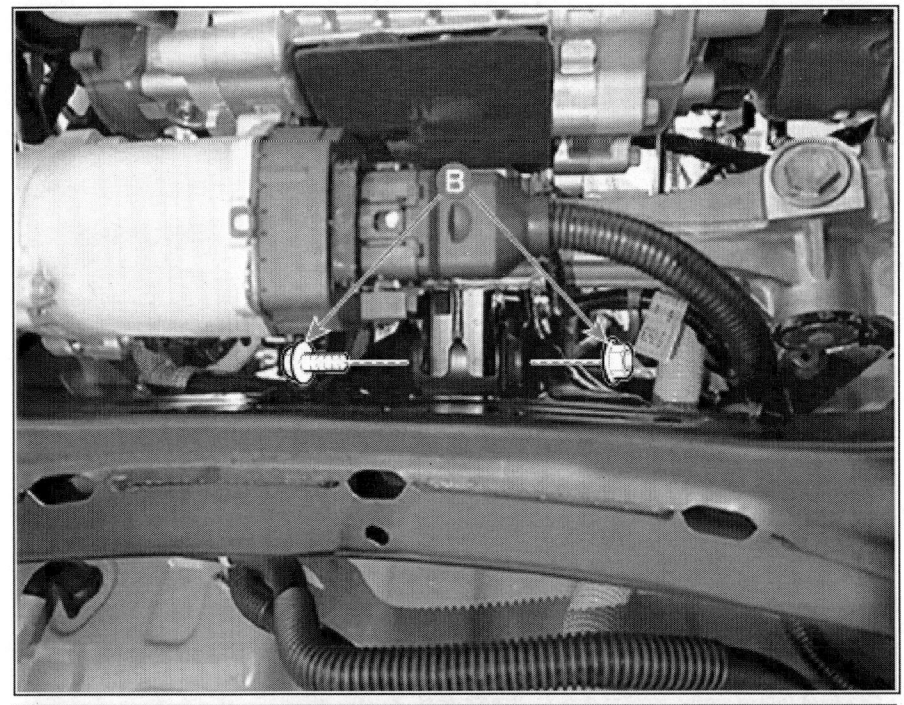

20. 프런트 서브 프레임에 테이블 리프트를 설치하여 안전하게 작업한다.

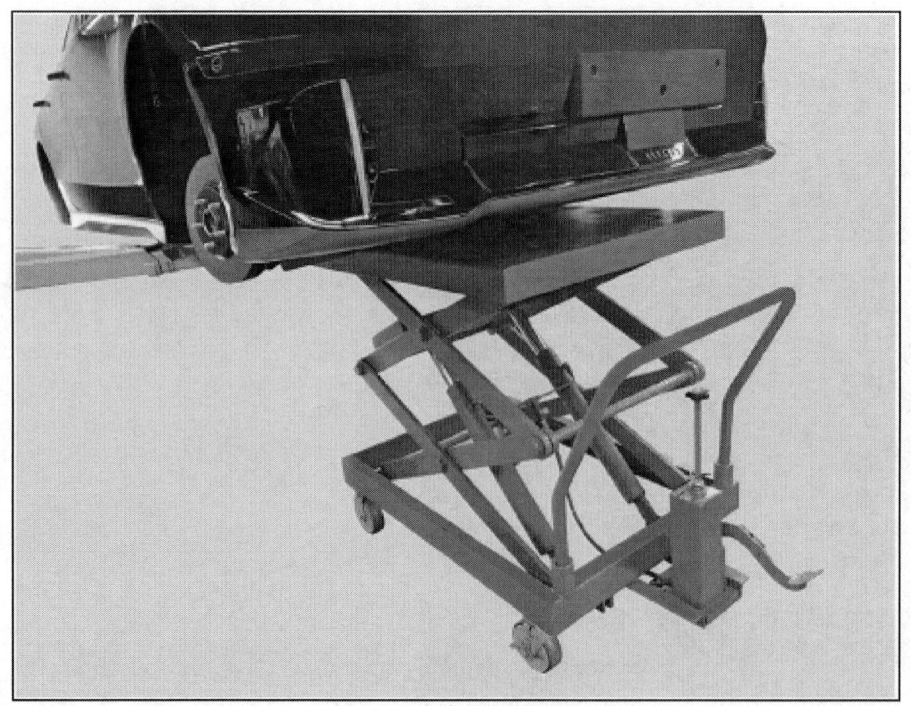

21. 볼트 및 너트(A, B, C)를 풀어 프런트 서브 프레임을 탈거한다.

체결 토크 : 11.5 ~ 12.5 kgf.m + 85 ~ 95°

분해 및 조립

[2WD]

1. 프런트 서브 프레임을 탈거한다.
   (프런트 서스펜션 시스템 - "프런트 서브 프레임" 참조)
2. 볼트를 풀어 스티어링 기어 박스(A)를 탈거한다.

   체결 토크 : 11.0 ~ 13.0 kgf.m

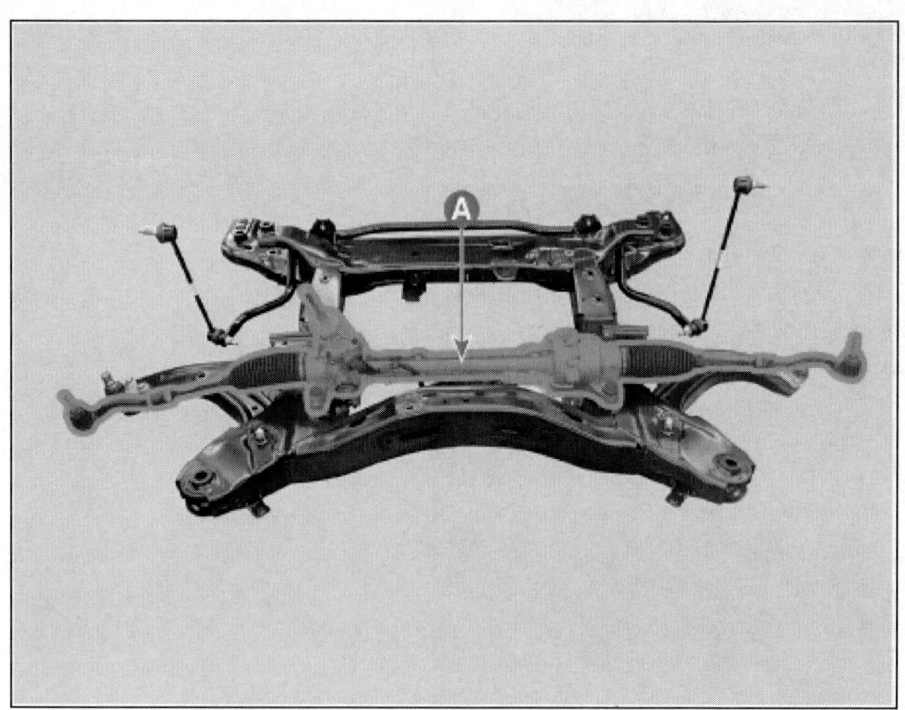

3. 볼트를 풀어 스태빌라이저 바(A)를 탈거한다.

   체결 토크 : 4.5 ~ 5.5 kgf.m

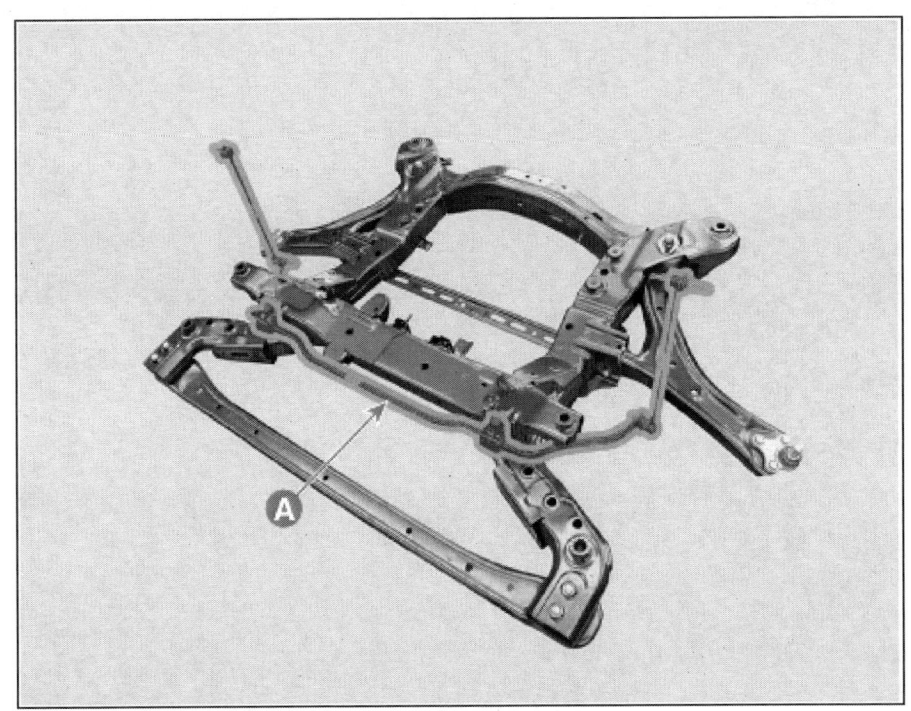

4. 볼트 및 너트를 풀어 프런트 로어 암(A)을 탈거한다.

체결 토크
A점(전방) : 12.0 ~ 14.0 kgf.m
G점(후방) : 16.0 ~ 18.0 kgf.m

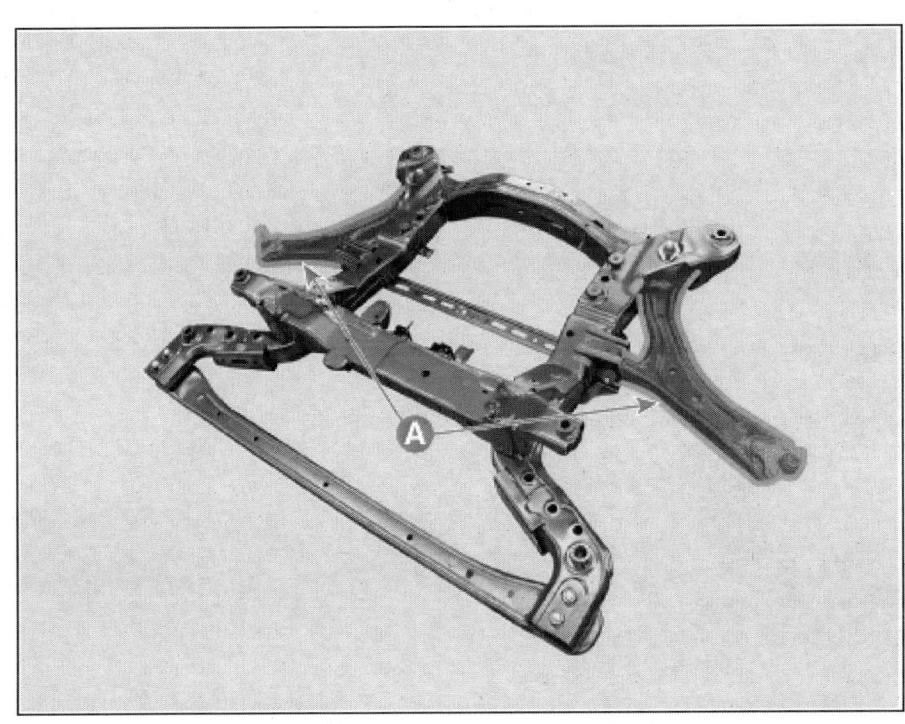

5. 볼트를 풀어 레일(A)을 탈거한다.

체결 토크 : 17.0 ~ 19.0 kgf.m

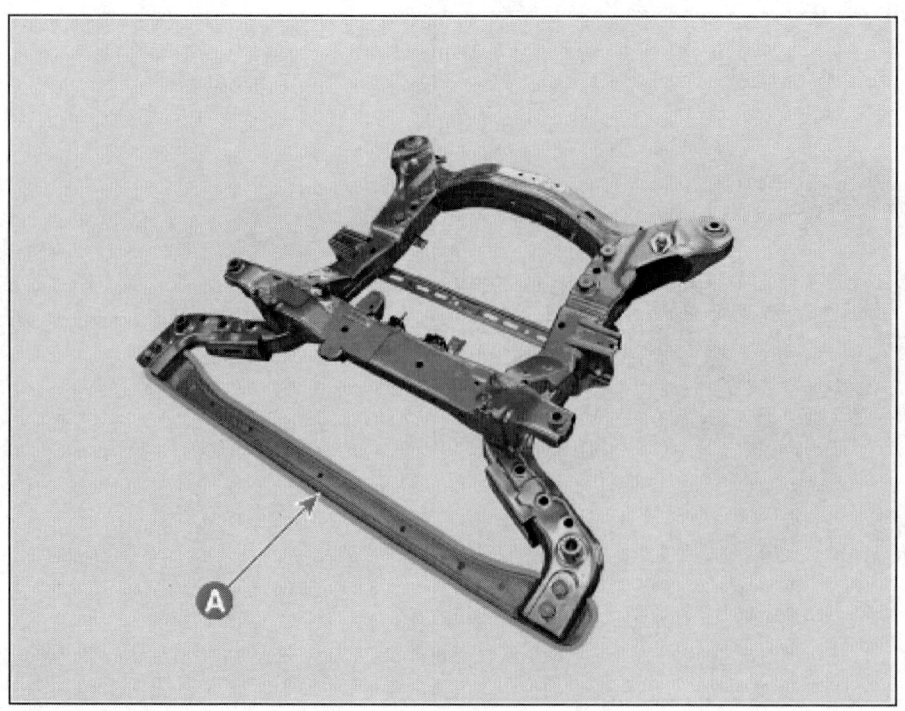

6. 조립은 분해의 역순으로 진행한다.

[AWD]

1. 프런트 서브 프레임을 탈거한다.
   (프런트 서스펜션 시스템 - "프런트 서브 프레임" 참조)
2. 볼트를 풀어 스티어링 기어 박스(A)를 탈거한다.

   체결 토크 : 11.0 ~ 13.0 kgf.m

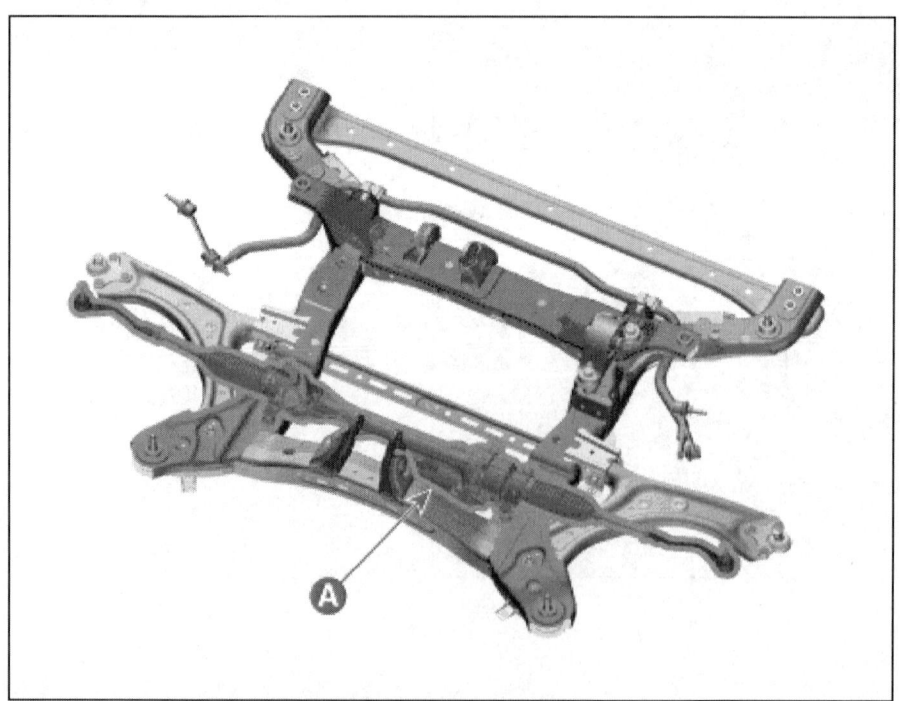

3. 볼트를 풀어 스태빌라이저 바(A)를 탈거한다.

   체결 토크 : 4.5 ~ 5.5 kgf.m

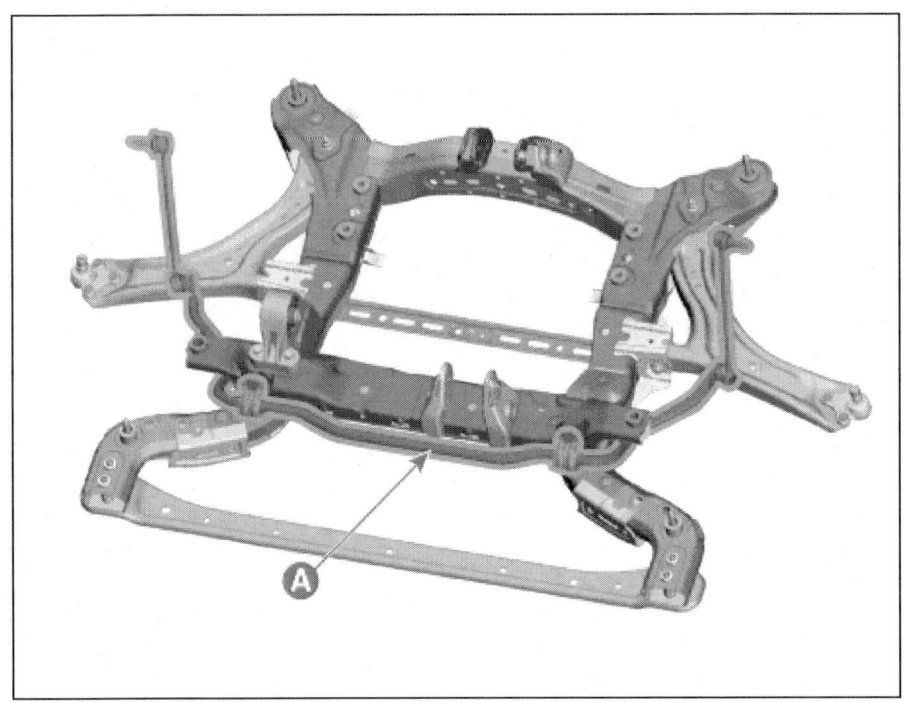

4. 볼트를 풀어 PE 모듈 마운팅 브라켓(A)을 탈거한다.

체결 토크 : 6.5 ~ 8.5 kgf.m

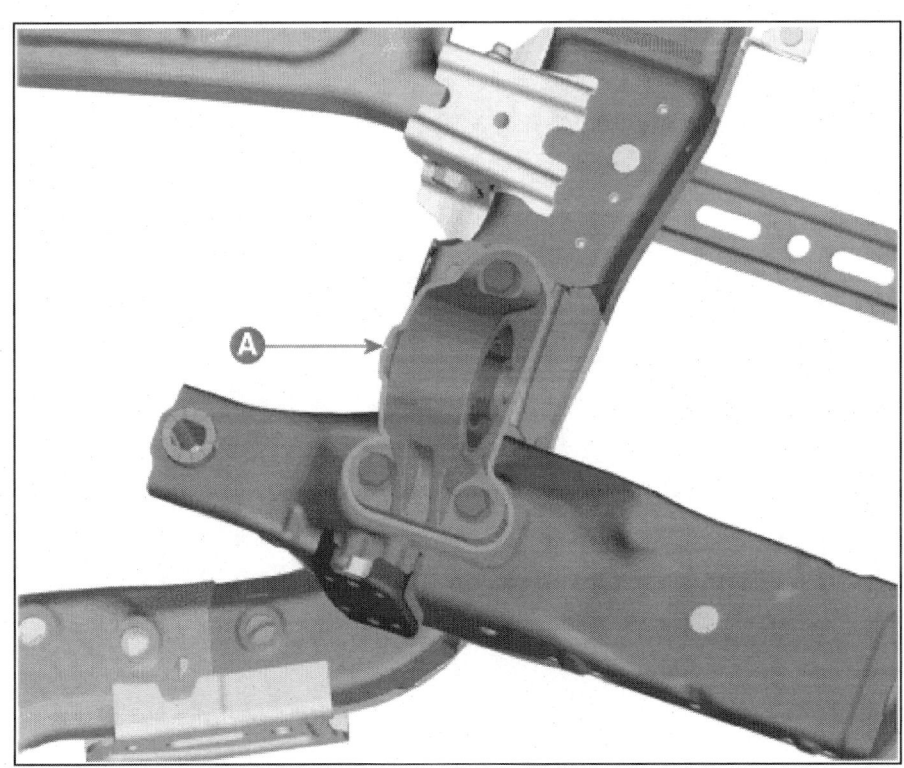

5. 볼트 및 너트를 풀어 프런트 로어 암(A)을 탈거한다.

체결 토크
A점(전방) : 12.0 ~ 14.0 kgf.m
G점(후방) : 16.0 ~ 18.0 kgf.m

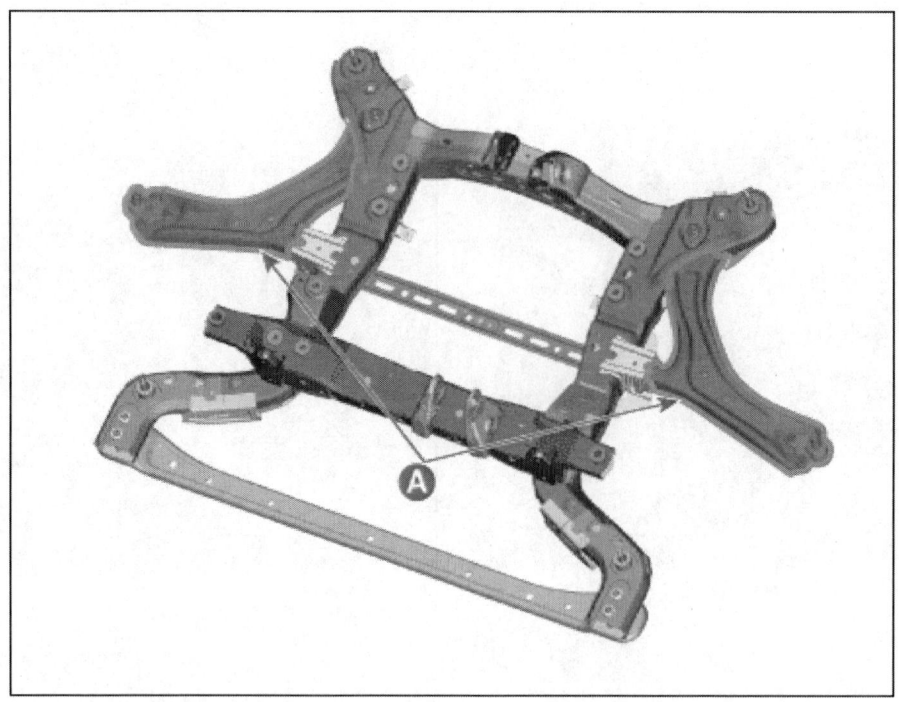

6. 볼트를 풀어 레일(A)을 탈거한다.

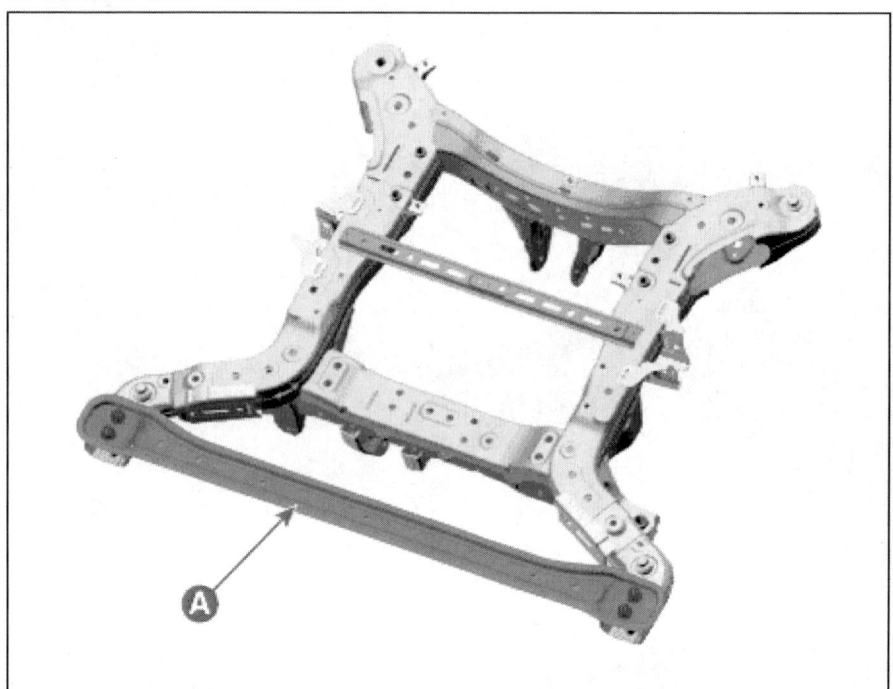

7. 조립은 분해의 역순으로 진행한다.

장착

1. 장착은 탈거의 역순으로 진행한다.
2. 얼라인먼트를 점검한다.
   (휠 및 타이어 - "얼라인먼트" 참조)

구성부품

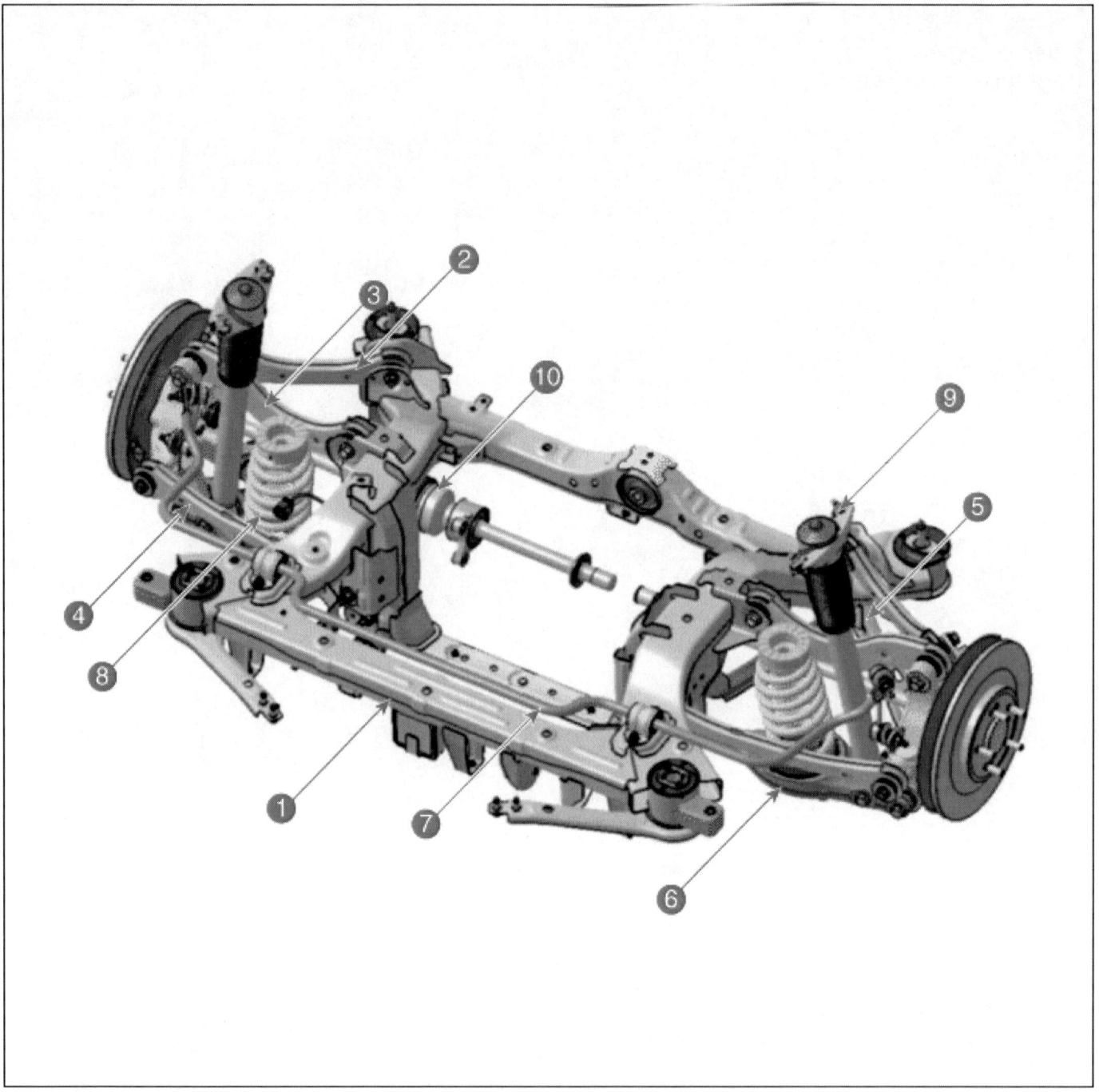

1. 리어 크로스 멤버
2. 리어 어퍼 암 (프런트)
3. 리어 어퍼 암 (리어)
4. 리어 어시스트 암
5. 트레일링 암
6. 리어 로어 암
7. 리어 스태빌라이저 바
8. 리어 코일 스프링
9. 리어 쇽 업소버 어셈블리
10. 기능통합형 드라이브 액슬 (IDA)

리어 쇽업소버 어셈블리 탈장착

	작업	H/W	체결토크 (kgf.m)	SST/장비	케미컬	기타
•	탈거					
1	리어 휠 및 타이어 탈거 (휠 및 타이어 - "휠" 참조)	-	-	-	-	-
2	볼트 및 너트를 풀어 리어 로어 암에서 리어 쇽 업소버 분리	볼트/너트	16.0 ~ 18.0	-	-	-
3	볼트를 풀어 차체에서 리어 쇽 업소버 어셈블리 탈거	볼트	5.0 ~ 6.5	-	-	-
•	분해					
1	인슐레이터 캡 탈거	-	-	-	-	-
2	특수공구(09546-3X100)를 사용하여 리어 쇽업소버 어셈블리에서 셀프 록킹 너트 탈거	너트	2.0 ~ 2.5	09546-3X100	-	매뉴얼 참고
3	인슐레이터 어셈블리, 범퍼 러버, 더스트 커버 탈거	-	-	-	-	-
4	리어 쇽 업소버 탈거	-	-	-	-	-
•	조립					
분해의 역순으로 진행						-
•	장착					
탈거의 역순으로 진행						-

구성부품

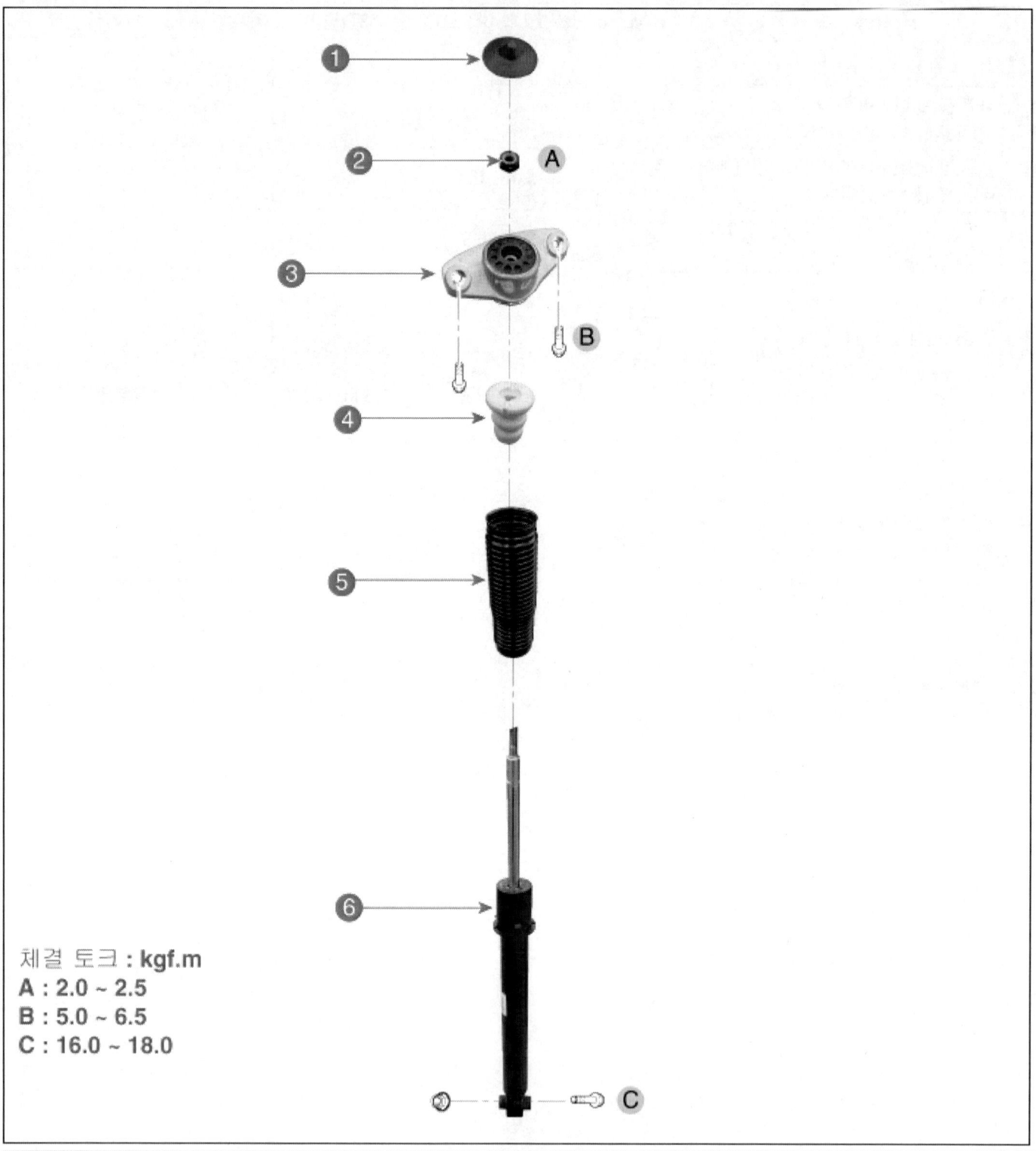

체결 토크 : kgf.m
A : 2.0 ~ 2.5
B : 5.0 ~ 6.5
C : 16.0 ~ 18.0

1. 인슐레이터 캡	4. 범퍼 스토퍼
2. 록 너트	5. 더스트 커버
3. 인슐레이터	6. 리어 쇽업소버

2023 > 160kW > 서스펜션 시스템 > 리어 서스펜션 시스템 > 리어 쇽업소버 어셈블리 > 탈거 및 장착

탈거 및 장착

1. 리어 휠 너트를 느슨하게 푼다. 차량을 리프트를 사용하여 들어 올린 후 안전을 확인한다.

   > ⚠️ **주 의**
   >
   > - 리프트를 사용하여 차량을 들어 올릴 경우에는 차량의 하부 부품(플로어 언더 커버, 배터리)에 손상이 없도록 주의한다.
   >   (일반 사항 - "리프트 포인트" 참조)

2. 리어 휠 및 타이어를 탈거한다.
   (휠 및 타이어 - "휠" 참조)

3. 볼트 및 너트(A)를 풀어 리어 로어 암에서 리어 쇽 업소버를 분리한다.

   체결 토크 : 16.0 ~ 18.0 kgf.m

   > **유 의**
   >
   > - 탈거 시 잭을 리어 로어 암 하단에 설치하여 무부하 상태로 만들어 탈거한다.

4. 볼트를 풀어 차체에서 리어 쇽 업소버 어셈블리(A)를 탈거한다.

   체결 토크 : 5.0 ~ 6.5 kgf.m

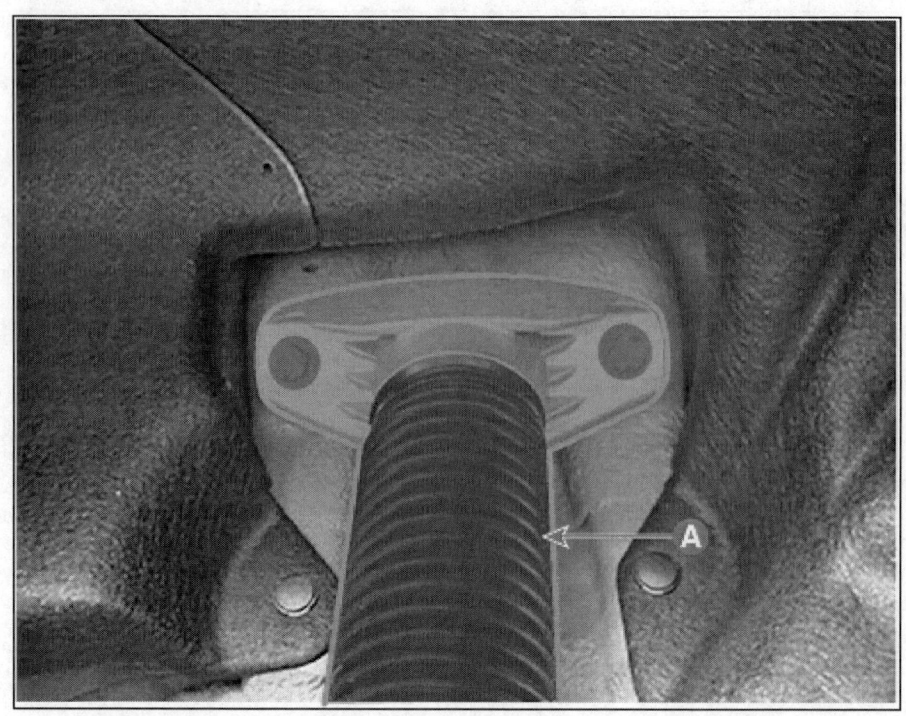

5. 장착은 탈거의 역순으로 진행한다.

분해 및 조립

1. 인슐레이터 캡(A)을 탈거한다.

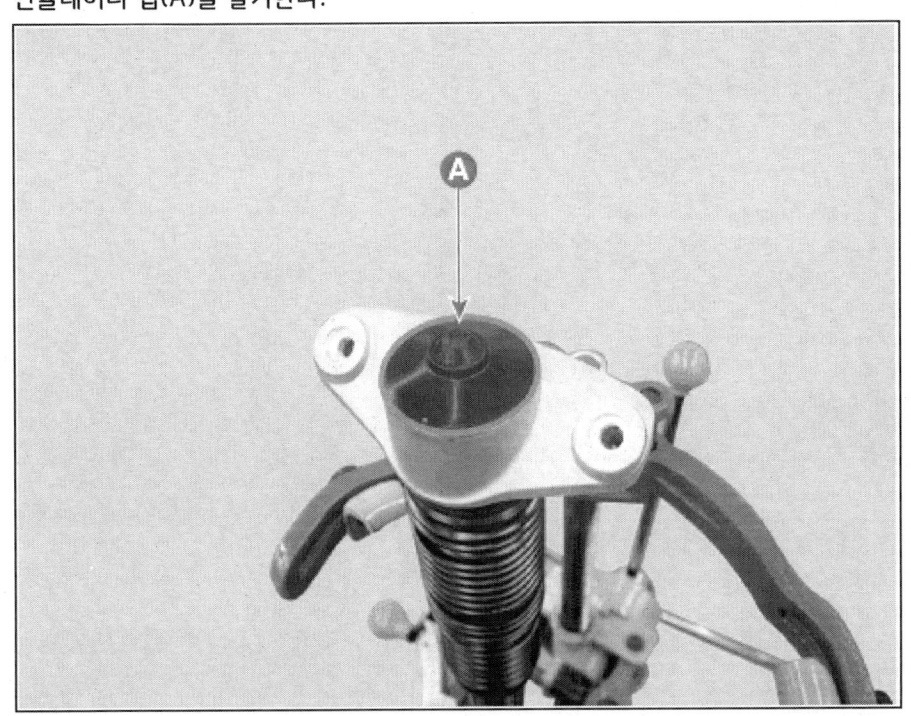

2. 특수공구(09546-3X100)를 사용하여 리어 쇽업소버 어셈블리에서 셀프 록킹 너트를 탈거한다.

체결 토크 : 2.0 ~ 2.5 kgf.m

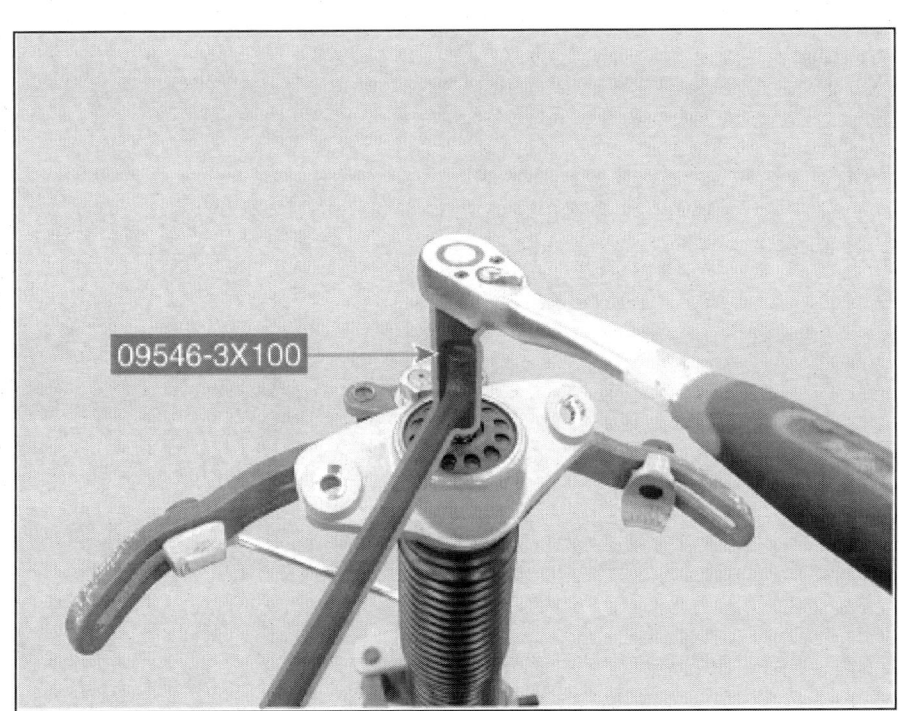

3. 인슐레이터 어셈블리, 범퍼 러버, 더스트 커버(A)를 탈거한다.

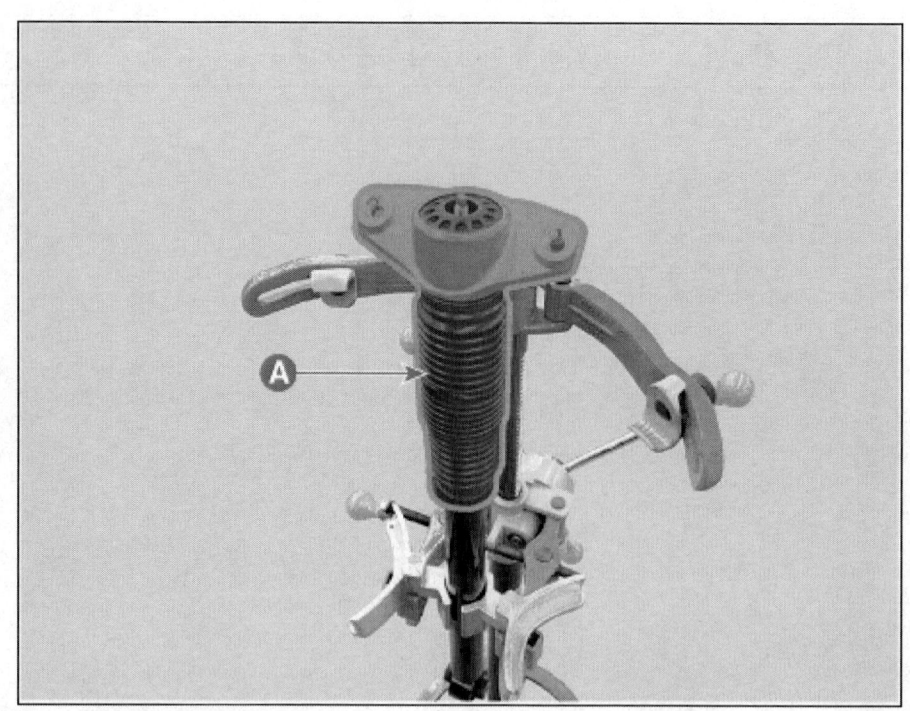

4. 리어 쇽 업소버(A)를 탈거한다.

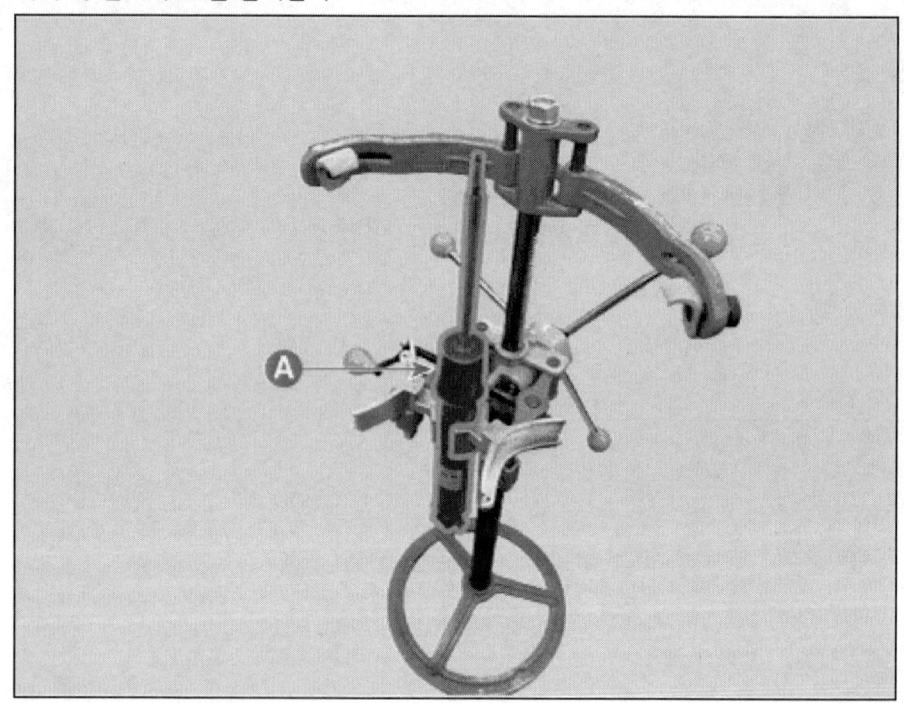

5. 조립은 분해의 역순으로 진행한다.

점검

1. 고무 부품의 손상 및 변형 여부를 검사한다.
2. 리어 쇽 업소버 로드(A)의 압축과 인장을 반복하면서 작동간에 비정상적인 저항이나 소음이 없는지 검사한다.

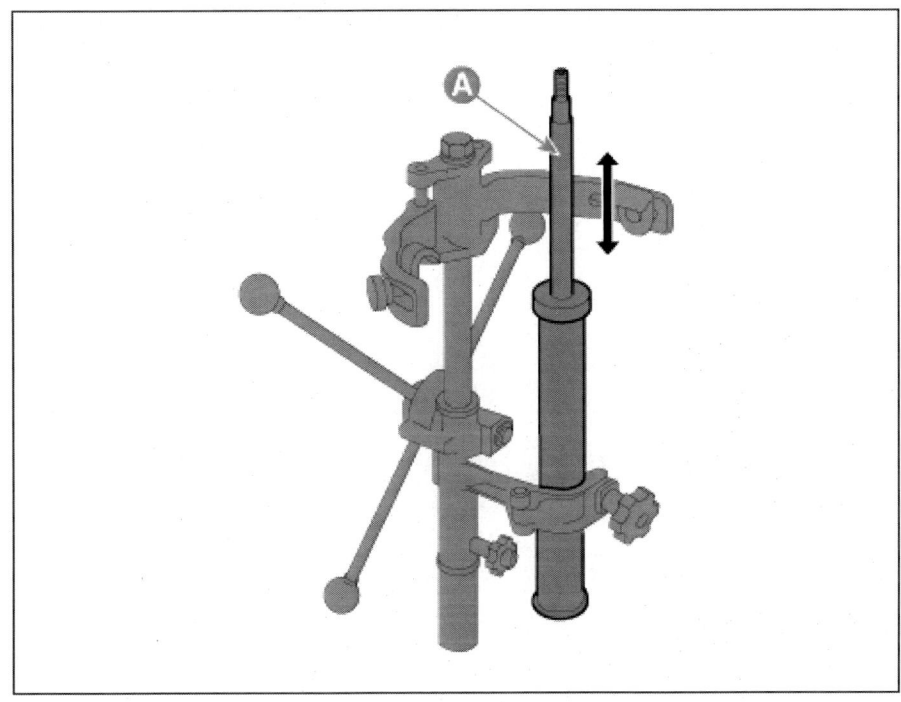

리어 어퍼 암 탈장착

[리어 어퍼 암 (프런트)]

	작업	H/W	체결토크 (kgf.m)	SST/장비	케미컬	기타
• 탈거						
1	12V 배터리 (-) 터미널 분리 (차량 제어 시스템 - "보조 배터리 (12V)" 참조)	-	-	-	-	-
2	리어 휠 및 타이어 탈거 (휠 및 타이어 - "휠" 참조)	-	-	-	-	-
3	리어 크로스 멤버 탈거 (리어 서스펜션 시스템 - "리어 크로스 멤버" 참조)	-	-	-	-	-
4	볼트 및 너트를 풀어 리어 어퍼 암 프런트 탈거	볼트/너트	16.0 ~ 18.0	-	-	-
• 장착						
탈거의 역순으로 진행						-
• 부가기능						
• 휠 얼라인먼트 - 액슬 측 암류 탈거 시, 휠 얼라인먼트 조정 진행						

[리어 어퍼 암 (리어)]

	작업	H/W	체결토크 (kgf.m)	SST/장비	케미컬	기타
• 탈거						
1	리어 휠 및 타이어 탈거 (휠 및 타이어 - "휠" 참조)	-	-	-	-	-
2	리어 휠 속도 센서 브라켓 볼트 탈거	볼트	2.0 ~ 3.0	-	-	-
3	볼트 및 너트를 풀어 리어 어퍼 암 리어 탈거	볼트/너트	16.0 ~ 18.0	-	-	-
• 장착						
탈거의 역순으로 진행						-
• 부가기능						
• 휠 얼라인먼트 - 액슬 측 암류 탈거 시, 휠 얼라인먼트 조정 진행						

2023 > 160kW > 서스펜션 시스템 > 리어 서스펜션 시스템 > 리어 어퍼 암 > 탈거

탈거

[리어 어퍼 암 (프런트)]

1. 12V 배터리 (-) 터미널을 분리한다.
   (차량 제어 시스템 - "보조 배터리 (12V)" 참조)
2. 리어 휠 너트를 느슨하게 푼다. 차량을 리프트를 사용하여 들어 올린 후 안전을 확인한다.

   > ⚠ 주 의
   >
   > - 리프트를 사용하여 차량을 들어 올릴 경우에는 차량의 하부 부품(플로어 언더 커버, 배터리)에 손상이 없도록 주의한다.
   >   (일반 사항 - "리프트 포인트" 참조)

3. 리어 휠 및 타이어를 탈거한다.
   (휠 및 타이어 - "휠" 참조)
4. 리어 크로스 멤버를 탈거한다.
   (리어 서스펜션 시스템 - "리어 크로스 멤버" 참조)
5. 볼트 및 너트를 풀어 리어 어퍼 암 프런트(A)를 탈거한다.

   체결 토크 : 16.0 ~ 18.0 kgf.m

[리어 어퍼 암 (리어)]

1. 리어 휠 너트를 느슨하게 푼다. 차량을 리프트를 사용하여 들어 올린 후 안전을 확인한다.

   > ⚠ 주 의
   >
   > - 리프트를 사용하여 차량을 들어 올릴 경우에는 차량의 하부 부품(플로어 언더 커버, 배터리)에 손상이 없도록 주의한다.
   >   (일반 사항 - "리프트 포인트" 참조)

2. 리어 휠 및 타이어를 탈거한다.

(휠 및 타이어 - "휠" 참조)

3. 리어 휠 속도 센서 브라켓 볼트(A)를 탈거한다.

   체결 토크 : 2.0 ~ 3.0 kgf.m

4. 볼트 및 너트를 풀어 리어 어퍼 암 리어(A)를 탈거한다.

   체결 토크 : 16.0 ~ 18.0 kgf.m

> 유 의
>
> - 탈거 시 잭을 리어 로어 암 하단에 설치하여 무부하 상태로 만들어 탈거한다.

장착

1. 장착은 탈거의 역순으로 진행한다.
2. 얼라인먼트를 점검한다.
   (휠 및 타이어 - "얼라인먼트" 참조)

2023 > 160kW > 서스펜션 시스템 > 리어 서스펜션 시스템 > 리어 어퍼 암 > 점검

점검

1. 부싱의 마모 및 노화상태를 점검한다.
2. 리어 어퍼 암의 휨 또는 손상 상태를 점검한다.
3. 모든 볼트를 점검한다.

리어 어시스트 암 탈장착

작업	H/W	체결토크 (kgf.m)	SST/장비	케미컬	기타
• 탈거					
1 리어 휠 및 타이어 탈거 (휠 및 타이어 - "휠" 참조)	-	-	-	-	-
2 볼트 및 너트를 풀어 리어 어시스트 암 탈거	볼트/너트	리어 크로스 멤버측 : 11.0 ~ 12.0 리어 액슬 캐리어측 : 12.0 ~ 14.0	-	-	-
• 장착					
탈거의 역순으로 진행					-
• 부가기능					
• 휠 얼라인먼트 - 액슬 측 암류 탈거 시, 휠 얼라인먼트 조정 진행					

탈거

1. 리어 휠 너트를 느슨하게 푼다. 차량을 리프트를 사용하여 들어 올린 후 안전을 확인한다.

   > ⚠ 주 의
   >
   > - 리프트를 사용하여 차량을 들어 올릴 경우에는 차량의 하부 부품(플로어 언더 커버, 배터리)에 손상이 없도록 주의한다.
   >   (일반 사항 - "리프트 포인트" 참조)

2. 리어 휠 및 타이어를 탈거한다.
   (휠 및 타이어 - "휠" 참조)

3. 볼트 및 너트를 풀어 리어 어시스트 암(A)을 탈거한다.

   체결토크
   리어 크로스 멤버 측 : 11.0 ~ 12.0 kgf.m
   리어 액슬 캐리어 측 : 12.0 ~ 14.0 kgf.m

> 유 의
>
> - 탈거 시 잭을 리어 로어 암 하단에 설치하여 무부하 상태로 만들어 탈거한다.

2023 > 160kW > 서스펜션 시스템 > 리어 서스펜션 시스템 > 리어 어시스트 암 > 장착

장착

1. 장착은 탈거의 역순으로 진행한다.
2. 얼라인먼트를 점검한다.
   (휠 및 타이어 - "얼라인먼트" 참조)

점검

1. 부싱의 마모 및 노화상태를 점검한다.
2. 리어 어시스트 암의 휨 또는 손상 상태를 점검한다.
3. 모든 볼트를 점검한다.

트레일링 암 탈장착

작업		H/W	체결토크 (kgf.m)	SST/장비	케미컬	기타
• 탈거						
1	리어 휠 및 타이어 탈거 (휠 및 타이어 - "휠" 참조)	-	-	-	-	-
2	볼트 및 너트를 풀어 트레일링 암 탈거	볼트/너트	12.0 ~ 14.0	-	-	-
• 장착						
탈거의 역순으로 진행						-
• 부가기능						
• 휠 얼라인먼트 - 액슬 측 암류 탈거 시, 휠 얼라인먼트 조정 진행						

2023 > 160kW > 서스펜션 시스템 > 리어 서스펜션 시스템 > 트레일링 암 > 탈거

탈거

1. 리어 휠 너트를 느슨하게 푼다. 차량을 리프트를 이용하여 들어 올린 후 안전을 확인한다.

   > ⚠ 주 의
   >
   > - 리프트를 사용하여 차량을 들어 올릴 경우에는 차량의 하부 부품(플로어 언더 커버, 배터리)에 손상이 없도록 주의한다.
   >   (일반 사항 - "리프트 포인트" 참조)

2. 리어 휠 및 타이어를 탈거한다.
   (휠 및 타이어 - "휠" 참조)
3. 볼트 및 너트를 풀어 트레일링 암(A)을 탈거한다.

   체결 토크 : 12.0 ~ 14.0 kgf.m

> 유 의
>
> - 탈거 시 잭을 리어 로어 암 하단에 설치하여 무부하 상태로 만들어 탈거한다.

장착

1. 장착은 탈거의 역순으로 진행한다.
2. 얼라인먼트를 점검한다.
   (휠 및 타이어 - "얼라인먼트" 참조)

2023 > 160kW > 서스펜션 시스템 > 리어 서스펜션 시스템 > 트레일링 암 > 점검

점검

1. 부싱의 마모 및 노화상태를 점검한다.
2. 트레일링 암의 휨 또는 손상 상태를 점검한다.

리어 로어 암 탈장착

	작업	H/W	체결토크 (kgf.m)	SST/장비	케미컬	기타
•	탈거					
1	리어 휠 및 타이어 탈거 (휠 및 타이어 - "휠" 참조)	-	-	-	-	-
2	차고 센서 볼트 탈거	볼트	1.3 ~ 1.7	-	-	-
3	볼트 및 너트를 풀어 리어 액슬과 리어 쇽 업소버에서 리어 로어 암 탈거	볼트/ 너트	리어 캐리어측 : 18.0 ~ 20.0 리어 쇽 업소버측 : 16.0 ~ 18.0	-	-	-
4	리어 코일 스프링 탈거	-	-	-	-	-
5	볼트 및 너트를 풀어 리어 로어 암 탈거	볼트/ 너트	11.0 ~ 12.0	-	-	-
6	스프링 로어 패드 탈거	-	-	-	-	-
•	장착					
탈거의 역순으로 진행						-
•	부가기능					
• 휠 얼라인먼트 - 액슬 측 암류 탈거 시, 휠 얼라인먼트 조정 진행						

탈거

1. 리어 휠 너트를 느슨하게 푼다. 차량을 리프트를 사용하여 들어 올린 후 안전을 확인한다.

   > **⚠ 주 의**
   >
   > - 리프트를 사용하여 차량을 들어 올릴 경우에는 차량의 하부 부품(플로어 언더 커버, 배터리)에 손상이 없도록 주의한다.
   >   (일반 사항 - "리프트 포인트" 참조)

2. 리어 휠 및 타이어를 탈거한다.
   (휠 및 타이어 - "휠" 참조)

3. 차고 센서 볼트(A)를 탈거한다.

   체결 토크 : 1.3 ~ 1.7 kgf.m

4. 볼트 및 너트(A)를 풀어 리어 액슬과 리어 쇽 업소버에서 리어 로어 암을 탈거한다.

   체결 토크
   리어 캐리어측 : 18.0 ~ 20.0 kgf.m
   리어 쇽 업소버측 : 16.0 ~ 18.0 kgf.m

> **유 의**
>
> - 탈거 시 잭을 리어 로어 암 하단에 설치하여 무부하 상태로 만들어 탈거한다.

5. 리어 코일 스프링(A)을 탈거한다.

6. 볼트 및 너트를 풀어 리어 로어 암(A)을 탈거한다.

    체결 토크 : 11.0 ~ 12.0 kgf.m

7. 스프링 로어 패드(A)를 탈거한다.

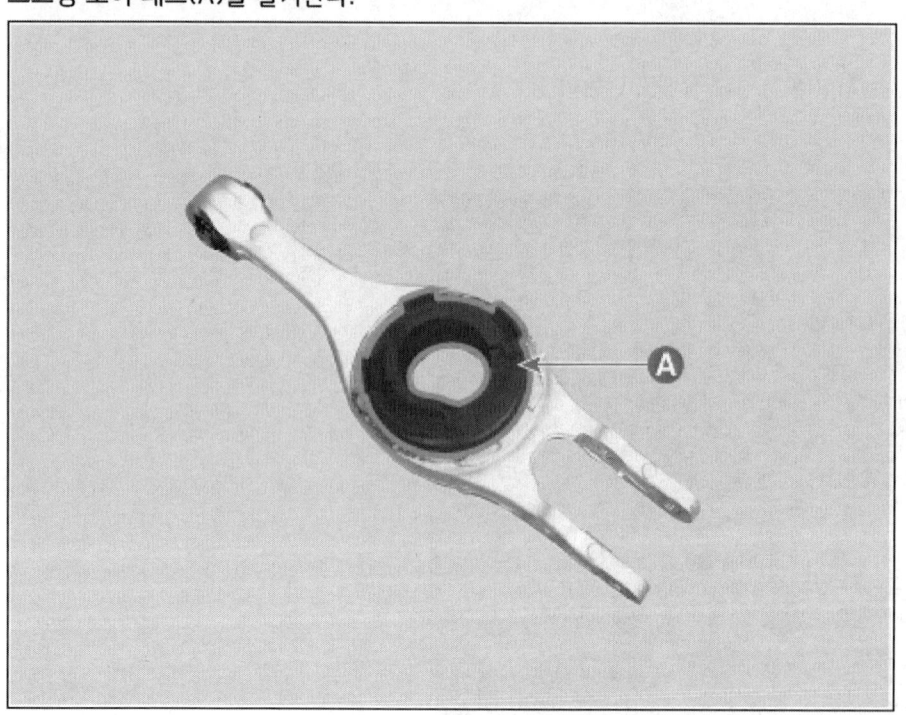

장착

1. 장착은 탈거의 역순으로 진행한다.
2. 얼라인먼트를 점검한다.
   (휠 및 타이어 - "얼라인먼트" 참조)

점검

1. 부싱의 마모 및 노화상태를 점검한다.
2. 리어 로어 암의 휨 또는 손상 상태를 점검한다.
3. 모든 볼트를 점검한다.

리어 코일 스프링 탈장착

작업		H/W	체결토크 (kgf.m)	SST/장비	케미컬	기타
• 탈거						
1	리어 휠 및 타이어 탈거 (휠 및 타이어 - "휠" 참조)	-	-	-	-	-
2	차고 센서 볼트 탈거	볼트	1.3 ~ 1.7	-	-	-
3	볼트 및 너트를 풀어 리어 액슬과 리어 쇽 업소버에서 리어 로어 암 분리	볼트/너트	리어 캐리어측 : 18.0 ~ 20.0 리어 쇽 업소버측 : 16.0 ~ 18.0	-	-	-
4	리어 코일 스프링 탈거	-	-	-	-	-
• 장착						
탈거의 역순으로 진행						-
• 부가기능						
• 휠 얼라인먼트 - 액슬 측 암류 탈거 시, 휠 얼라인먼트 조정 진행						

2023 > 160kW > 서스펜션 시스템 > 리어 서스펜션 시스템 > 리어 코일 스프링 > 탈거

탈거

1. 리어 휠 너트를 느슨하게 푼다. 차량을 리프트를 이용하여 들어 올린 후 안전을 확인한다.

   > ⚠ 주 의
   >
   > - 리프트를 사용하여 차량을 들어 올릴 경우에는 차량의 하부 부품(플로어 언더 커버, 배터리)에 손상이 없도록 주의한다.
   >   (일반 사항 - "리프트 포인트" 참조)

2. 리어 휠 및 타이어를 탈거한다.
   (휠 및 타이어 - "휠" 참조)
3. 차고 센서 볼트(A)를 탈거한다.

   체결 토크 : 1.3 ~ 1.7 kgf.m

4. 볼트 및 너트(A)를 풀어 리어 액슬과 리어 쇽 업소버에서 리어 로어 암을 분리한다.

   체결 토크
   리어 캐리어측 : 18.0 ~ 20.0 kgf.m
   리어 쇽 업소버측 : 16.0 ~ 18.0 kgf.m

> **유 의**
>
> - 탈거 시 잭을 리어 로어 암 하단에 설치하여 무부하 상태로 만들어 탈거한다.

5. 리어 코일 스프링(A)을 탈거한다.

- 443 -

장착

1. 장착은 탈거의 역순으로 진행힌다.
2. 얼라인먼트를 점검한다.
   (휠 및 타이어 - "얼라인먼트" 참조)

점검

1. 스프링의 변형, 노화 또는 손상 상태를 점검한다.
2. 스프링 어퍼 패드의 손상 또는 노화 상태를 점검한다.

리어 스태빌라이저 바 탈장착

	작업	H/W	체결토크 (kgf.m)	SST/장비	케미컬	기타
• 탈거						
1	12V 배터리 (-) 터미널 분리 (차량 제어 시스템 - "보조 배터리 (12V)" 참조)	-	-	-	-	-
2	리어 휠 및 타이어 탈거 (휠 및 타이어 - "휠" 참조)	-	-	-	-	-
3	리어 크로스 멤버를 탈거한다. (리어 서스펜션 시스템 - "리어 크로스 멤버" 참조)	-	-	-	-	-
4	리어 크로스 멤버에서 와이어링 브라켓 분리	볼트	2.0 ~ 2.4	-	-	-
5	장착 볼트를 풀어 리어 스태빌라이저 바 탈거	볼트	5.0 ~ 6.5	-	-	-
• 장착						
탈거의 역순으로 진행						-
• 부가기능						
• 휠 얼라인먼트 - 액슬 측 암류 탈거 시, 휠 얼라인먼트 조정 진행						

탈거

1. 12V 배터리 (-) 터미널을 분리한다.
   (차량 제어 시스템 - "보조 배터리 (12V)" 참조)
2. 리어 휠 너트를 느슨하게 푼다. 차량을 리프트를 이용하여 들어 올린 후 안전을 확인한다.

   > ⚠ 주 의
   >
   > - 리프트를 이용하여 차량을 들어 올릴 경우에는 차량의 하부 부품(플로어 언더 커버, 배터리)에 손상이 없도록 주의한다.
   >   (일반 사항 - "리프트 포인트" 참조)

3. 리어 휠 및 타이어를 탈거한다.
   (휠 및 타이어 - "휠" 참조)
4. 리어 크로스 멤버를 탈거한다.
   (리어 서스펜션 시스템 - "리어 크로스 멤버" 참조)
5. 리어 크로스 멤버에서 와이어링 브라켓(A)을 분리한다.

   체결 토크 : 2.0 ~ 2.4 kgf.m

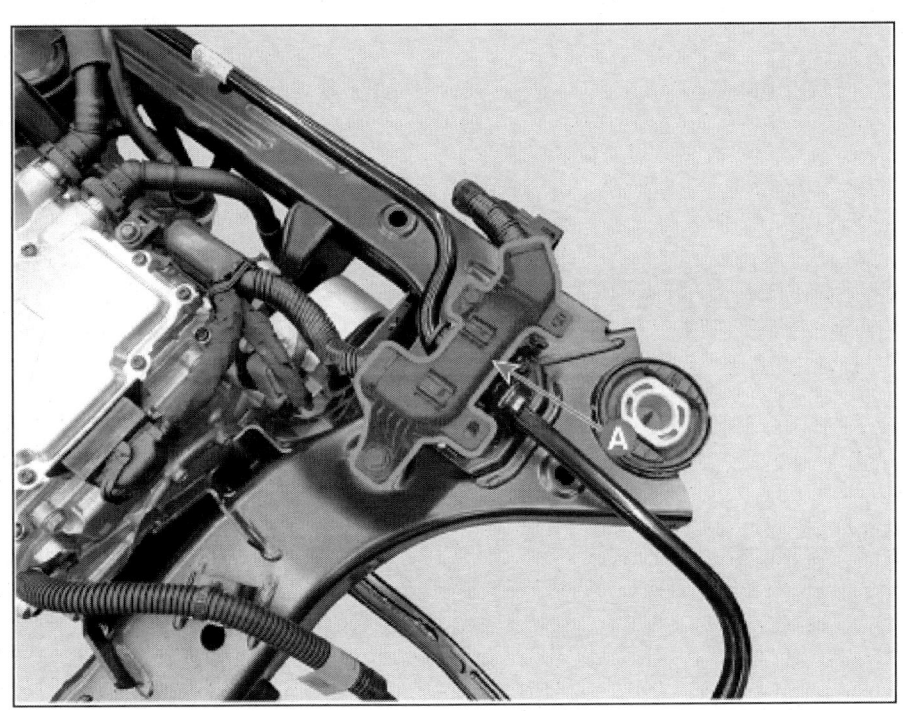

6. 볼트를 풀어 리어 스태빌라이저 바(A)를 탈거한다.

   체결 토크 : 5.0 ~ 6.5 kgf.m

장착

1. 장착은 탈거의 역순으로 진행한다.
2. 얼라인먼트를 점검한다.
   (휠 및 타이어 - "얼라인먼트" 참조)

점검

1. 리어 스태빌라이저 바의 변형 및 손상 여부를 점검한다.
2. 볼트의 손상 여부를 점검한다.
3. 리어 스태빌라이저 링크 더스트 커버의 균열 및 손상여부를 점검한다.

리어 크로스 멤버 탈장착

	작업	H/W	체결토크 (kgf.m)	SST/장비	케미컬	기타
• 탈거						
1	고전압 차단 절차 수행	-	-	진단 기기	-	매뉴얼 참고
2	러기지 플로어 보드 탈거	-	-	-	-	-
3	서비스 커버 탈거	-	0.5 ~ 0.8	-	-	-
4	고전압 케이블 분리	-	0.95 ~ 1.05	-	-	-
5	리어 휠 및 타이어 탈거 (휠 및 타이어 - "휠" 참조)	-	-	-	-	-
6	리어 언더 커버 탈거 (모터 및 감속기 시스템 - "리어 언더 커버" 참조)	-	-	-	-	-
7	모터 냉각수 배출	-	-	-	-	매뉴얼 참고
8	리어 액슬 어셈블리 탈거 (드라이브 샤프트 및 액슬 - "리어 액슬 - 캐리어" 참조)	-	-	-	-	-
9	차고 센서 커넥터 분리	-	-	-	-	-
10	차고 센서 볼트 탈거	볼트	1.3 ~ 1.7	-	-	-
11	메인 커넥터 분리	-	-	-	-	-
12	접지 볼트 탈거	볼트	1.1 ~ 1.4	-	-	-
13	냉각수 인렛 호스 및 아웃렛 호스 분리	-	-	-	-	-
14	리어 언더 커버 브라켓 탈거	너트	-	-	-	-
15	고전압 케이블 분리	-	-	-	-	-
16	고전압 케이블 너트 탈거	너트	0.5 ~ 0.8	-	-	-
17	리어 휠 속도 센서 브라켓 볼트 탈거	볼트	2.0 ~ 3.0	-	-	-
18	리어 코일 스프링 탈거	-	-	-	-	-
19	스테이 볼트 탈거	볼트	4.5 ~ 6.0	-	-	-
20	리어 크로스 멤버에 테이블 리프트 설치	-	-	테이블 리프트	-	-
21	볼트 및 너트를 풀어 리어 크로스 멤버 탈거	볼트/너트	18.0 ~ 20.0	-	-	-
• 분해						
1	리어 크로스 멤버를 탈거한다. (리어 서스펜션 시스템 - "리어 크로스 멤버" 참조)	-	-	-	-	-
2	후륜 모터 및 감속기 어셈블리 탈거 (모터 및 감속기 시스템 - "후륜 모터 및 감속기 어셈블리" 참조)	-	-	-	-	-
3	볼트를 풀어 리어 스태빌라이저 바 탈거	볼트	5.0 ~ 6.5	-	-	-
4	볼트 및 너트를 풀어 리어 어퍼 암 프런트 탈거	볼트/너트	16.0 ~ 18.0	-	-	-
5	볼트 및 너트를 풀어 리어 어퍼 암 리어	볼트/	16.0 ~ 18.0	-	-	-

	탈거	너트				
6	볼트 및 너트를 풀어 리어 어시스트 암 탈거	볼트/너트	11.0 ~ 12.0	-	-	-
7	볼트 및 너트를 풀어 트레일링 암 탈거	볼트/너트	12.0 ~ 14.0	-	-	-
8	볼트 및 너트를 풀어 리어 로어 암 탈거	볼트/너트	11.0 ~ 12.0	-	-	-
9	볼트 및 너트를 풀어 레일 탈거	볼트/너트	-	-	-	-
10	볼트를 풀어 센터 레일 탈거	볼트	-	-	-	-
11	볼트를 풀어 차고 센서 탈거	볼트	5.5 ~ 6.5	-	-	-
12	너트를 풀어 댐퍼 탈거	너트	4.5 ~ 5.5	-	-	-

- **조립**

분해의 역순으로 진행	-

- **장착**

탈거의 역순으로 진행	-

- **부가기능**

- 휠 얼라인먼트
  - 액슬 측 암류 탈거 시, 휠 얼라인먼트 조정 진행

탈거

1. 고전압 차단 절차를 수행한다.
   (서스펜션 시스템 - "고전압 차단 절차" 참조)
2. 러기지 플로어 보드(A)를 탈거한다.

3. 서비스 커버(A)를 탈거한다.

   체결 토크 : 0.5 ~ 0.8 kgf.m

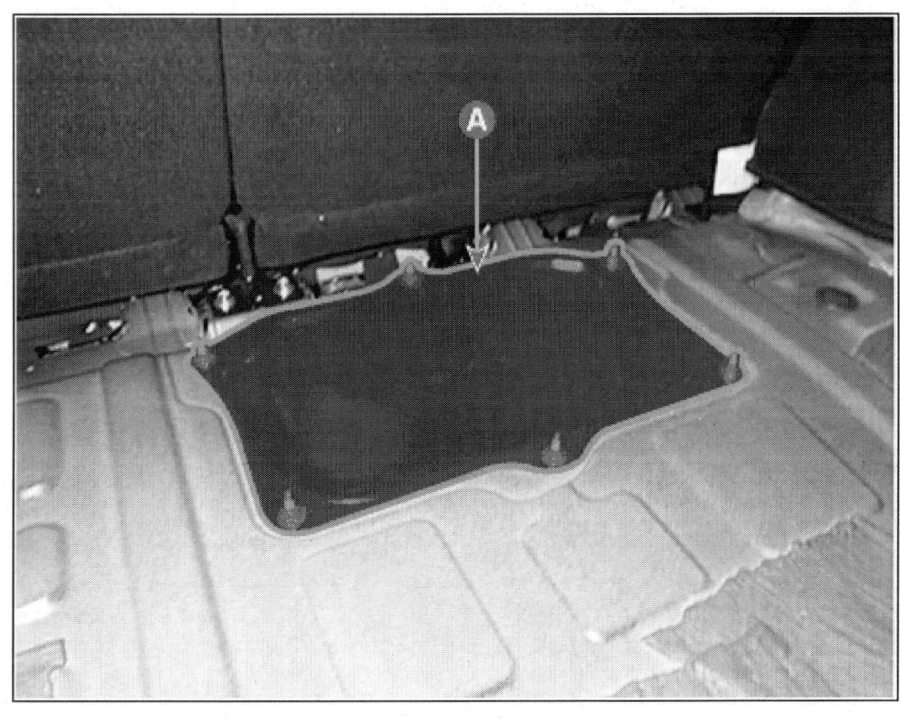

4. 고전압 케이블(A)을 분리한다.

   체결 토크 : 0.95 ~ 1.05 kgf.m

5. 리어 휠 너트를 느슨하게 푼다. 차량을 리프트를 사용하여 들어 올린 후 안전을 확인한다.

> ⚠ 주 의
>
> - 리프트를 사용하여 차량을 들어 올릴 경우에는 차량의 하부 부품(플로어 언더 커버, 배터리)에 손상이 없도록 주의한다.
>   (일반 사항 - "리프트 포인트" 참조)

6. 리어 휠 및 타이어를 탈거한다.
   (휠 및 타이어 - "휠" 참조)
7. 리어 언더 커버를 탈거한다.
   (모터 및 감속기 시스템 - "리어 언더 커버" 참조)
8. 모터 냉각수를 배출한다.
   (모터 냉각 시스템 - "냉각수" 참조)
9. 리어 액슬 어셈블리를 탈거한다.
   (드라이브 샤프트 및 액슬 - "리어 액슬 - 캐리어" 참조)
10. 차고 센서 커넥터(A)를 분리한다.

11. 차고 센서 볼트(A)를 탈거한다.

체결 토크 : 1.3 ~ 1.7 kgf.m

12. 메인 커넥터(A)를 분리한다.

13. 접지 볼트(A)를 탈거한다.

체결 토크 : 1.1 ~ 1.4 kgf.m

14. 냉각수 인렛 호스(A) 및 아웃렛 호스(B)를 분리한다.

15. 리어 언더 커버 브라켓(A)을 탈거한다.

16. 고전압 케이블(A)을 분리한다.

17. 고전압 케이블 너트(A)를 탈거한다.

체결 토크 : 0.5 ~ 0.8 kgf.m

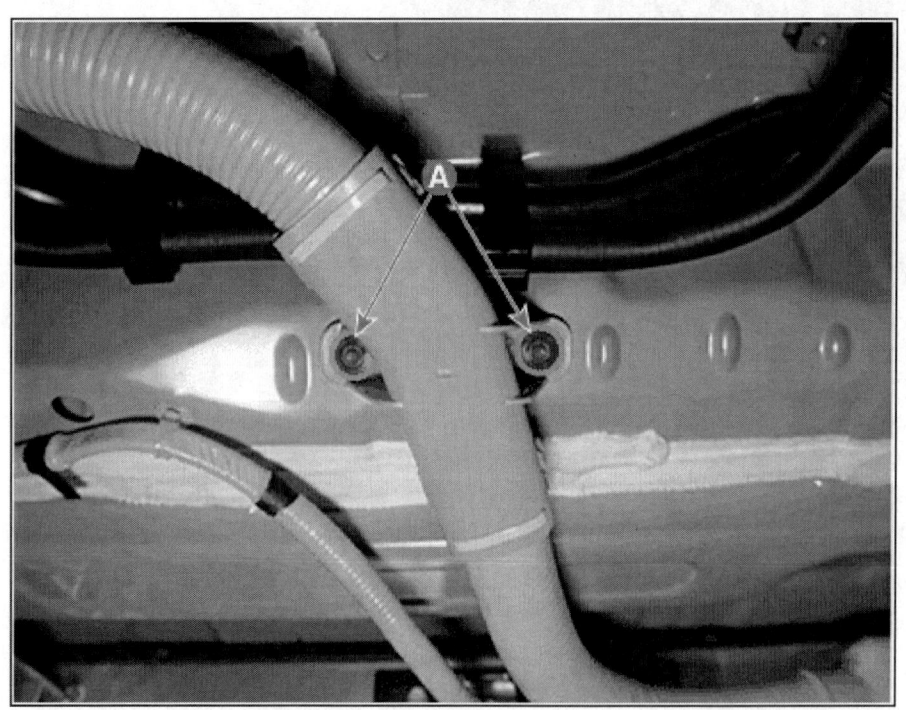

18. 리어 휠 속도 센서 브라켓 볼트(A)를 탈거한다.

체결 토크 : 2.0 ~ 3.0 kgf.m

19. 리어 코일 스프링(A)을 탈거한다.

20. 스테이 볼트(A)를 탈거한다.

체결 토크 : 4.5 ~ 6.0 kgf.m

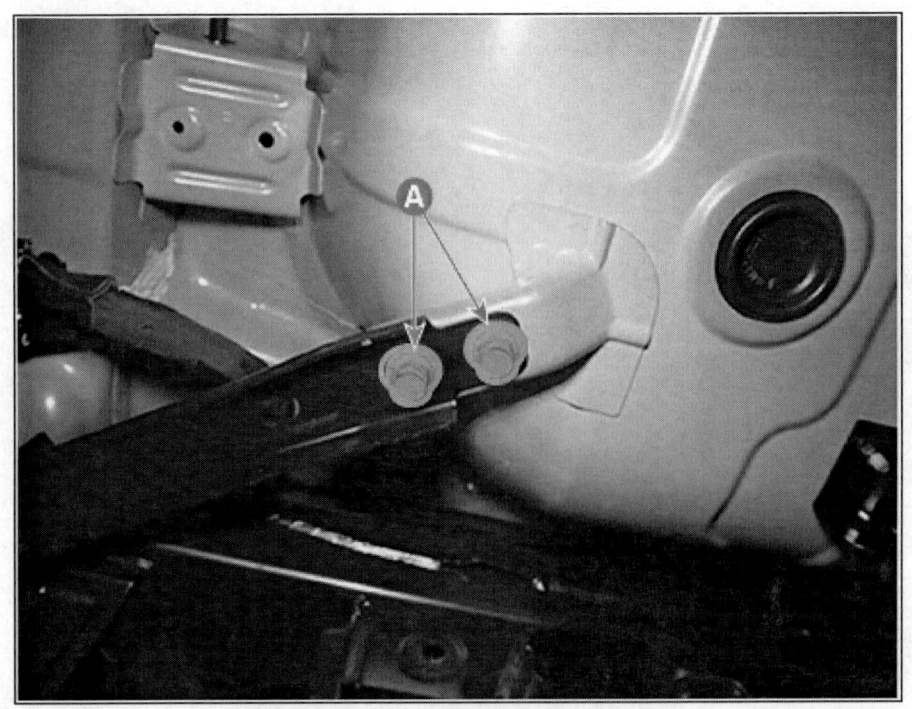

21. 리어 크로스 멤버에 테이블 리프트를 설치하여 안전하게 작업한다.

22. 볼트 및 너트(A, B)를 풀어 리어 크로스 멤버를 탈거한다.

체결 토크 : 18.0 ~ 20.0 kgf.m

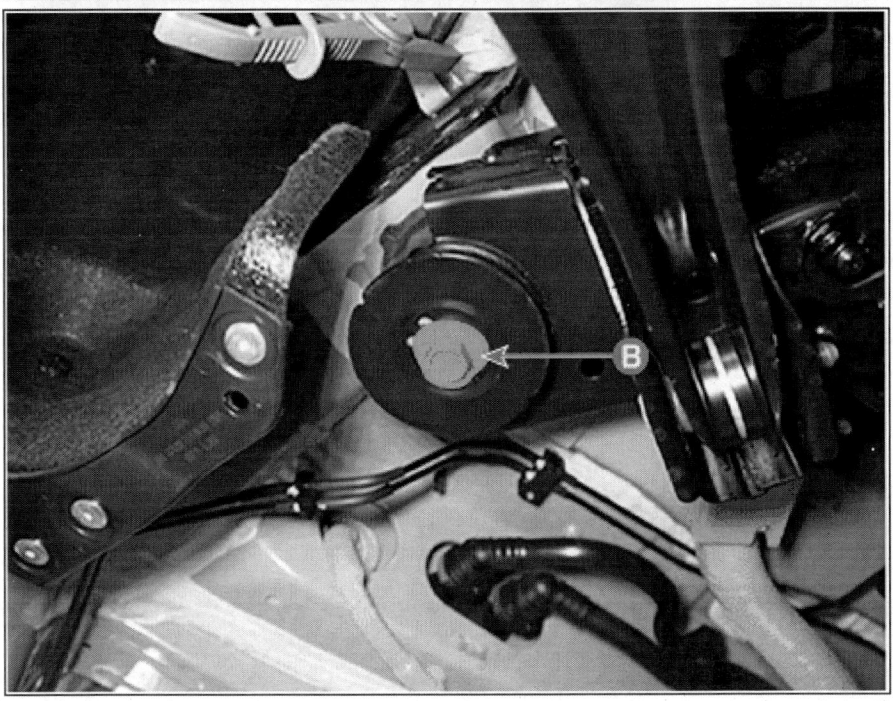

분해 및 조립

1. 리어 크로스 멤버를 탈거한다.
   (리어 서스펜션 시스템 - "리어 크로스 멤버" 참조)
2. 후륜 모터 및 감속기 어셈블리를 탈거한다.
   (모터 및 감속기 시스템 - "후륜 모터 및 감속기 어셈블리" 참조)
3. 볼트를 풀어 리어 스태빌라이저 바(A)를 탈거한다.

   체결 토크 : 5.0 ~ 6.5 kgf.m

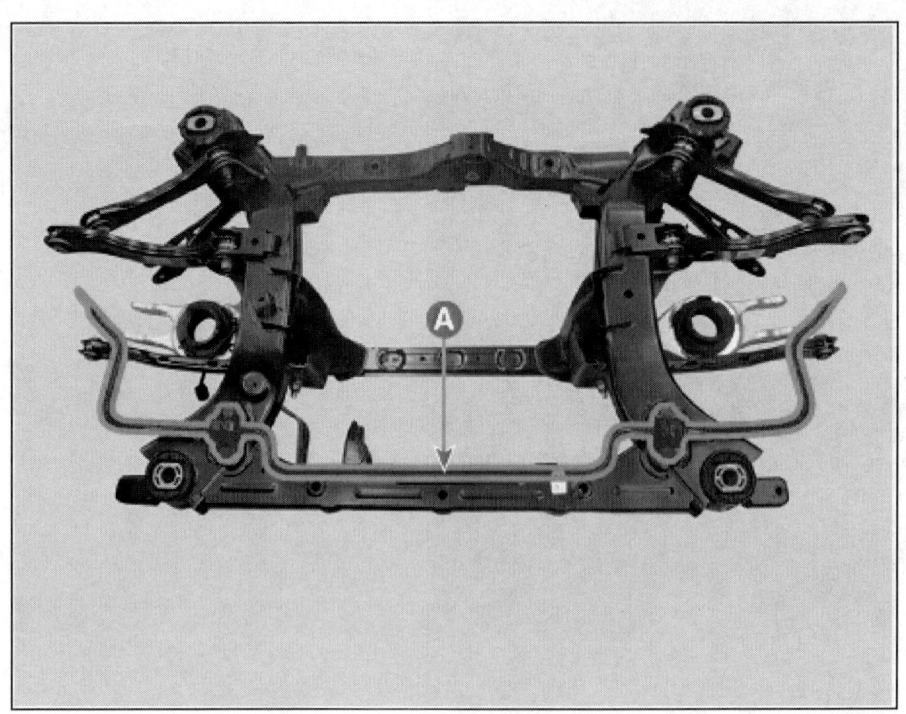

4. 볼트 및 너트를 풀어 리어 어퍼 암 프런트(A)를 탈거한다.

   체결 토크 : 16.0 ~ 18.0 kgf.m

[LH]

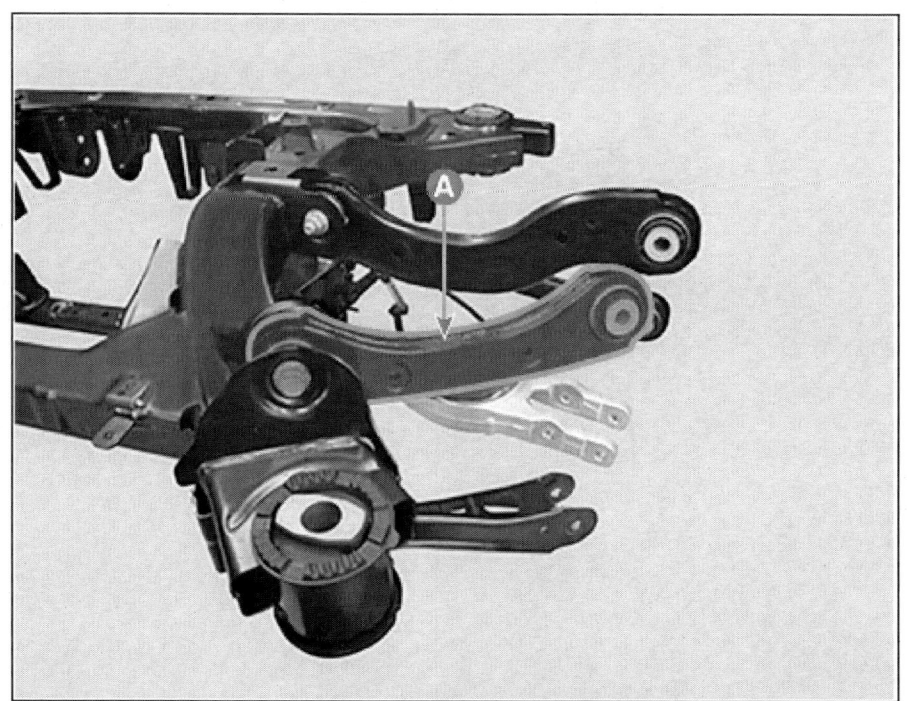

[RH]

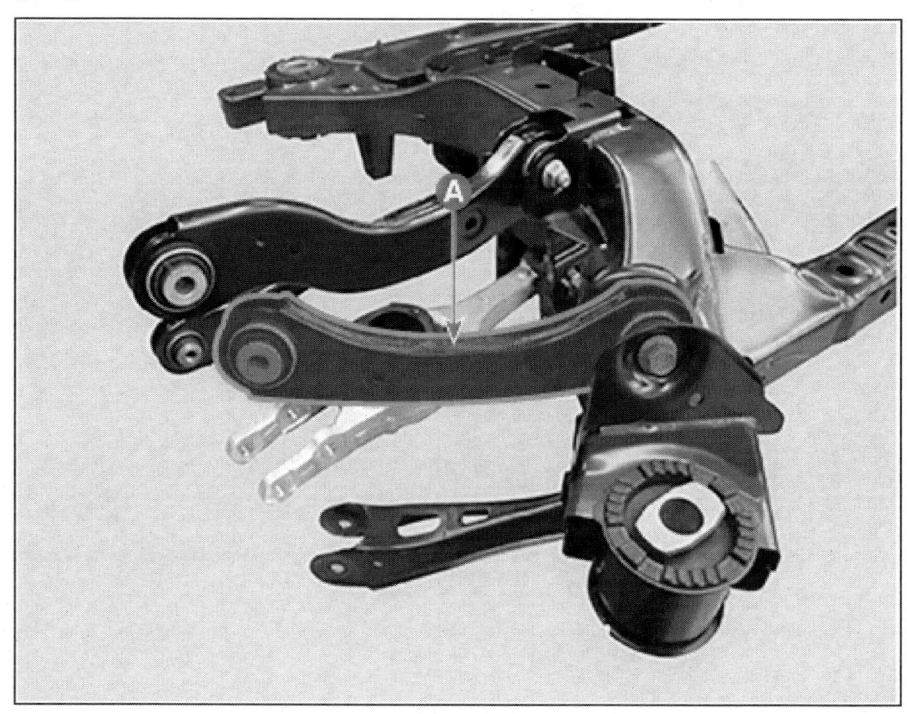

5. 볼트 및 너트를 풀어 리어 어퍼 암 리어(A)를 탈거한다.

   체결 토크 : 16.0 ~ 18.0 kgf.m

[LH]

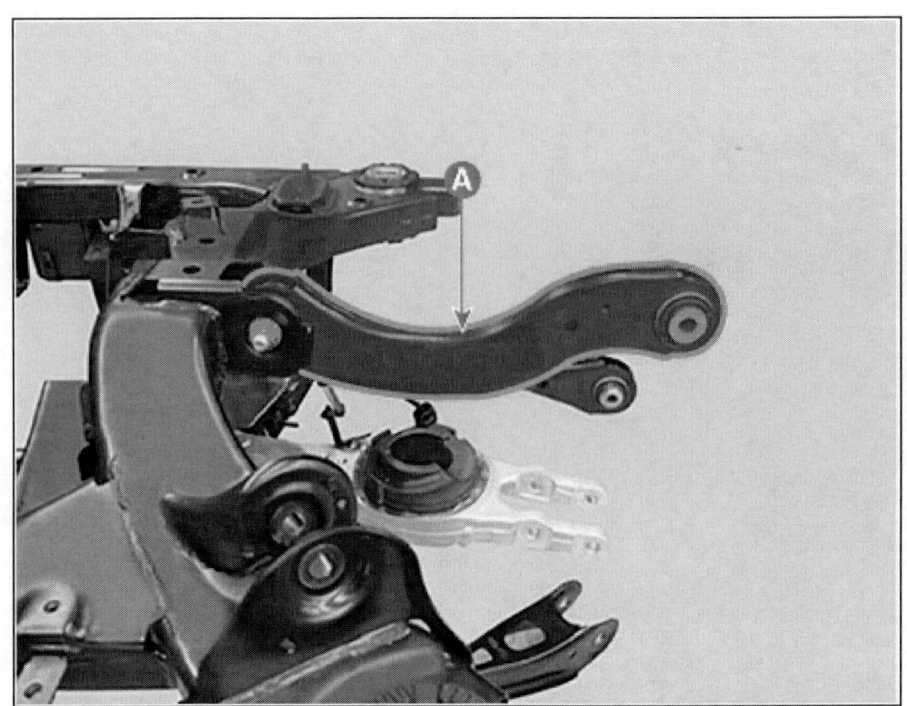

[RH]

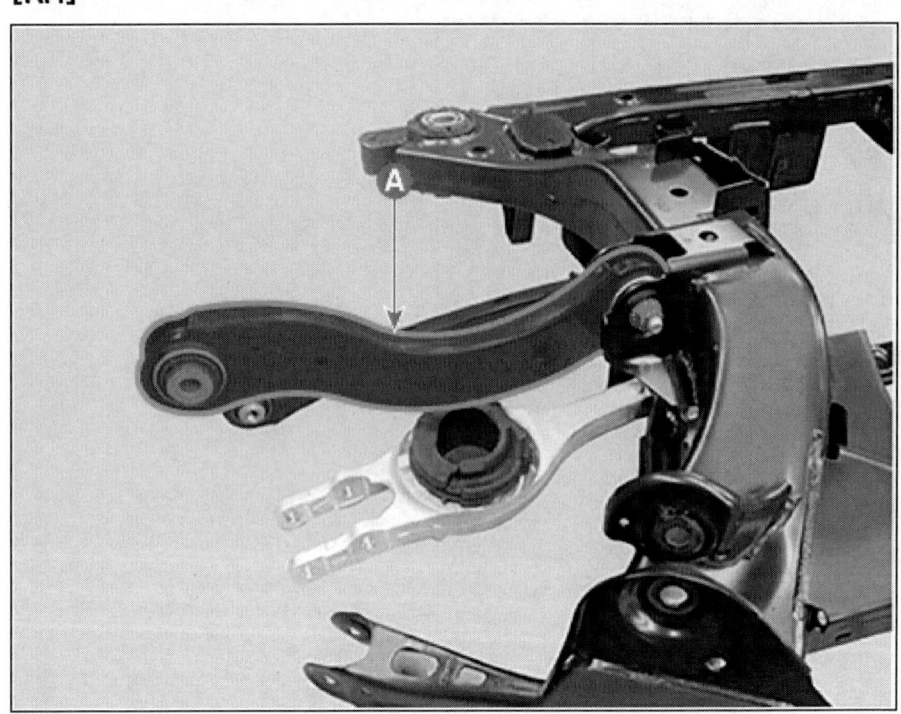

6. 볼트 및 너트를 풀어 리어 어시스트 암(A)를 탈거한다.

체결 토크 : 11.0 ~ 12.0 kgf.m

[LH]

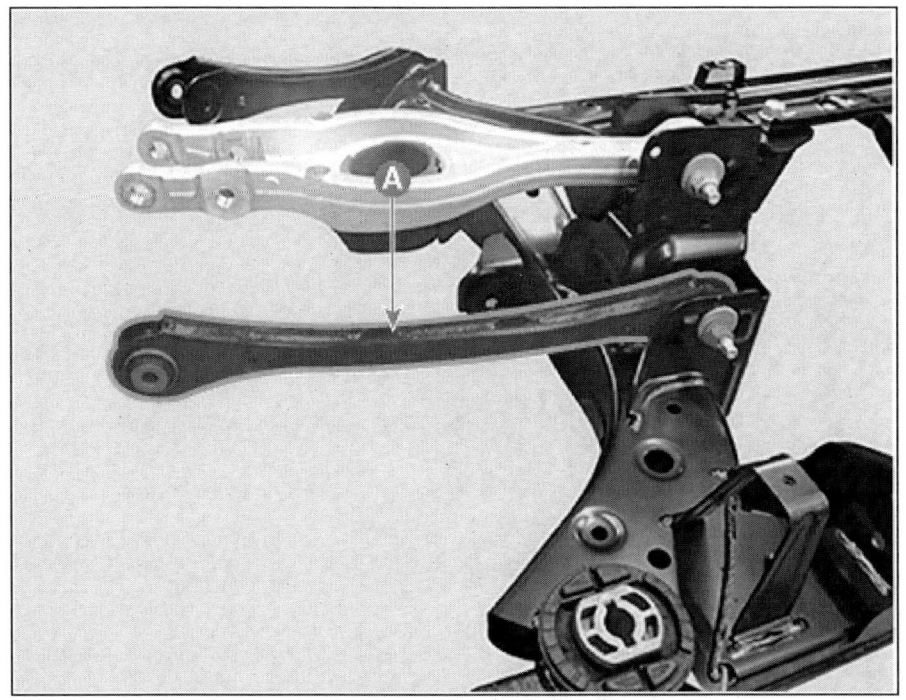

[RH]

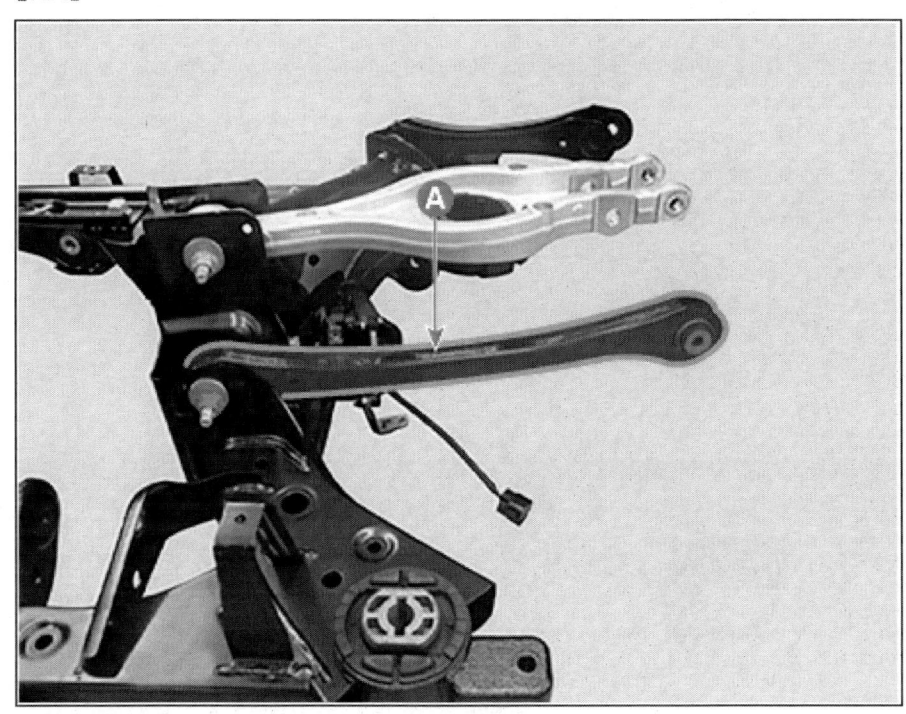

7. 볼트 및 너트를 풀어 트레일링 암(A)를 탈거한다.

체결 토크 : 12.0 ~ 14.0 kgf.m

[LH]

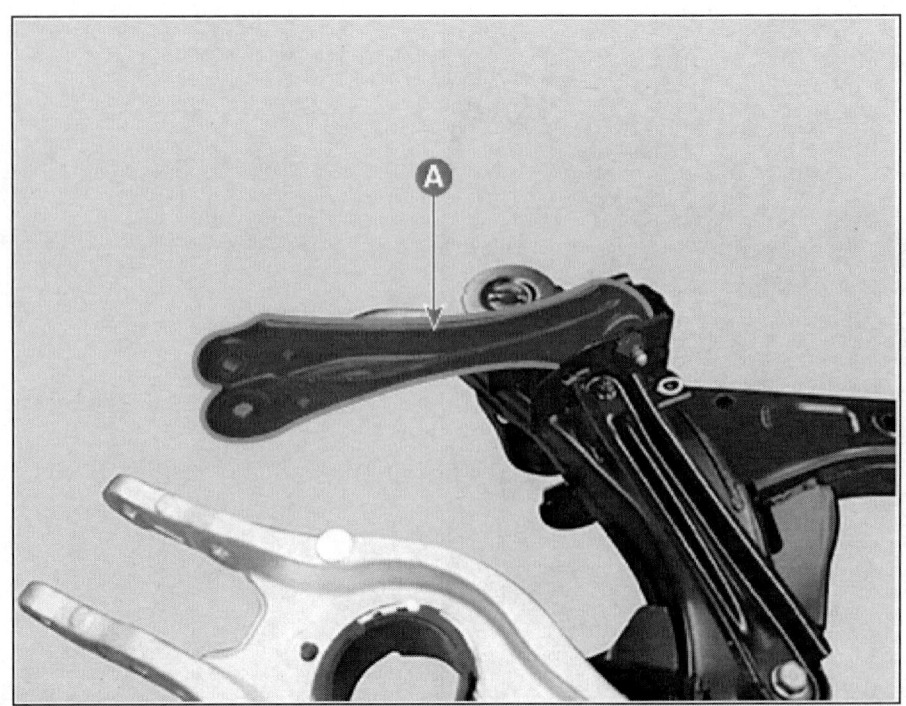

[RH]

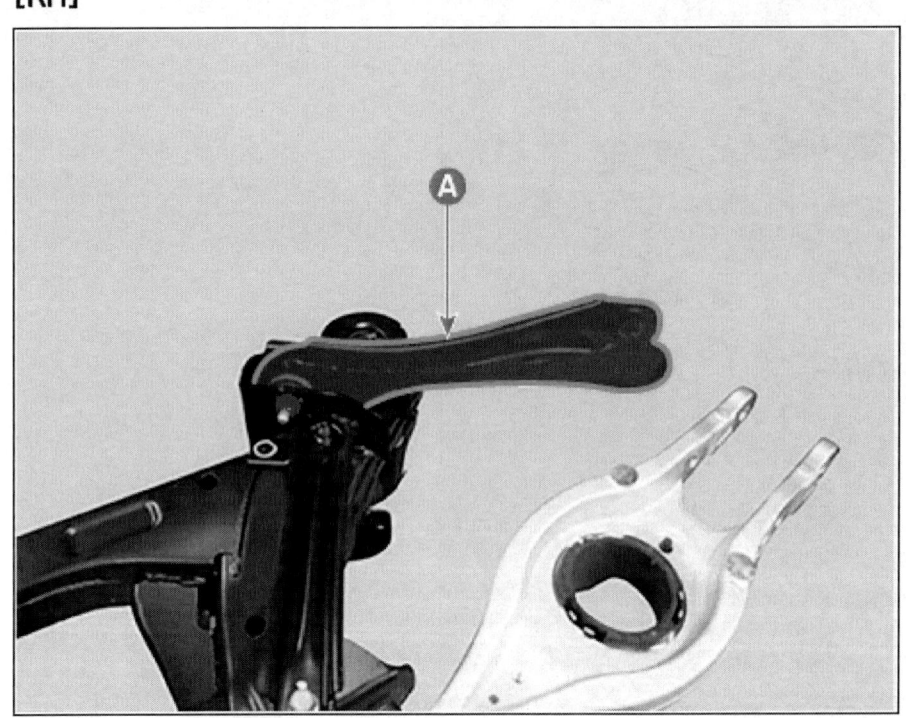

8. 볼트 및 너트를 풀어 리어 로어 암(A)를 탈거한다.

체결 토크 : 11.0 ~ 12.0 kgf.m

[LH]

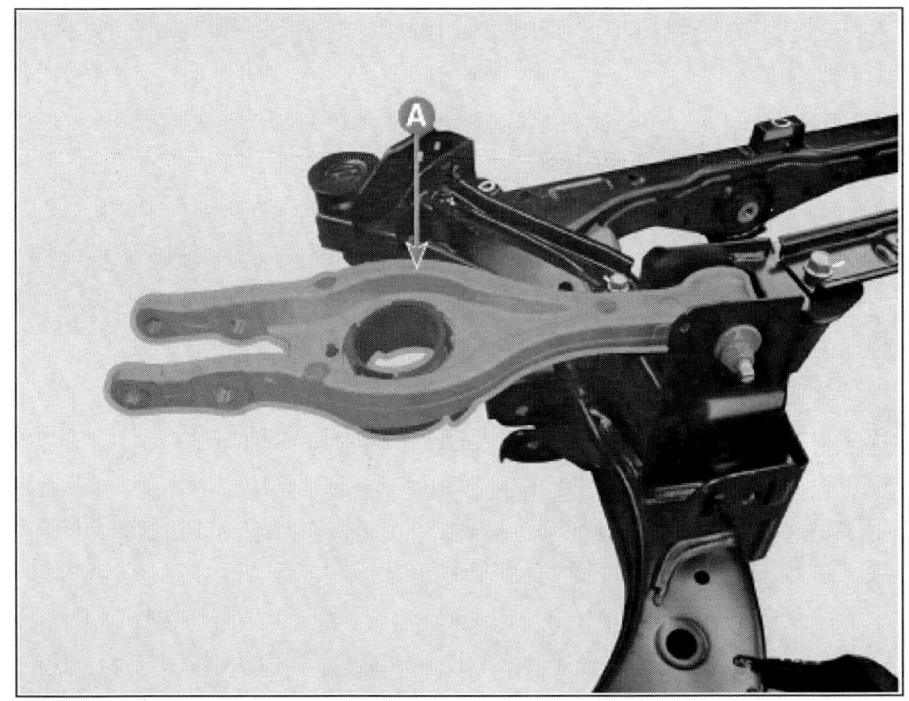

[RH]

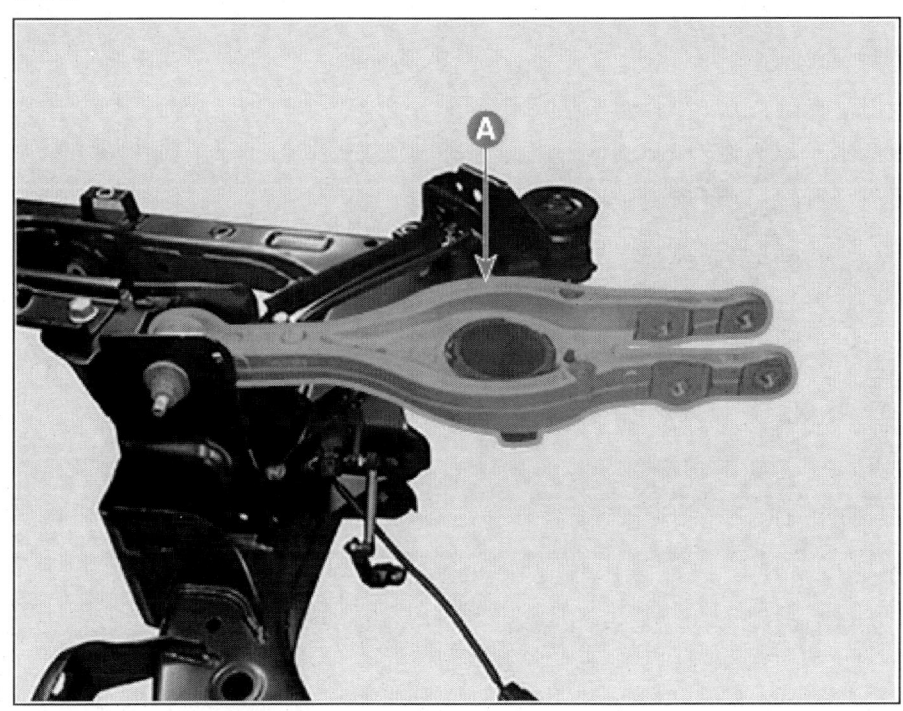

9. 볼트 및 너트를 풀어 레일(A)을 탈거한다.

[LH]

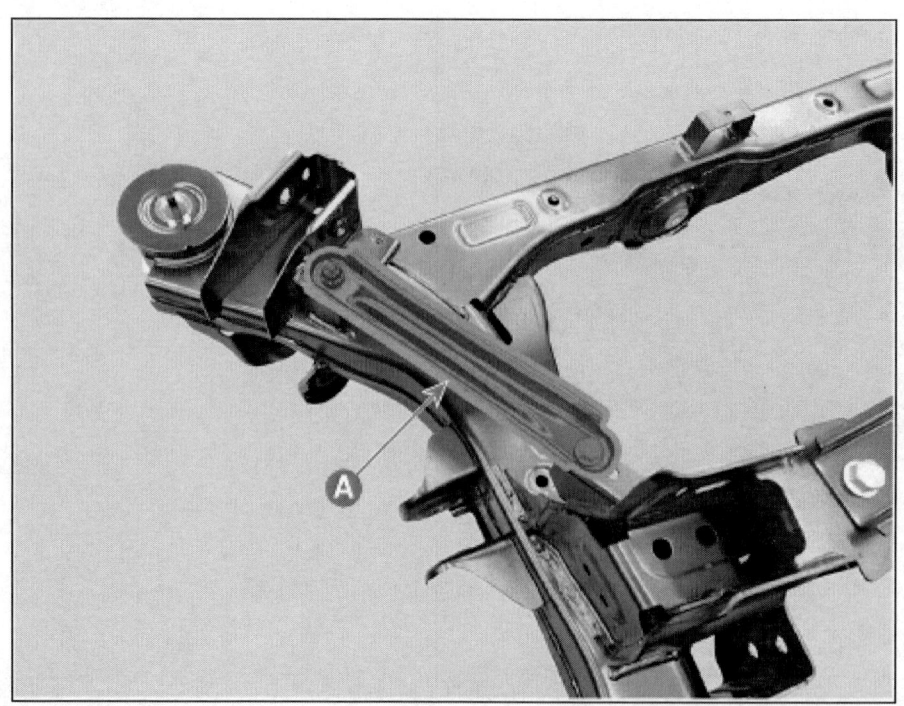

[RH]

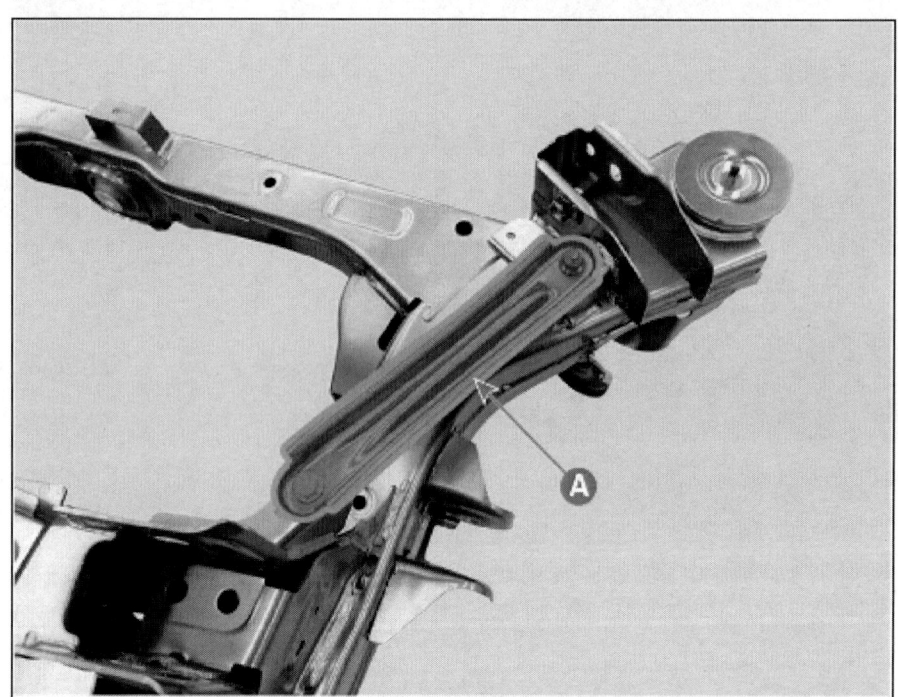

10. 볼트를 풀어 센터 레일(A)을 탈거한다.

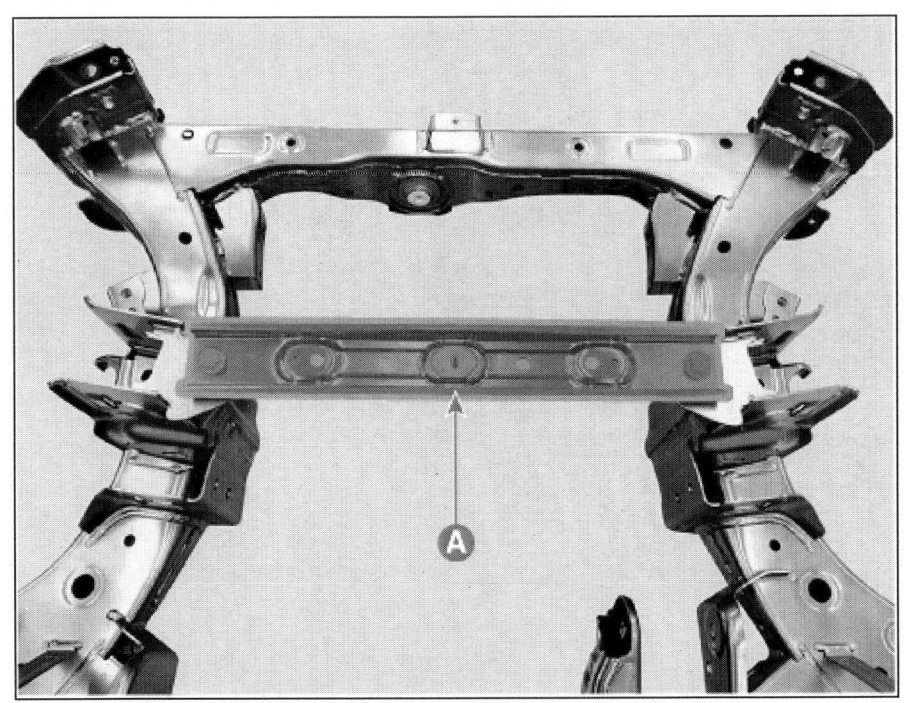

11. 볼트를 풀어 차고 센서(A)를 탈거한다.

   체결 토크 : 5.5 ~ 6.5 kgf.m

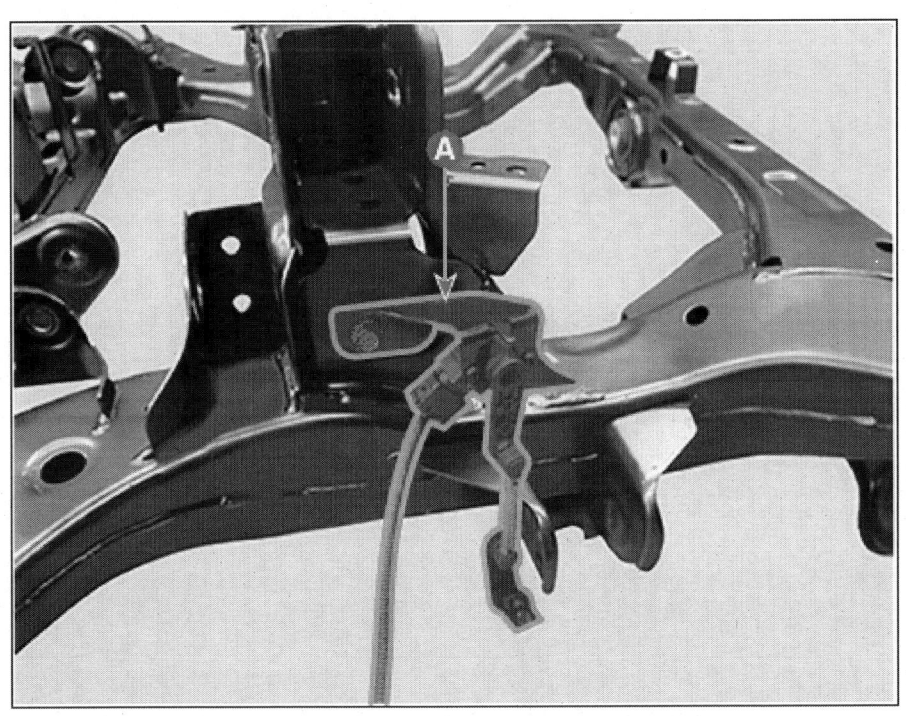

12. 너트를 풀어 댐퍼(A)를 탈거한다.

   체결 토크 : 4.5 ~ 5.5 kgf.m

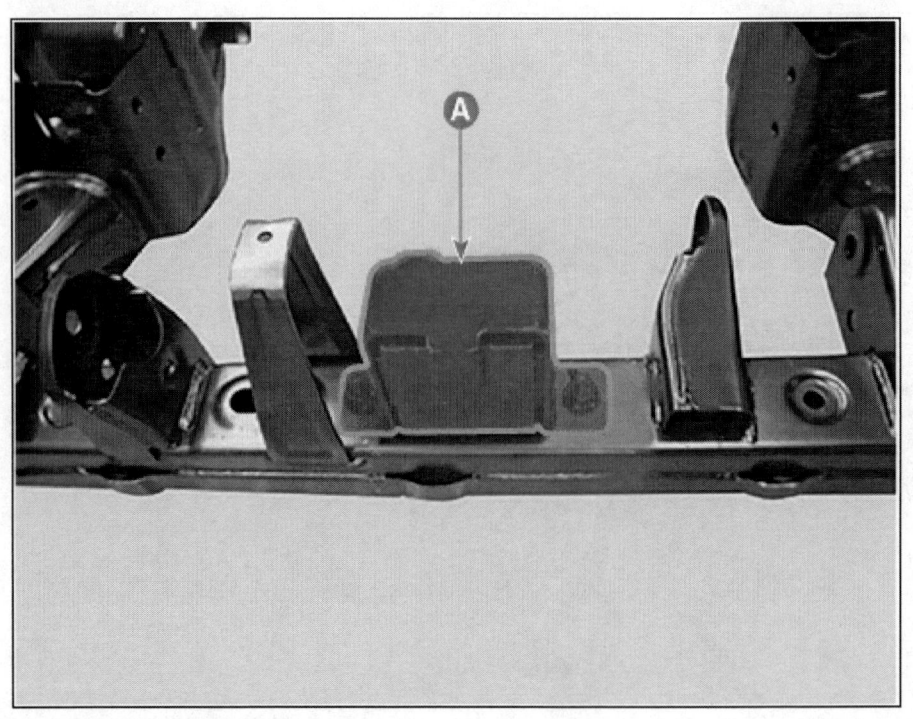

13. 조립은 분해의 역순으로 진행한다.

장착

1. 장착은 탈거의 역순으로 진행한다.
2. 얼라인먼트를 점검한다.
   (휠 및 타이어 - "얼라인먼트" 참조)

타이어 탈장착

작업		H/W	체결토크 (kgf.m)	SST/장비	케미컬	기타
• 탈거						
1	타이어의 공기를 빼냄	-	-	-	-	-
2	타이어 교환 장비를 이용하여 타이어의 측면 비드 부위를 휠에서 탈거	-	-	-	-	매뉴얼 참고
3	휠을 시계 방향으로 회전시킴	-	-	-	-	매뉴얼 참고
• 장착						
1	타이어의 상/하 비드 부에 비눗물 또는 윤활제 도포	-	-	-	-	매뉴얼 참고
2	하단 비드를 장착하기 위해 타이어 교환 장비의 머리로부터 5시 방향에 TPMS센서를 위치시킴	-	-	-	-	매뉴얼 참고
3	림을 시계 방향으로 회전시키고 하단 비드를 장착하기 위해 3시 방향에서 타이어를 누름	-	-	-	-	매뉴얼 참고
4	상단 비드를 장착 시키기 위해 3시 방향에서 타이어를 누르고 림을 시계 방향으로 회전시킴	-	-	-	-	매뉴얼 참고
5	비드가 완전히 안착될 때까지 타이어에 공기 주입	-	-	-	-	매뉴얼 참고

탈거

1. 타이어의 공기를 빼낸다.
2. 타이어 교환 장비를 이용하여 타이어의 측면 비드 부위를 휠에서 탈거시킨다.

> **유 의**
> - 비드 브레이커가 TPMS센서와 충분히 이격 되어 있는지 확인한다.

> **유 의**
> - 밸브로부터 90도, 180도, 270도의 위치에서 비드를 탈거시킨다.

3. 휠을 시계 방향으로 회전시킨다.

> ### 유 의
>
> - 타이어 교환장비의 머리부분으로부터 12시 방향에 TPMS센서가 위치하도록 한다.
> - 지렛대로 비드를 들어올릴 때 센서에 충격이 가하지 않도록 한다.

2023 > 160kW > 서스펜션 시스템 > 휠 및 타이어 > 타이어 > 장착

장착

1. 타이어의 상/하 비드 부에 비눗물 또는 윤활제를 도포한다.

   ⚠ 주 의
   - 휠 교환시 클램프 타입의 TPMS 센서는 재사용이 가능하다.

2. 하단 비드를 장착하기 위해 타이어 교환 장비의 머리로부터 5시 방향에 TPMS센서를 위치시킨다.

3. 림을 시계 방향으로 회전시키고 하단 비드를 장착하기 위해 3시 방향에서 타이어를 누른다.

> **유 의**
> - 타이어를 휠에 장착하여 비드가 센서 뒤쪽의 림 가장자리(6시 방향)에 닿도록 한다.

4. 상단 비드를 장착 시키기 위해 3시 방향에서 타이어를 누르고 림을 시계 방향으로 회전시킨다.

5. 비드가 완전히 안착될 때까지 타이어에 공기를 주입한다.

규정 타이어 공기압 : "제원" 참조

점검

타이어 마모

1. 타이어의 트레드 깊이를 측정한다.

   트레드 깊이 [한계치] : 1.6 mm

2. 트레드 깊이(A)가 한계치 이하이면 타이어를 교환한다.

   > **유 의**
   >
   > - 트레드 깊이가 1.6 mm이하이면 마모 한계 표시(B)가 나타난다.

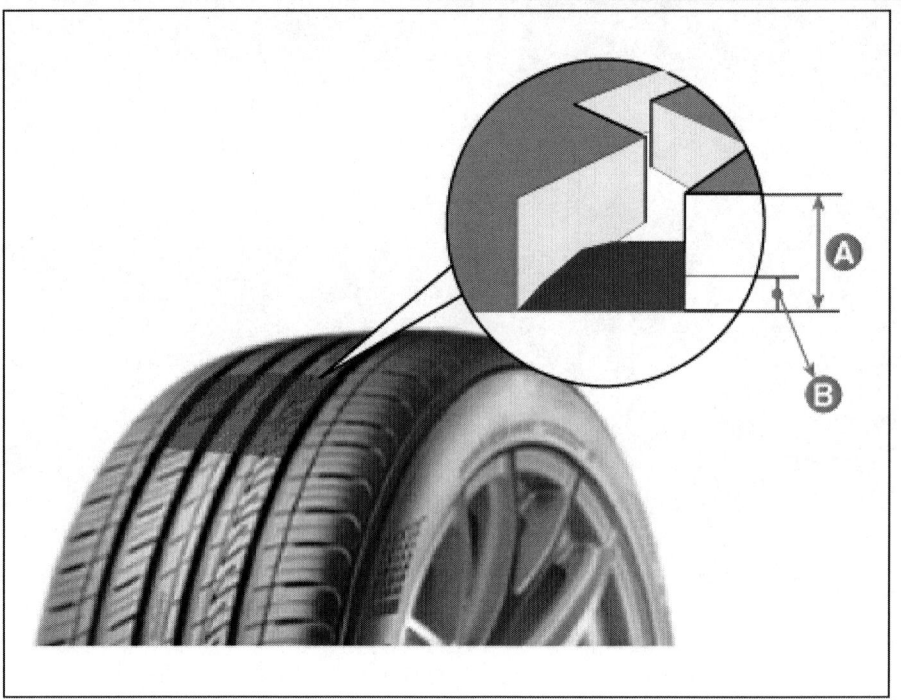

교환

타이어 위치 교환

1. 그림에 나타난 화살표 방향으로 타이어를 교환한다.

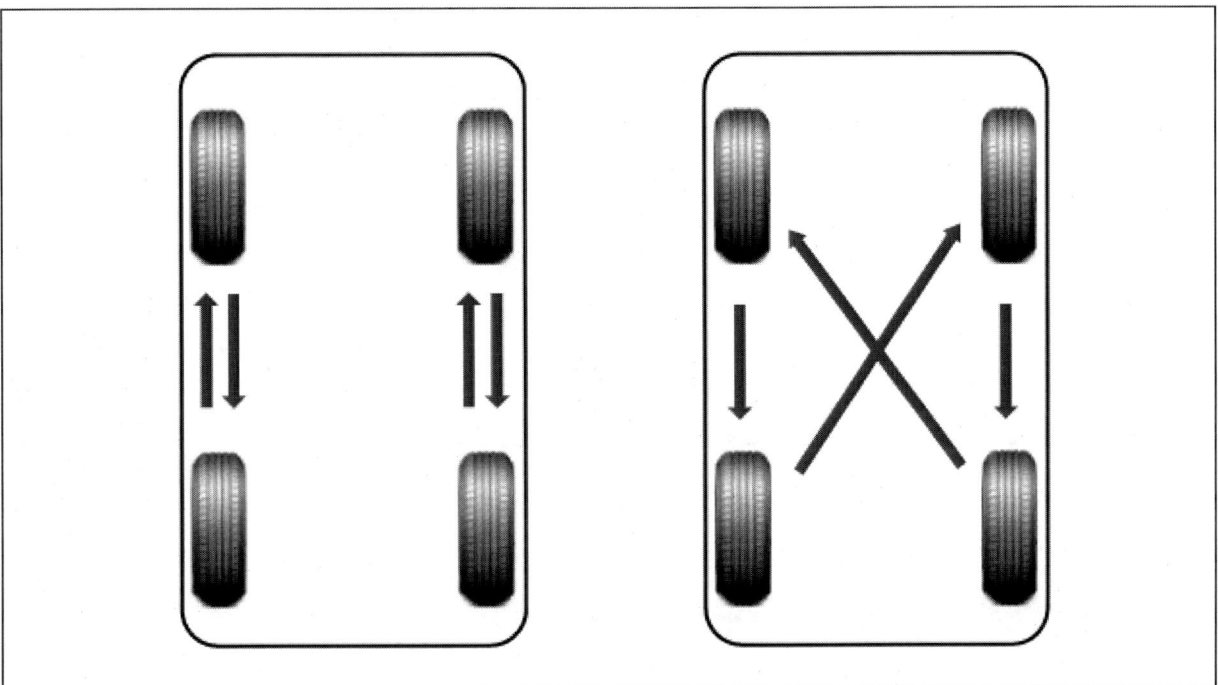

편주행시 교환

스티어링 휠이 한쪽으로 쏠릴 경우, 다음과 같은 절차에 의하여 타이어 교환을 실시한다.

1. 프런트의 좌,우측 타이어를 교환하고 차량의 안정성을 확인하기 위해 주행 테스트를 한다.

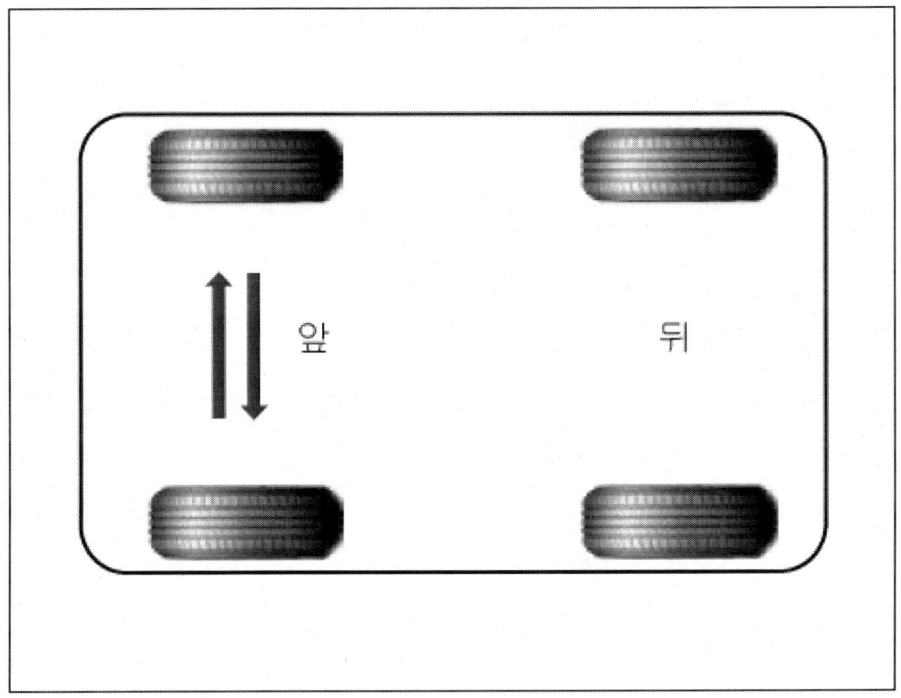

2. 만일 반대편으로 쏠릴 경우 프런트와 리어 타이어를 교환하고 주행 테스트를 한다.

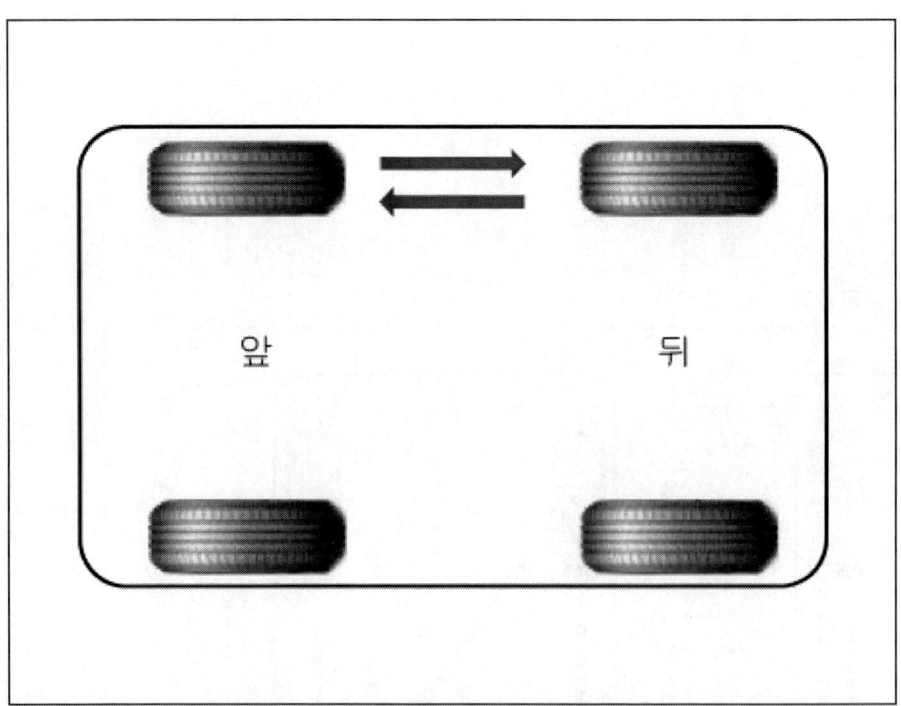

3. 계속 한쪽으로 쏠릴 경우 프런트 좌우측 타이어를 교환하고 주행 테스트를 한다.

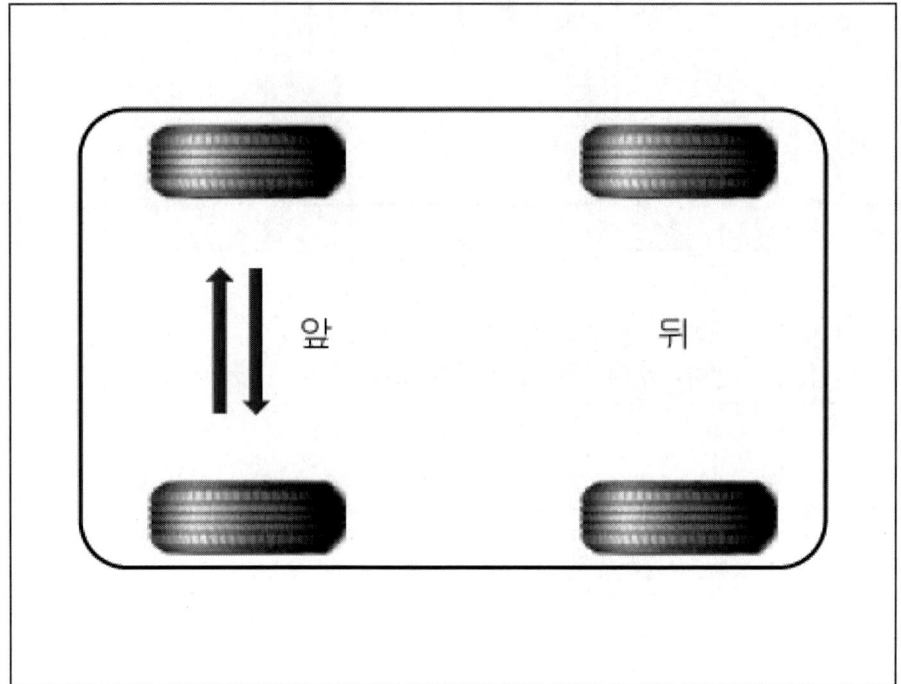

4. 만일 스티어링 휠이 3.단계의 반대편으로 다시 쏠리면 프런트 타이어를 신품으로 교환한다.

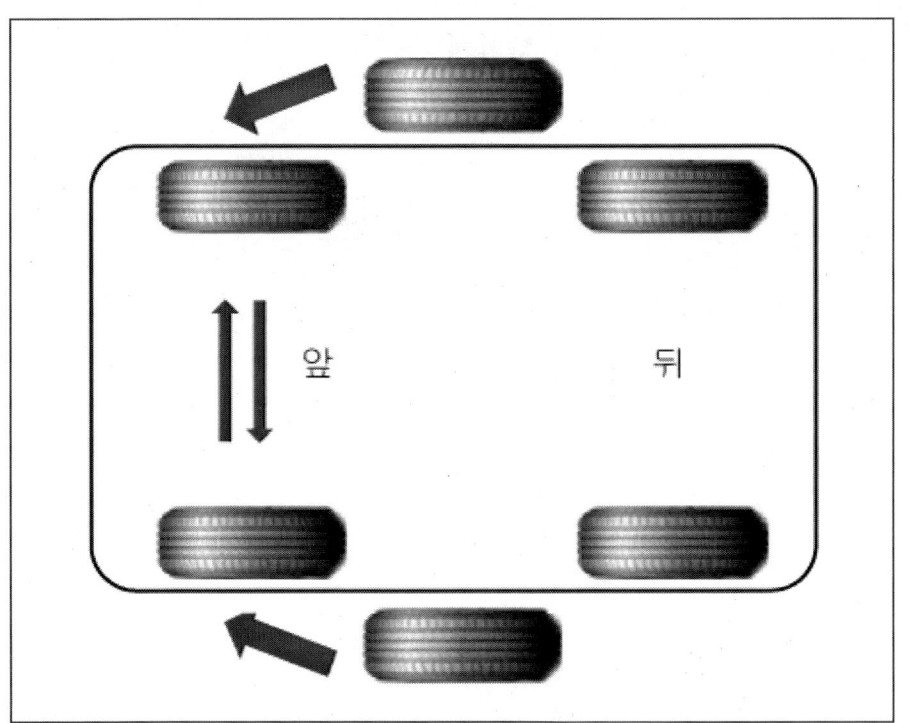

휠 탈장착

작업		H/W	체결토크 (kgf.m)	SST/장비	케미컬	기타
• 탈거						
1	휠 및 타이어 탈거	-	-	-	-	-
• 장착						
1	휠 및 타이어 장착	-	-	-	-	-
2	순서에 따라 휠 너트를 균일하게 장착	너트	11.0 ~ 13.0	-	-	매뉴얼 참고

휠 탈장착

구성부품

18 인치 (7.5J X 18)	20 인치 (8.5J X 20)

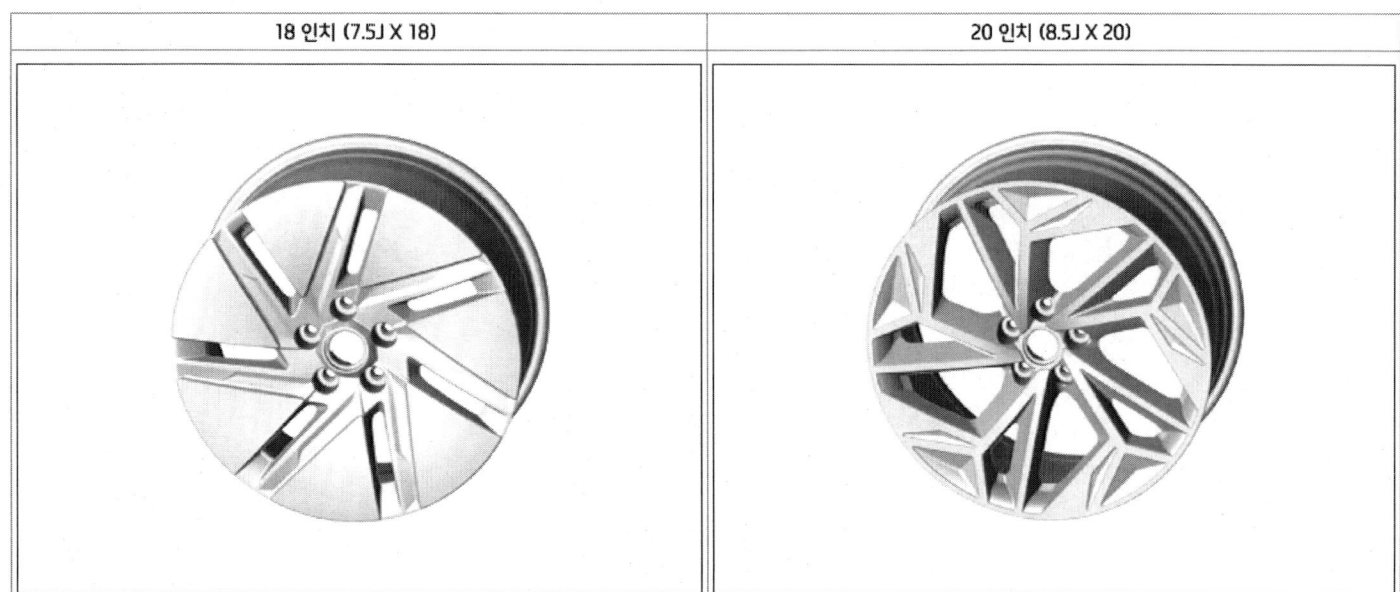

탈거

1. 휠 및 타이어(A)를 탈거한다.

[프런트]

[리어]

2023 > 160kW > 서스펜션 시스템 > 휠 및 타이어 > 휠 > 장착

장착

1. 휠 및 타이어(A)를 장착한다.

   [프런트]

   [리어]

2. 아래 순서에 따라 휠 너트를 균일하게 장착한다.

   체결 토크 : 11.0 ~ 13.0 kgf.m

   | 유 의 |

- 임팩트 렌치를 사용할 경우 조임 토크는 확실히 조정해야 한다.

점검

휠 런아웃

1. 차량을 들어올리고 잭 스텐드로 지지한다.
2. 그림과 같이 다이얼 게이지로 휠 런아웃을 측정한다.

한계치		반경 방향	축 방향
런아웃(mm)	알루미늄 휠	0.3	0.3

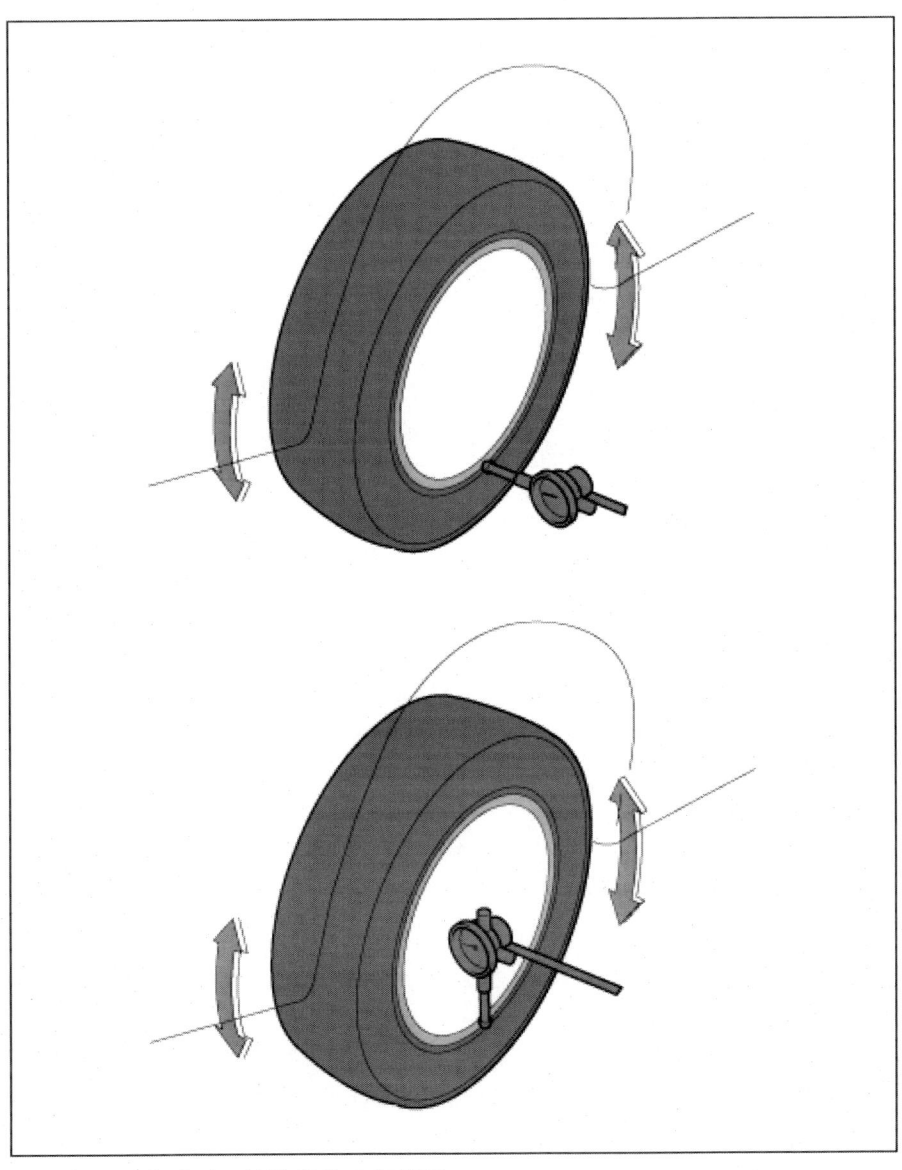

3. 만일 휠 런아웃이 과도하면 휠을 교환한다.

점검

프런트 휠 얼라인먼트

> **유 의**
>
> - 휠 얼라인먼트 테스터를 이용한 얼라인먼트 점검 전 아래와 같은 사전 점검 및 확인이 필요하다.
> - 스티어링 및 프런트 서스펜션 시스템의 각 구성 부품들이 정상인 상태에서 점검한다.
> - 스티어링 휠이 직진 상태가 되도록 정렬한 후 점검한다.
> - 타이어 공기압이 규정 압력인 상태에서 점검한다.

토우

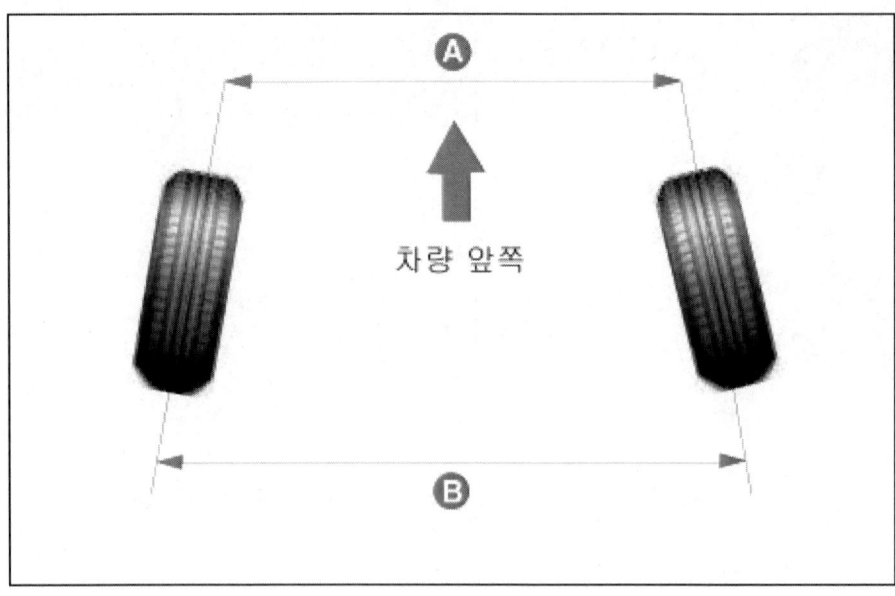

B - A > 0 : 토우 인
B - A < 0 : 토우 아웃

토우 조정

1. 타이 로드 엔드 로크 너트를 푼다.
2. 벨로우즈가 뒤틀리는 것을 방지하기 위해 벨로우즈 클립을 분리한다.
3. 타이 로드를 앞 또는 뒤쪽으로 돌려 토우를 조정한다. 이때 좌우 측 타이 로드를 동일한 양으로 조정한다.

토우
토탈 : 0.1°±0.2°
개별 : 0.05°±0.1°

타이 로드	회전 방향	토우
좌측 (운전석)	후방으로 회전	감소(토우 인)
	전방으로 회전	증가(토우 아웃)
우측	후방으로 회전	증가(토우 아웃)
	전방으로 회전	감소(토우 인)

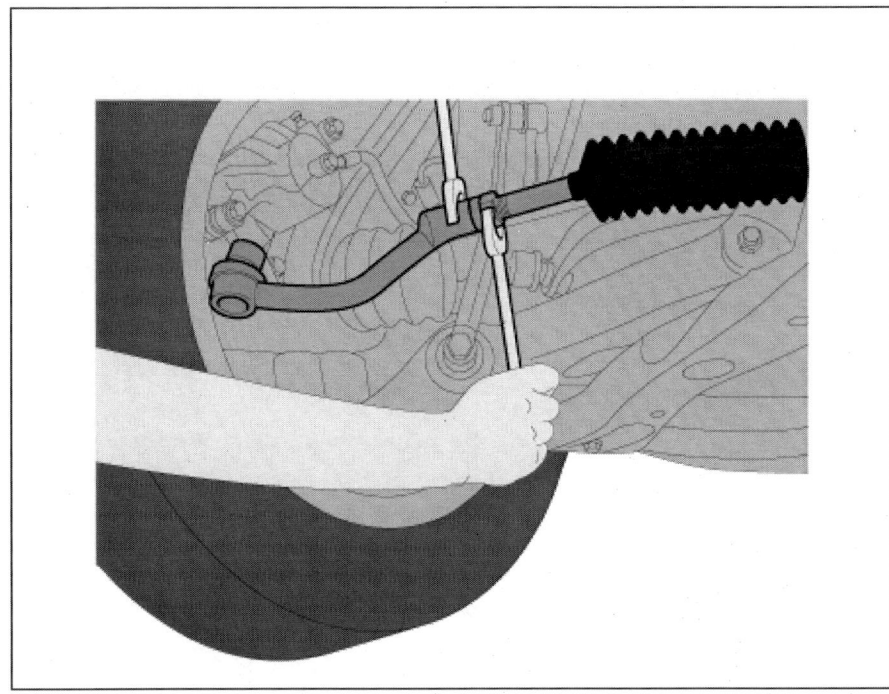

4. 조정이 완료되면 벨로우즈 클립을 장착하고 타이 로드 엔드 로크 너트를 규정 토크로 체결한다.

체결 토크 : 5.0 ~ 5.5 kgf.m

캠버 및 캐스터

캠버 및 캐스터는 임의로 조정할 수 없으므로 측정된 값이 규정치를 벗어나는 경우 관련 부품들을 수리 또는 교환하고 재 점검한다.

캠버 : -0.5°±0.5°

캐스터 : 5.29°±0.5°

리어 휠 얼라인먼트

> **유 의**
>
> - 휠 얼라인먼트 테스터를 이용한 얼라인먼트 점검 전 아래와 같은 사전 점검 및 확인이 필요하다.
> - 리어 서스펜션 시스템의 각 구성 부품들이 정상인 상태에서 점검한다.
> - 타이어 공기압이 규정 압력인 상태에서 점검한다.

토우

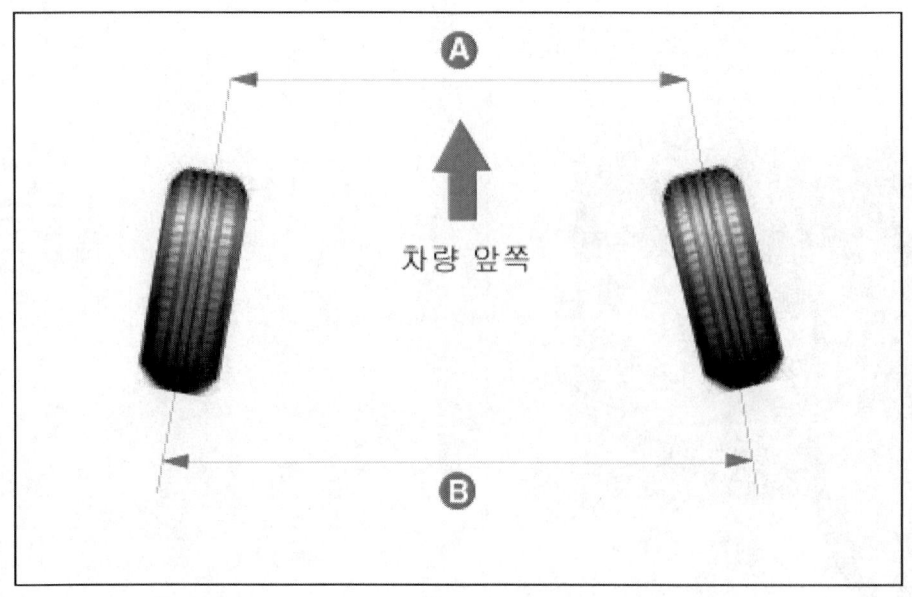

B - A > 0: 토우 인
B - A < 0: 토우 아웃

토우 조정

리어 어시스트 암과 연결된 캠 볼트(A)를 시계 또는 시계 반대 방향으로 회전시켜 토우를 조정한다. 이때 좌우 측 캠 볼트를 동일한 양으로 조정한다.

토우
토탈 : 0.2°±0.2°
개별 : 0.1°±0.1°

캠 볼트	회전 방향	토우
좌측 (운전석)	시계방향	증가(토우 아웃)
	반 시계 방향	감소(토우 인)
우측 (동승석)	시계방향	감소(토우 인)
	반 시계 방향	증가(토우 아웃)

> ℹ 참 고
>
> - 파스너를 탈거하고 서비스 커버(A)를 화살표 방향으로 돌려 공간을 확보한다.

- 1 눈금당 변화량 : 한쪽 볼트만 조정 시 0.19°

캠버
리어 로어 암과 연결된 캠 볼트(A)를 시계 또는 시계 반대 방향으로 회전시켜 캠버를 조정한다.

캠버 : -1.0° ± 0.5°

캠 볼트	회전 방향	캠버
좌측 (운전석)	시계방향	감소(-)
	반 시계 방향	증가(+)
우측 (동승석)	시계방향	증가(+)
	반 시계 방향	감소(-)

i 참 고

- 파스너를 탈거하고 서비스 커버(A)를 화살표 방향으로 돌려 공간을 확보한다.

- 1 눈금당 변화량 : 한쪽 볼트만 조정 시 0.19°

개요

타이어 공기압 경보 장치는 차량의 운행 조건에 영향을 줄 수 있는 타이어 내부 압력 변화를 경고하기 위해 타이어 내부의 압력 및 온도를 지속적으로 감시한다. TPMS 컨트롤 모듈(통합 바디 제어 유닛(IBU))은 각각에 휠 안쪽에 장착된 WE (Wheel Electronic) 센서로부터의 정보를 분석하여 타이어 상태를 판단한 후 경고등 제어에 필요한 신호를 출력한다.

타이어 저압 경고등
트레드(타이어의 지면 접촉부) 경고등
공기압 저하나 공기누출 경고

1. 점등 조건
    1) 타이어 압력이 규정치 이하로 떨어질 때 점등한다.
    2) 센서가 급격한 공기누출을 감지했을 때 점등한다.

2. 소등 조건
    1) 낮은 공기압 : 공기압이 경고등을 소등 시켜주는 기준압력보다 올라가게 되면 소등한다.
    2) 급격한 공기누출:공기압이 경고등을 소등 시켜주는 기준압력보다 올라가게 되면 소등한다.

> **유 의**
> - 공기 주입시 기준 압력보다 2~3 psi 더 주입하거나 1시간 이상 정차한 후에 기준 공기압을 주입해야 한다.

휠 위치 경고등

1. 점등 조건
    1) 트레드 램프와 동시에 점등한다.
    2) 공기압 저하 및 공기누출이 있는 타이어의 위치를 표시한다.

2. 소등 조건
    1) 트레드 램프와 동시에 소등됨

> **⚠ 주 의**
> - 주행과정에서 휠 위치가 바뀌면, 시스템은 이전에 위치했던 상태를 추정하지만 일단 현재주행에서의 위치를 파악하기만 하면 정확한 경고등이 점등된다.

> **유 의**
> - 외부기온의 급격한 변화(특히 겨울철) 및 주행에 의한 영향으로 인해 트레드 경고등 및 휠 위치 경고등이 점등될 수 있음. Shop 내에서 공기압 점검 후 공기압 보충이 필요하다.

TPMS 고장 경고등

1. 점등조건
    1) 시스템이 리시버, 이니시에이터, 센서의 외부에서 결함을 감지했을 때 점등한다.
    2) 시스템이 리시버의 결함을 감지했을 때 점등한다.
    3) 시스템이 이니시에이터의 결함을 감지했을 때 점등한다.
    4) 시스템이 센서의 결함을 감지했을 때 점등한다.

2. 소등조건
    1) 결함이 치명적일 때, 비록 DTC가 해결되었을 지라도 운전자에게 문제가 발생했다는 것을 알리기 위해 주행 중에 경고등은 계속 점등한다.

> **유 의**

- 운행중에 이와 같은 현상이 발생하면, DTC가 해결되었을 지라도 다시 점검해야 한다.
  (점화스위치를 OFF에서 ON후 재점검)
- DTC가 해결되면, 경고등은 소등된다. DTC가 해결되는 점검이 끝날 때까지 경고등은 점등되어 있다.
- 치명적이지 않는 문제는 DTC가 해결되면 동일 점화 주기에서 경고등도 동시에 소등된다.

⚠ 주 의

- 차량 정차후 19분 이내 휠을 교체하고 출발 할 경우, 계기판에 TPMS 경고등이 표출되므로 주의한다.
- 위 현상은 BCM과 새로 교체된 TPMS ID 간에 통신 불량이 발생되어 경고등이 표출되는 현상이다.
- 이 통신불량 경고등은 정차 후 19분이 경과하면 BCM의 TPMS ID 자동학습 기능을 통해 소등된다.
  (차량을 19분 이상 정차후 운행시 경고등 자동소등)

시스템 결함

1. 일반적인 작동
   1) 시스템은 결함이 있는지를 알아보기 위해 많은 입력요소들을 감지한다.
   2) 원인에 따라 결함의 중요도가 결정된다.
   3) 문제는 최대 26개까지 저장된다.
   4) 경고등은 점등되지 않으나 DTC는 남게된다.
   a. 시스템은 결함이 있는지를 알아보기 위해 많은 입력요소들을 감지한다.
   b. 원인에 따라 결함의 중요도가 결정된다.
   c. 문제는 최대 26개까지 저장된다.
   d. 경고등은 점등되지 않으나 DTC는 남게된다.
   주된 경우는 다음과 같다.
   - 이그니션 라인 고장시 진단하기 위해서 점화스위치 ON상태일때 경고등의 상태를 확인하는 것이 필요하다.
   - 경고등 점등 후 소등되었는지 여부를 확인한다.

2023 > 160kW > 서스펜션 시스템 > 타이어 공기압 경보 장치(TPMS) > 구성부품 및 부품위치

구성부품

| 1. 리시버 - 통합 바디 제어 유닛(IBU) | 2. TPMS 센서 |

TPMS 센서 교환

	작업	H/W	체결토크 (kgf.m)	SST/장비	케미컬	기타
• 교환						
1	타이어를 탈거 (휠 및 타이어 - "타이어" 참조)	-	-	-	-	-
2	톡스 드라이버를 이용하여 스크류 탈거	-	-	톡스 드라이버	-	매뉴얼 참고
3	센서 하우징 탈거	-	-	-	-	매뉴얼 참고
4	밸브 장착 도구를 이용하여 하단부의 홀을 완전히 빠져나가도록 당겨 빼냄	-	-	-	-	매뉴얼 참고
5	신품 밸브 표면을 윤활제로 도포하고 휠의 밸브 홀에 장착	-	-	-	-	매뉴얼 참고
6	타이어의 상/하 비드 부에 비눗물 또는 윤활제 도포	-	-	-	-	매뉴얼 참고
7	하단 비드를 장착하기 위해 타이어 교환 장비의 머리로부터 5시 방향에 TPMS센서를 위치시킴	-	-	-	-	매뉴얼 참고
8	림을 시계 방향으로 회전시키고 하단 비드를 장착하기 위해 3시 방향에서 타이어를 누름	-	-	-	-	매뉴얼 참고
9	상단 비드를 장착 시키기 위해 3시 방향에서 타이어를 누르고 림을 시계 방향으로 회전시킴	-	-	-	-	매뉴얼 참고
10	비드가 완전히 안착될 때까지 타이어에 공기를 주입	-	-	-	-	매뉴얼 참고
11	차량의 표준공기압에 따라 타이어 공기압 조정	-	-	-	-	매뉴얼 참고
12	TPMS 센서 고장의 경우 TPMS 센서 학습이 필요하니 고장난 센서를 새 유닛으로 교환하고 TPMS 센서 학습 실시	-	-	-	-	-
• 부가기능						

- 진단기능
    - TPMS 센서 ID 등록
    - TPMS 센서 정보

개요

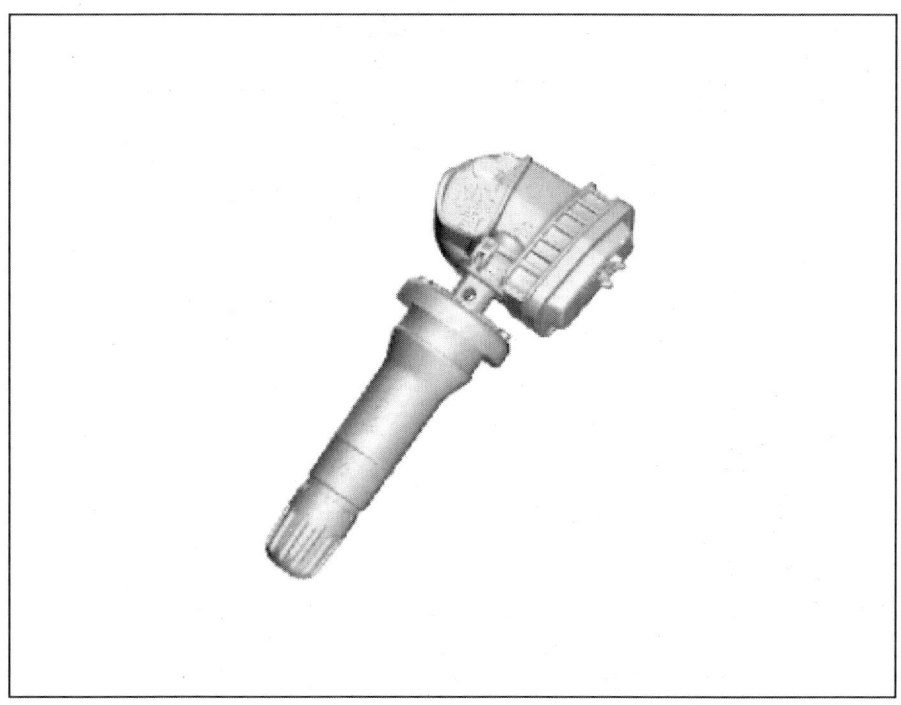

1. Function
   - 압력, 온도, 가속도, 배터리 상태를 감지하여 무선 RF 신호로 ECU에 정보를 전달한다.
   - ECS(ABS)의 Wheel Pulse와 센서의 RF 신호 송신 위치를 비교하여 바퀴 위치를 인식한다.
2. 구성 및 특징
   - 차량 1대당 각 타이어에 1개씩 장착되어 4개로 구성 된다.
   - 주파수 변조 방식은 FSK 방식이며, High Line에 공통으로 사용 된다.
3. 모드
   - Shipping 모드, 정차 모드, 주행모드, 그리고 자동학습 모드로 구성되어 있다.

형상	기능
밸브 타입	스냅인 타입[고무 밸브]
스크류	Screw T10
MCU	GEN6
배터리 타입	CR2032 HR

TPMS 자동위치학습기능

- 각 바퀴의 휠 속(각속도)이 아래 이유로 모두 상이할때
1) 각 축마다 슬립이 다르게 발생한다.
2) 각 바퀴마다 회전 반경(커브 반지름)이 상이하다.
3) 각 타이어마다 마모상태, 내부압력, 타이어사양 등 상이하다.
- TPMS 센서는 학습모드에서 특정 위상(타이어의 각도)에서만 RF 신호로 전송한다.
- TPMS 수신기는 센서로부터 RF 신호 수신 시마다, 휠 스피드 센서로부터 각 바퀴의 위상(타이어의 각도) 정보를 확인한다.
- 센서 ID 1, 2, 3, 4의 RF 신호가 수신될 때마다 수집된 각 바퀴의 위상 중, 가장 상관관계가 높은 위치에 해당 ID에 전달된다. (즉, RF 신호 수신 시점마다, 타이어의 위상이 가장 일정한 바퀴에 전달된다.)
- 학습모드에서 TPMS센서는 16초 간격으로 RF 신호를 송신한다.

자동위치학습 기능 수행

- 19분 이상 정차 혹은 주차 이후 주행 시마다 자동위치학습 기능을 수행한다.
- 15분 이상 정차 혹은 주차 시 센서는 주차모드(Mode Parking)으로 전환되며, 주차모드에서 4g(15~20km/h) 이상의 가속도 감지 시 학습모드(Mode First Block)로 전환된다.

2023 > 160kW > 서스펜션 시스템 > 타이어 공기압 경보 장치(TPMS) > TPMS 센서 > 교환

교환

1. 타이어를 탈거한다.
   (휠 및 타이어 - "타이어" 참조)
2. 톡스 드라이버(A)를 사용하여 스크류를 탈거한다.

> ⚠ **주 의**
> - 비드 브레이크 설치시 TPMS 센서와 접촉되지 않도록 주의한다.
> - TPMS 센서 장착부에 비드 브레이크를 설치하여 작업할 경우 TPMS 센서 파손 및 손상이 될 수 있으므로 주의한다.

3. 센서 하우징(A)을 화살표 방향으로 탈거한다.

4. 밸브 장착 도구를 사용하여 하단부의 홀을 완전히 빠져나가도록 당겨 빼낸다.

> ⚠ 주 의
>
> - 스냅인 타입의 TPMS 센서는 재사용하지 않는다.

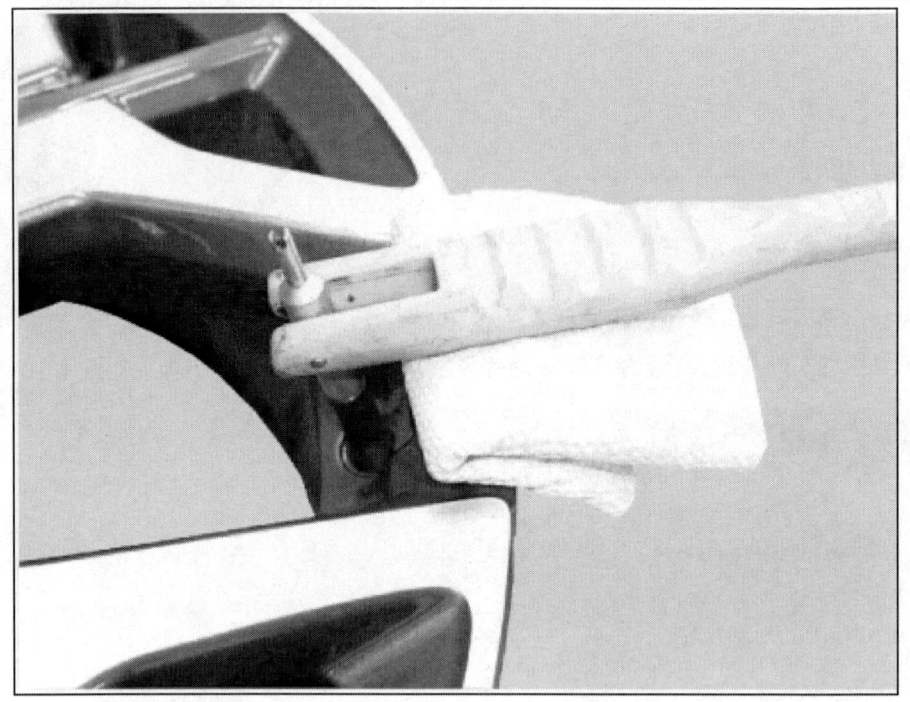

> 유 의
>
> - 칼로 밸브 하단에 있는 고무(A)를 자른다.

5. 신품 밸브 표면을 윤활제로 도포하고 휠의 밸브 홀에 장착한다.

규정 윤활제 : 비눗물 또는 YH100 (타이어 삽입용 윤활제)

> 유 의
>
> - 윤활제를 바른 후, 밸브 장착까지 5분 이상 경과 되어서는 안된다.
>   (5분 경과시 윤활제 재도포)

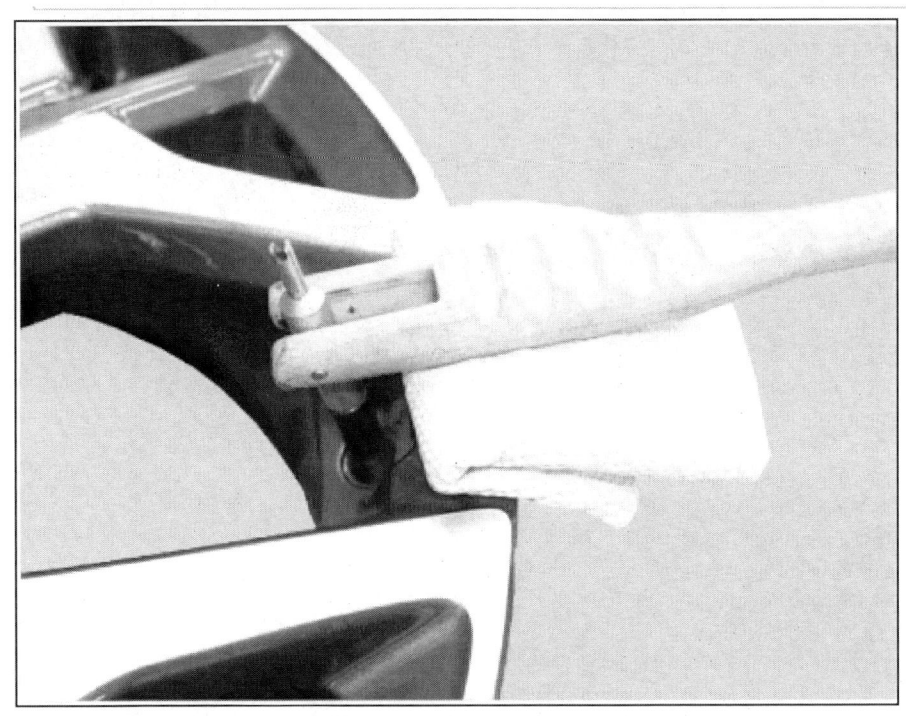

⚠ 주 의

- 아래와 같이 TPMS센서 밸브 하단부가 휠에 제대로 장착되지 않았을 경우 밀봉이 제대로 되지 않는다.
- 반드시 밸브 몸통의 골 부분 모두가 홀을 통과 하도록 당겨져 있어야만 한다.

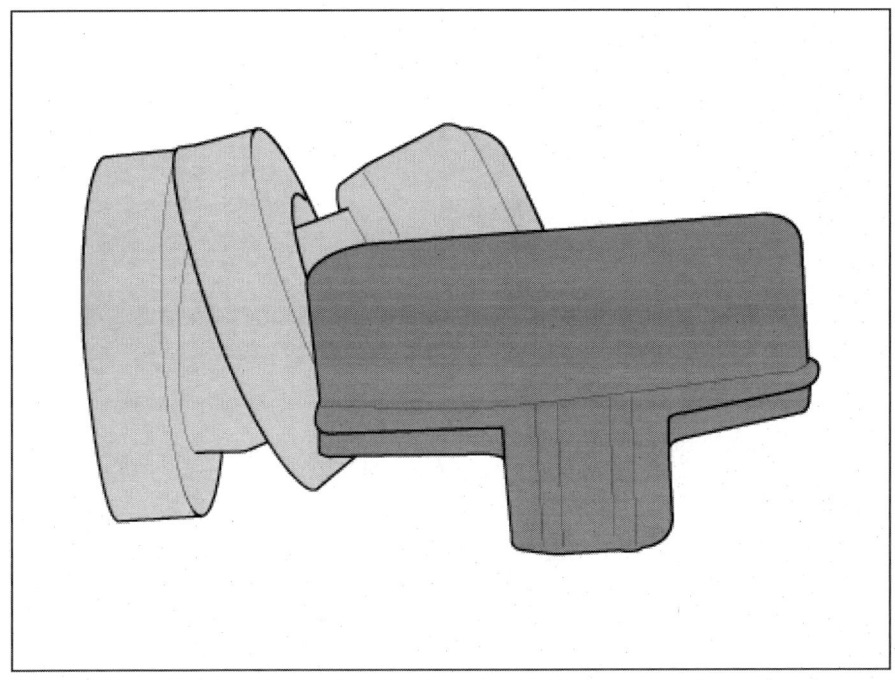

6. 타이어의 상/하 비드 부에 비눗물 또는 윤활제를 도포한다.

7. 하단 비드를 장착하기 위해 타이어 교환 장비의 머리로부터 5시 방향에 TPMS센서를 위치시킨다.

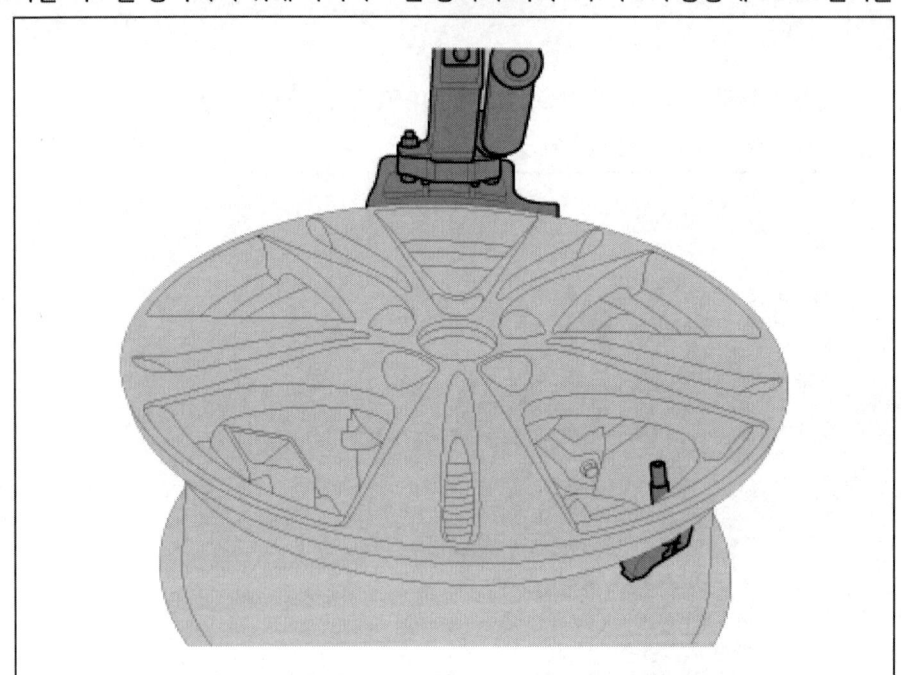

8. 림을 시계 방향으로 회전시키고 하단 비드를 장착하기 위해 3시 방향에서 타이어를 누른다.

> ⚠ 주 의
>
> - 타이어를 휠에 장착하여 비드가 센서 뒤쪽의 림 가장자리(6시 방향)에 닿도록 한다.

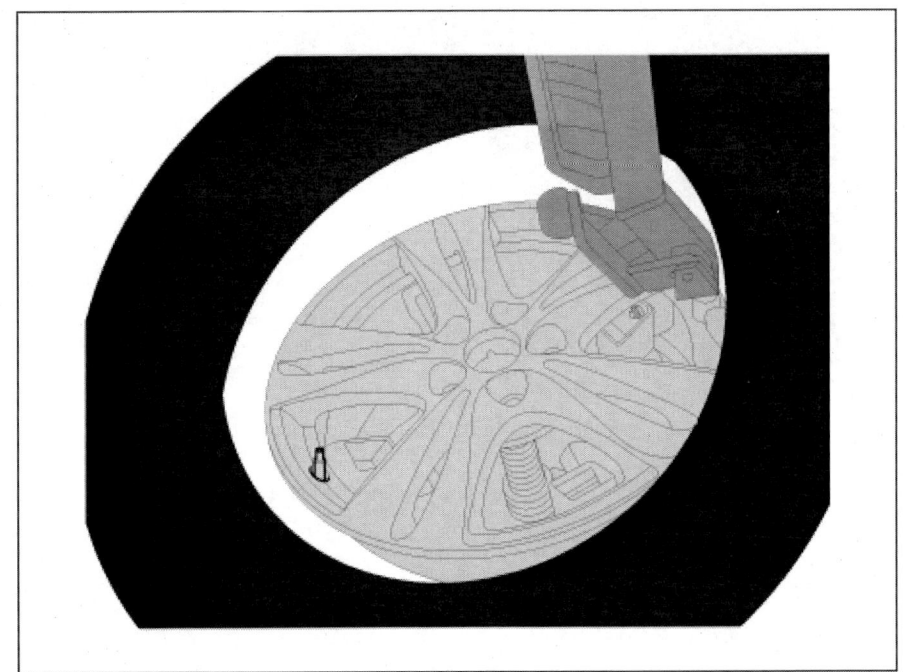

9. 상단 비드를 장착 시키기 위해 3시 방향에서 타이어를 누르고 림을 시계 방향으로 회전시킨다.

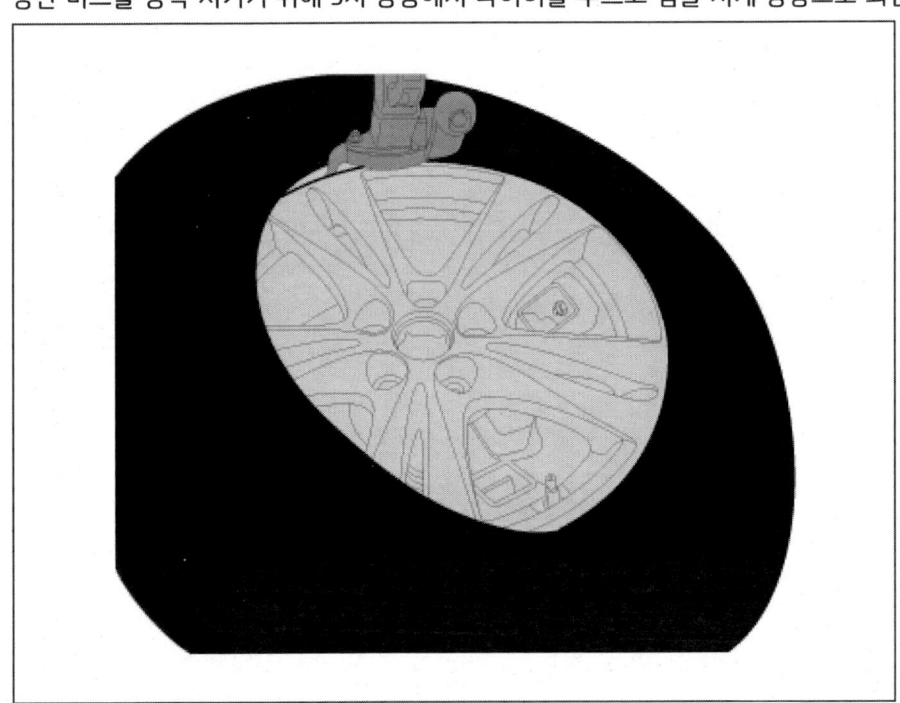

10. 비드가 완전히 안착될 때까지 타이어에 공기를 주입한다.

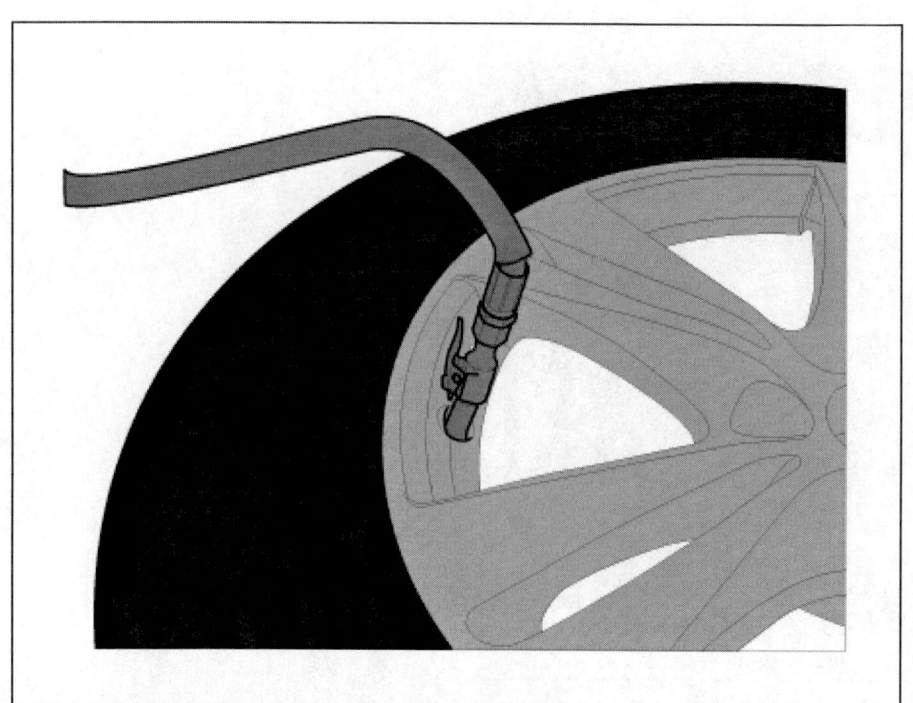

11. 차량의 표준공기압에 따라 타이어 공기압을 조정한다.

    규정 타이어 공기압 : "제원" 참조

12. TPMS 센서 고장의 경우 TPMS 센서 학습이 필요하다. 고장난 센서를 새 유닛으로 교환하고 TPMS 센서 학습을 실시한다.

조정

진단 기기를 이용한 진단 절차

진단 기기를 이용한 진단 방법에 대한 사용 안내로써, 주요 내용은 다음과 같다.

1. 운전석측 크래쉬 패드 하부에 있는 자기 진단 커넥터(16핀)에 진단 기기를 연결하고, 시동 키 ON 후 진단 기기를 켠다.
2. 진단 기기 차종 선택 화면에서 "차종"과 "TPMS" 시스템을 선택한 후 확인을 선택한다.

[센서 ID 등록 초기 화면]

부가기능

- 센서 ID 등록(무선)

검사목적	TPMS(Tire Pressure Monitoring System) ECU에 센서 ID를 입력하는 기능.
검사조건	1. 엔진 정지 2. 점화스위치 On 3. TPMS 익사이터 정비 필요
연계단품	Tire Pressure Monitoring System(TPMS) ECU, Initiator, Tire Pressure Monitoring System(TPMS) sensor
연계DTC	-
불량현상	-
기 타	차량에 장착된 센서ID를 익사이터 장비로 순차적으로 읽은 후 입력하는 기능

확인

기능 수행 중에는 다른 기능이 동작되지 않도록 주의하십시오.

부가기능

■ 센서 ID 등록(무선)

● [센서 ID 등록(무선)]

이 기능은 TPMS 진단 모듈을 통해 읽어들인 타이어의 TPMS 센서 ID를

TPMS ECU에 입력하는 기능입니다.

[읽은 ID]는 현재 TPMS 진단 모듈을 통해 읽은 센서 ID이고

[작성된 ID]는 현재 TPMS ECU에 저장된 새로운 센서 ID입니다.

이후 새로운 센서 ID를 모두 읽어들인 후 [쓰기] 버튼을 누르면 새로운

ID가 TPMS ECU에 입력됩니다.

계속 진행하시려면 [확인] 버튼을 누르십시오.

확인	취소

! 기능 수행 중에는 다른 기능이 동작되지 않도록 주의하십시오.

부가기능

■ 센서 ID 등록(무선)

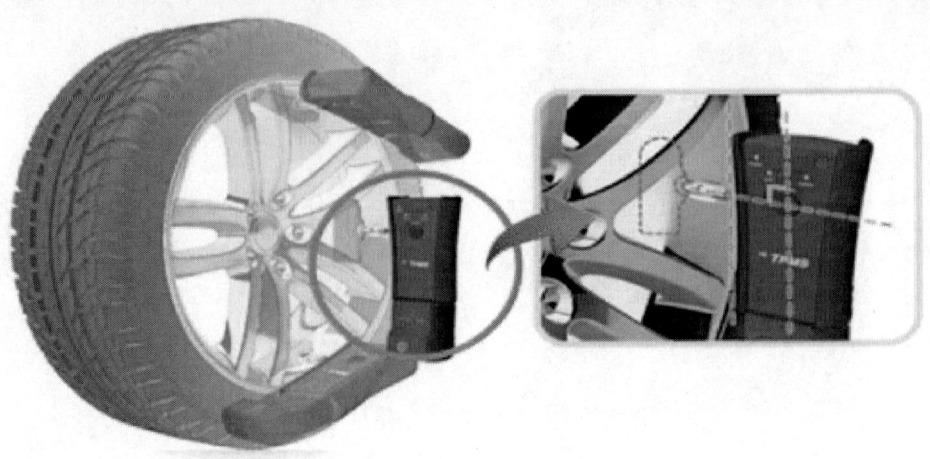

⚠ [Caution]
TPMS 센서정보를 정확히 읽기 위해 다음과 같이 수행하십시오.

[가]. 그림과 같이 TPMS 진단 모듈의 "ENTER" 버튼을 TPMS 센서(공기주입구)와 일직선상에 위치하십시오.

[나]. TPMS 진단 모듈의 옆면이 타이어 휠과 완전히 밀착되도록 위치하십시오.

[다]. 센서 특성에 따라 최대 30초~60초까지 소요될 수 있습니다.

| 확인 | 취소 |

! 기능 수행 중에는 다른 기능이 동작되지 않도록 주의하십시오.

부가기능

■ 센서 ID 등록(무선)

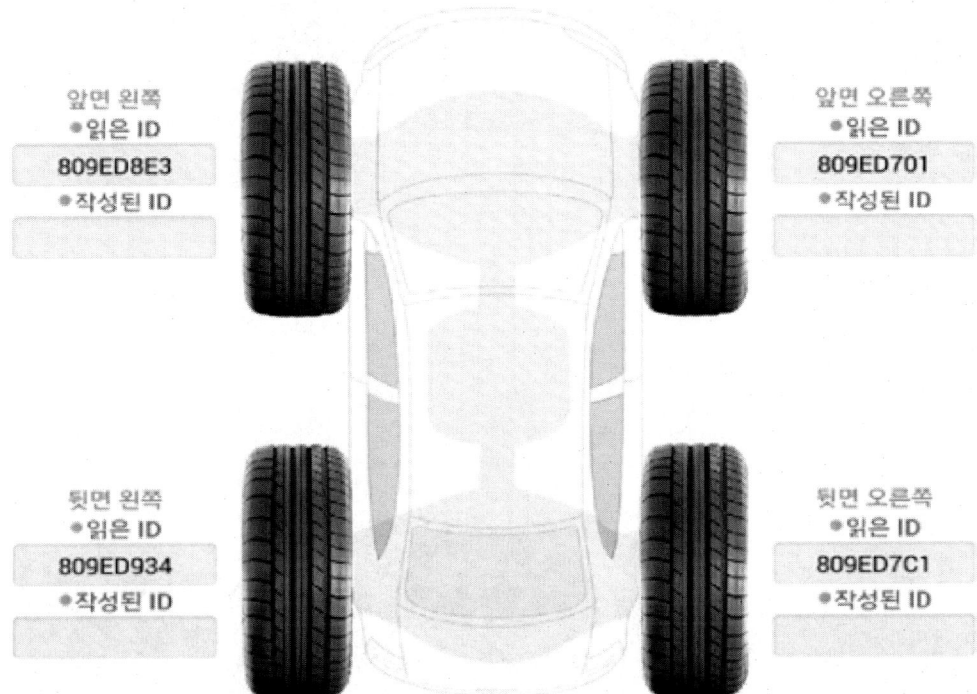

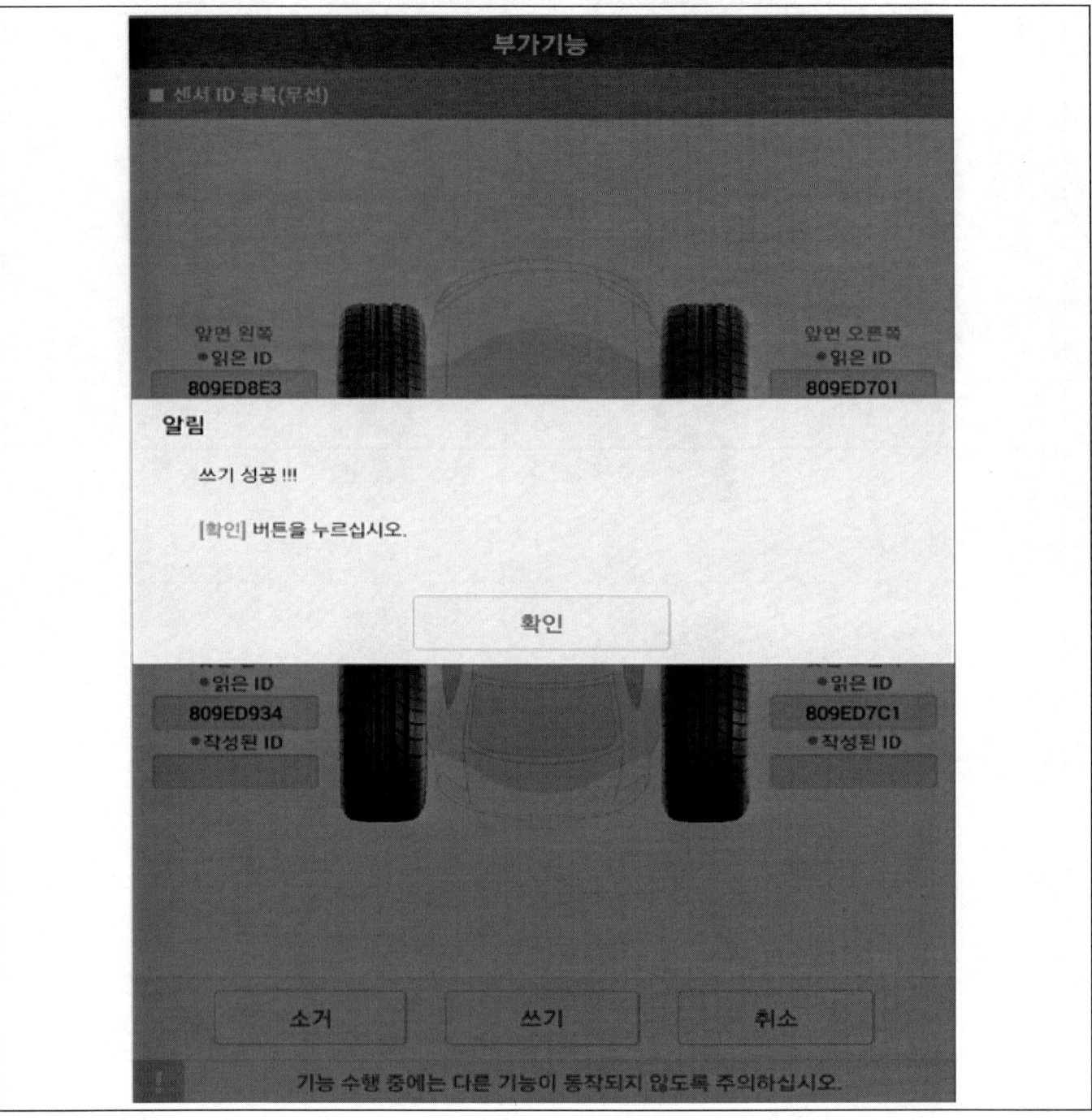

> **유 의**
> - 읽은 ID와 작성된 ID가 일치하는지 반드시 확인한다.
> - 정상적으로 센서 등록 후 "센서 무선 정보"를 실행을 해서 센서가 정상작동 되는지 여부를 확인한다.

[센서 정보 초기 화면]

부가기능

• 센서 정보(무선)

검사목적	각 타이어에 장착된 TPMS(Tire Pressure Monitoring System) 센서의 현재 상태를 확인하는 기능.
검사조건	1. 엔진 정지 2. 점화스위치 On 3. TPMS 익사이터 정비 필요
연계단품	Tire Pressure Monitoring System(TPMS) ECU, Initiator, Tire Pressure Monitoring System(TPMS) Sensor
연계DTC	-
불량현상	TPMS 제어 불가
기 타	1. 센서 옵션을 바꾸기 전에 차량 상태를(LOW, HIGH 사양) 반드시 확인. 2. Low 사양의 경우 반드시 센서 상태를 LOW로 변경

확인

! 기능 수행 중에는 다른 기능이 동작되지 않도록 주의하십시오.

부가기능

■ 센서 정보(무선)

● [센서 정보(무선)]

이 기능은 타이어의 TPMS 센서로부터 센서의 정보를 읽는 기능입니다.

TPMS 진단 모듈의 옆면이 타이어 휠과 완전히 밀착되도록 위치하시고

[확인] 버튼을 누르십시오.

확인	취소

! 기능 수행 중에는 다른 기능이 동작되지 않도록 주의하십시오.

부가기능

■ 센서 정보(무선)

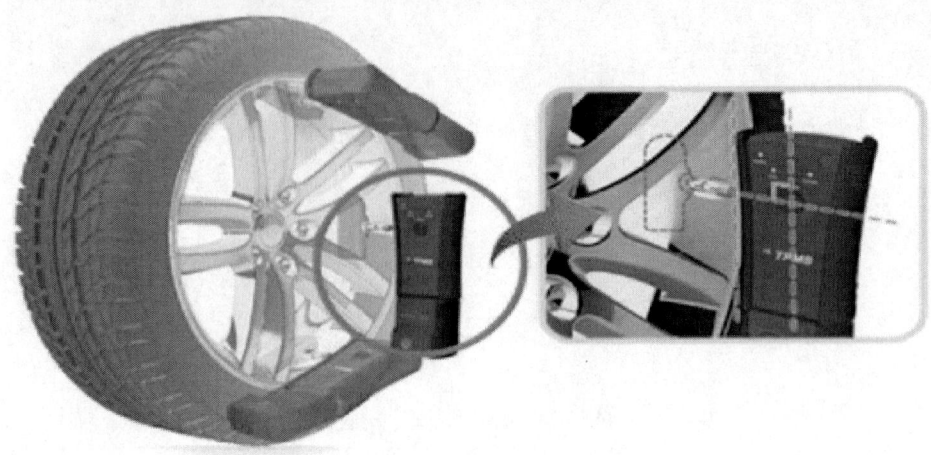

⚠ [Caution]
TPMS 센서정보를 정확히 읽기 위해 다음과 같이 수행하십시오.

[가]. 그림과 같이 TPMS 진단 모듈의 "ENTER" 버튼을 TPMS 센서(공기주입구)와 일직선상에 위치하십시오.

[나]. TPMS 진단 모듈의 옆면이 타이어 휠과 완전히 밀착되도록 위치하십시오.

[다]. 센서 특성에 따라 최대 30초~60초까지 소요될 수 있습니다.

확인

기능 수행 중에는 다른 기능이 동작되지 않도록 주의하십시오.

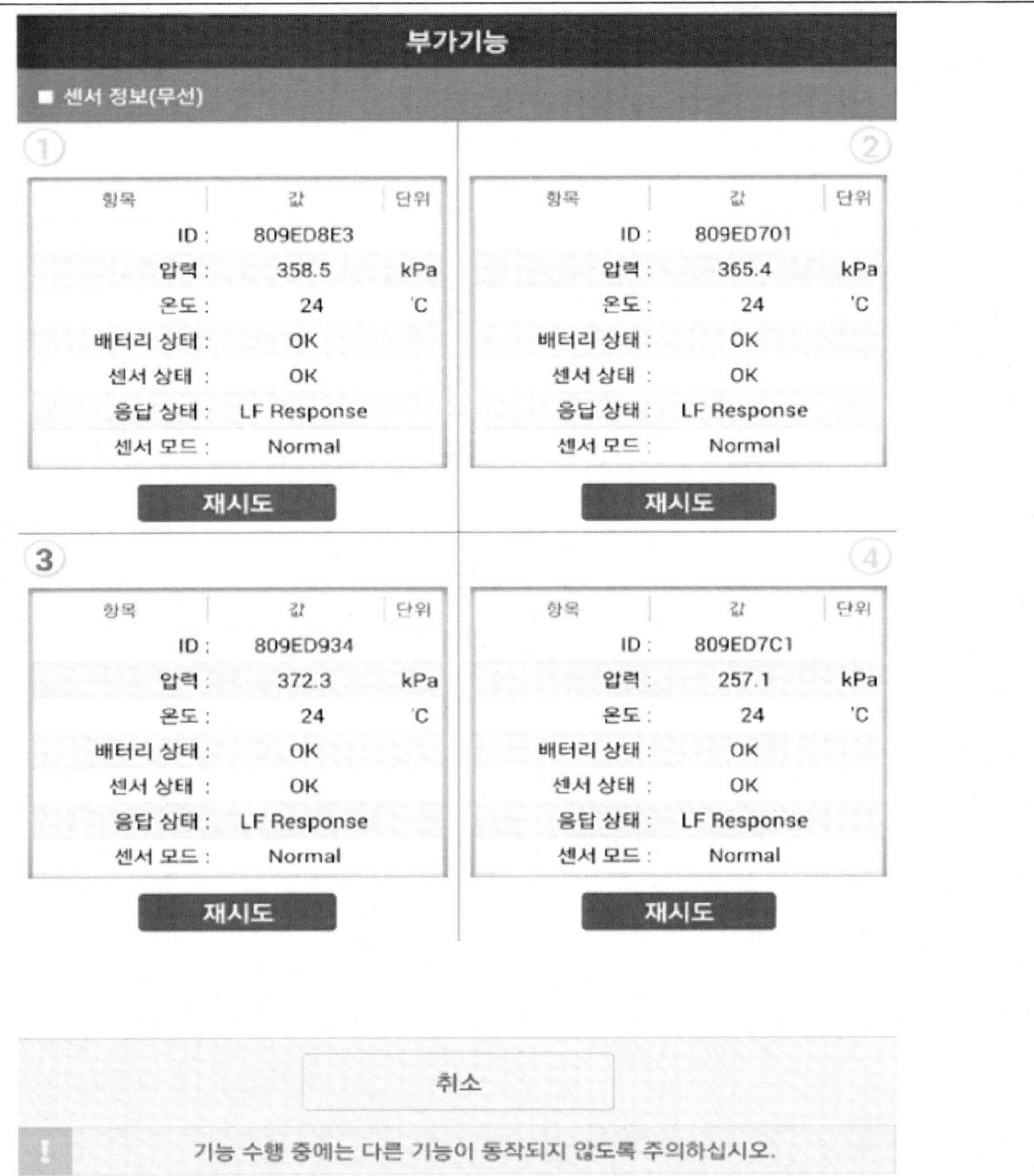

> **유 의**
>
> - 각각의 항목별로 센서 정상유무를 확인한다.
> - 타이어나 센서를 교환한 다음 신품으로 교환한 후 센서 등록 절차를 거친 후 센서가 정상 작동 상태를 확인한다.

TPMS 리시버 탈장착

	작업	H/W	체결토크 (kgf.m)	SST/장비	케미컬	기타
• 탈거						
1	통합 바디 제어 유닛 탈거 (바디 (내장 / 외장 / 전장) - "통합 바디 제어 유닛" 참조)	-	-	-	-	-
• 장착						
1	통합 바디 제어 유닛 장착 (바디 (내장 / 외장 / 전장) - "통합 바디 제어 유닛" 참조)	-	-	-	-	-
• 부가기능						

- 진단기능
  - 통합 바디 제어 유닛 교환 후 진단 기기를 사용하여 "IAU-IBU 학습 실시
  - 진단 기기를 사용하여 OTA S/W업데이트 실시

개요

TPMS 리시버 : 통합 바디 제어 유닛(IBU) 통합 운용

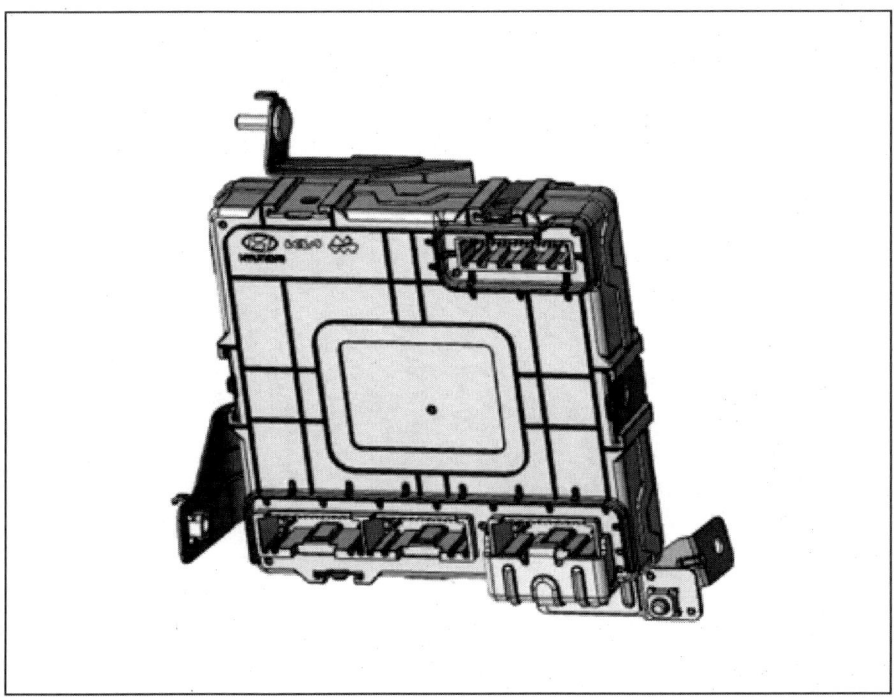

1. 초기 상태
    1) 플랫폼 정보 및 센서ID가 입력되어 있지 않다.
2. 정상동작 상태
    1) 타이어공기압 및 DTC를 감지하기 위해서, 리시버는 정상동작상태에 있어야 한다.
    2) 리시버는 센서의 위치 및 정보를 확인할 수 있다.

작동원리

1. 일반적인 작동
    1) 자동 학습은 각 주행시에 한번만 발생한다.
    2) 이러한 과정이 성공적으로 끝나고 나면, 4개의 센서 ID 기억 장치에 입력된다.
    3) 자동학습이 끝날때까지, 공기압 저하 및 공기누출이 있을 경우 이전에 학습된 센서 및 각각의 휠 위치가 감지된다.
    4) 예비 타이어 팽창 및 DTC 상태는 표시되지 않는다.
2. 새로운 센서를 학습하기 위한 일반적인 조건
    1) 자동 학습은 속도가 25KPH이상일때만 작동한다.
    2) 새로운 센서를 학습하기 위해 걸리는 일반적인 시간은 25kph이상 속도에서 최대 10분까지다.
3. 탈거된 센서에 대한 학습을 지우는 일반적인 조건
    1) 20~30kph속도에서 10분 미만으로 주행한다.
    2) 차량의 속도 및 리시버에 입력된 센서의 수에 달려있다.

탈거

1. 통합 바디 제어 유닛을 탈거한다.
   (바디 (내장 / 외장 / 전장) - "통합 바디 제어 유닛" 참조)

2023 > 160kW > 서스펜션 시스템 > 타이어 공기압 경보 장치(TPMS) > TPMS 리시버 > 장착

장착

1. 통합 바디 제어 유닛을 장착한다.
   (바디 (내장 / 외장 / 전장) - "통합 바디 제어 유닛" 참조)

제 목 :	2023 IONIQ6(EV) 정비지침서(Ⅲ권) (스티어링 시스템/브레이크 시스템 /드라이브 샤프트 및 액슬/서스펜션 시스템)
발행일자 :	2023년 1월 10일 발 행
저 자 :	현대자동차(주) 디지털써비스컨텐츠팀
발 행 인 :	김 길 현
발 행 처 :	(주) 골든벨 서울시 용산구 245(원효로1가 53-1) 골든벨빌딩 5~6F
등 록 :	제 1987-000018호
대표전화 :	02) 713-4135 / FAX : 02) 718-5510
홈페이지 :	http : //www.gbbook.co.kr
I S B N :	979-11-5806-627-7
정 가 :	28,000원